金域蓝湾
JINYULANWAN
独栋别墅室内设计方案
项目名称 金域蓝湾独栋别墅
项目地点 河南 新密
建筑面积 548平方米
设计时间 2011.07

彩图 1 封面示例

设计说明：

本案风格定位于颇具智慧的中式风格，力求打造内敛、低调的文人居所，设计上主要强调雅致的生活品味。

通过传统建筑语汇的提炼，主要以柱、梁、木板的巧妙结合，表达出大气开阔的空间感，厚重的实木材质与浅色墙面及家具搭配，隐隐透出贵族气质。

室内空间开阔，功能布局井井有条，强调中式庭院的气脉，室内外浑然一体，在不同功能区之间合理地过渡，既不显得生疏，也体现主次有别。设计风格上统一而富于变化，又在中国传统文化的韵味里达到和谐一体，彰显出文人雅士的闲逸生活格调。

彩图 2　设计说明示例

彩图 3　效果图示例（一）

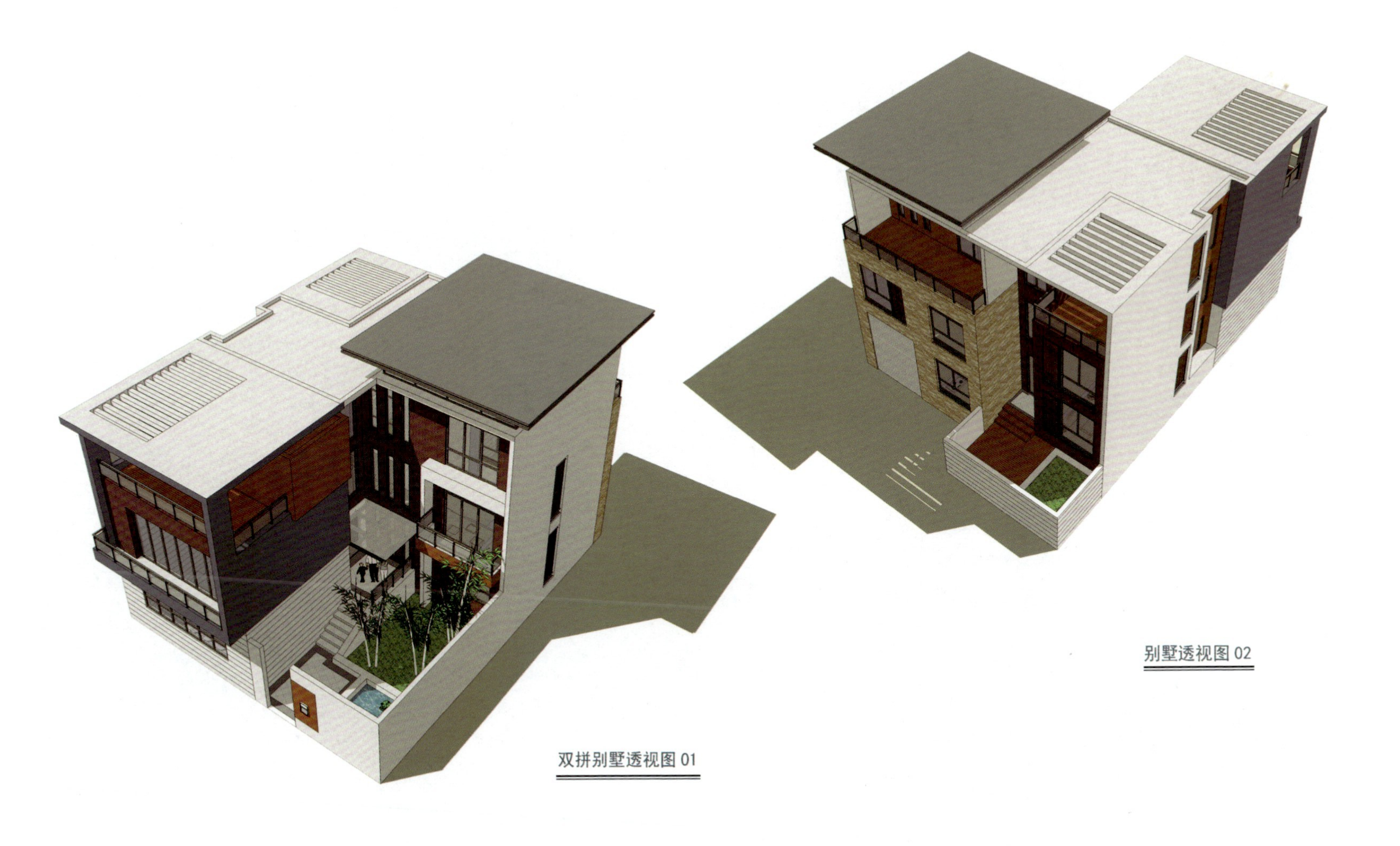

彩图 4　效果图示例（二）

高等职业教育建筑设计类专业系列教材

建筑装饰工程制图与识图

第 2 版

主　编　李思丽

副主编　陈秀云　李盼盼

参　编　李喜霞　尹家琦

　　　　徐维涛　杨　哲

　　　　李　娟　李春阳

机 械 工 业 出 版 社

本书共9个项目，主要内容有：了解建筑装饰工程图、绘制简单装饰施工图基础知识、投影法及其在建筑工程图中的应用、建筑形体的图样表达方法、建筑工程施工图认知、建筑施工图识读与绘制、装饰施工图识读与绘制、测绘建筑装饰工程施工图、施工图识读实务模拟——图纸会审。

本书突出高等职业技术教育的特点，实用性强，与工程实际结合紧密。在内容编排上，以装饰工程图的识读与绘制贯穿始终，任务驱动，符合学生的认知规律，可充分调动学生的兴趣和积极性。本书采用现行国家标准、典型的工程实例，图文结合，简明易懂。

本书可作为高等职业院校建筑装饰工程技术、建筑设计技术、室内设计技术等专业的教材，也可供相关专业技术人员参考。

本书配套有《建筑装饰工程制图与识图习题集》第2版供选用。

为方便教学，本书还配有电子课件及相关资源，凡使用本书作为教材的教师可登录机工教育服务网 www.cmpedu.com 注册下载。咨询电话：010-88379375。

图书在版编目（CIP）数据

建筑装饰工程制图与识图/李思丽主编. —2版. —北京：机械工业出版社，2021.1（2024.8重印）
高等职业教育建筑设计类专业系列教材
ISBN 978-7-111-70424-9

Ⅰ.①建…　Ⅱ.①李…　Ⅲ.①建筑装饰-建筑制图-识图-高等职业教育-教材　Ⅳ.①TU238

中国版本图书馆CIP数据核字（2022）第048789号

机械工业出版社（北京市百万庄大街22号　邮政编码100037）
策划编辑：常金锋　　责任编辑：常金锋　沈百琦
责任校对：王明欣　王　延　责任印制：任维东
天津光之彩印刷有限公司印刷
2024年8月第2版第5次印刷
184mm×260mm · 15.75印张 · 12插页 · 448千字
标准书号：ISBN 978-7-111-70424-9
定价：49.00元

电话服务　　网络服务
客服电话：010-88361066　　机　工　官　网：www.cmpbook.com
010-88379833　　机　工　官　博：weibo.com/cmp1952
010-68326294　　金　书　网：www.golden-book.com
封底无防伪标均为盗版　　机工教育服务网：www.cmpedu.com

前　言

本书是根据现行《技术制图 通用术语》（GB/T 13361—2012）、《房屋建筑制图统一标准》（GB/T 50001—2017）等相关标准、规范，采用现行建筑标准设计图集作法，在第1版的基础上修订而成的。

本书在重印时，坚决贯彻党的二十大精神，以学生的全面发展为培养目标，融“知识学习、技能提升、素质教育”于一体，严格落实立德树人根本任务，以学生为主体，充分尊重当前高职学生的理解能力、接受水平，通过任务驱动，提高学生学习兴趣，突出动手能力、实际应用能力，注重实践，并在教材的组织形式、内容整合、实践性教学等环节体现出来。充分利用学生身边的建筑物，如教学楼、宿舍等，由浅入深，进行比例、尺寸标注，投影图，剖、断面图，轴测图，施工图识读与绘制等一系列练习，教学做一体，实现场景教学，注重制图标准在工作中的具体应用，注重提高解决实际问题的能力，提高学生职业技能。本书配套有《建筑装饰工程制图与识图习题集》第2版，这样学练结合，培养学生读图和制图的基本职业技能。

本书由河南建筑职业技术学院李思丽任主编，黄淮学院陈秀云、河南建筑职业技术学院李盼盼任副主编，参与编写的还有河南建筑职业技术学院李喜霞、尹家琦、徐维涛、杨哲、李娟，河南康利达投资集团有限公司李春阳。

限于编者的水平，对于疏漏和不当之处，敬请各位老师和读者批评指正。

编　者

目　录

绪　论

工程图是工程技术人员用来传达、交流技术思想的文件，是工程界的共同语言。建筑物的形状、大小、结构、设备、装饰装修等，不一定能用语言或文字描述清楚，但却可以借助一系列的图样，将建筑物准确且详尽地表达出来，所以，图纸是建筑工程不可缺少的重要技术资料。所有从事工程技术的人员，都应掌握制图技能，否则，不会读图，就无法理解别人的设计意图；不会画图，就无法表达自己的设计构思。

本课程的目的，就是培养学生绘制和阅读工程图的基本能力，培养空间想象能力，为后续课程的学习和专业技术工作打下必要的基础。学完本课程后，应达到如下的要求：

1）掌握正投影、轴测投影的基本理论和作图方法。

2）能正确使用制图工具和仪器作图。

3）掌握制图的步骤和方法，所画图样符合国家制图标准。

4）能正确地阅读和绘制一般的建筑装饰工程图。

5）养成严肃认真的工作态度和耐心细致、一丝不苟的工作作风。

本课程的投影部分是制图的理论基础，比较抽象，初学者往往不易接受；而制图部分是投影理论的运用，实践性较强。所以学习时应加强实践性教学环节，完成一定数量的作业和习题，并应掌握一定的方法才能较好地掌握所学内容。学习本课程应注意以下的学习方法：

1）明确学习目的。

2）建筑装饰工程制图与识图是一门既有本学科基础理论，又与生产实际密切结合的实践性技术基础课程。学习基本理论和方法，必须通过大量的画图和读图实践才能掌握。学习中要注重理论联系实际，细观察、多思考、勤动手，掌握正确的方法和步骤，努力提高绘图技能。

3）认真听讲，独立完成作业，作好课堂练习、实训练习及课后练习。

4）培养空间想象能力，即从二维的平面图形想象出三维的形体形状，这也是该课程的难点。学习时，应将画图与读图相结合，即当根据形体画出投影图之后，随即移开形体，从所画的投影图想象原来形体的形状，看是否相符。坚持这种做法，有利于空间想象能力的培养。

5）建筑装饰工程制图与识图课程只能为学生制图、读图能力的培养打下一定的基础，而涉及的相关专业知识，还应在后续课程的学习中，不断补充和完善，才能真正地读懂建筑装饰工程图。

项目1　了解建筑装饰工程图

【学习目标】　了解本课程的学习内容和学习要求；理解建筑装饰的概念、装饰工程图的常见类型；掌握建筑制图中的制图国家标准的基本要求，并学会运用制图标准标注常见的平面图形的尺寸。

1.1　初识建筑装饰工程图

1.1.1　建筑装饰的概念

建筑装饰是建筑装饰装修工程的简称。建筑装饰是为保护建筑物的主体结构，完善建筑物的物理性能、使用功能和美化建筑物，采用装饰装修材料或饰物对建筑物的内外表面及空间进行的各种处理过程。

建筑装饰的作用主要有以下几个方面：

1）强化建筑及建筑空间的性格，使不同类型的建筑各具性格特征。

2）增强建筑及建筑空间的意境和氛围，使建筑及建筑空间更具情感和艺术感染力。

3）弥补结构空间的缺陷与不足，强化建筑的空间序列效果。

4）美化建筑的视觉效果，给人以直观的视觉美的享受。

5）保护建筑主体结构的牢固性，延长建筑的使用寿命。

6）增强建筑的物理性能和设备的使用效果，提高建筑的综合使用效果。

建筑装饰就是根据建筑的使用性质、所处环境和相应标准，综合运用物质手段、科技手段和艺术手段，创造出功能合理、舒适优美、风格突出，符合人的生理要求和心理要求的室内外环境。建筑装饰是人们生活中不可缺少的一部分。

建筑装饰又是一个广泛、普遍的文化艺术现象。每一个时代的历史、文化都在建筑中留下了深刻的印迹，这些印迹除了在建筑的构造中得到保存之外，也大量地凝聚在建筑的装饰中。

中外古建筑装饰赏析

在世界建筑发展史中，中国古代建筑以其鲜明的特点而自成体系。这些特点主要表现在木构架为结构体系，单幢房屋组成为建筑群体且它们从建筑群组的空间形态、建筑单体的整体外观到建筑各部位的造型都具有多彩的艺术形象。建筑装饰在这些特点的形成中起着重要的作用。中国古代艺匠利用木构架结构的特点创造出庑殿、歇山、悬山等不同形式的屋顶，又在屋顶上塑造出鸱吻、宝瓶、走兽等奇特的个体形象，在形式单调的门窗上制造出千变万化的窗格花纹式样，在简单的梁、枋、柱和石台基上进行巧妙地艺术加工，应用这些装饰手段造成了中国古代建筑富有特征的外观。此外，艺匠们还善于将绘画、雕刻、工艺美术的不同内容和工艺应用到建筑装饰中，极大地加强了建筑艺术的表现力。

中国古代建筑的装修，它所表达的主题都和中华文化倡导的精神密不可分，这是中国古代建筑的建造装修始终和主流文化密不可分的重要原因。由于装修题材大都经过文人画师的选择提炼，雕刻绘画的内容，一般都与当地的山川物产、圣贤功绩和忠孝义举有关，对于传承文化起了潜移默化的作用。装饰是建筑艺术的表现形式之一，建筑风格特性很大程度上来源于建筑装饰，中国古代的装饰手法锻造了中国古建筑富有特征的外观，更让建筑艺术具有了思想内涵和民族性。

由于物产、气候、地理、交通等的差异，每个地方的建筑都有自己的特点。由于宗教、政治、经济、社会等的差异，每个时代的建筑都有自己的特点。不同地域的文明产生了不同的宗教，而宗教的不同又强化了文明的差别。建筑的地区性、民族性之中，宗教占着重要的地位。在许多时候，宗教建筑往往代表着一个民族的技术和艺术的最高成就，如欧洲的基督教堂、亚洲的佛教建筑等。建筑上凝固着人们的生活，包含着人们的需要、感情、审美和追求等，建筑成为人们历史的见证、文化的标志、心灵的寄托，反映着历史和文化内涵。

安徽省徽州地区保存着许多质量较好的明代封闭式庭院住宅，其布局紧凑、装修华美、用材精良，是中国现存古代民居中的珍品。明代徽州住宅以木雕精美著名。面向天井的栏杆靠凳、楼板层向外的挂落、柱梁的节点等都制作了精美的雕花装饰（图 1-1），使结构和装饰融为一体。雕花装饰刀法流畅，丰满华丽而不琐碎，水平很高。住宅的外观简朴，采用粉白的高外墙将全宅封闭，正立面取对称形式，侧立面取梯级形或弓形山墙将屋顶封闭。立面唯一重点装饰的地方是大门，一般采用较简单的门罩式或较繁复的门楼式（一种贴墙牌楼的形式），都用磨砖雕镂成仿木构造的柱、枋、斗、檐椽等形式。

图 1-1　安徽明代某宅栏杆

在我国古代建筑中，除建筑构造让人驻足之外，其内外檐部绘就的色彩斑斓、庄重典雅的彩画也是吸引人们注意的重要部分。因为有了彩画，那些历数风雨的古建筑仍然可用“金碧辉煌”来形容，从而使古代建筑有一种豪放、赫然的气势。

彩画是我国古代建筑中一种常见的重要装饰手法。我国古建筑直至演变到明清时代，在宫殿、庙宇、寺院、王府以及园林建造上，仍需进行油漆与彩画。最能代表古建筑的彩画工艺水平的当数北京故宫。在故宫随处可见清式彩画，一般的宫殿房屋多使用“旋子彩画”，主要殿宇则用“和玺彩画”（图 1-2）。“和玺彩画”是一种最高等级的彩画，大多画在宫殿建筑上或与皇家有关的建筑上。

图 1-2　和玺彩画

古罗马时期柱式和拱券的组合即券柱式（图 1-3），

它是用柱式装饰墙体，在门洞或窗洞两侧各立上一根柱子，柱子凸出于墙面大约3/4个柱径，上面架上檐部，下面立在基座上。券洞券脚也用柱式线脚，与柱式呼应。这种券柱式的构图很成功，是直线和曲线、方形和圆形、实体和虚空的绝妙组合，形体变化和光影变化很丰富。但柱式成了单纯的装饰品，有损于结构逻辑的明确性。古罗马康斯坦丁凯旋门、罗马大斗兽场等均采用柱式构造。柱式流行到全世界，历经两千多年一直延续到现在，对世界建筑产生了深远影响，具有强大的生命力和艺术感染力。

图1-3 券柱式（古罗马康斯坦丁凯旋门）

巴黎圣母院（图1-4）是位于法国巴黎市中心、西堤岛上的教堂建筑，属哥特式建筑风格。其建造于1163年到1345年间，历时180多年。它的地位、历史价值无与伦比，是历史上较为辉煌的建筑之一。教堂以其祭坛、回廊、门窗等处的雕刻和绘画艺术以及堂内所藏的13～17世纪的大量艺术珍品而闻名于世。它全部采用石材建造，其特点是高耸挺拔、辉煌壮丽，整个建筑庄严和谐。圣母院巨大的门四周布满了雕像，一层接一层，石像越往里层越小。所有的柱子都挺拔修长，与上部尖尖的拱券连成一气。中庭又窄又高又长。从外面仰望教堂，那高峻的形体加上顶部耸立的钟塔和尖塔，使人感到一种向蓝天升腾的雄姿。南侧玫瑰窗（图1-5）建于13世纪，上面刻画了耶稣基督在童贞女的簇拥下行祝福礼的情形。其色彩之绚烂、玻璃镶嵌之细密，给人一种似乎一颗灿烂的星星在闪烁的印象，它把五彩斑斓的光线射向室内的每一个角落。

图1-4 巴黎圣母院（局部）

图1-5 巴黎圣母院玫瑰窗

1.1.2 装饰工程图常见类型

建筑装饰工程图常见类型主要有方案图、效果图、施工图、变更图等。

1）方案图主要是根据业主提出的设计任务和要求，进行调查研究，搜集资料，提出设计方案，然后初步绘出草图。复杂一些的可以绘出透视图或制作出建筑模型。方案图的图纸和有关文件只能作为提供研究和审批使用，不能作为施工依据。

2）效果图是在装饰装修施工前就绘制出建筑物装饰装修后的风格效果的图，可以提前让客户知道装修后的空间、选材、造型、灯光、色彩、装饰风格等效果。效果图主要偏重于艺术性，烘托装饰的艺术感染力。

3）施工图是为满足工程施工中的各项具体技术要求，通过详细的计算和设计，绘制出的完整的工程图样。施工图是施工单位进行施工的依据。建筑装饰施工图包括平面布置图、楼地面平面图、顶棚平面图、装饰立面图；装饰详图包括墙（柱）面装饰剖面图、装饰构配件详图和装饰节点详图。

4）变更图应包括变更原因、变更位置、变更内容等。变更设计可采取图纸的形式，也可采取文字说明的形式。

下面简要介绍一下效果图和施工图。

1. 效果图

效果图是对设计师或业主的设计意图进行形象化表现的图样。设计师通过手绘或电脑软件在装饰装修施工前就绘制出建筑物装饰装修后的风格效果的图，可以提前让客户知道装修后的空间是什么样子。装修效果图分为室内装饰装修效果图和室外装饰装修效果图。一般就装修层面来讲，室内效果图更多见。

效果图通常选取典型部位，如住宅通常画出客厅、餐厅、主卧等的效果图。效果图能表达出整体的空间特征、装饰风格、造型变化、材料的选用与搭配、灯光布置、家具、陈设等装饰要素，直观性强。如图 1-6 所示为某别墅主卧室装饰效果图，可以看出卧室的空间格局、装饰选材、陈设、家具等，卧室家具（椅子、柜子等）、陈设（灯具、柱式等）均为典型的中国传统风格，整个卧室优雅沉稳、空间开阔。

图 1-6　某别墅主卧室装饰效果图

2. 施工图

装饰工程施工图是按照装饰设计方案确定的空间尺度、构造做法、材料选用、施工工艺等，并遵照建筑及装饰设计规范所规定的要求编制的用于指导装饰施工生产的技术文件。装饰工程施工图同时也是进行造价管理、工程监理等工作的主要技术文件，它包含以下几种图纸：

1）平面布置图。平面布置图是在建筑平面图的基础上完成的，侧重于表达各个空间的室内平面布置（包括家具及陈设的形状、大小和位置）的施工图。如图1-7所示为某装饰平面布置图。

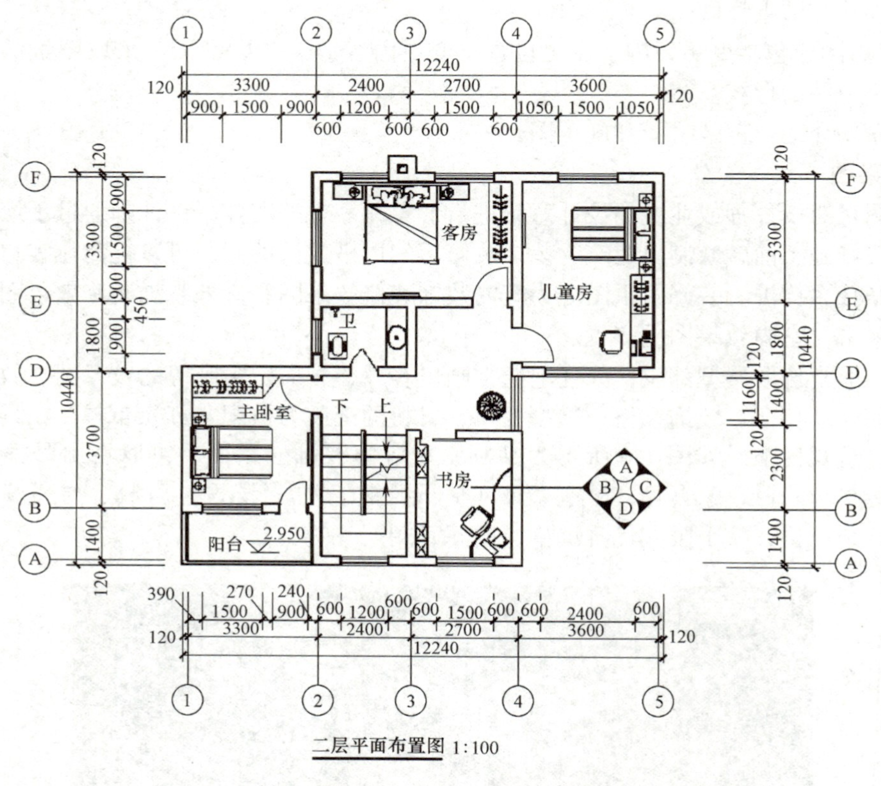

图1-7 某装饰平面布置图

2）地面平面图。地面平面图是指在建筑平面图的基础上，不画活动家具及绿化布置，只画出地面的装饰分格，标注地面材质、尺寸和颜色、地面标高等。

3）顶棚平面图。顶棚平面图是反应顶棚平面形状、灯具位置、材料选用、尺寸标高及构造做法的图纸，它是装饰施工图的主要图样之一。

4）装饰立面图。装饰立面图通常指室内四面墙体的装饰装修立面图，它主要用来表达内墙立面的造型、所采用的材料及规格、色彩与工艺要求、陈设等。如图1-8所示为某装饰立面图。

5）装饰详图。在装饰图纸中，有时由于受图纸幅面、比例的制约，对于装修细部、装修构配件及某些装修剖面图节点的详细构造，常常难以表达清楚，给施工带来困难，有的甚至无法进行施工。这样，必须另外用放大的形式绘制图样才能表达清楚，满足施工的需要，

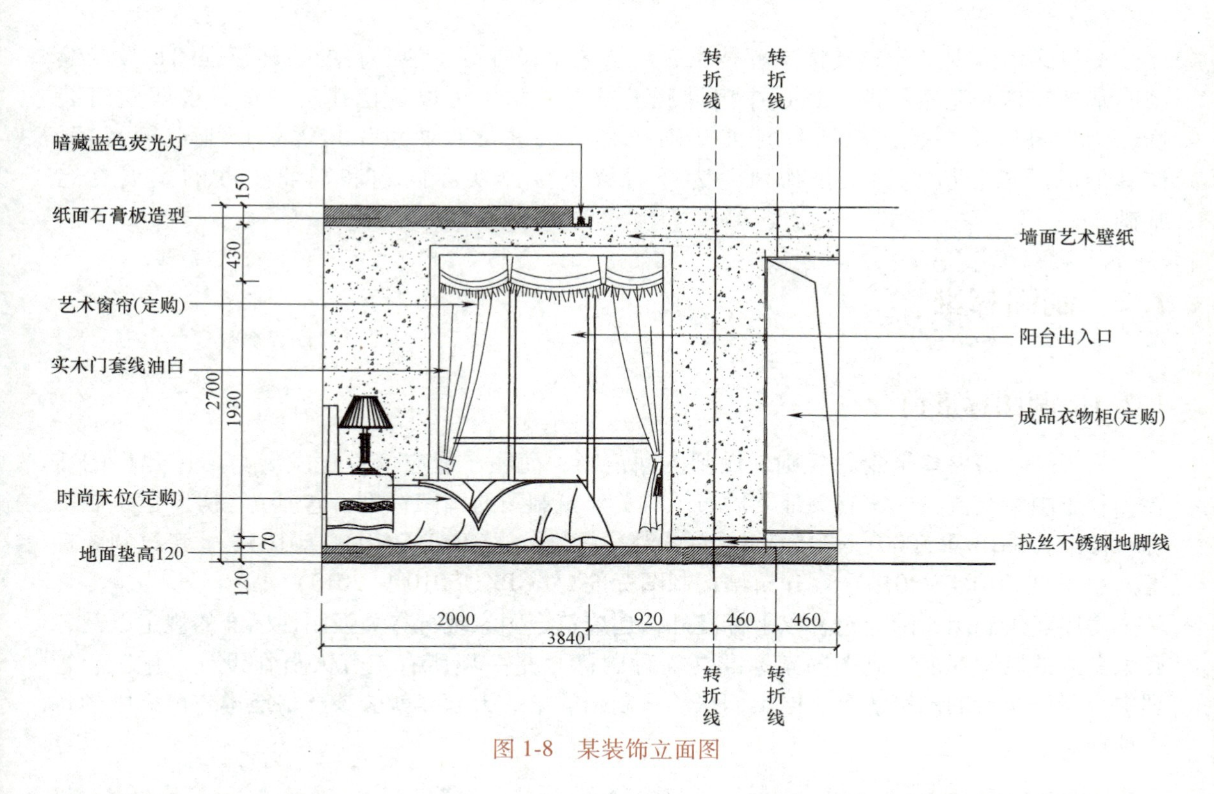

图 1-8　某装饰立面图

这样的图样就称为详图，它包括墙（柱）面装饰剖面图、装饰构配件详图、节点详图等。

1.1.3　本课程的学习内容和要求

本课程主要学习的内容为通过装饰工程图实例，了解建筑装饰工程图的常见类型、用途，并从识读与绘制装饰施工图的要求出发、任务驱动，使学生了解常用绘图工具和用品，掌握制图标准和绘图步骤、方法，能够识读与绘制一般建筑和装饰工程施工图。

1. 本课程的主要内容

1）建筑识图基础知识，主要包括投影法及运用、房屋建筑制图国家标准等相关知识。

2）建筑施工图的识读和绘制。

3）装饰施工图的识读和绘制。

2. 本课程的学习任务

1）掌握投影的基本原理和绘图技能。

2）掌握与建筑工程施工图相关的国家制图标准。

3）掌握建筑施工图的图示方法、图示内容和识读方法，并能熟练识读施工图。

4）掌握装饰施工图的图示方法、图示内容和识读方法，并能熟练识读施工图。

3. 本课程的学习方法

1）在学习识图基础知识部分时，要结合理论知识，多看图，多绘制建筑形体的投影图，多分析投影图的形成，以提高作图能力和识图能力，提高空间想象能力。

2）在学习施工图部分时，应尽量完整地识读一套施工图，系统地掌握整套施工图的识读方法。

本门课程体现了建筑装饰工程技术、装饰艺术设计等专业必备的装饰工程图识读与绘制的基础知识和基本技能，通过本门课程的学习，学生可以认识建筑装饰、了解建筑装饰，为学习后续专业技能课程打下基础；对学生进行职业意识培养和职业道德教育，使其形成严谨、敬业的工作作风，为今后解决生产实际问题和职业生涯的发展奠定基础。

1.2 制图标准

1.2.1 制图标准简介

为了统一房屋建筑制图规则，做到图面清晰、简明，适应信息化发展与房屋建设的需要，利于国际交流，国家有关部委颁布了有关建筑制图的国家标准，包括：《房屋建筑制图统一标准》（GB/T 50001—2017）、《总图制图标准》（GB/T 50103—2010）、《建筑制图标准》（GB/T 50104—2010）、《建筑结构制图标准》（GB/T 50105—2010）等。

房屋建筑制图，除应符合以上标准外，还应符合国家现行有关强制性标准的规定以及各有关专业的制图标准。制图国家标准（简称国标）是一项所有工程人员在设计、施工、管理中应严格执行的国家法令。同学们从学习制图的第一天起，就应该严格地遵守国标中的每一项规定。

1.2.2 图纸幅面

1. 图纸的幅面规格

图纸幅面是指图纸宽度与长度组成的图面，即图纸的大小规格。图纸中应有标题栏、图框线、幅面线、装订边线和对中标志。图纸的标题栏及装订边的位置，应符合表1-1的规定和图1-9的格式。

表1-1 图纸幅面和图框尺寸 （单位：mm）

尺寸代号	幅面代号				
	A0	A1	A2	A3	A4
$b \times l$	841×1189	594×841	420×594	297×420	210×297
c	10			5	
a	25				

图纸以短边作为垂直边应为横式，以短边作为水平边应为立式。A0~A3图纸宜横式使用；必要时，也可立式使用。横式、立式幅面的图纸，应按图1-9的形式进行布置。

需要缩微复制的图纸，其一个边上应附有一段准确米制尺度，四个边上均附有对中标志，米制尺度的总长应为100mm，分格应为10mm。对中标志应画在图纸内框各边长的中点处，线宽0.35mm，应伸入内框边，在框外为5mm。对中标志的线段，在 l_1 和 b_1 范围取中。

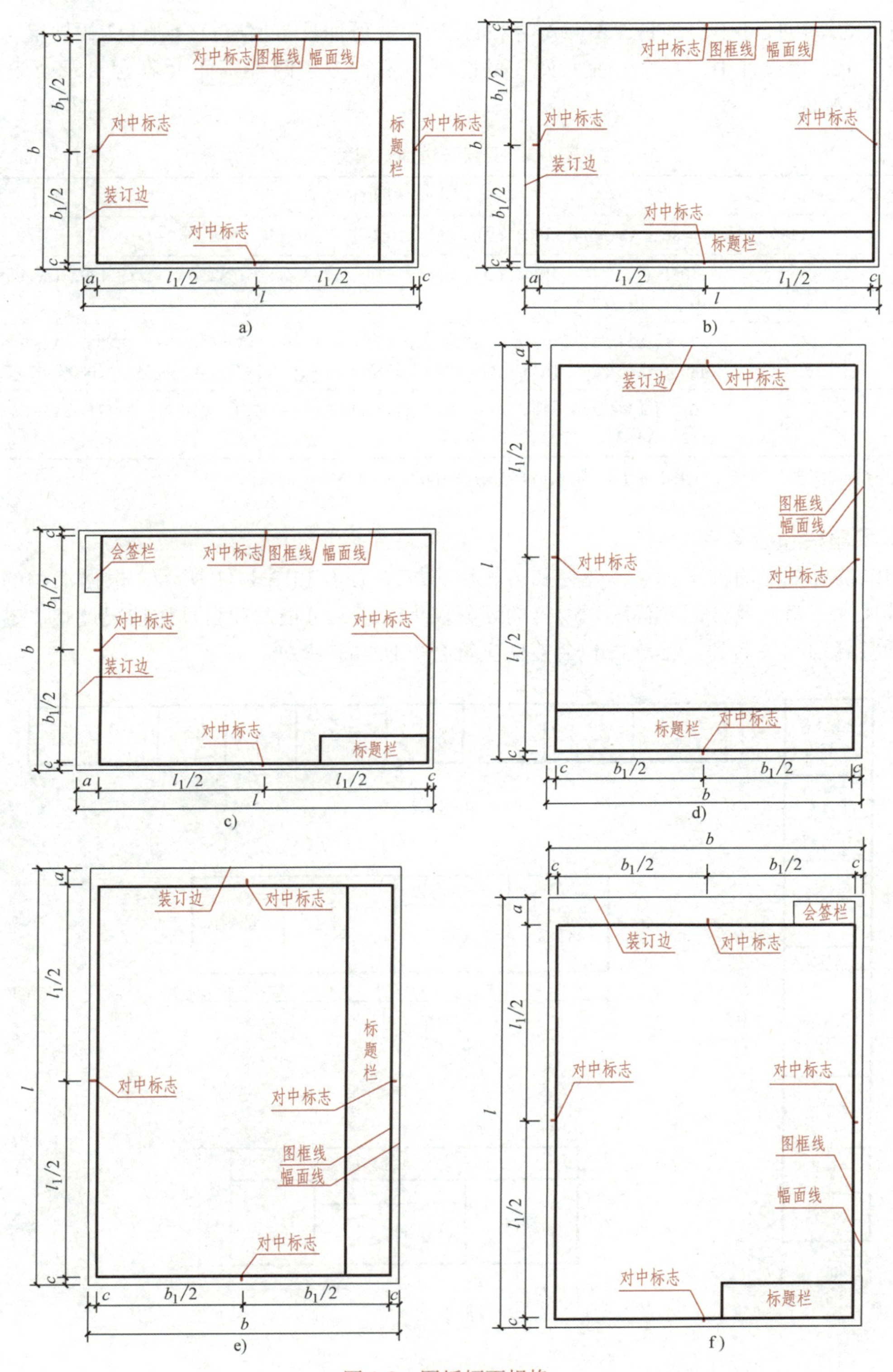

图1-9 图纸幅面规格

a）A0~A3横式幅面（一） b）A0~A3横式幅面（二） c）A0~A1横式幅面
d）A0~A4立式幅面（一） e）A0~A4立式幅面（二） f）A0~A2立式幅面

图纸的短边尺寸不应加长，A0～A3 幅面长边尺寸可加长，但应符合表 1-2 的规定。

同一个工程设计中，每个专业所使用的图纸，不宜多于两种幅面（不含目录及表格所采用的 A4 幅面）。

表 1-2 图纸长边加长尺寸 （单位：mm）

幅面代号	长边尺寸	长边加长后的尺寸
A0	1189	1486（A0+l/4） 1783（A0+l/2） 2080（A0+3l/4） 2378（A0+1l）
A1	841	1051（A1+l/4） 1261（A1+l/2） 1471（A1+3l/4） 1682（A1+1l） 1892（A1+5l/4） 2102（A1+3l/2）
A2	594	743（A2+l/4） 891（A2+l/2） 1041（A2+3l/4） 1189（A2+1l） 1338（A2+5l/4） 1486（A2+3l/2） 1635（A2+7l/4） 1783（A2+2l） 1932（A2+9l/4） 2080（A2+5l/2）
A3	420	630（A3+l/2） 841（A3+1l） 1051（A3+3l/2） 1261（A3+2l） 1471（A3+5l/2） 1682（A3+3l） 1892（A3+7l/2）

注：有特殊需要的图纸，可采用 $b \times l$ 为 841mm×891mm 与 1189mm×1261mm 的幅面。

2. 标题栏和会签栏

图纸的标题栏简称图标。标题栏和会签栏应按图 1-10 和图 1-11 所示，根据工程的需要确定其尺寸、格式及分区。标题栏内容的划分仅为示意，可根据项目具体情况调整。签字栏应包括实名列和签名列。标题栏和会签栏应符合下列规定：

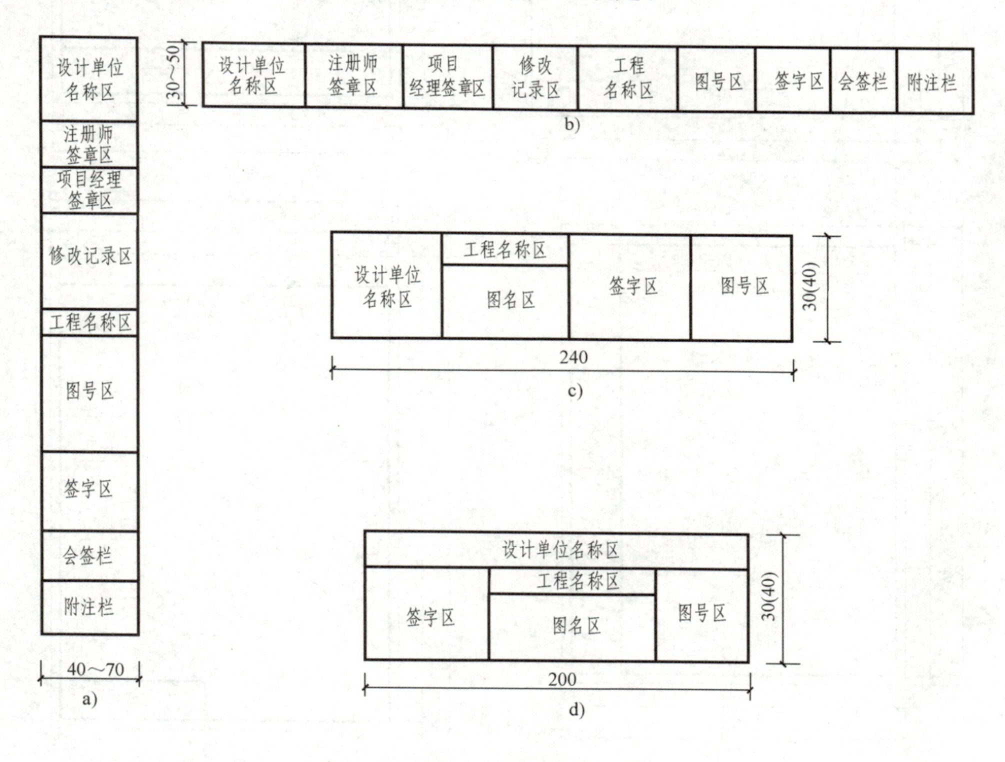

图 1-10 标题栏

a）标题栏（一） b）标题栏（二） c）标题栏（三） d）标题栏（四）

1）涉外工程的标题栏内，各项主要内容的中文下方应附有译文；设计单位的上方或左方，应加“中华人民共和国”字样。

2）在计算机辅助制图文件中使用电子签名与认证时，应符合国家有关电子签名法的规定。

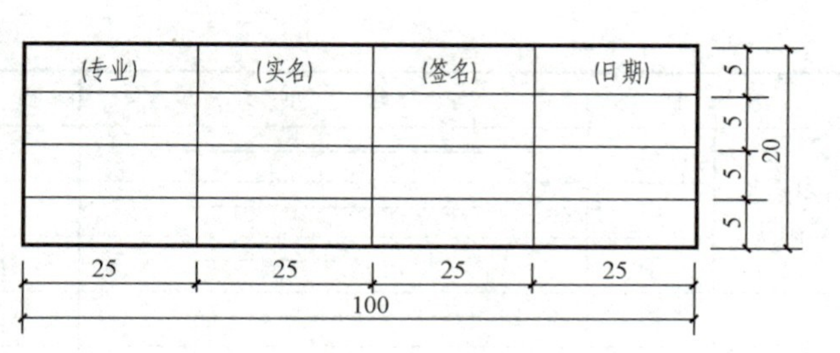

图1-11　会签栏

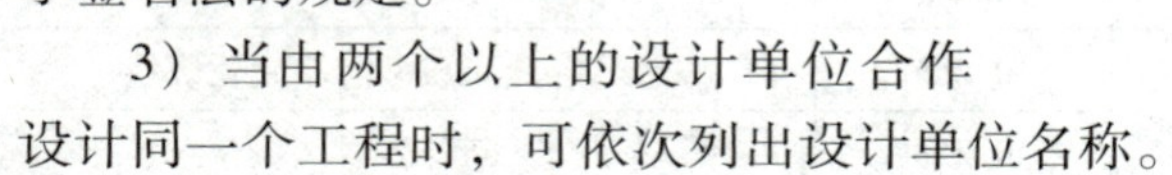

3）当由两个以上的设计单位合作设计同一个工程时，可依次列出设计单位名称。

1.2.3　图线

图线是指起点和终点间以任何方式连接的一种几何图形，形状可以是直线或曲线，可以是连续线或不连续线。

图线的基本线宽 b，宜按照图纸比例及图纸性质从1.4mm、1.0mm、0.7mm、0.5mm线宽系列中选取。每个图样，应根据复杂程度与比例大小，先选定基本线宽 b，再选用表1-3中相应的线宽组。

同一张图纸内，相同比例的各图样，应选用相同的线宽组。

表1-3　线宽组　（单位：mm）

线　宽	线　宽　组			
b	1.4	1.0	0.7	0.5
$0.7b$	1.0	0.7	0.5	0.35
$0.5b$	0.7	0.5	0.35	0.25
$0.25b$	0.35	0.25	0.18	0.13

注：1. 需要缩微的图纸，不宜采用0.18mm及更细的线宽。
2. 同一张图纸内，各不同线宽中的细线，可统一采用较细的线宽组的细线。

工程建设制图应选用表1-4所示的图线。

表1-4　图线

名　称		线　型	线　宽	一般用途
实线	粗		b	主要可见轮廓线
	中粗		$0.7b$	可见轮廓线、变更云线
	中		$0.5b$	可见轮廓线、尺寸线
	细		$0.25b$	图例填充线、家具线
虚线	粗		b	见各有关专业制图标准
	中粗		$0.7b$	不可见轮廓线
	中		$0.5b$	不可见轮廓线、图例线
	细		$0.25b$	图例填充线、家具线

（续）

名称		线型	线宽	一般用途
单点长画线	粗		b	见各有关专业制图标准
	中		0.5b	见各有关专业制图标准
	细		0.25b	中心线、对称线、轴线等
双点长画线	粗		b	见各有关专业制图标准
	中		0.5b	见各有关专业制图标准
	细		0.25b	假想轮廓线、成型前原始轮廓线
折断线	细		0.25b	断开界线
波浪线	细		0.25b	断开界线

如图1-12所示为建筑工程施工图中的线型示例。

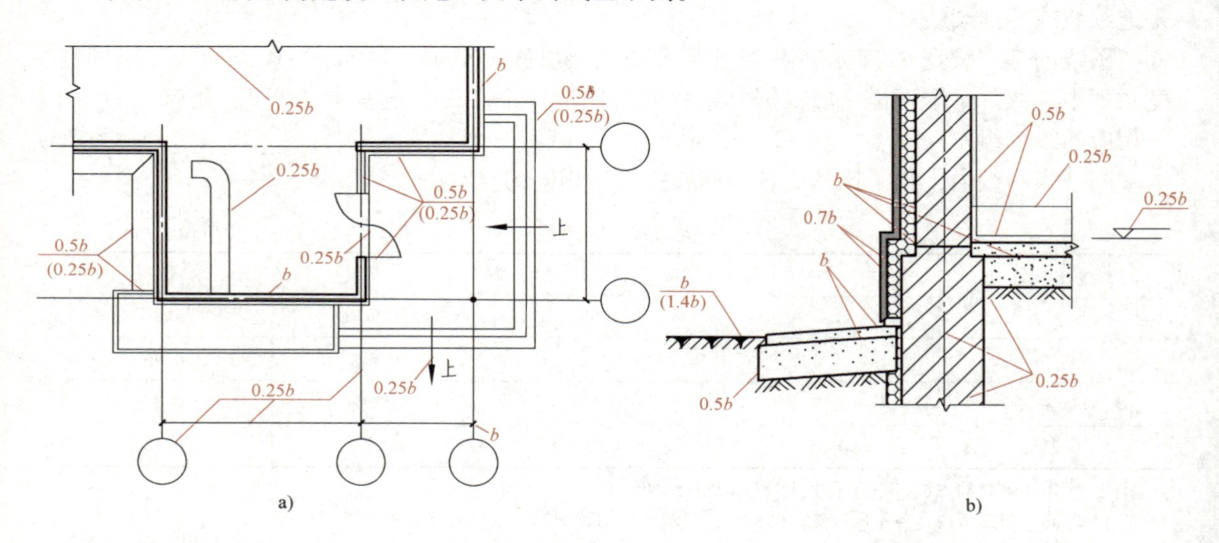

图1-12 建筑工程施工图中的线型示例
a）平面图图线宽度选用示例 b）墙身剖面图图线宽度选用示例

图纸的图框线和标题栏线，可采用表1-5的线宽。

表1-5 图框线、标题栏线的宽度

幅面代号	图框线	标题栏外框线、对中标志	标题栏分格线、幅面线
A0、A1	b	0.5b	0.25b
A2、A3、A4	b	0.7b	0.35b

绘制图线时还应注意以下问题：

1）相互平行的图例线，其净间隙或线中间隙不宜小于0.2mm。

2）虚线、单点长画线或双点长画线的线段长度和间隔，宜各自相等。

3）当单点长画线或双点长画线在较小图形中绘制有困难时，可用实线代替。

4）单点长画线或双点长画线的两端不应是点。点画线与点画线交接或点画线与其他图线交接时，应是线段交接。

5）虚线与虚线交接或虚线与其他图线交接时，应是线段交接。虚线为实线的延长线时，不得与实线相接。

6）图线不得与文字、数字或符号重叠、混淆，不可避免时，应首先保证文字的清晰。

如图1-13所示为常用图线的画法示例。

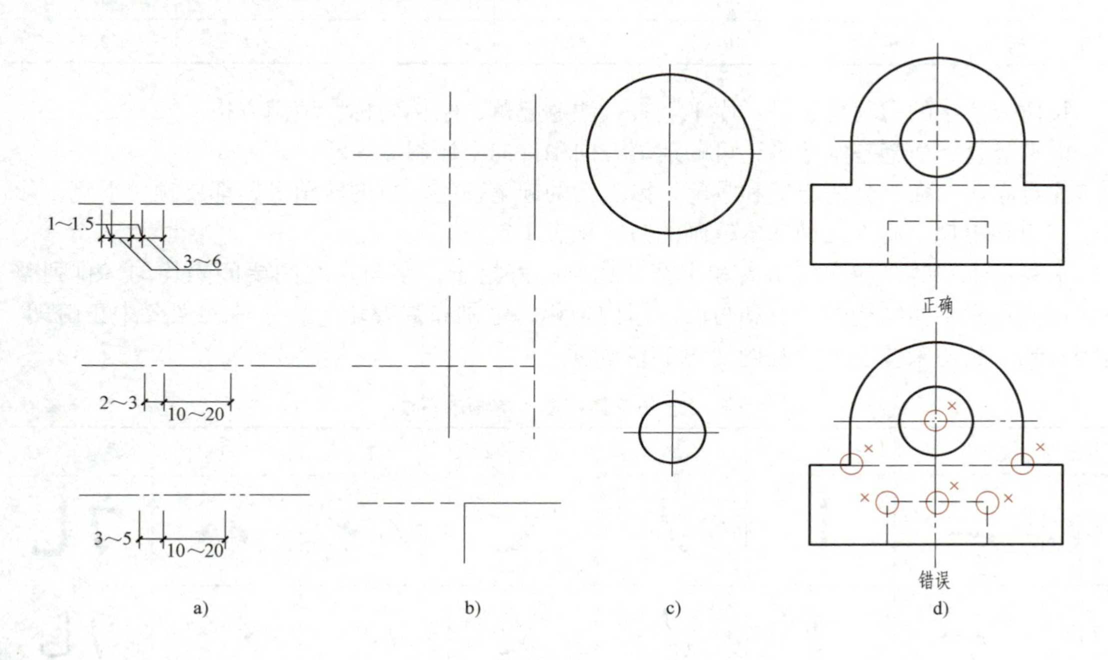

图1-13　图线的画法

a）线的画法　b）交接　c）圆的中心线画法　d）举例

1.2.4　字体

字体是指文字的风格式样。图样上常用的字体有汉字、阿拉伯数字、拉丁字母，它们用来标注尺寸及施工的技术要求等内容。有时也会出现罗马数字、希腊字母等。例如：用汉字注写图名、建筑材料；用数字标注尺寸；用数字和字母表示轴线的编号等。图纸上所需书写的文字、数字或符号等，均应笔画清晰、字体端正、排列整齐；标点符号应清楚正确。

文字的字高，应从表1-6中选用。字高大于10mm的文字宜采用True type字体，如需书写更大的字，其高度应按$\sqrt{2}$的倍数递增。

表1-6　文字的字高　（单位：mm）

字体种类	汉字矢量字体	True type字体及非汉字矢量字体
字　　高	3.5、5、7、10、14、20	3、4、6、8、10、14、20

1. 汉字

图样及说明中的汉字，宜优先采用True type字体中的宋体字型，采用矢量字体时应为长仿宋体字型。同一图纸中的字体种类不应超过两种。矢量字体的宽高比宜为 0.7，且应符合表 1-7 的规定，打印线宽宜为 0.25~0.35mm；True type 字体宽高比宜为 1。大标题、图册封面、地形图等的汉字，也可书写成其他字体，但应易于辨认，其宽高比宜为 1。

表 1-7 长仿宋体字高与宽关系 （单位：mm）

字 高	20	14	10	7	5	3.5
字 宽	14	10	7	5	3.5	2.5

长仿宋体字的书写要领是：横平竖直，注意起落，结构匀称，填满方格。

横平竖直，横笔基本要平，可顺运笔方向稍许向上倾斜 2°~5°。

注意起落，横、竖的起笔和收笔，撇、钩的起笔，钩、折的转角等，都要顿一下笔，形成小三角和出现字肩。几种基本笔画的写法见表 1-8。

书写仿宋字时，应先按字高和字宽的比例打好格子，字与字之间要间隔均匀，排列整齐。还应注意字体结构的特点和写法。结构匀称，笔画布局要均匀，字体构架要中正疏朗、疏密有致。长仿宋体字书写范例如图 1-14 所示。

表 1-8 仿宋体字基本笔画的写法

名称	横	竖	撇	捺	挑	点	钩
形状							
笔法							

2. 数字和字母

图样及说明中的字母、数字，宜采用 True type 字体中的 Roman 字型，书写规则应符合表 1-9 的规定。

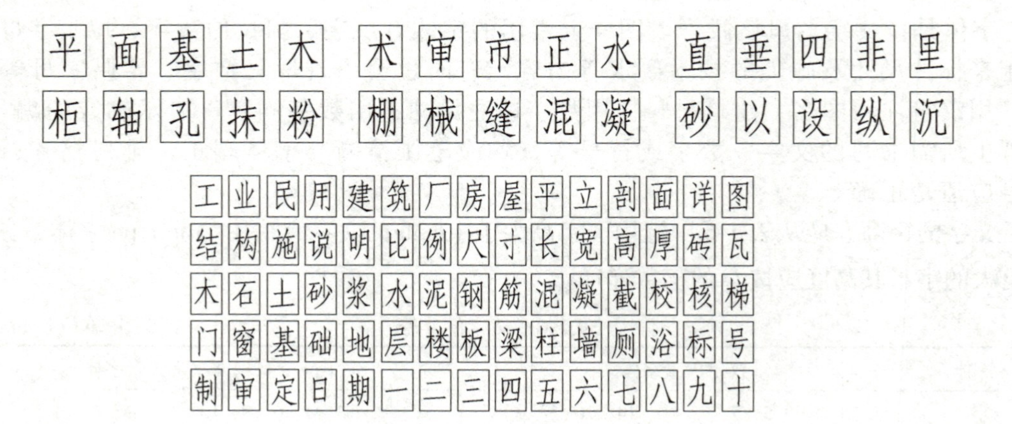

图 1-14 长仿宋体字书写范例

表 1-9　字母及数字的书写规则

书写格式	字　体	窄字体
大写字母高度	h	h
小写字母高度（上下均无延伸）	$7h/10$	$10h/14$
小写字母伸出的头部或尾部	$3h/10$	$4h/14$
笔画宽度	$h/10$	$h/14$
字母间距	$2h/10$	$2h/14$
上下行基准线的最小间距	$15h/10$	$21h/14$
词间距	$6h/10$	$6h/14$

字母及数字，如需写成斜体字，其斜度应是从字的底线逆时针向上倾斜 75°。斜体字的高度和宽度应与相应的直体字相等。

字母及数字的字高不应小于 2.5mm。

数量的数值注写，应采用正体阿拉伯数字。各种计量单位凡前面有量值的，均应采用国家颁布的单位符号注写。单位符号应采用正体字母。

数字与字母书写范例如图 1-15 所示。

图 1-15　数字与字母书写范例

1.2.5　比例

图样的比例，应为图形与其实物的线性尺寸之比。比例的符号为“：”，比例应以阿拉伯数字表示，比如 1：50、1：100 等。

比例大小指比值大小，如 1：50>1：100；比值为 1 的比例为原值比例（即 1：1）；大于 1 的比例称为放大比例（如 2：1 等）；小于 1 的比例称为缩小比例（如 1：2、1：100 等），比例的大小示例如图 1-16 所示。

比例宜注写在图名的右侧，字的基准线应取平；比例的字高宜比图名的字高小一号或两号，如图 1-17 所示。

绘图所用的比例应根据图样的用途与被绘对象的复杂程度，从表 1-10 中选用，并应优先采用表中常用比例。

一般情况下，一个图样应选用一种比例。根据专业制图需要，同一图样可选用两种比例。

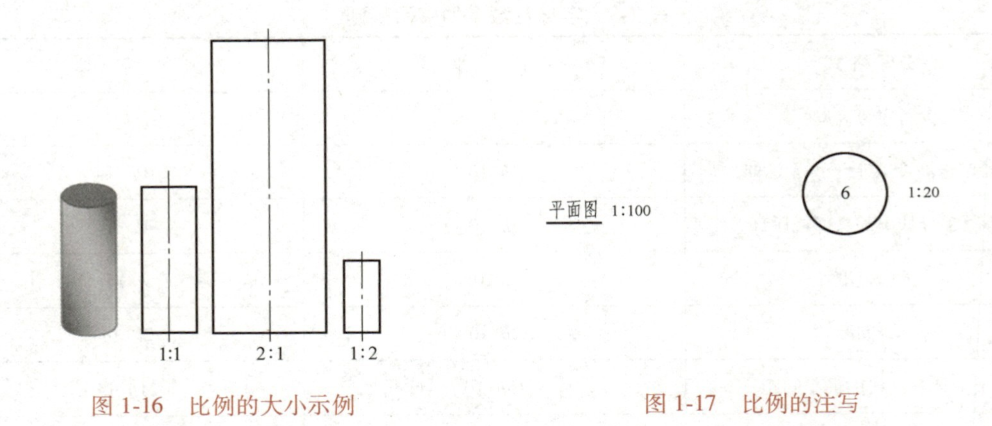

图 1-16　比例的大小示例　　　　图 1-17　比例的注写

表 1-10　绘图比例

常用比例	1∶1、1∶2、1∶5、1∶10、1∶20、1∶30、1∶50、1∶100、1∶150、1∶200、1∶500、1∶1000、1∶2000
可用比例	1∶3、1∶4、1∶6、1∶15、1∶25、1∶40、1∶60、1∶80、1∶250、1∶300、1∶400、1∶600、1∶5000、1∶10000、1∶20000、1∶50000、1∶100000、1∶200000

1.2.6　尺寸标注

尺寸是构成图样的一个重要组成部分，是工程施工的重要依据，因此尺寸标注要准确、完整、清晰。图样上标注的尺寸由尺寸线、尺寸界线、尺寸起止符号、尺寸数字组成，称为尺寸的四要素。尺寸标注的组成如图 1-18 所示。

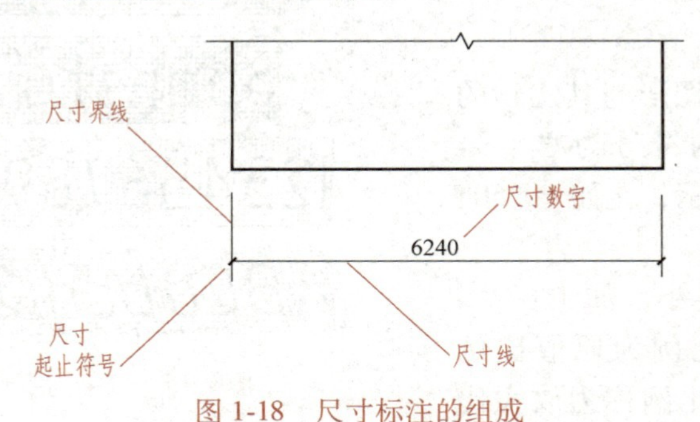

图 1-18　尺寸标注的组成

1. 尺寸界线、尺寸线、尺寸起止符号

1）尺寸界线应用细实线绘制，一般应与被标注长度垂直，其一端离开图样轮廓线不应小于 2mm，另一端宜超出尺寸线 2~3mm，如图 1-19 所示。图样轮廓线可用作尺寸界线。

2）尺寸线应用细实线绘制，应与被标注长度平行。图样本身的任何图线均不得用作尺寸线。

3）尺寸起止符号一般用中粗斜短线绘制，其倾斜方向应与尺寸界线成顺时针 45°角，长度宜为 2~3mm。轴测图中用小圆点表示尺寸起止符号，小圆点直径 1mm，如图 1-20a 所示。半径、直径、角度与弧长的尺寸起止符号宜用箭头表示，如图 1-20b 所示。箭头宽度 b

不宜小于 1mm。

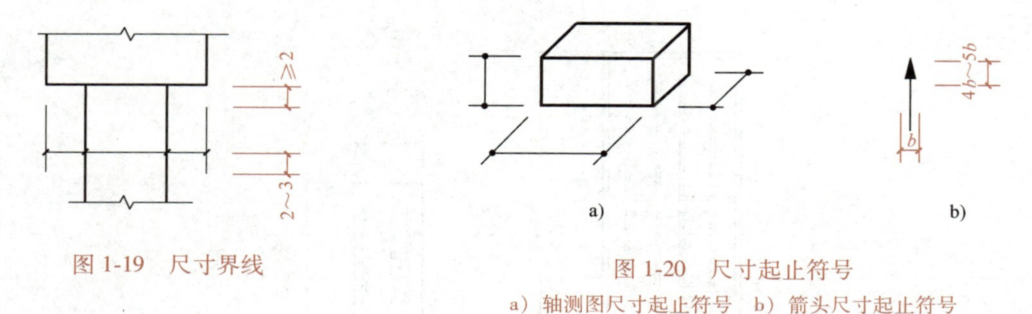

图 1-19　尺寸界线

图 1-20　尺寸起止符号

a）轴测图尺寸起止符号　b）箭头尺寸起止符号

2. 尺寸数字

1）图样上的尺寸，应以尺寸数字为准，不得从图上直接量取。

2）图样上的尺寸，除标高及总平面以 m 为单位外，其他必须以 mm 为单位。

3）尺寸数字的方向，应按图 1-21a 的规定注写。若尺寸数字在 30°斜线区内，也可按图 1-21b的形式注写，此注写方式较适合手绘操作。

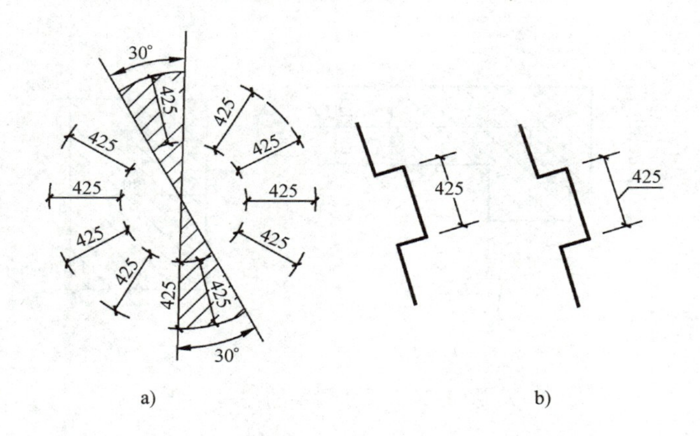

图 1-21　尺寸数字的注写方向

4）尺寸数字一般应依据其方向注写在靠近尺寸线的上方中部。如没有足够的注写位置，最外边的尺寸数字可注写在尺寸界线的外侧，中间相邻的尺寸数字可上下错开注写，可用引出线表示标注尺寸的位置，如图 1-22 所示。

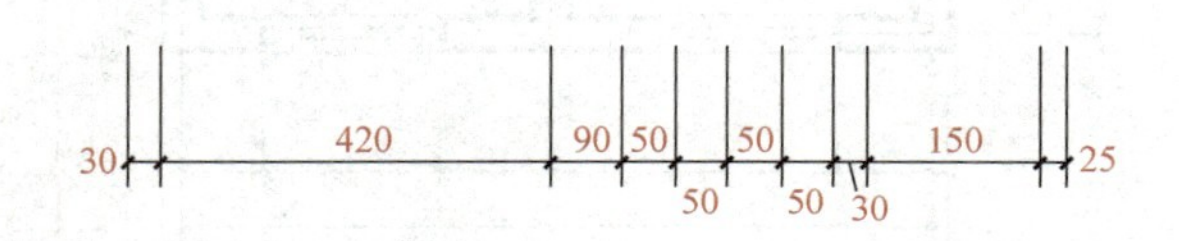

图 1-22　尺寸数字的注写位置

5）工程图上标注的尺寸数字是物体的实际尺寸，它与绘图所用的比例大小无关。不同比例图样的尺寸标注如图 1-23 所示。

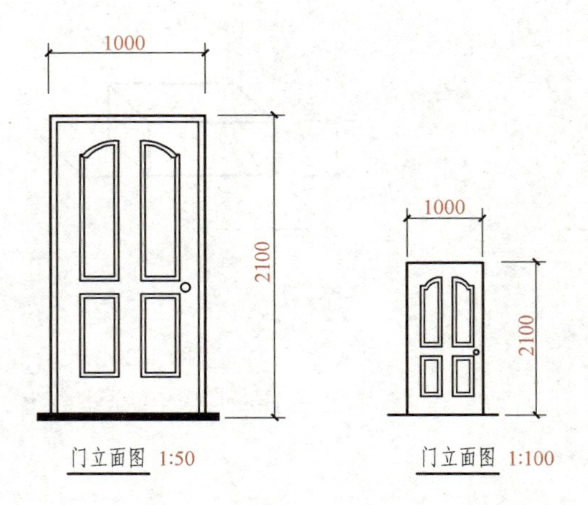

图 1-23 不同比例图样的尺寸标注

3. 尺寸的排列与布置

1）尺寸宜标注在图样轮廓以外，不宜与图线、文字及符号等相交。尺寸数字的注写如图 1-24 所示。

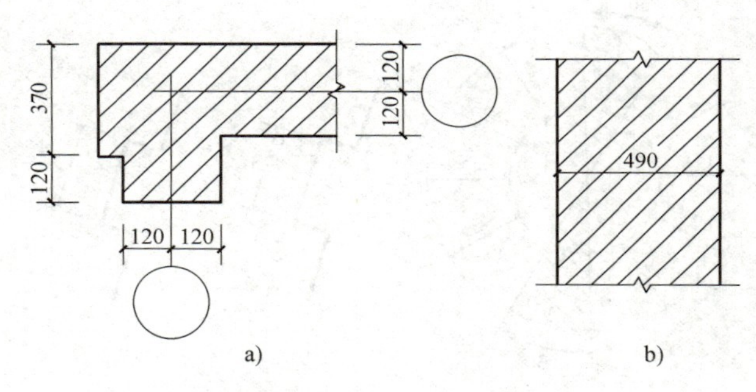

图 1-24 尺寸数字的注写

2）互相平行的尺寸线，应从被注写的图样轮廓线由近向远整齐排列，较小尺寸应离轮廓线较近，较大尺寸应离轮廓线较远，如图 1-25 所示。

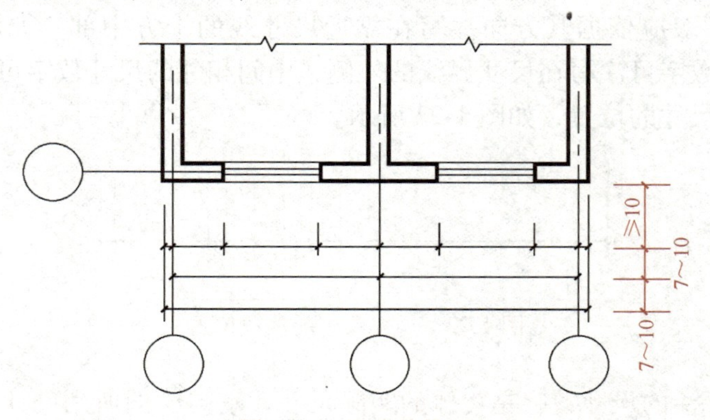

图 1-25 尺寸的排列

注：小尺寸在内，大尺寸在外，注意尺寸线与图及尺寸线之间的距离。

3）图样轮廓线以外的尺寸界线，距图样最外轮廓之间的距离不宜小于10mm。平行排列的尺寸线的间距宜为7~10mm，并应保持一致。

4）总尺寸的尺寸界线应靠近所指部位，中间的分尺寸的尺寸界线可稍短，但其长度应相等。

在标注尺寸时容易出现的一些问题见表1-11。

表1-11　尺寸标注易出现的问题

说　明	正　确	错　误
尺寸数字应写在尺寸线的中间，水平尺寸数字应从左到右写在尺寸线上方，竖向尺寸数字应从下到上写在尺寸线左侧	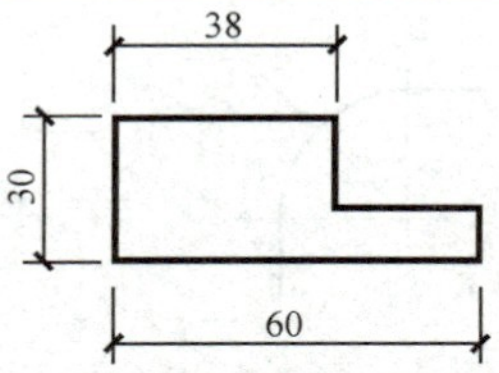	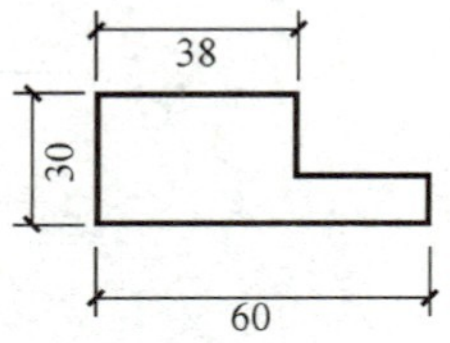
长尺寸在外，短尺寸在内	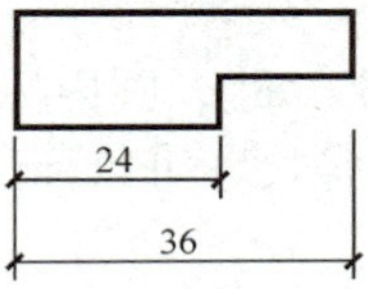	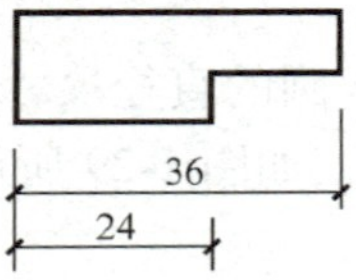
不能用尺寸界线作为尺寸线	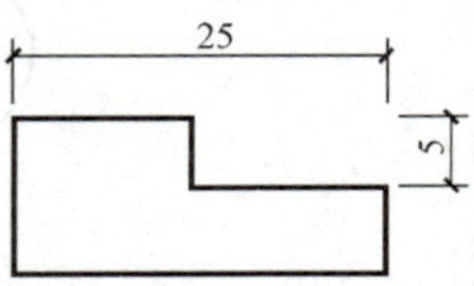	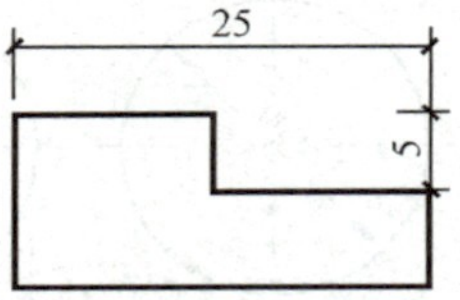
轮廓线、中心线可以作为尺寸界线，但不能用作尺寸线	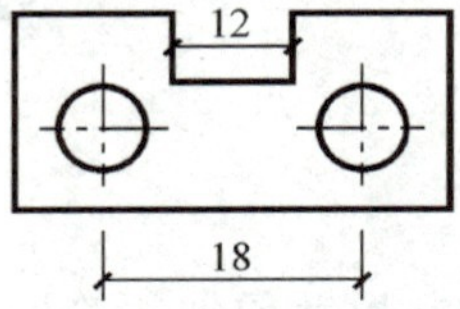	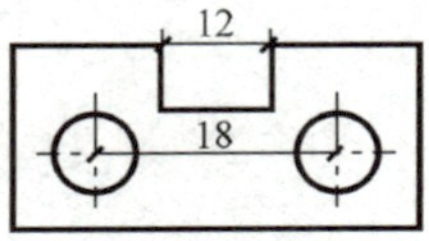
同一张图样内尺寸数字应大小一致	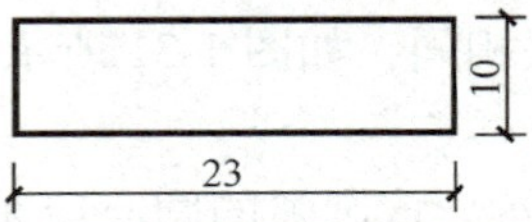	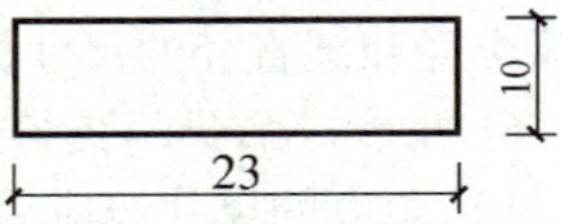
在断面图中写数字处，应留空不画断面线		
两尺寸界线之间比较窄时，尺寸数字可注在尺寸界线外侧，或上下错开，或用引出线引出再标注	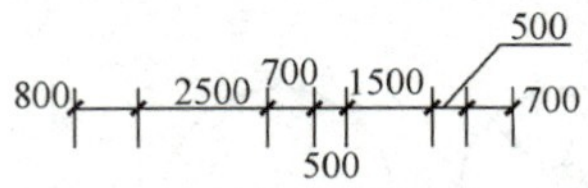	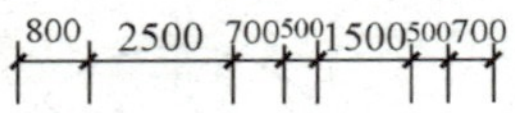

4. 半径、直径、球的尺寸标注

1）半径的尺寸线应一端从圆心开始，另一端画箭头指向圆弧。半径数字前加注半径符号“*R*”，如图1-26所示。较大圆弧的半径可按图1-27的形式标注，较小圆弧的半径可按图1-28的形式标注。

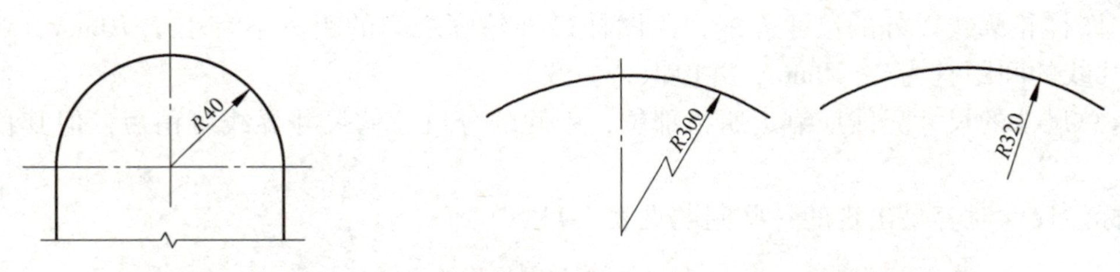

图 1-26 半径的标注方法　　图 1-27 大圆弧半径的标注方法

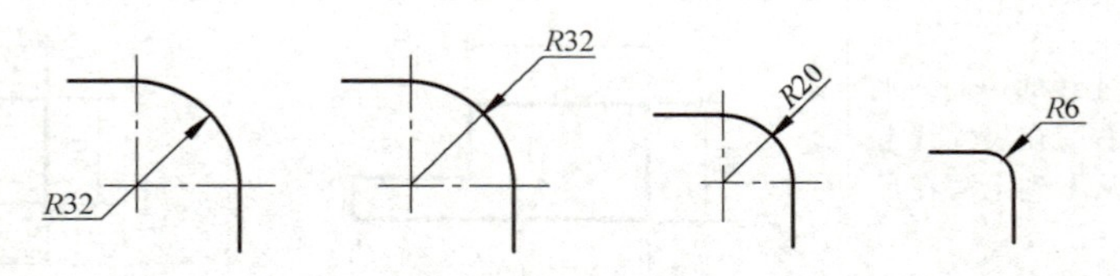

图 1-28 小圆弧半径的标注方法

2）圆的直径尺寸前标注直径符号“ϕ”，圆内标注的尺寸线应通过圆心，两端画箭头指至圆弧，如图 1-29 所示。较小圆的直径尺寸可以标注在圆外，如图 1-30 所示。

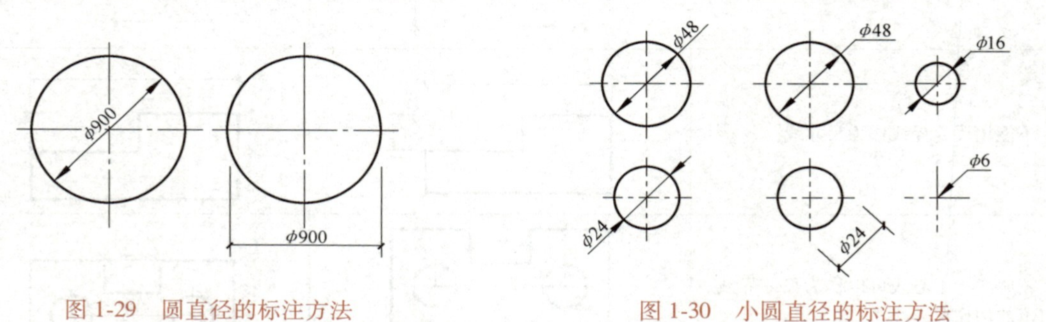

图 1-29 圆直径的标注方法　　图 1-30 小圆直径的标注方法

3）标注球的半径、直径时，应在尺寸前加注符号“S”，即“SR”“$S\phi$”，注写方法与圆弧半径和圆直径的尺寸标注方法相同，如图 1-31 所示。

5. 角度、弧长、弦长的标注

1）角度的尺寸线应用圆弧表示。该圆弧的圆心应是该角的顶点，角的两条边为尺寸界线。起止符号应以箭头表示，如没有足够位置画箭头，可用圆点代替，角度数字应沿水平方向注写，如图 1-32 所示。

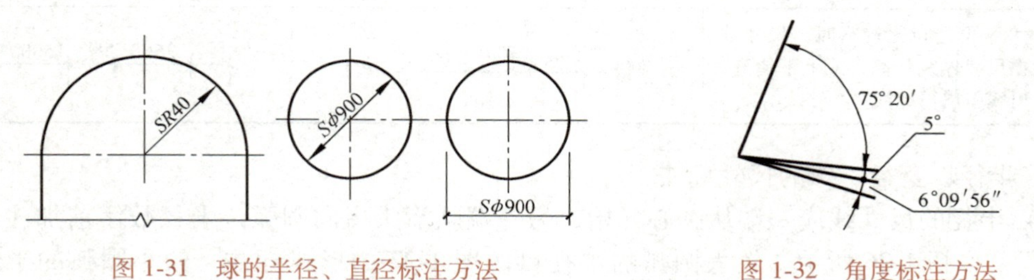

图 1-31 球的半径、直径标注方法　　图 1-32 角度标注方法

2）标注圆弧的弧长时，尺寸线应用与该圆弧同心的圆弧线表示，起止符号用箭头表

示，弧长数字上方或前方应加注圆弧符号“⌒”，如图1-33所示。

3）标注圆弧的弦长时，尺寸线应用平行于该弦的直线表示，尺寸界线应垂直于该弦，起止符号用中粗斜短线表示，如图1-34所示。

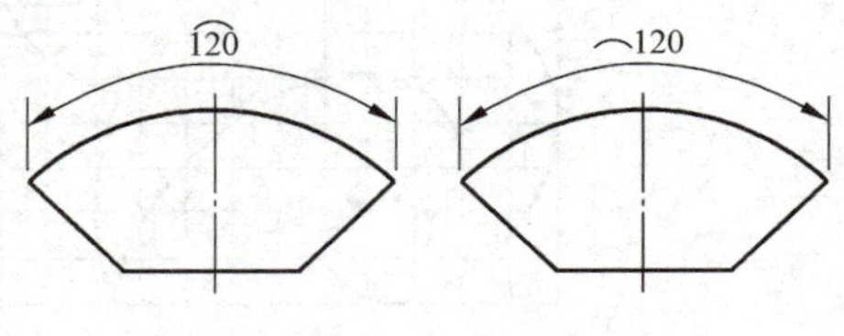

图1-33　弧长标注方法

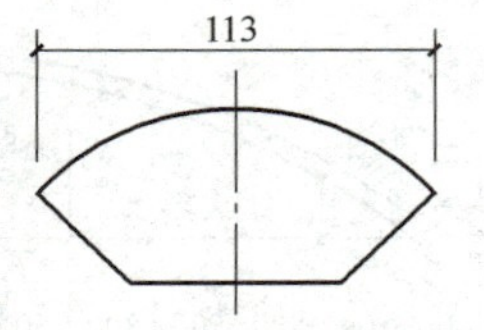

图1-34　弦长标注方法

6. 薄板厚度、正方形、坡度、非圆曲线等尺寸标注

1）在薄板板面标注板厚尺寸时，应在厚度数字前加厚度符号“*t*”，如图1-35所示。

2）标注正方形的尺寸，可用“边长×边长”的形式，也可在边长数字前加正方形符号“□”，如图1-36所示。

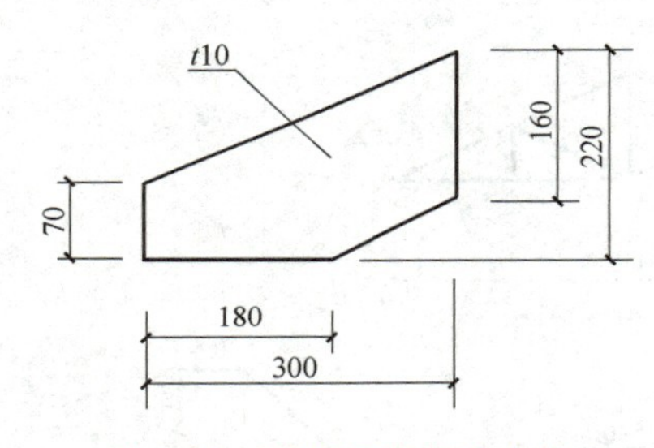

图1-35　薄板厚度标注方法

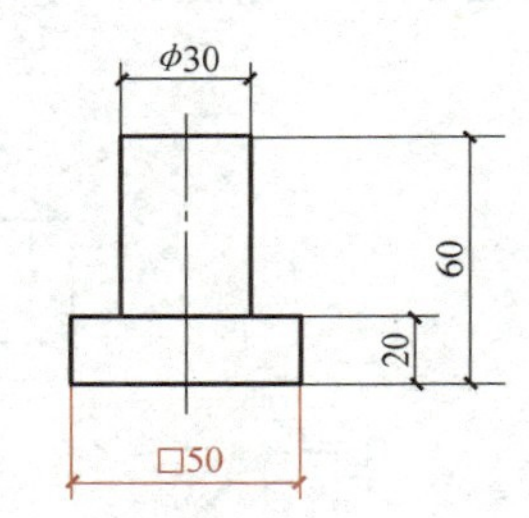

图1-36　标注正方形尺寸

3）标注坡度时，应加注坡度符号“←”或“↼”，如图1-37a、b、c、d所示，箭头应指向下坡方向。坡度也可用直角三角形形式标注，如图1-37e、f所示。

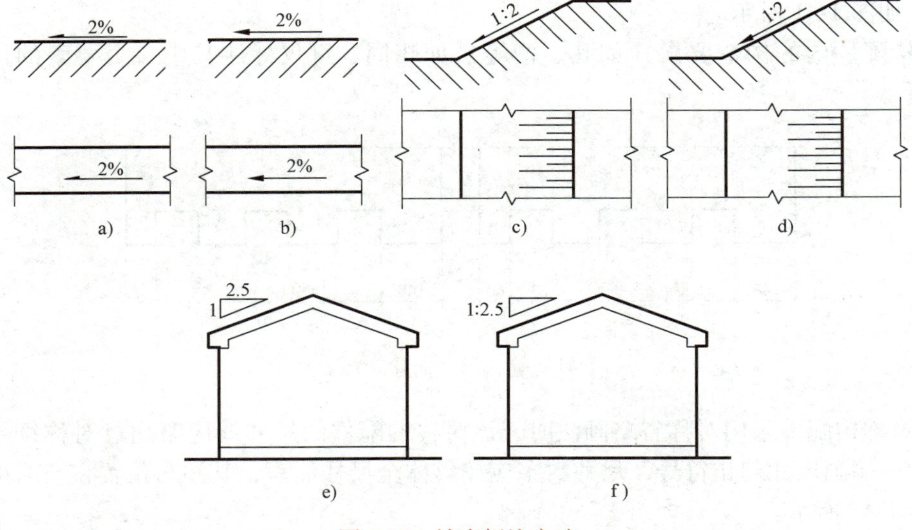

图1-37　坡度标注方法

4）外形为非圆曲线的构件，可用坐标形式标注尺寸，如图1-38所示。

5）复杂的图形，可用网格形式标注尺寸，如图1-39所示。

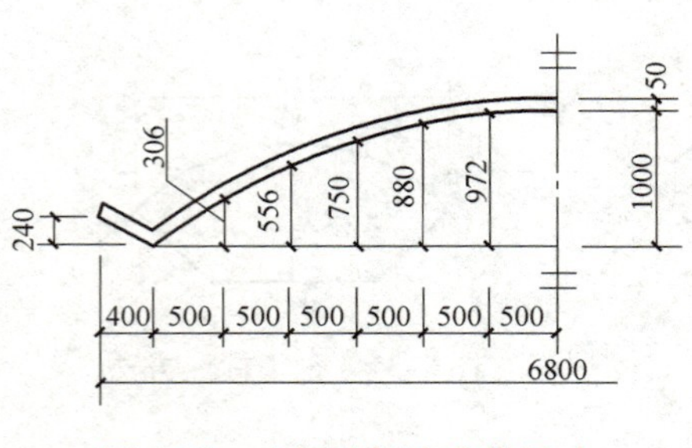

图1-38 坐标法标注曲线尺寸

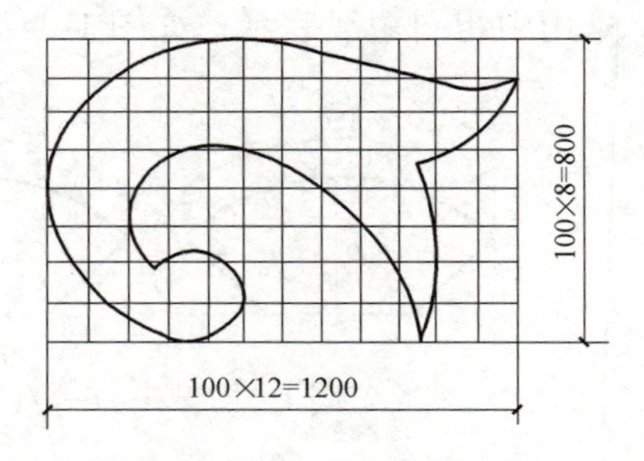

图1-39 网格法标注曲线尺寸

7. 尺寸的简化标注

1）杆件或管线的长度，在单线图（桁架简图、钢筋简图、管线简图）上，可直接将尺寸数字沿杆件或管线的一侧注写，如图1-40所示。

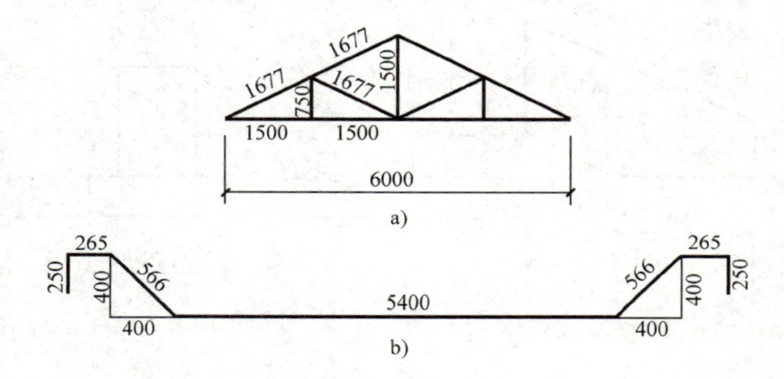

图1-40 单线图尺寸标注方法

2）连续排列的等长尺寸，可用“等长尺寸×个数=总长”或“总长（等分个数）”的形式标注，如图1-41所示。

3）构配件内的构造要素（如孔、槽等）如相同，可仅标注其中一个要素的尺寸，如图1-42所示。

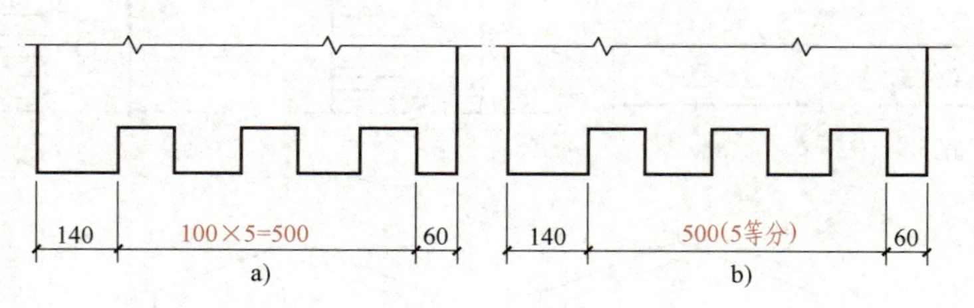

图1-41 等长尺寸简化标注方法

4）对称构配件采用对称省略画法时，该对称构配件的尺寸线应略超过对称符号，仅在尺寸线的一端画尺寸起止符号，尺寸数字应按整体全尺寸注写，其注写位置宜与对称符号对齐，如图1-43所示。

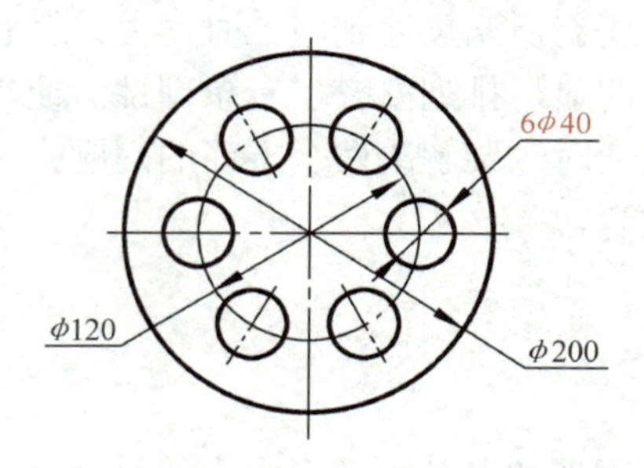

图 1-42　相同要素尺寸标注方法

5）两个构配件，如个别尺寸数字不同，可在同一图样中将其中一个构配件的不同尺寸数字注写在括号内，该构配件的名称也应注写在相应的括号内，如图 1-44 所示。

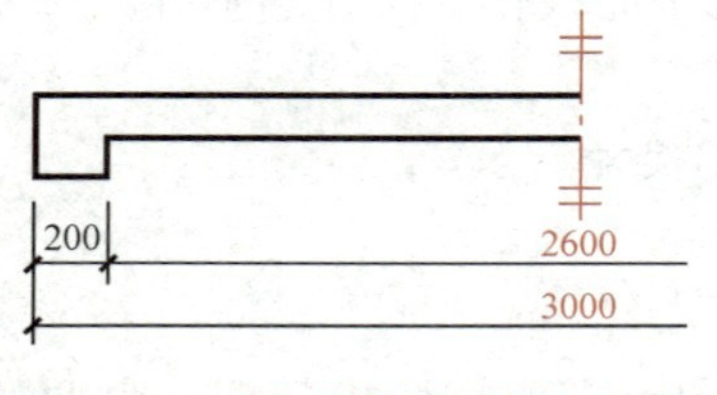

图 1-43　对称构件尺寸标注方法

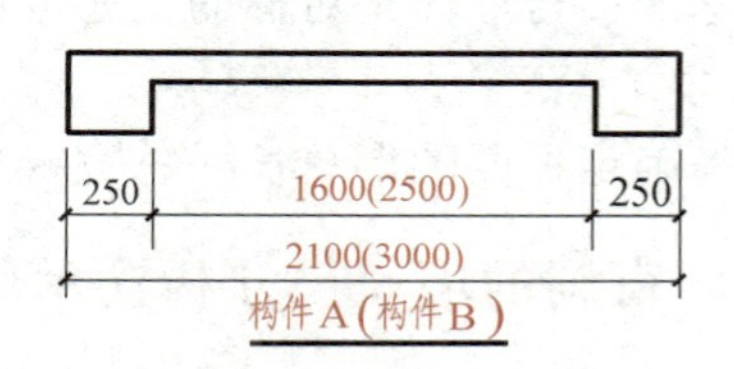

图 1-44　相似构件尺寸标注方法

6）数个构配件，如仅某些尺寸不同，这些有变化的尺寸数字，可用拉丁字母注写在同一图样中，另列表格写明其具体尺寸，如图 1-45 所示。

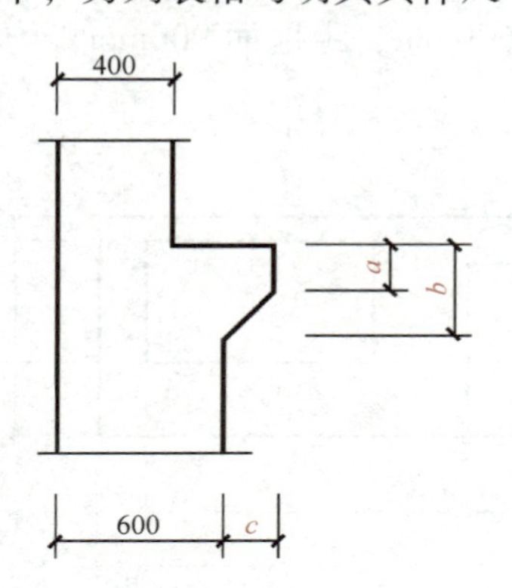

构件编号	*a*	*b*	*c*
Z—1	200	200	200
Z—2	250	450	200
Z—3	200	450	250

图 1-45　相似构配件尺寸表格式标注方法

1.3　施工图中常见平面图形的尺寸标注

尺寸是施工的重要依据，是必不可少的组成部分。尺寸不能在图纸上量取，只有依据完整的尺寸标注才能确定形体的大小和位置。

尺寸标注的要求是：准确、完整、排列清晰，符合国家制图标准中关于尺寸标注的基本规定。尺寸标注的准确、完整是指在平面图形上所标注的尺寸，能唯一确定平面图形的大小和各部分的相对位置，尤其不要有遗漏尺寸到施工时再去计算和度量；排列清晰是指所标注的尺寸在平面图形中应完整、明显、排列整齐、有条理性、便于识读。

在标注常见平面图形的尺寸时，要解决两个方面的问题：一是应标注哪些尺寸，二是尺寸应标注在平面图形的什么位置。

1.3.1　尺寸的种类

1. 定形尺寸

定形尺寸是确定组成平面图形的各基本图形大小的尺寸。

2. 定位尺寸

定位尺寸是确定各基本图形在组合图形中的相对位置的尺寸。一般先选择标注尺寸的起点，称为尺寸的基准。长度方向一般可选择左边或右边作为基准，宽度方向一般可选择前边或后边作为基准；若形体是对称的，还可选择对称中心线作为尺寸的基准。

3. 总尺寸

总尺寸是确定平面图形总长、总宽（总高）的尺寸。

1.3.2　有门窗洞的墙面尺寸标注示例

如图1-46所示为一有门窗洞的墙面。该平面图形需要标注出门洞、窗洞的宽与高，墙面的宽与高，门洞、窗洞与墙面的相对位置等尺寸。

如图1-47所示为有门窗洞的墙面尺寸标注。通过该尺寸标注可以读出：门洞宽1000mm、高2100mm，窗洞宽2700mm、高1500mm，墙面宽6000mm、高2700mm，均为定形尺寸；门洞距墙面左边缘600mm，窗洞距墙面右边缘600mm、距地面900mm，均为定位尺寸；墙面总宽6000mm、总高2700mm，为总尺寸。

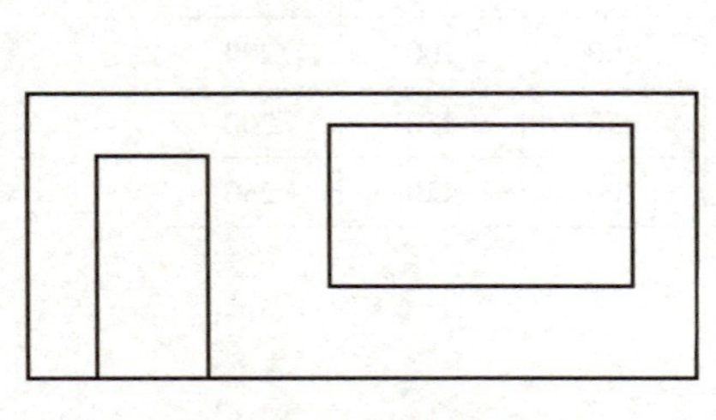

图1-46　有门窗洞的墙面

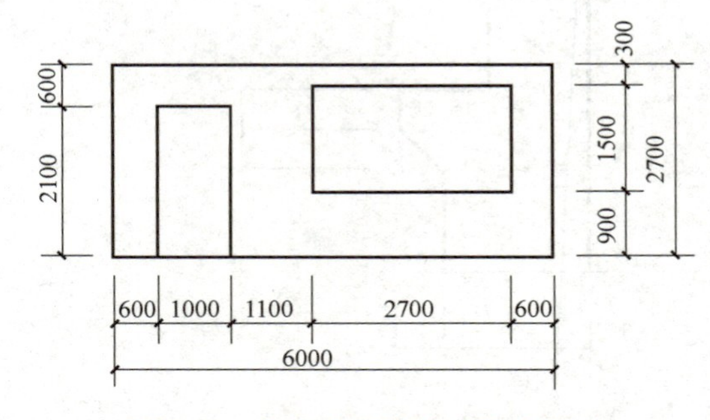

图1-47　有门窗洞的墙面尺寸标注

1.3.3　楼梯平面的尺寸标注示例

如图1-48所示为一楼梯的平面图形。该平面图形需要标注出楼梯间的宽度、深度，平台的宽度，梯井的宽度，踏步的宽度，墙的厚度等尺寸。

如图1-49所示为楼梯平面的尺寸标注。通过该尺寸标注可以读出：楼梯间墙厚200mm，楼梯间净宽2500mm、净深3900mm，楼梯有两个梯段，宽度均为1200mm，梯井宽度100mm，楼梯平台宽度1200mm，有8个踏面，各宽300mm。

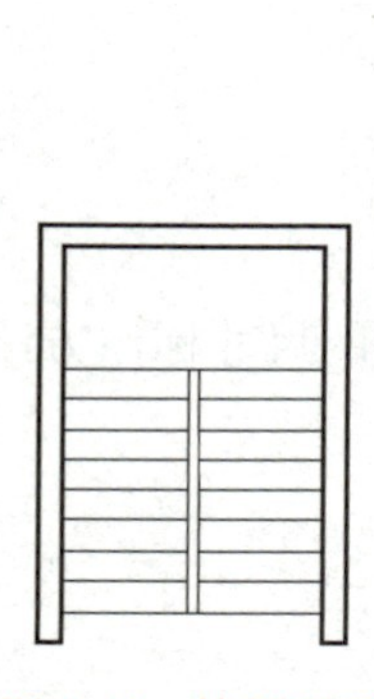

图 1-48　楼梯平面

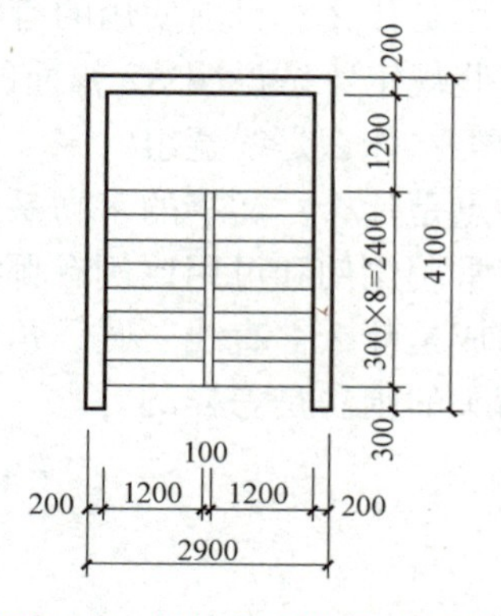

图 1-49　楼梯平面的尺寸标注

课堂练习： 采用 1∶1 的比例，画出如图 1-50 所示的七种图线，并标注尺寸。在后续的施工图绘制课程中，图线的绘制必不可少。所以图线画法必须正确掌握，并要求有较好的图面质量。由于同学们第一次接触此类作图，故该练习在课堂进行，时间约为 1 节课，根据同学们的实际动手水平而定。

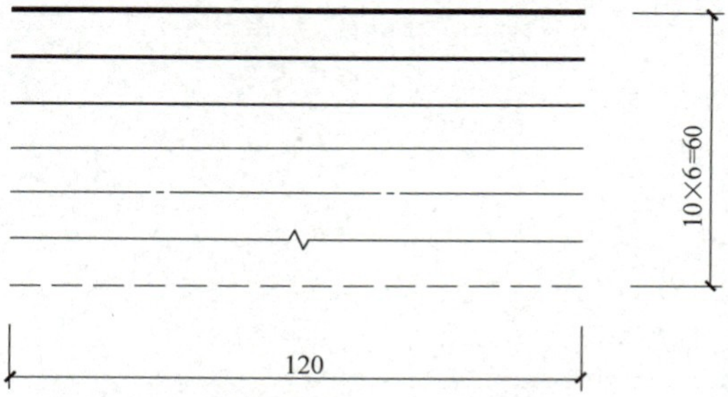

10×6=60

120

图 1-50　图线练习

练习时应注意的问题：

1）水平线的画法。（用什么制图工具，用法如何?）

2）此 7 条水平线平行，要求左右对齐，注意其画法要求。

3）线宽：通常 b 取 1.0mm、0.7mm。

4）尺寸标注要正确。

5）每种图线的画法及要求。

小　结

1）通过建筑装饰工程实例，介绍了建筑装饰的概念、装饰工程图常见类型、本课程的学习内容和要求以及国家制图标准中关于图幅、图线、字体、比例、尺寸标注等相关规定。

2）制图标准是工程技术人员必须遵照执行的国家标准。在学习之初，就应该养成依据标准制图的好习惯，对本项目所介绍的图纸幅面规格、比例、字体、图线和尺寸标注的有关规定，都要在绘图过程中随时查阅、严格执行，久之，可养成良好的绘图习惯，使绘制的图样合格、规范。

思 考 题

1. 建筑装饰装修的目的有哪些?
2. 常见装饰工程图有哪些类型?

3. 制图标准的作用是什么？目前使用的有哪些制图标准？
4. 图纸幅面有哪些规定？试说明 A2 幅面的大小。
5. 图线有哪些种类？什么是线宽组？
6. 长仿宋字的特点是什么？文字的字高系列有哪些？
7. 什么是比例？常用比例和可用比例有哪些？
8. 尺寸标注的组成是什么？直线、圆、角度、坡度的尺寸标注方法分别有哪些？
9. 尺寸标注中箭头的画法是怎样的？

项目 2　绘制简单装饰施工图基础知识

【学习目标】 从简单装饰施工图的识读与绘制的要求出发，以任务驱动，使学生了解常用绘图工具和用品，掌握绘图步骤和方法，会使用常用绘图工具绘制简单施工图。通过识读与绘制简单装饰施工图，掌握现行的国家制图标准的基本要求，掌握工程制图中常用的几何作图的方法、常见平面图形的画法。

为了满足建筑物的使用与美观要求，建筑一般均进行适当的装饰装修处理。装饰设计人员把装饰设计思想如装饰风格、功能布局、装饰材料选用、装饰构造做法与施工工艺等，按国家制图标准要求绘制成装饰施工图，装饰施工人员按照装饰施工图的要求进行施工。装饰施工图是装饰施工和验收的依据，同时也是进行造价管理、工程监理等工作的必备技术文件。作为装饰专业技术人员应正确地识读与绘制装饰施工图，掌握国家相关制图标准。

2.1　识读简单装饰施工图

一套完整的装饰施工图通常由很多图样组成，这里选取一个简单的图样，简要介绍图样的作用与组成元素。图 2-1 所示为某小户型住宅装饰施工图中的平面布置图。

通过识读该图，我们可以了解以下信息：

1）建筑布局：该小户型的柱为竖向承重构件，墙主要起分隔与围护的作用，门窗起交通、通风采光的作用。

2）功能分区：从该图可了解该小户型的功能分区，该小户型除了卫生间以外，其他为一个贯通房间。通过装饰手法与装饰材料及家具、隔断的布置等进行功能分区，分为卫浴、厨房、餐厅、起居、卧室、阳台几个区域。虽然面积较小，但实现了分区明确、功能完善。

3）地面装饰：在不同的功能分区采用不同的地面装饰，更明确其功能属性。如卫生间为 100mm×100mm 瓷砖、淋浴区为大理石；入口餐厨区为 400mm×400mm 瓷砖（白色）；起居区为复合木地板（浅蓝加白相间）、卧室区为复合木地板（浅蓝加白相间），但起居区与卧室区木地板的铺设方向不同；阳台区为 200mm×200mm 瓷砖（白色）、周边为干铺鹅卵石。

4）家具布置：针对小户型的特点，家具布置合理、紧凑、使用方便。

5）装饰施工图的构成元素。

① 图纸幅面：A3。

② 比例：该平面布置图比例 1∶50，为常用比例。

③ 图线：图线是图样的主要组成部分，如墙的轮廓线、门窗线、家具线、地面铺设线、引出线等均应符合制图标准的要求。

④ 尺寸标注：通过尺寸标注表明建筑各部位的尺寸。

⑤ 符号：有确定主要承重构件相对位置的定位轴线，确定高度位置的标高等。

⑥ 图例：即国家制图标准规定的图形画法，如墙体、门窗、管道井的画法，建筑材料（钢筋混凝土、填充墙）的画法，卫生设备的画法等。

⑦ 文字说明：表明家具、地面铺设等情况。

以上各施工图样构成元素均应符合制图国家标准的规定。

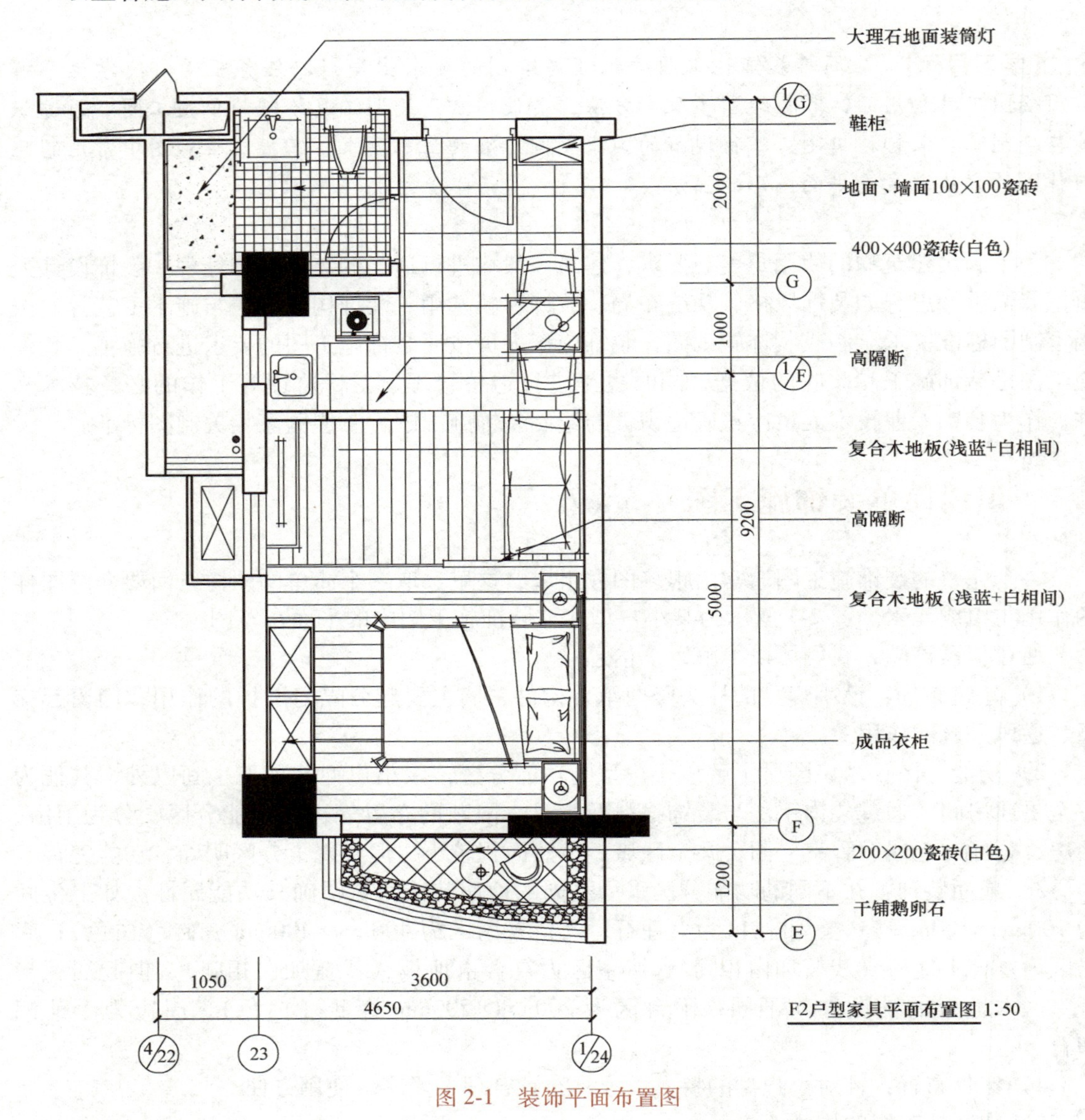

图 2-1 装饰平面布置图

除了正确识读装饰施工图以外，还应能够绘制出装饰施工图。那么绘制施工图需要用到什么呢？

2.2 制图工具与用品

绘制施工图，要了解各种制图工具与用品的性能，熟练掌握它们的正确使用方法，并注意维护保管，这样才能保证绘图质量，加快绘图速度。

1. 图板

图板是手工绘图最基本的工具，图纸必须固定在图板上才能绘图，如图 2-2 所示。

图板通常用胶合板作板面，并在四周镶以硬木条。图板的大小有各种不同规格，可根据需要而选定。0 号图板适用于画 A0 图纸，1 号图板适用于画 A1 图纸，2 号图板适用于画 A2 图纸，四周略有宽余。

画图时，图板放在桌子上，板身要略微倾斜。

图板的工作边要保持笔直，否则用丁字尺画出的水平线就不准确。板面要保持平滑，不然会影响画图质量。

图板应避免受潮或暴晒，以防变形。不画图时，应将图板竖立保管。

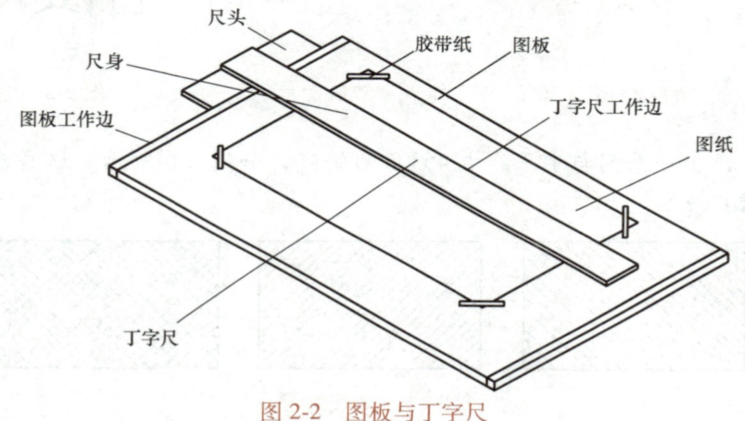

图 2-2　图板与丁字尺

2. 丁字尺

丁字尺由相互垂直的尺头和尺身组成，尺身要牢固地连接在尺头上，如图 2-2 所示。

丁字尺主要是用来画水平线的。所有水平线，不论长短，都要用丁字尺画出。画线时，左手把住尺头，使它始终贴住图板左边（工作边），然后上下推动，直至丁字尺工作边对准要画线的地方，再从左向右画出水平线，如图 2-3 所示。画一组水平线时，要由上至下逐条画出。每画一线，左手都要向右按一下尺头，使它紧贴图板。画长线时或所画线段的位置接近尺尾时，要用左手按住尺身，以防止尺尾翘起和尺身摆动。

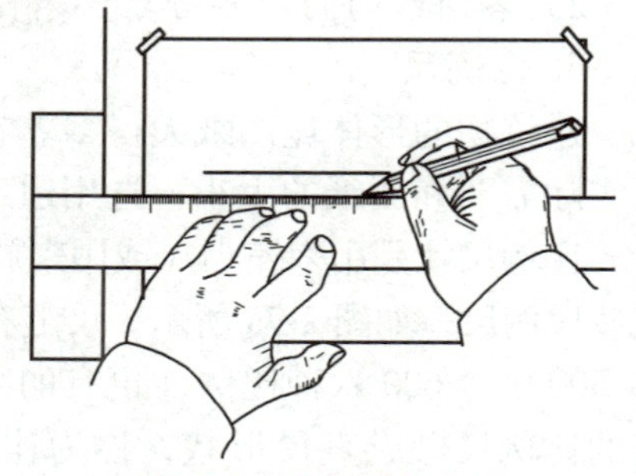

图 2-3　绘水平线方法

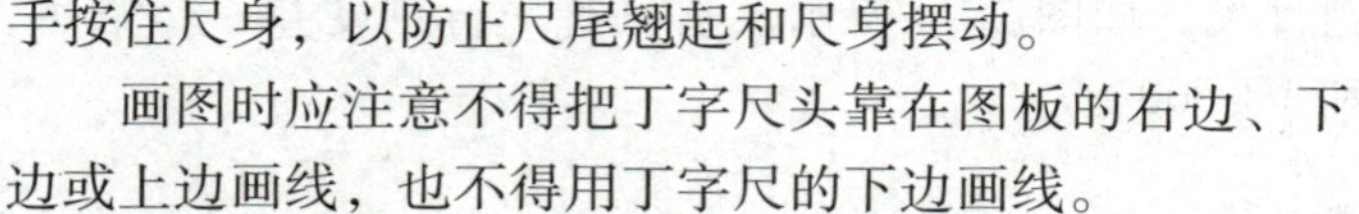

画图时应注意不得把丁字尺头靠在图板的右边、下边或上边画线，也不得用丁字尺的下边画线。

丁字尺工作边必须保持其平直光滑。切勿用小刀靠住工作边裁纸。丁字尺用完之后要挂起来，防止尺身弯曲变形。

3. 三角板

一副三角板包含 30°×60°×90° 和 45°×45°×90° 两块。

用一副三角板和丁字尺配合，可以画出与水平线成 15° 及其倍数角（15°、30°、45°、60°、75°）的斜线及铅直线，也可画出它们的平行线，如图 2-4 所示。

所有铅直线，不论长短，都要由三角板和丁字尺配合画出。如图2-5所示，画线时先推丁字尺到线的下方，将三角板放在线的右方，并使它的一直角边贴在丁字尺的工作边上，然后移动三角板，直至另一直角边靠贴铅直线。再用左手轻轻按住丁字尺和三角板，右手持铅笔，自下而上画出铅直线。

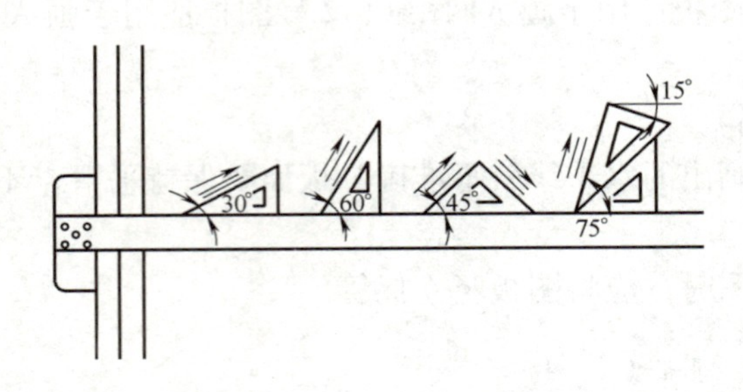

图2-4　用丁字尺与三角板画15°、30°、45°、60°、75°角

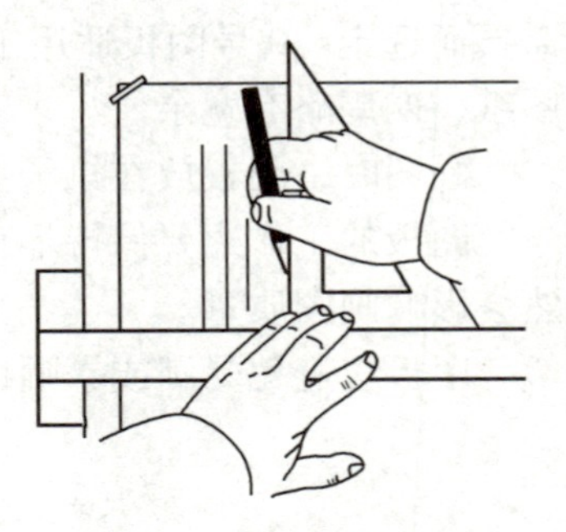

图2-5　绘铅直线方法

课堂练习：画出一系列与水平线成45°角的斜线，如图2-6所示。这种图样在后面的学习中，应用非常广泛。

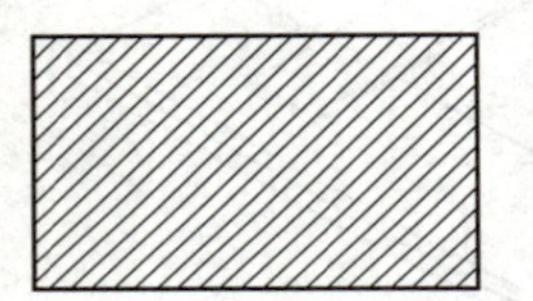
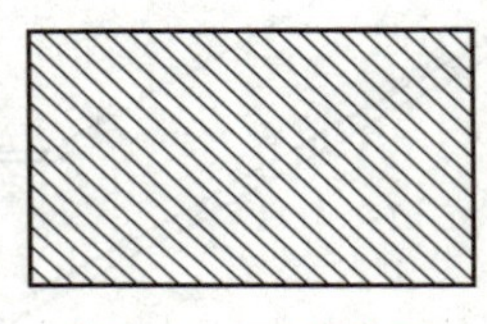
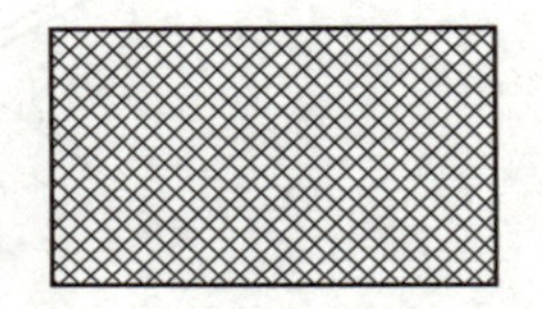

图2-6　画线练习

练习时应注意的问题：

1）水平线、铅直线、45°斜线的画法（用什么制图工具？用法如何?）。

2）各斜线的间距要均匀。

4. 比例尺

建筑物的形体比图纸大得多。它的图形不可能也没有必要按实际尺寸画出来，而应该根据实际需要和图纸的大小，选用适当的比例将图形缩小。

比例尺就是用来缩小（或用来放大）图形用的。有的比例尺做成三棱柱状，所以又称为三棱比例尺，如图2-7a所示。尺上有六种刻度，分别表示1∶100、1∶200、1∶300、1∶400、1∶500、1∶600六种比例（也有的三棱比例尺不同）。三棱比例尺的应用如图2-7b所示。还有的比例尺做成直尺形状，称为比例直尺，如图2-7c所示，它只有一行刻度和三行数字，表示三种比例，即1∶100、1∶200和1∶500。

比例尺上的数字以米（m）为单位。

课堂练习：用不同的比例（1∶100、1∶200、1∶300、1∶500）分别画出一条长6000mm的直线。

5. 圆规与分规

圆规是画圆或圆弧的工具。画圆前，先调整好圆规的针尖（图2-8a）。画圆时，先把圆规两脚分开，使铅芯与针尖的距离等于所画圆或圆弧的半径，再用左手食指将针尖送到圆心位置，轻轻插住，并使铅芯插脚接触纸面，然后右手转动圆规手柄，沿顺时针方向画圆。整

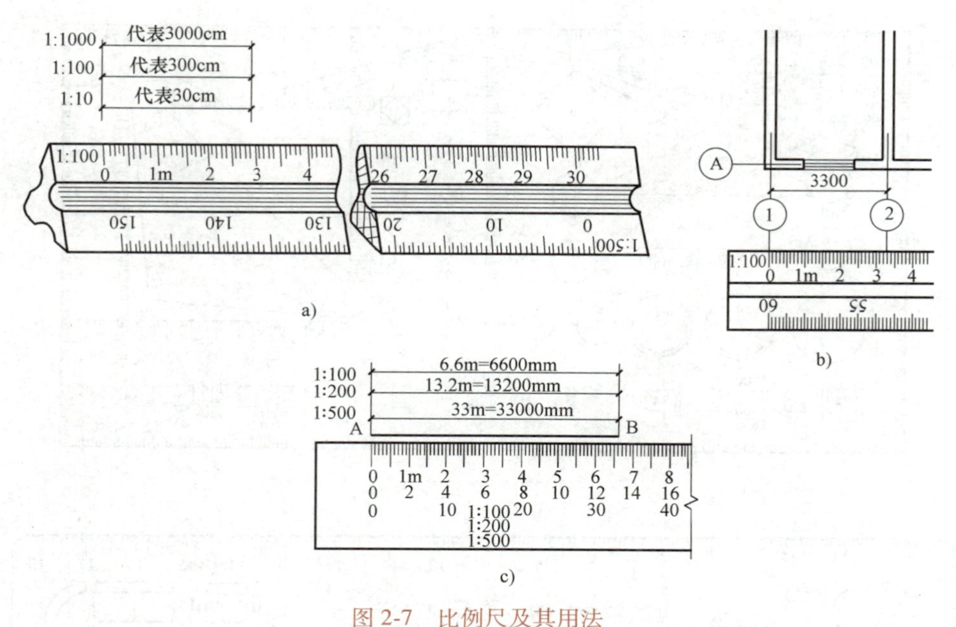

图 2-7　比例尺及其用法

a）三棱比例尺　b）三棱比例尺的应用　c）比例直尺

个圆应一笔画完，转动时圆规可稍向画线方向倾斜。当画较大圆时，应使圆规两脚均与纸面垂直（图 2-8b），必要时，可接延伸杆（图 2-8c）。加深图线时，圆规铅芯的硬度应比画直线的铅芯软一级，以保证图线深浅一致。

通常在画施工图时，往往采用模板来画圆。

分规两脚均为钢针，其有两种用处：一是等分线段或圆弧，二是量取等长的线段或圆弧。

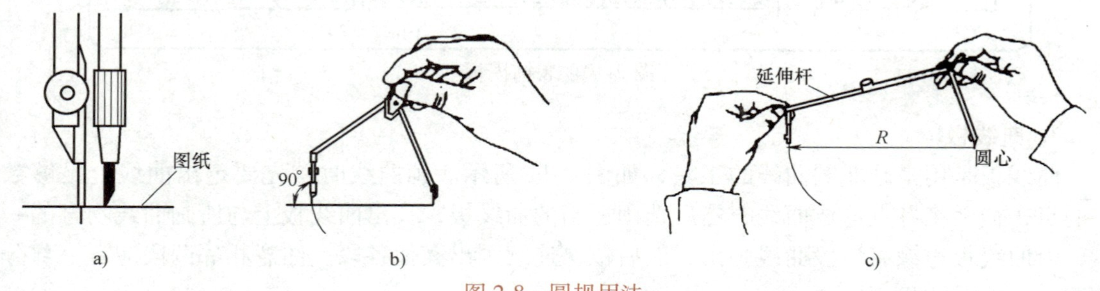

图 2-8　圆规用法

a）圆规的针尖　b）用大圆规　c）用延伸杆

6. 模板

如图 2-9 所示为建筑模板，模板上刻有可用以画出各种不同大小、不同图例或符号的孔，只要用笔在孔内画一周，需要的图形就画出来了。建筑模板主要用来画各种建筑标准图例和常用符号，如柱、墙、门开启线、大便器、污水盆、索引符号、标高符号等。

除建筑模板外，常用的还有装饰模板（图 2-10）、圆模板、椭圆模板等。

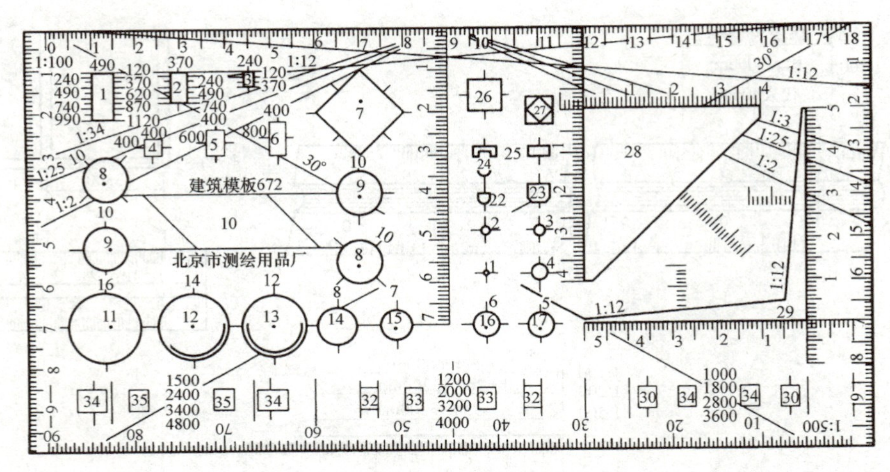

图 2-9 建筑模板

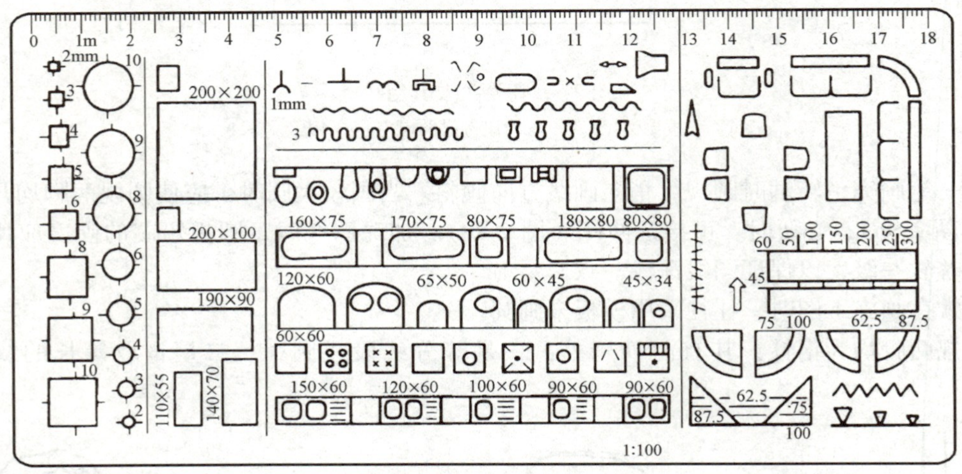

图 2-10 装饰模板

7. 曲线板

曲线板是用来画非圆曲线的工具，如图 2-11 所示。画曲线时首先要定出曲线上足够数量的点，徒手将各点连成曲线，然后选用适当的曲线板，找出曲线板上与所画曲线吻合的一段，沿曲线板边缘将该段曲线画出，然后依次连续画出其他各段。注意相邻两段应有一部分的重合，曲线才显得圆滑。

8. 擦图片

当擦掉一条画错的图线时，很容易将临近的图线也擦掉一部分，擦图片就是用来保护临近的图线的。如图 2-12 所示，擦图片用薄塑料片或不锈钢片制成，上面刻有各种形状的孔槽。擦线时要将画错了的图线在擦图片上适当的孔槽中露出来，左手按紧板身，右手持橡皮擦除孔槽内的图线，这样就不会影响其临近的图线。

9. 绘图铅笔

绘图铅笔有木铅笔（图 2-13a）和活动铅笔（图 2-13b）两种。铅芯有各种不同的硬度。标号 B、2B……6B 表示软铅芯，数字越大表示铅芯越软；标号 H、2H……6H 表示硬铅芯，数字越大表示铅芯越硬；标号 HB 表示铅芯中等硬度。画底稿时常用 2H 或 H 铅笔，加深图线时常用 HB、B、2B 等铅笔。

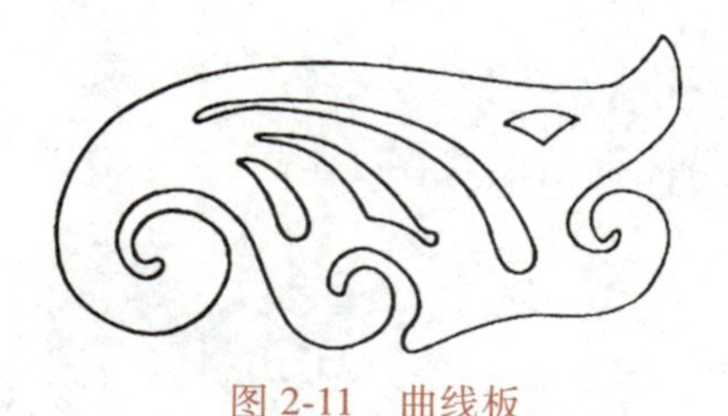

图 2-11　曲线板

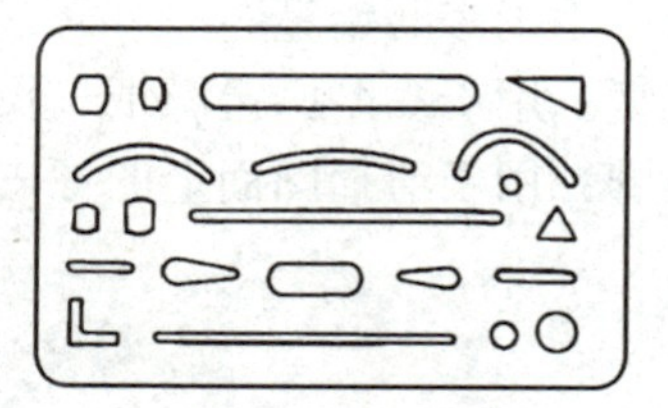

图 2-12　擦图片

削木铅笔时，铅笔尖宜削成锥形，铅芯露出 6~8mm，如图 2-13a 所示。削铅笔时要注意保留有标号的一端，以便始终能识别其硬度。

活动铅笔有 0.3、0.5、0.7、0.9 等各种口径，铅芯也有不同的硬度，可以根据需要进行选择。

使用铅笔绘图时，用力要均匀，用力过大会刮破图纸或在图纸上留下凹痕，甚至折断铅芯。画长线时要一边画一边旋转铅笔，使图线保持粗细一致。画线时，从侧面看笔身要铅直（图 2-13c），从正面看笔身要倾斜约 60°（图 2-13d）。

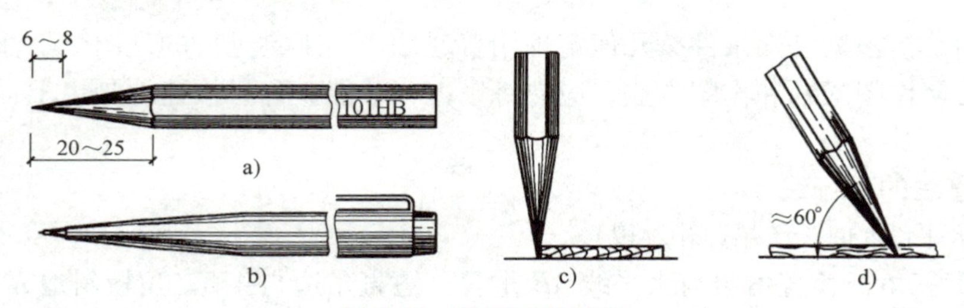

图 2-13　铅笔及其用法

a）木铅笔　b）活动铅笔　c）画线时铅笔侧面图　d）画线时铅笔正面图

10. 针管笔（绘图墨水笔）

绘图墨水笔的笔尖是一支细针管，所以又称为针管笔，如图 2-14 所示。针管笔能像普通钢笔那样吸墨水。笔尖的口径有多种规格，如 0.2、0.3、0.5、0.6、0.9 等，每只针管笔只能画出一种粗细的图线，可视图线粗细而选用。

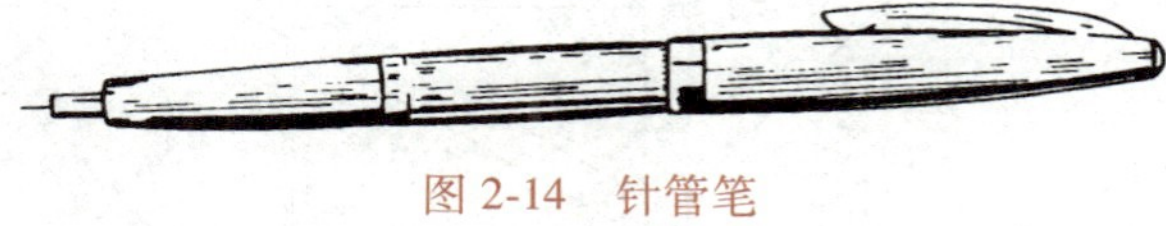

图 2-14　针管笔

使用时要注意保持笔尖清洁，使用完如长期不用时应及时清洗干净保存。

11. 图纸

图纸有绘图纸和描图纸两种。

绘图纸一般以质地厚实、颜色洁白、橡皮擦拭不易起毛为佳。绘图纸在保存时不能折叠和压皱。

描图纸应有韧性、透明度好。保存时应放在干燥通风处，避免受潮。

12. 其他工具

橡皮：用于擦去不需要的图线等。一般用软橡皮擦铅笔线，硬橡皮擦墨线。

刀片：用于修整图纸上的墨线（图2-15）。

小刀：用于削铅笔。

砂纸：用于修磨铅笔芯。

胶带纸：用于黏贴固定图纸（图2-15）。

软毛刷：用于清扫图面上的橡皮屑等杂质，保持图面清洁（图2-16）。

图2-15 刀片、胶带纸

图2-16 软毛刷

2.3 几何作图

几何作图是指根据已知条件按几何定理用普通的作图工具进行的作图。下面为工程制图中常遇到的几何作图问题和作图方法，应熟练掌握，才能正确、快速地画出工程图中的常见图形。

1. 作一直线的平行线

（1）作水平线的平行线（图2-17）

1）将30°三角板长直角边与水平线 AB 重合，短直角边与45°三角板斜边靠紧。

2）沿45°三角板斜边推动30°三角板，直到30°三角板的长直角边与点 P 重合，作直线，即为水平线 AB 的平行线。

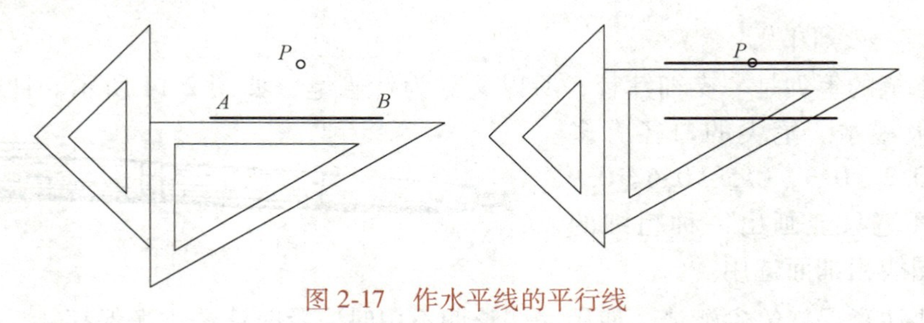

图2-17 作水平线的平行线

（2）作斜线的平行线（图2-18）

1）将45°三角板斜边与斜直线 AB 重合，下侧直角边与30°三角板斜边靠紧。

2）沿30°三角板斜边推动45°三角板，直到45°三角板的斜边与点 P 重合，作直线，即为斜直线 AB 的平行线。

2. 作一直线的垂直线

（1）作水平线的垂直线（图2-19）

1）将30°三角板长直角边与水平线 AB 重合。

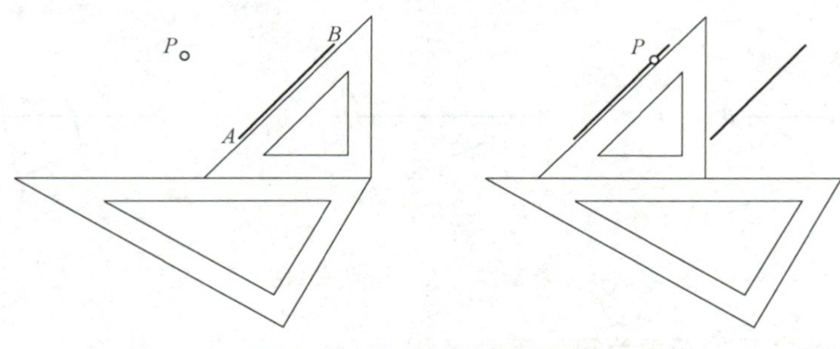

图 2-18　作斜线的平行线

2）将 45°三角板一直角边紧靠 30°三角板长直角边，另一直角边与点 *P* 重合，作直线，即为水平线 *AB* 的垂线。

（2）作斜线的垂直线（图 2-20）

1）将 30°三角板斜边与斜直线 *AB* 重合。

2）将 45°三角板一直角边紧靠 30°三角板斜边，另一直角边与点 *P* 重合，作直线，即为斜直线 *AB* 的垂线。

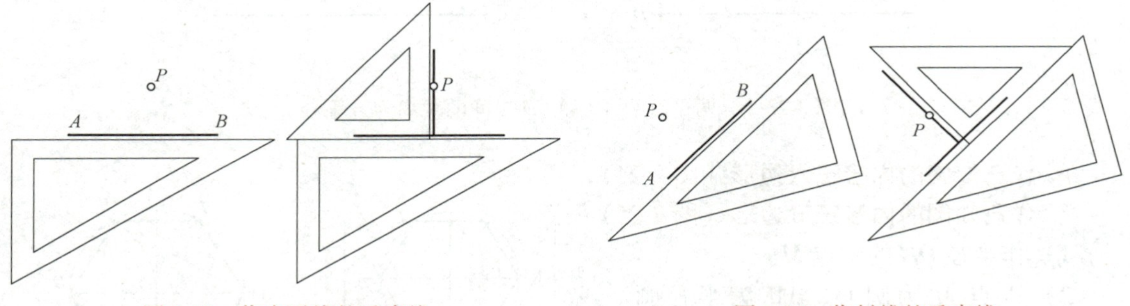

图 2-19　作水平线的垂直线　　图 2-20　作斜线的垂直线

3. 作坡度线（图 2-21）

坡度是指直线（或平面）上任一点的垂直投影与水平投影之比。以坡度 1∶5 为例说明坡度线的作图方法。

1）过点 *A* 在 *AB* 上取 5 个单位。

2）过点 5 作 *AB* 的垂直线 5*C*，使其长为 1 个单位，连 *AC* 即为所求。

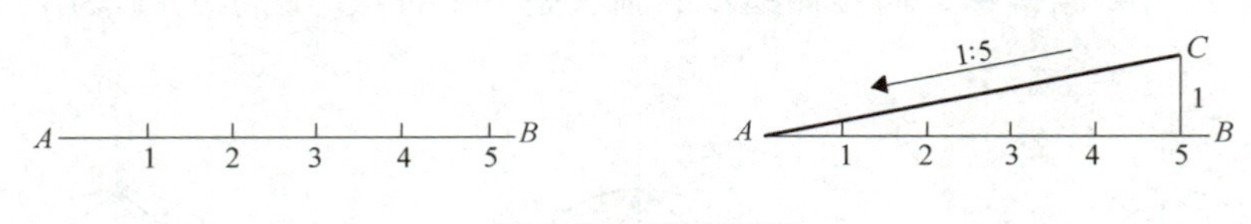

图 2-21　作坡度线

4. 分直线段为任意等分（图 2-22）

1）已知线段 *AB*，过端点 *A* 作射线 *AC*。

2）用直尺或分规在射线 *AC* 上量取五等分点 1、2、3、4、5。

3）连接 5*B*，分别过点 1、2、3、4 作 5*B* 的平行线，交 *AB* 于 1′、2′、3′、4′，即为 *AB*

的等分点 。

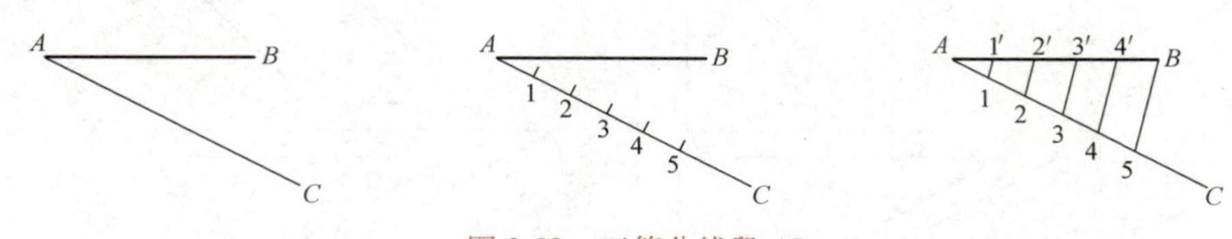

图 2-22 五等分线段 *AB*

5. 分两平行线之间的距离为已知等分（图 2-23）

在房屋工程图中，经常用到等分两平行线间的距离（如楼梯的绘制），下面以五等分为例说明其作图方法和步骤。

1）将三角板的 0 刻度对准 *CD* 上任意一点，并使刻度 5 落在 *AB* 上，得点 1、2、3、4。

2）过点 1、2、3、4 作 *AB*、*CD* 的平行线即可。

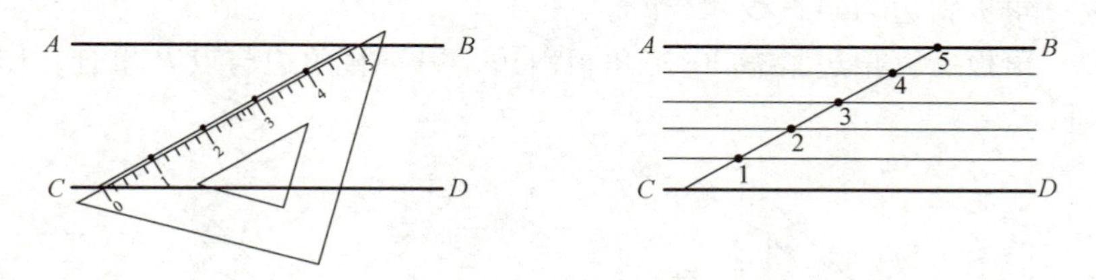

图 2-23 分两平行线 *AB* 和 *CD* 之间的距离为五等分

6. 作已知圆的内接正六边形（图 2-24）

7. 作已知圆的内接正五边形（图 2-25）

1）作半径 *OP* 的中点 *M*。

2）以点 *M* 为圆心、*AM* 为半径画弧，交 *OK* 于点 *N*。

3）以点 *A* 为圆心、*AN* 为半径画弧交圆周于点 *B*、*E*，再分别以点 *B*、*E* 为圆心、*AN* 为半径画弧，交圆周于 *C*、*D*，连接 *ABCDE* 即可。

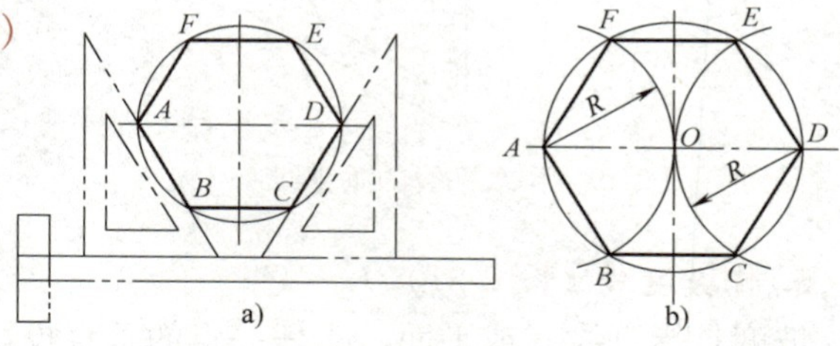

图 2-24 作圆内接正六边形

a）用 60°三角板画正六边形的方法 b）根据外接圆的半径用圆规、直尺作正六边形的方法

8. 作踏步（图 2-26）

在工程图中经常要画楼梯，而楼梯踏步的画法是一个难点。踏步的画法用到了等分平行线的方法。

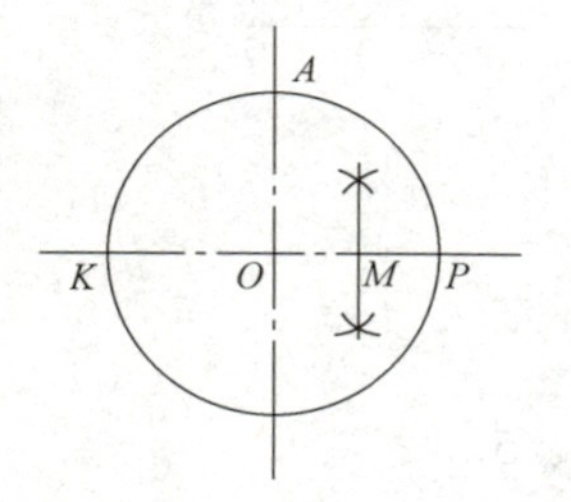

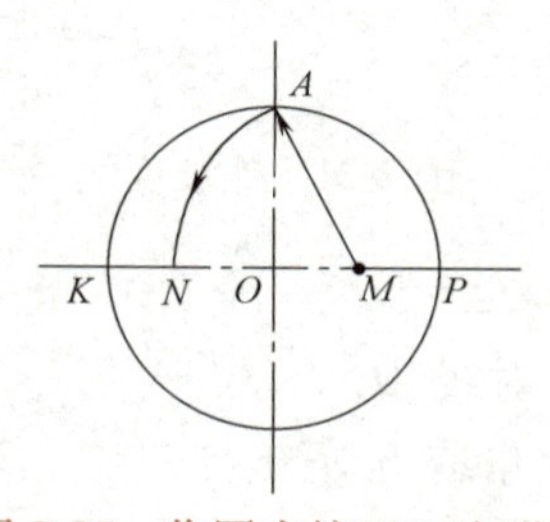

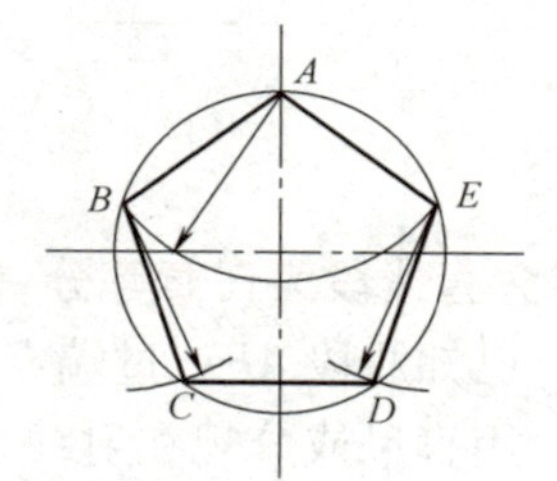

图 2-25 作圆内接正五边形

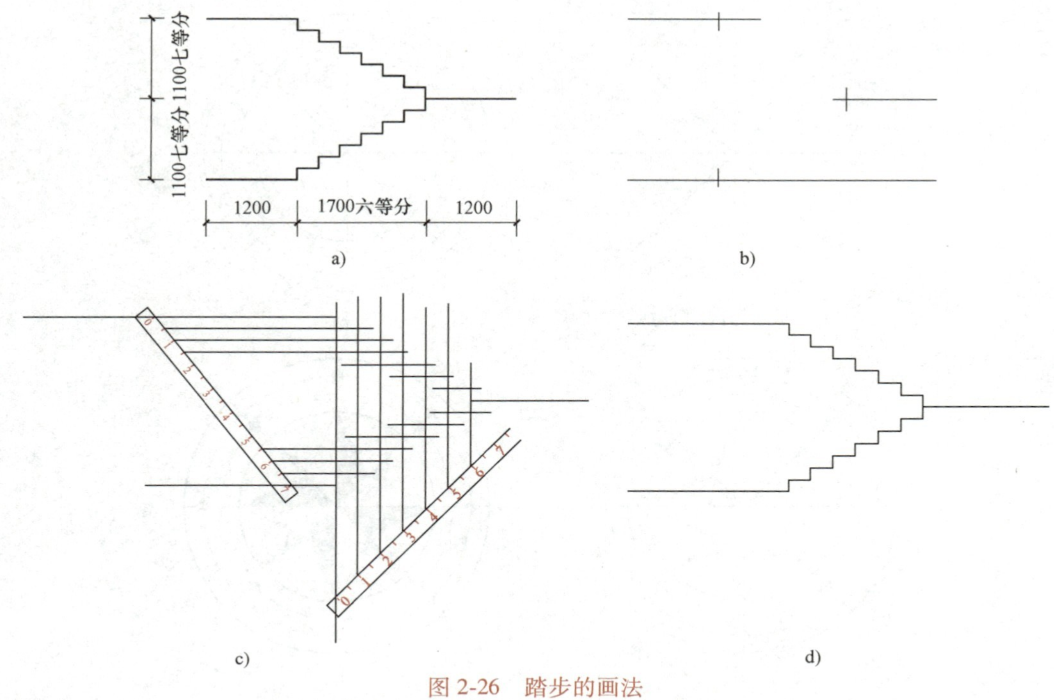

图 2-26　踏步的画法

a）踏步的形式及尺寸　b）按尺寸及比例定出大的轮廓线

c）用等分平行线的方法分别六等分、十四等分　d）作出踏步

2.4　装饰施工图中常见平面图形画法

绘制平面图形前，要对平面图形进行线段分析和尺寸分析，从而知道哪些线段可以直接画出，哪些线段要根据一定的几何条件画出，这样便能正确地确定平面图形的画图步骤。

如图 2-27 所示为某别墅客厅地面拼花图案，该图形由圆、角、直线及方块组成，并标注有尺寸。该图形的画法如图 2-28 所示。

1）画基准线：按所给尺寸（ϕ3000）及角度（45°）画出基准线。

2）画主要轮廓线：按所给尺寸（ϕ1920、180、180、180）画主要轮廓线。

3）画细部：按所给角度（25°、30°）及定位尺寸（552、408）画中心图案，按所给尺寸画小方块（100×100）。

4）画纹理、色彩、区分线型：按所给图形纹理及色彩绘制。

5）整理、标注尺寸：按所给图形进行绘制，完成图形如图 2-27 所示。

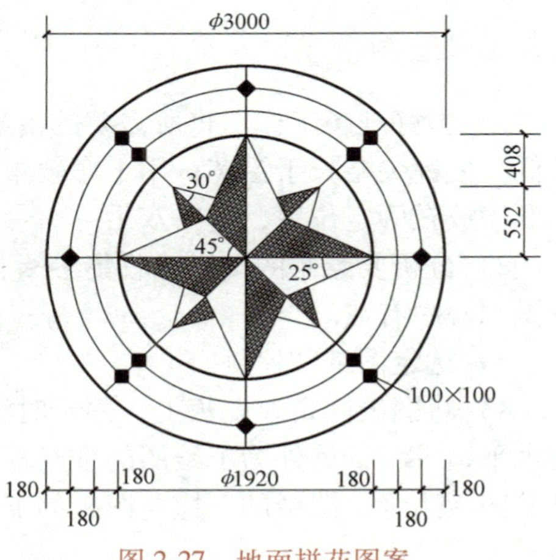

图 2-27　地面拼花图案

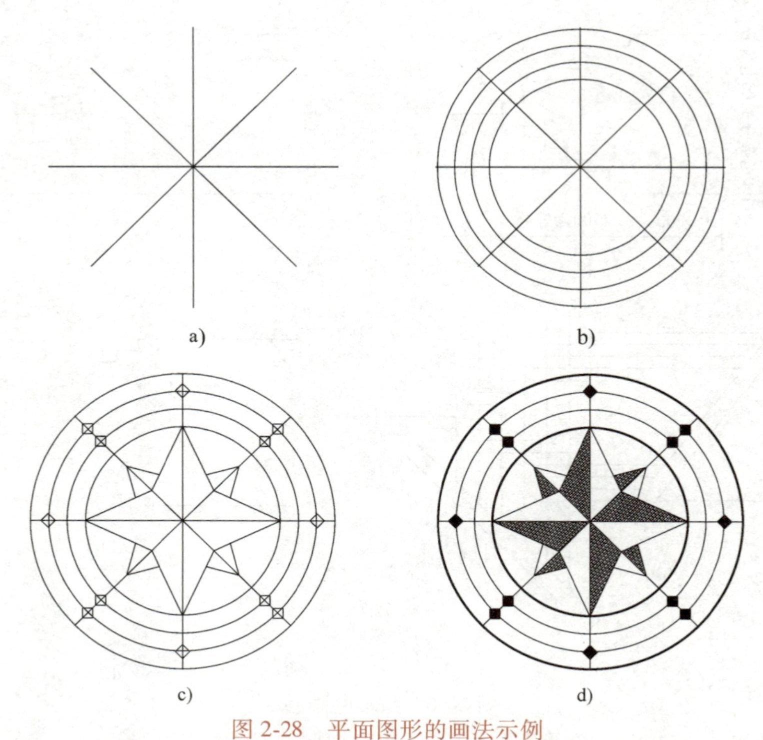

图2-28　平面图形的画法示例
a）画基准线　b）画主要轮廓线　c）画细部　d）画纹理、色彩、区分线型

2.5　绘图步骤和方法

绘图时，应按照一定的绘图步骤进行，才能提高绘图效率，保证图面质量。此外，掌握制图标准，正确熟练地使用绘图工具也是必要条件。下面以前述简单装饰施工图绘制为例说明绘图步骤和方法。

2.5.1　绘图准备

1）做好准备工作，将所需要的铅笔削好；将圆规的铅芯磨好，并调整好铅芯与针尖的高低，使针尖略长于铅芯；用干净软布把丁字尺、三角板、图板等擦干净；将各种绘图用具按顺序放在固定位置，洗净双手。

2）分析要绘制的图样，收集参阅有关资料，理解所绘图样的内容和要求，并对如何绘制做到心中有数。

3）选定图纸和比例。

4）将图纸固定在图板上，固定时注意图纸在图板上的位置，即丁字尺的工作边与图纸的水平边平行，另外为了绘图的准确与方便，图纸一般在图板靠左下方的位置，但纸边不要紧贴图板边缘，图纸的下边与图板的下边一般应留有大于一个丁字尺宽度的距离。

2.5.2　用铅笔绘制底稿

1）按照要求绘制幅面线、图框线、标题栏外框线。

2）合理布置图面，定出图形的中心线或外框线。布图时，除考虑图样本身外，一定注意考虑尺寸标注所占的位置和文字说明、图名等所占的位置，综合考虑，不能遗漏，避免在一张图纸上出现太空和太挤的现象，使图面匀称美观、疏密得当。画出各个图形的基准线，一般对称的图形以轴线或中心线为基准线，非对称的图形以最下和最左的图线为基准线，确定各图形的位置。

3）绘制图形。打底稿时应使用较硬的铅笔，落笔要尽可能轻、细，以便修改。绘制步骤如图 2-29 所示。

4）画尺寸线、尺寸界线、尺寸起止符号、其他符号，但暂不注写数字和文字。

5）检查有无错误和遗漏并修正，完成底稿。

2.5.3 区分图线、上墨或描图

1. 铅笔线图

1）同类型、同规格、同方向的图线可集中画出。

2）先画上方，后画下方；先画左方，后画右方；先画粗线，后画细线；先画曲线，后画直线；先画水平方向的线段，后画垂直及倾斜方向的线段。

3）注意成图后各种图线的浓淡要一致。图线有粗细之分，而没有深浅之分，不要误以为细线就是轻轻地、淡淡地画，细和轻是不同的概念。

4）填写尺寸数字，注写标题栏及其他文字说明。

5）检查核对、修改，完成全图。

2. 墨线图

使用绘图墨水笔在绘制完成的底稿上用墨线来区分图线，其步骤与铅笔线图基本一致。

3. 描图、复制

在工程施工时往往需要多份图纸，传统的方法是采用描图和晒图的方法。描图是用透明的描图纸覆盖在铅笔线图上，用墨线描绘，描图后得到的底图再通过晒图就可得到所需份数的复制图纸（俗称蓝图）。新的复制图纸的方法是使用工程图复印机复印图纸。

2.5.4 注意事项

1）打底稿时线条宜轻而细，且应清晰明确。

2）铅芯软硬的选择：打底稿时宜选用 2H、3H，加深时粗实线宜选用 HB、B 或 2B，细实线选用 H、HB，写字宜选用 H 或 HB。加深圆或圆弧时所用的铅芯应比同类型直线的铅芯软一号。绘图铅笔的数量要充足，按要求提前削好、磨好，画图时铅笔不能将就、凑合。

3）加深或描绘粗实线时应保证图线位置的准确，防止图线移位，影响图面质量。

4）使用橡皮时可借助擦图片，尽量缩小擦拭面，擦拭方向应与图线方向一致。

5）尺寸线、尺寸界线都是图的组成部分，在加深图线时一定要加深描黑，而不能只留淡淡的底稿线。

6）注意图面的洁净。

2.6 绘制简单装饰施工图

如图2-29所示为图2-1装饰平面布置图的绘图步骤。

绘制该图的其他注意事项，如比例、图幅、尺寸标注等内容，应该按照制图国家标准的相关要求，这里不再赘述。

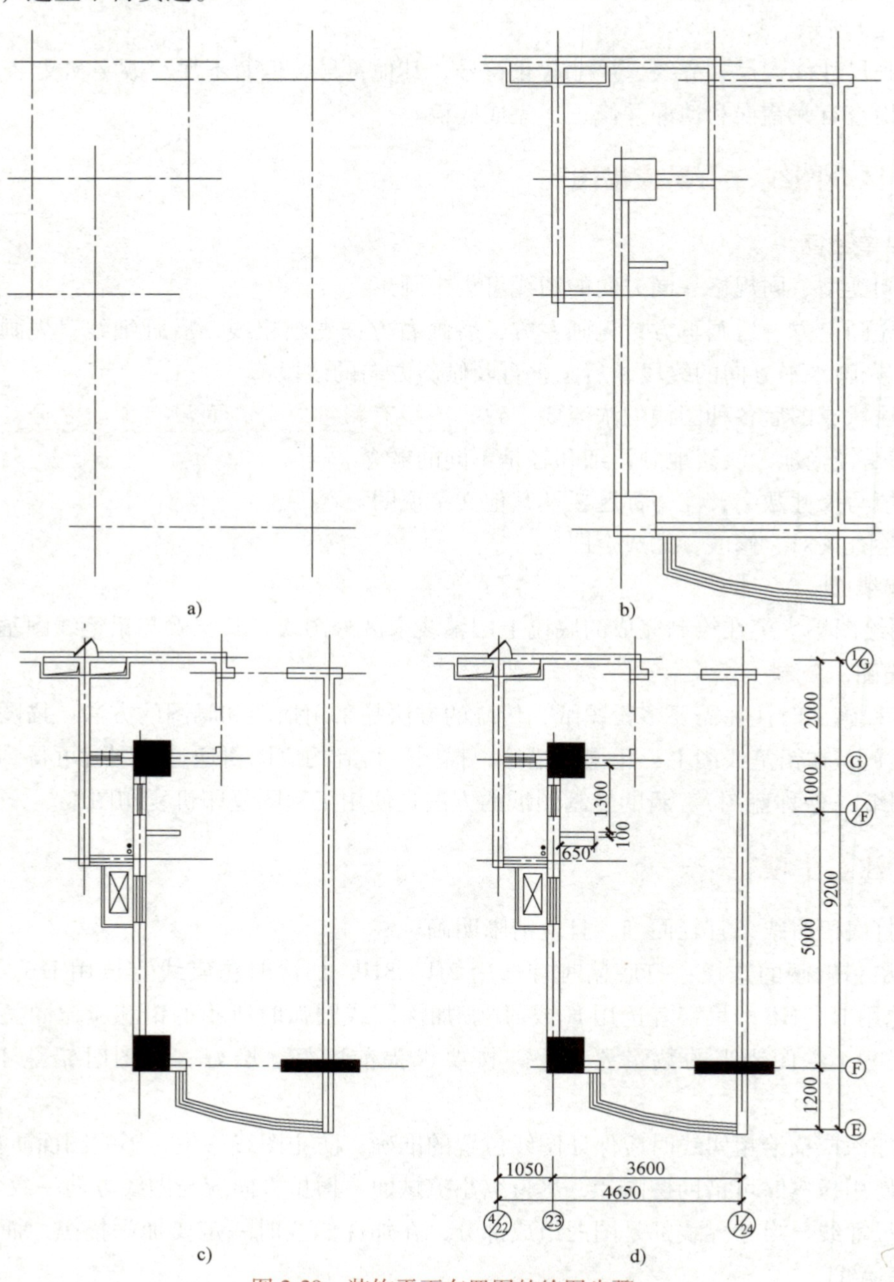

图2-29 装饰平面布置图的绘图步骤

a）画轴线 b）画墙身和柱 c）定门、窗位置 d）区分图线、尺寸标注

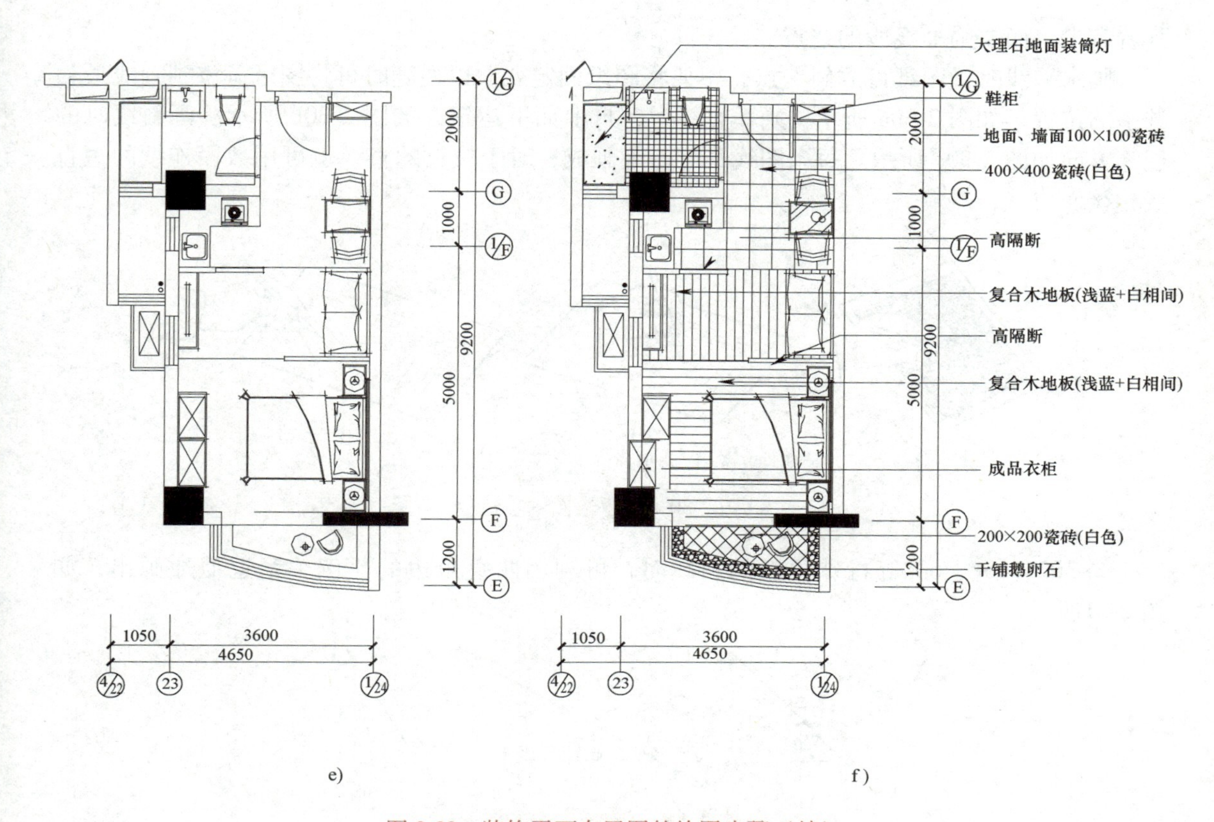

图 2-29　装饰平面布置图的绘图步骤（续）

e）画家具、设备　f）画地面铺设及标注装饰做法

2.7　徒手画图的方法

徒手画图就是不借助绘图工具而以目测来估计物体的形状和比例大小，徒手绘制的图样。工程技术人员时常需用徒手图迅速准确地表达自己的设计意图，或在学习过程中将有用的图形或方案用徒手图迅速地记录下来，供以后设计参考。徒手画图是工程技术人员表达设计思想的有力工具，徒手画图在装饰设计和现场测绘中占有很重要的地位。当采用绘图软件绘制图形时，常事先徒手画出图形，再直接输入计算机，所以，掌握徒手图的画图技能，显得尤为必要。

徒手画出的图样也称草图，但并非潦草的图，同样要求做到投影正确、线型分明、比例适当、图面整洁、字体工整。

徒手绘图的手法如图 2-30 所示。执笔时力求自然，笔杆与纸面成 45°~60°角。一般选用 HB 或 B 的铅笔，铅芯磨成圆锥形。

开始练习画徒手图时，可先在方格纸上进行，这样较容易控制图形的大小比例，尽量让图形中的直线与分格线重合，以保证所画图线的平直。

徒手画直线时，握笔的手要放松，用手腕抵着纸面，沿着画线的方向移动；眼睛不要死盯着笔尖，而要瞄准线段的终点。

画水平线时，图纸可放斜一点，不要将图纸固定死，以便随时可将图纸调整到画线最为顺手的位置，如图2-30a所示。画垂直线时，自上而下运笔，如图2-30b所示。画斜线时的运笔方向如图2-30c所示。每条图线最好一笔画成，对于较长的直线也可用数段连续的短直线相接而成。

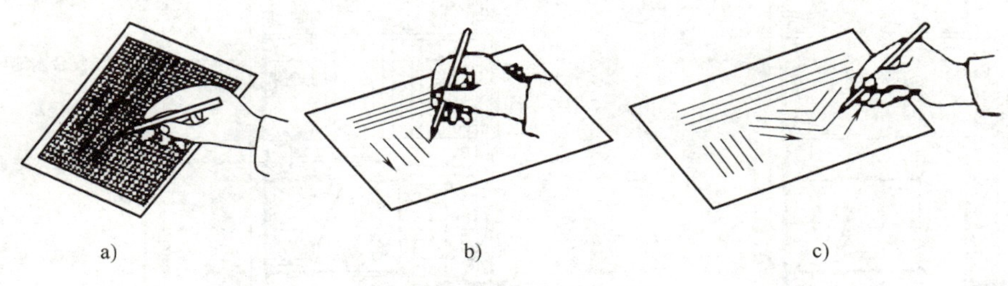

图2-30 徒手绘图的手法

画30°、45°、60°等特殊角度的斜线时，可利用两直角边的比例关系近似地画出，如图2-31所示。

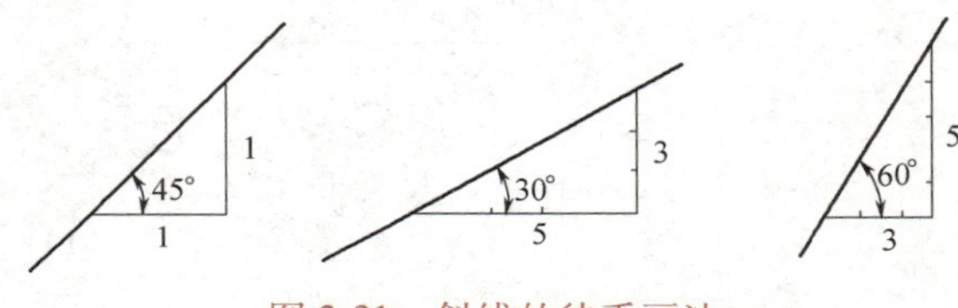

图2-31 斜线的徒手画法

画圆时，先定出圆心位置，过圆心画出两条互相垂直的中心线，再在中心线上按半径大小目测定出四个点后，分两半画成，如图2-32a所示。对于直径较大的圆，可在45°方向的两中心线上再目测增加四个点，分段逐步完成，如图2-32b所示。圆角的徒手画法如图2-33所示。

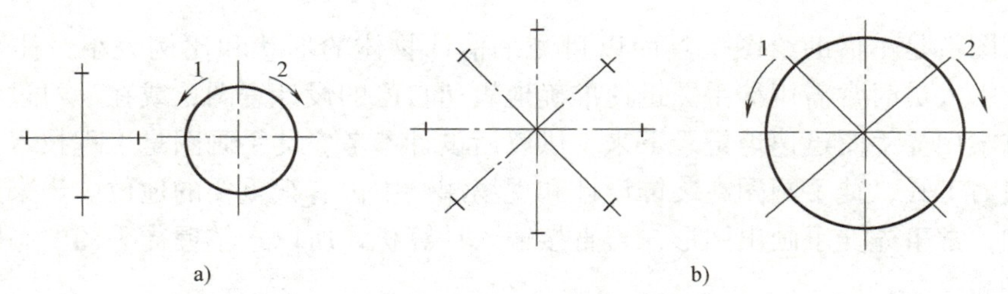

图2-32 圆的徒手画法
a）较小圆的画法 b）较大圆的画法

画椭圆时，先目测定出其长、短轴上的四个端点，然后分段画出四段圆弧，画时应注意图形的对称性，如图2-34所示。

徒手画平面图形时，其步骤与仪器绘图的步骤相同。不要急于画细部，先要考虑大局，即要注意图形的长与高的比例以及图形的整体与细部的比例是否正确。要尽量做到直线平直、曲线光滑、尺寸完整。

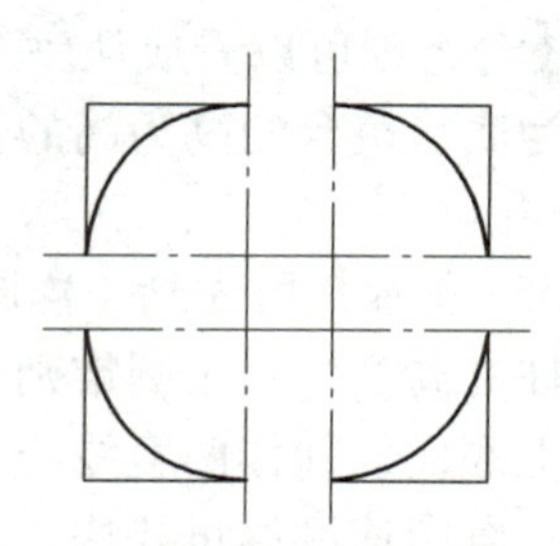

图 2-33　圆角的徒手画法

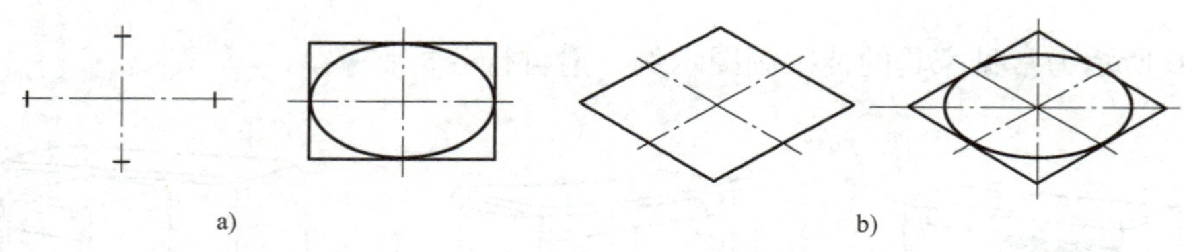

图 2-34　椭圆的徒手画法

a）较小椭圆的画法　b）较大椭圆的画法

画物体的立体草图时，可将物体摆在一个可以同时看到它的长、宽、高的位置，然后观察及分析物体的形状。有的物体可以看成由若干个几何体叠加而成，例如图 2-35a 左图的模型，可以看作由两个长方体叠加而成。画草图时，可先徒手画出底下一个长方体，使其高度方向竖直，长度和宽度方向与水平线成 30°角，并估计其大小，定出其长、宽、高，然后在顶面上另加一长方体。

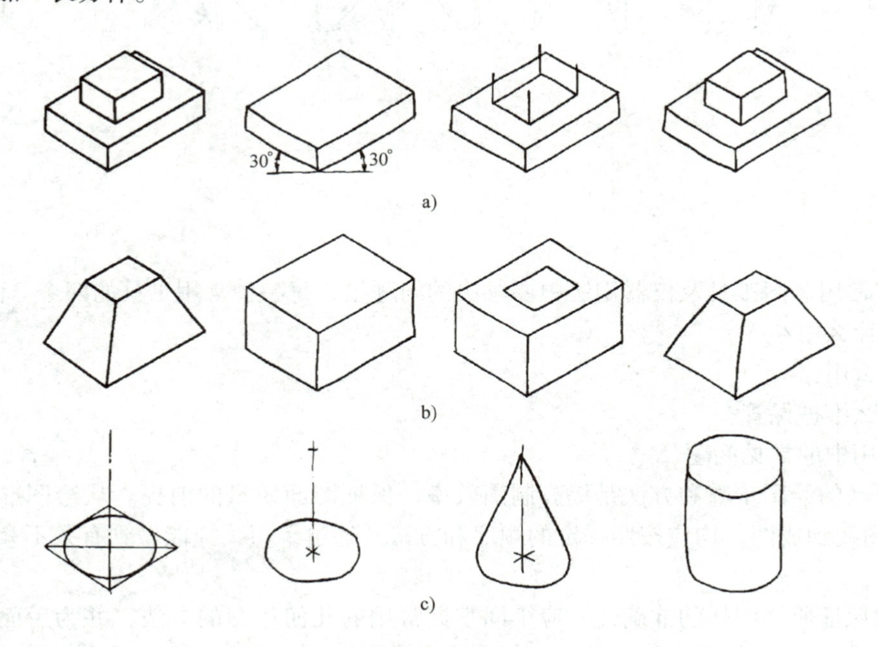

图 2-35　画物体的立体草图

有的物体，如图2-35b左图的棱台，则可以看成从一个大长方体削去一部分而做成。这时可先徒手画出一个以棱台的下底为底，棱台的高为高的长方体；然后在其顶画出棱台的顶面，并将下面的四个角连接起来。

画圆锥和圆柱的草图，如图2-35c所示，可先画一椭圆表示锥和柱的下底面，然后通过椭圆中心画一竖直轴线，定出锥或柱的高度。对于圆锥则从锥顶作两直线与椭圆相切，对于圆柱则画一个与下底面同样大小的上底面，并作两直线与上下椭圆相切。

总之，画徒手图的基本要求是：画图速度尽量要快，目测比例尽量要准，画面质量尽量要好。对于工程技术人员来说，除了熟练地使用仪器绘图以外，还必须具备徒手绘制草图的能力。

图2-36所示为常见家具的徒手画图示例，请自行分析临摹。

图2-36 徒手画图示例

小 结

1）在常用制图工具及仪器用法中要解决的问题是，每一种常用工具的四个方面：

① 做什么用？

② 怎么用？

③ 怎么维护保管？

④ 使用中的常见问题。

2）正确的绘图步骤和方法是提高制图效率、保证图面质量的前提。从绘图准备、打底稿、加深图线到成图，均应按照一定的顺序和方法。通过练习，应能做到有条不紊，切忌杂乱无章。

3）为保证所绘图样的准确性，应牢固掌握常用的几何作图的方法，并为后面准确、快速地绘制建筑工程图打下良好的基础。但应注意，图样绘制的方法有时是多种多样的，在以后的制图过程中，应当灵活掌握、活学活用。

思 考 题

1. 常用的制图工具和仪器有哪些？试说明它们各自的用途、用法、保管方法及常见问题。

2. 怎样绘制图纸中的水平线、铅垂线、45°斜线？

3. 绘图前应做好哪些准备工作？

4. 一般绘图步骤是什么？绘制铅笔线图纸时，怎样选用铅笔？

5. 绘图时怎样进行图面布置？

项目 3　投影法及其在建筑工程图中的应用

【学习目标】　通过本项目的学习，熟练掌握投影的概念、分类和平行投影的特性；熟练掌握三面正投影图的形成、特性，并了解各种投影法在建筑工程图中的应用；掌握点的投影规律，会判断点的相对位置及重影点的可见性，掌握不同位置直线、平面的投影特性，根据投影读出直线、平面的位置；掌握基本形体、组合形体的投影制图、读图，能熟练运用点、线、面及基本形体的投影知识并通过形体分析法、线面分析法进行组合形体的识读与绘制。

3.1　投影及投影法

3.1.1　投影及投影法的概念

我们生活在一个三维空间里，一切形体都有长度、宽度和高度（或厚度），而我们所用的图纸只有长度和宽度，是平面的。怎样才能在平面的图纸上准确、全面地表达三维形体的真实形状和大小呢？这就需要用投影的方法。

大家都见过影子，如在灯光下，书本就会在桌面或墙面上产生影子。但是这样的影子不反映书本的真实形状及大小，而且是灰黑的影子，只反映书本的轮廓，如图 3-1a 所示。如果在正午的阳光下，把一本书与桌面平行，你会发现桌面上的影子和书本近似，如图 3-1b 所示。

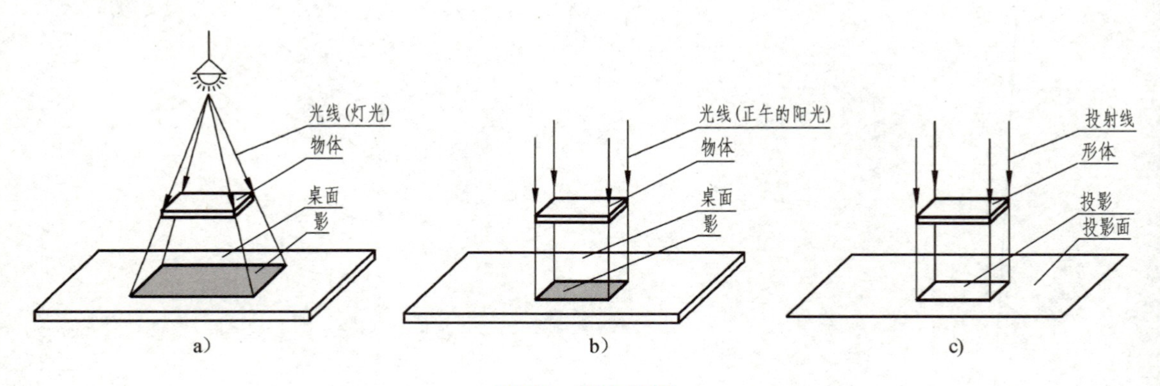

图 3-1　影与投影

a）灯光产生的影　b）正午的阳光产生的影　c）投影

在影的基础上，人们抽象出了投影及投影法的概念。

假设光线能透过形体而将形体上的各个顶点和各条棱线投影在平面上，这些点和线的影将组成一个能反映出形体形状的图形。这个图形就称为形体的投影，光线称为投射线，投影所在的平面称为投影面，如图 3-1c 所示。投影法即投射线通过物体，向选定的面投射，并在该面上得到图形的方法。

3.1.2　投影法的分类

投影法按投射线及其与投影面的相对位置可分为中心投影法和平行投影法两类，如图3-2所示。

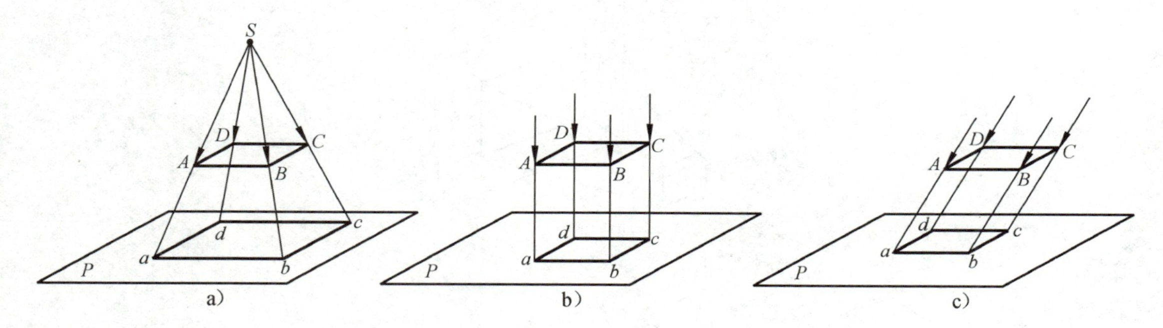

图3-2　投影法的分类

a）中心投影法　b）平行投影法——正投影法　c）平行投影法——斜投影法

1. 中心投影法

如图3-2a所示，投射线由一点放射出来，对形体进行投影的方法称为中心投影法。

中心投影法的特点是投射线汇聚于一点，投影的大小取决于投射中心、形体和投影面三者之间的位置关系。在投影面和投射中心距离不变的情况下，形体距投射中心越近，投影越大，反之投影越小。在形体和投影面距离不变的情况下，投射中心距离形体越近，投影越大，反之则越小。因此，利用中心投影法作出的投影，其大小与原形体并不相等，不能准确地度量出形体的尺寸大小。

2. 平行投影法

当投射中心距离投影面无限远时，投射线则趋近于平行。投射线相互平行的投影方法称为平行投影法。平行投影的大小与形体和投射中心的距离远近无关。

平行投影法根据投射线与投影面之间是否相互垂直，又可分为正投影和斜投影。如图3-2b所示，投射线相互平行，且垂直于投影面的投影方法称为正投影法。如图3-2c所示，投射线相互平行，且倾斜于投影面的投影方法称为斜投影法。

3.1.3　各种投影法在建筑工程绘图中的应用

图3-3所示为中心投影法的形成及实际应用。图3-3a为中心投影法的形成。图3-3b为运用中心投影法在画面（即投影面）P上画出建筑物的透视图。透视图（主要特征为近大远小）的图形跟一个人的眼睛在投射中心的位置时所看到该形体的形象，或者将照相机放在投影中心所拍得的照片一样，立体感、空间感强，显得十分逼真，但形体各部分的形状和大小大都不能直接在图中反映和度量出来。图3-3c所示为小房子的透视图。中心投影法往往用在建筑设计、装饰设计的方案图和效果图中，图3-3d、e所示分别为别墅建筑的室外、室内效果图。

图3-4所示为平行投影法及其实际应用。平行投影法常用于绘制轴测投影图，如建筑室外和室内立体图、管道系统图等。图3-4a、b为平行投影法的形成。图3-4c为轴

测投影的形成，即采用平行投影法绘制。图 3-4d 为小房子的正轴测投影（外观立体图）。图 3-4e 为小房子的斜轴测投影（内部分隔立体图）。图 3-4f 为斜轴测投影（排水系统图）。

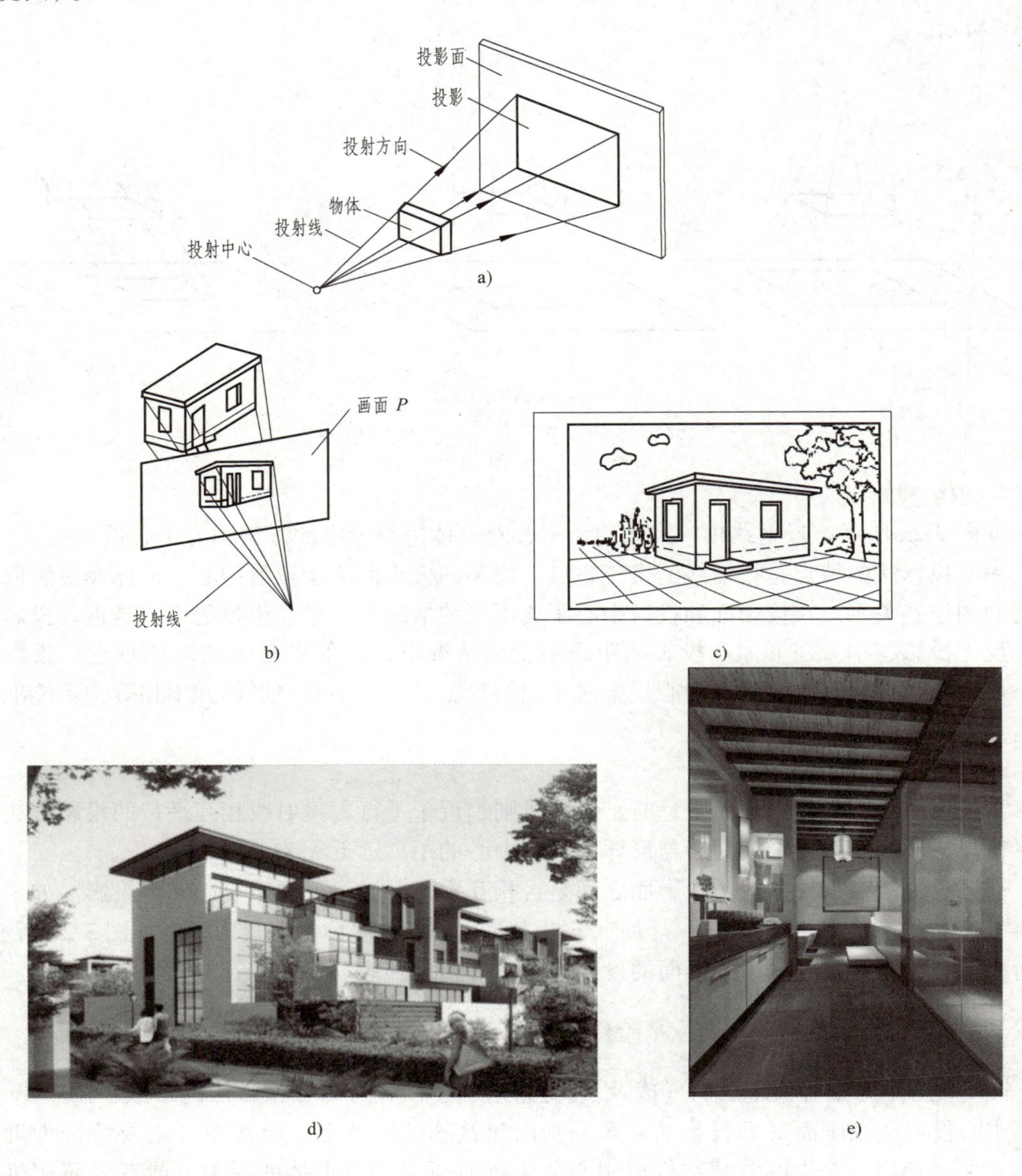

图 3-3 中心投影法的形成及实际应用

a）中心投影法的形成 b）透视投影形成 c）小房子的透视图 d）别墅外部效果图 e）别墅内部卫生间装饰效果图

当平面平行于投影面时，其正投影反映实形，如图 3-5a 所示。故正投影图能反映出建筑物各侧面的真实形状和大小，如图 3-5b 所示。正投影图具有可度量性，而且作图简便，如图 3-5c 所示。建筑工程图一般采用正投影图，如图 3-5d 所示，但这种图缺乏立体感，需经过一定的训练才能看懂。

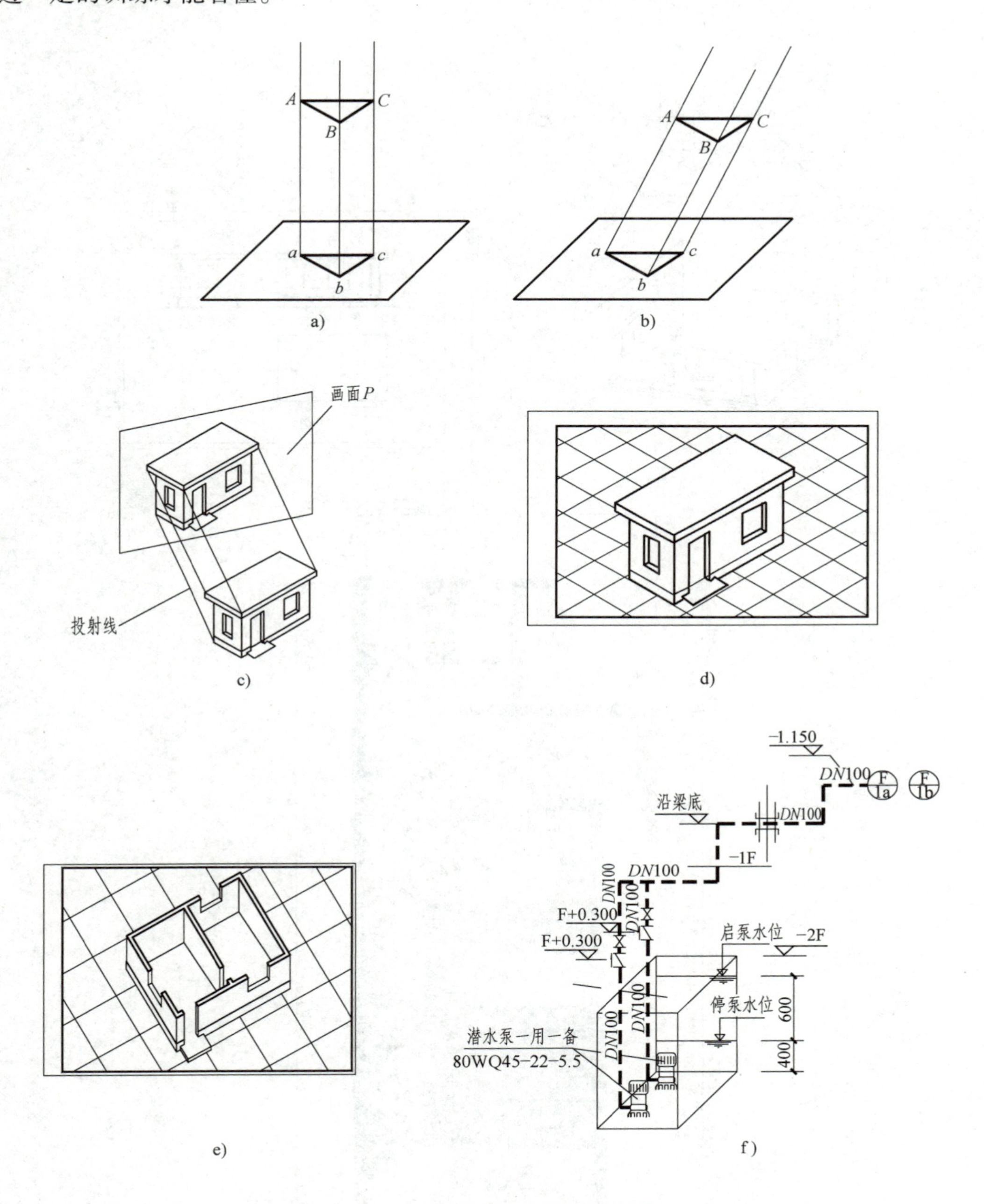

图 3-4　平行投影法及其实际应用

a）平行投影法的形成——正投影法　b）平行投影法的形成——斜投影法　c）轴测投影的形成（平行投影法）
d）小房子的正轴测投影（外观立体图）　e）小房子的斜轴测投影（内部分隔立体图）
f）斜轴测投影（排水系统图）

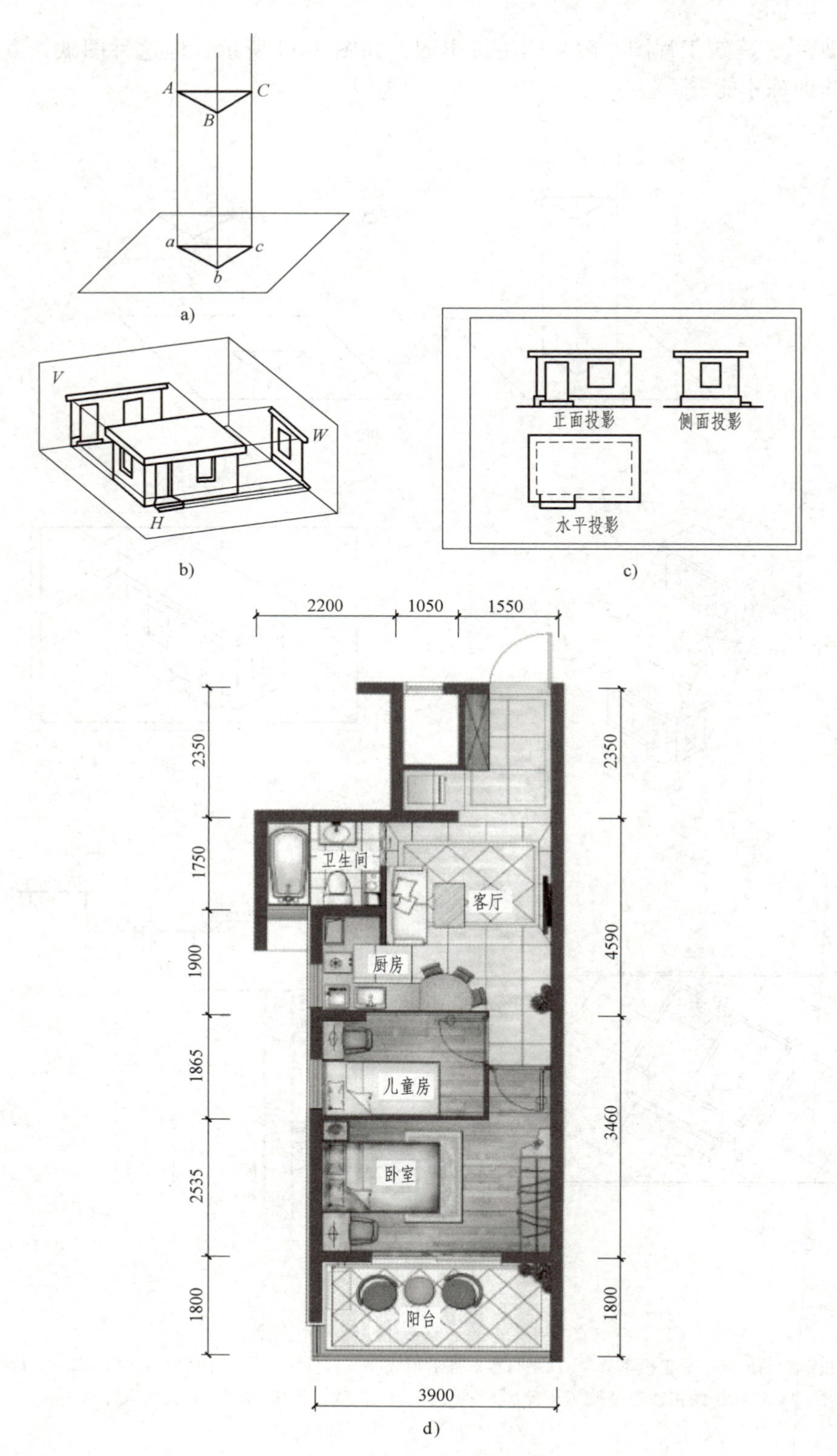

图 3-5 正投影法及其实际应用

a）正投影法 b）正投影法的应用（三面正投影形成） c）小房子三面正投影图示例 d）小户型住宅户型图（正投影法）

3.1.4　平行投影的投影特性

在建筑工程制图中，最常使用的投影是正投影。

下面以点、直线、平面的正投影（图3-6）为例说明正投影的特性。

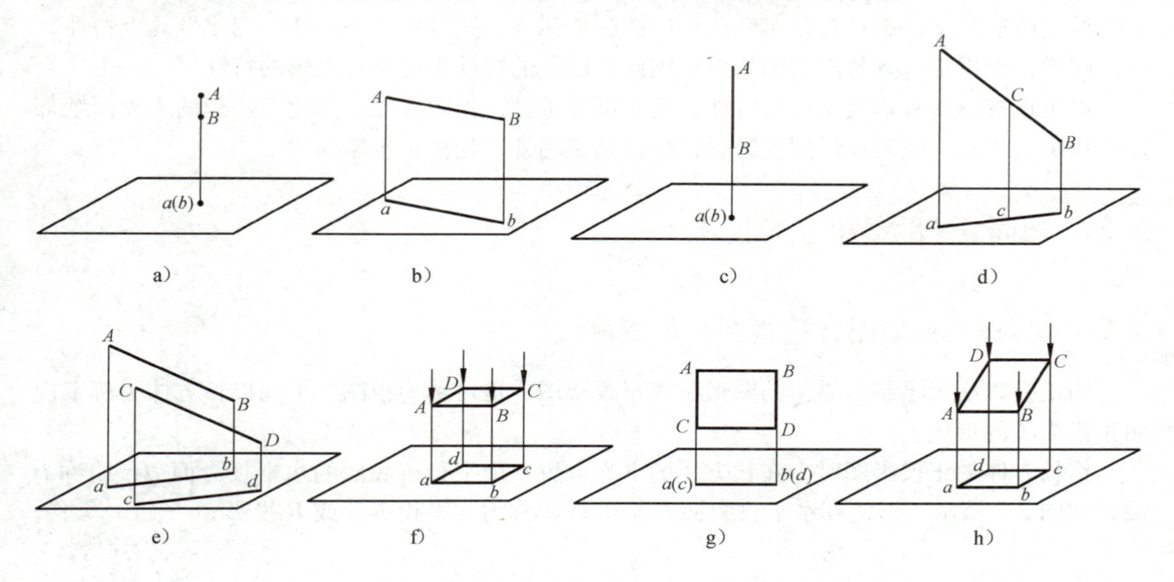

图3-6　点、直线、平面的正投影

a）点的投影　b）平行直线投影（显实性）　c）垂直直线投影（积聚性）　d）倾斜直线投影（类似性）
e）相互平行的直线正投影（平行性）　f）平行平面投影（显实性）　g）垂直平面投影（积聚性）
h）倾斜平面投影（类似性）

从图3-6可以看出，点、直线、平面的正投影具有如下特性。

1）点的投影仍然是点，如图3-6a所示。

2）直线的投影：

① 当直线平行于投影面时，其正投影反映实长（显实性），即实形投影，如图3-6b所示。该直线的长度可以从其正投影的长度来度量，即度量性。

② 当直线垂直于投影面时，其正投影积聚为一个点（积聚性），即积聚投影，如图3-6c所示。

③ 当直线倾斜于投影面时，其正投影不反映实长，也不积聚，而是一条比实长短的线段（类似性），如图3-6d所示。

④ 点在直线上，则点的投影必在直线的投影上。点分线段所成的比例，等于点的投影分线段的投影所成的比例（定比性），即定比关系，如图3-6d所示。

⑤ 相互平行的两条直线在同一投影面上的正投影保持平行，即平行性，如图3-6e所示。

3）平面的投影：

① 当平面平行于投影面时，其正投影反映真实的形状和大小（显实性），即实形投影，具有显实性，如图3-6f所示。该平面图形的形状和大小可以从其正投影来确定和度量，即度量性。

② 当平面垂直于投影面时，其正投影积聚为一条直线（积聚性），即积聚投影，如图 3-6g 所示。

③ 当平面倾斜于投影面时，其正投影既不反映实形，也不积聚，而是一个小于实形的相似形（类似性），如图 3-6h 所示。

综上所述，正投影具有显实性、积聚性、类似性、度量性、平行性、定比性几个特性。

同样，斜投影也具备以上的特性。因此，以上的特性也是平行投影的特性。

由于正投影具有反映实形的特性，具有可度量性，作图方便，因此，一般的工程图纸都用正投影法画出。以后在说到投影时，除特别说明外，均指正投影。

3.2 三面正投影图（三视图）

3.2.1 三面正投影图（三视图）的形成

用正投影法所绘制出物体的图形称为正投影图，也可称为视图。下面以长方体为例来说明正投影图的形成。

作长方体的正投影图时，在长方体的下方放置一个平行于底面的水平投影面 *H*，简称 *H* 面，如图 3-7 所示。形体在水平投影面 *H* 上的投影称为水平投影，或 *H* 投影。

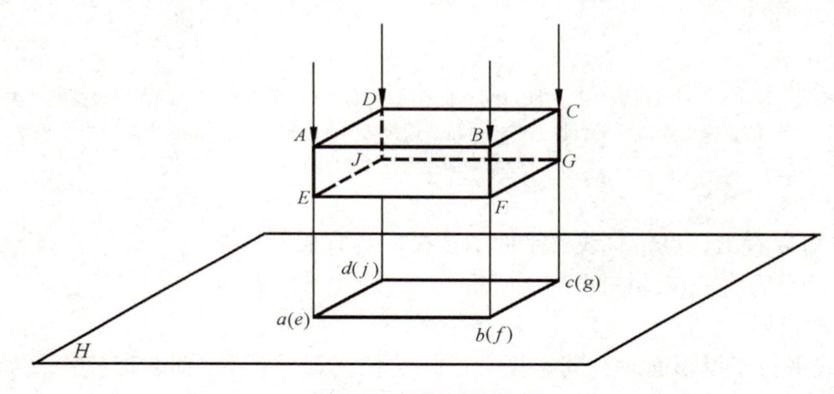

图 3-7 投影图的形成

如图 3-7 所示，运用点、直线、平面的正投影特性知识，可知平面 *ABCD*、*EFGJ* 都平行于 *H* 面，它们的水平投影反映实形，即长方形；而平面 *ABFE*、*BCGF*、*CDJG*、*DAEJ* 都垂直于 *H* 面，它们的水平投影积聚为一条直线。直线 *AB*、*BC*、*CD*、*DA*、*EF*、*FG*、*GJ*、*JE* 都平行于 *H* 面，它们的水平投影均反映实长；而直线 *AE*、*BF*、*CG*、*DJ* 都垂直于 *H* 面，它们的水平投影都积聚为一点。因此，该长方体的水平投影是一个长方形，且反映该长方体上、下底面的真实形状和大小。

由上例可以知道长方体的水平投影是长方形。反过来，能否由水平投影是长方形而得出它一定是长方体的投影呢？下面以图 3-8 为例来讲解。

图 3-8 中的四个形体的水平投影均是相同的长方形，因此由水平投影不能唯一得出一个形体。这是因为形体由长、宽、高三个向度确定，而一个投影图只能反映其中两个向度。要准确且全面地表达形体的形状和大小，一般需要两个或两个以上投影图。

现设置一个三投影面体系，即由三个相互垂直的平面作为投影面，其中包含水平投影面 H 面、正立投影面 V 面、侧立投影面 W 面。三个投影面两两垂直相交，交线称为投影轴，分别为 OX、OY、OZ 轴，三个投影轴的交点是 O 点，又称原点。这样即组成了一个三投影面体系，如图 3-9 所示。

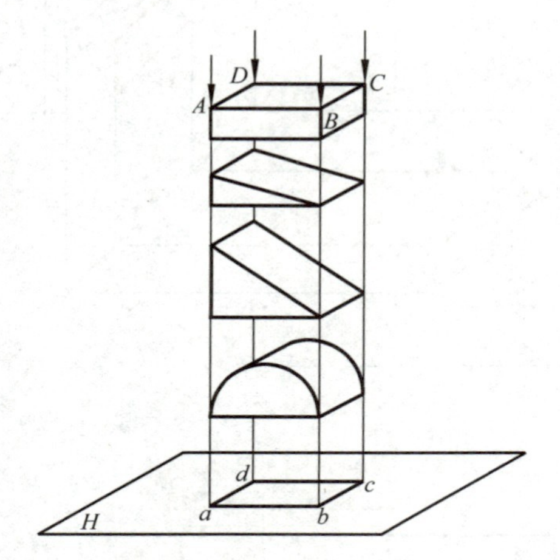

图 3-8　一个正投影图一般不能唯一确定其形体

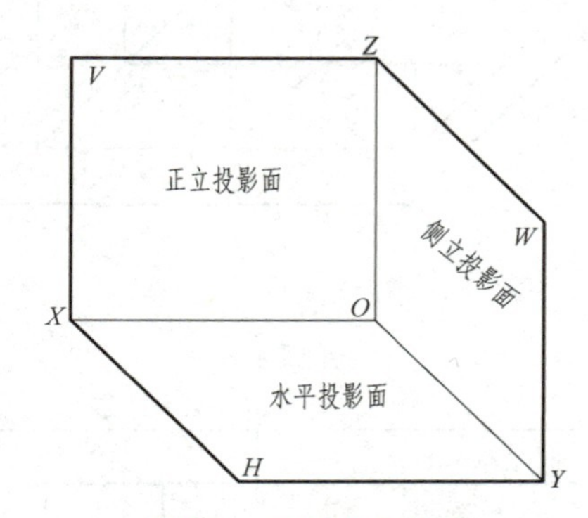

图 3-9　三投影面体系

把长方体放置在三投影面体系中，注意使长方体的上、下底面平行于 H 面，前、后侧面平行于 V 面，左、右侧面平行于 W 面，如图 3-10a 所示。

作形体在水平投影面上的投影时，投射线从上向下垂直于水平投影面；作形体在正立投影面上的投影时，投射线从前向后垂直于正立投影面；作形体在侧立投影面上的投影时，投射线从左向右垂直于侧立投影面。这时可得到形体的三面正投影图，也称三视图。

1）形体在水平投影面上的投影，称为水平投影，或 H 投影，或俯视图。它反映长方体上、下两个面的实形，反映形体的长、宽。

2）形体在正立投影面上的投影，称为正面投影，或 V 投影，或主视图。它反映长方体前、后两个面的实形，反映形体的长、高。

3）形体在侧立投影面上的投影，称为侧面投影，或 W 投影，或左视图。它反映长方体左、右两个面的实形，反映形体的宽、高。

形体的三面投影图可以完整全面地表达出形体各表面的真实形状和大小。

为了使形体的三个投影图能绘制在平面的图纸上，需要将三投影面体系中的三面正投影图展开。

投影图展开时的规定：V 面不动，H 面连同 H 投影一起绕 OX 轴向下旋转 90°，W 面连同 W 投影一起绕 OZ 轴向右旋转 90°，使三个投影面（包括三个投影图）展开在同一个平面上，如图 3-10b 所示。

展开以后的情况如图 3-10c 所示。可以看出，每个投影图反映形体长、宽、高三个向度当中的两个。

由于投影面是无限大的，而且投影面的大小对投影图也没有任何影响，因此投影面的边

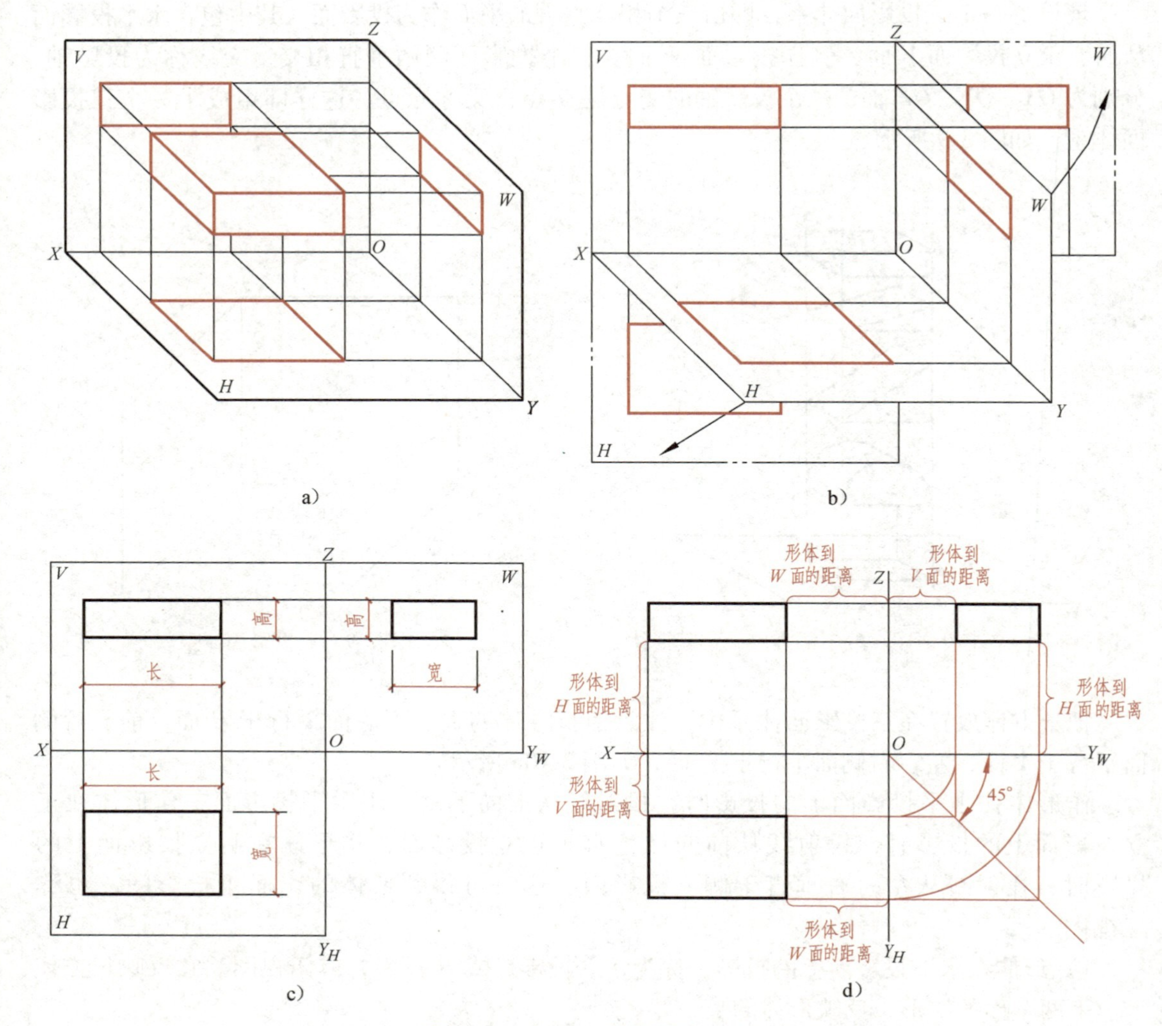

图 3-10　三面正投影图的形成

框线不需要画出，如图 3-10d 所示。

投影图与投影轴的距离，反映了形体距投影面的距离，在三面投影图中形体对同一个投影面的距离应相等。而其实形体距投影面远近对投影图并没有影响，因此投影轴往往也可以省略，但三面投影图的关系应当保持不变，即水平投影图在正面投影图的正下方，侧面投影图在正面投影图的正右方。按照这种位置画投影图时，在图纸上可以不标注投影图的名称。

3.2.2　三面正投影图（三视图）的规律

1）形体的投影图一般有 *V*、*H*、*W* 三个投影图。*V* 投影反映形体的长度和高度以及形体上平行于 *V* 面的各个面的实形；*H* 投影反映形体的长度和宽度以及形体上平行于 *H* 面的各个面的实形；*W* 投影反映形体的宽度和高度以及形体上平行于 *W* 面的各个面的实形。

2）投影图的展开，规定 V 面不动，H 面向下转，W 面向右转，摊平在同一个平面上。

3）由于三个投影表达的是同一个形体，而且进行投影时，形体与各投影面的相对位置保持不变，因此，投影图展开之后，它们的投影必然保持下列关系：

① V、H 投影都反映形体的长度且对正，称为“长对正”。

② V、W 投影都反映形体的高度且平齐，称为“高平齐”。

③ H、W 投影都反映形体的宽度，称为“宽相等”。

“长对正、高平齐、宽相等”称为“三等关系”，这三个重要的关系是三面正投影的投影关系。三等关系是绘制和识读形体投影图必须遵循的投影规律。

4）在三投影面体系中，通常使 OX、OY、OZ 轴分别平行于形体的三个向度（长、宽、高），以便更多地作出形体表面的实形投影。

5）形体的方向在投影图上也有所反映。形体有前、后、左、右、上、下六个方向，如图 3-11a 所示。投影时，若将形体周围这六个字随同形体一起投影到三个投影面上，则所得投影如图 3-11b 所示。

在投影图上识别形体的方向，对读图很有必要。

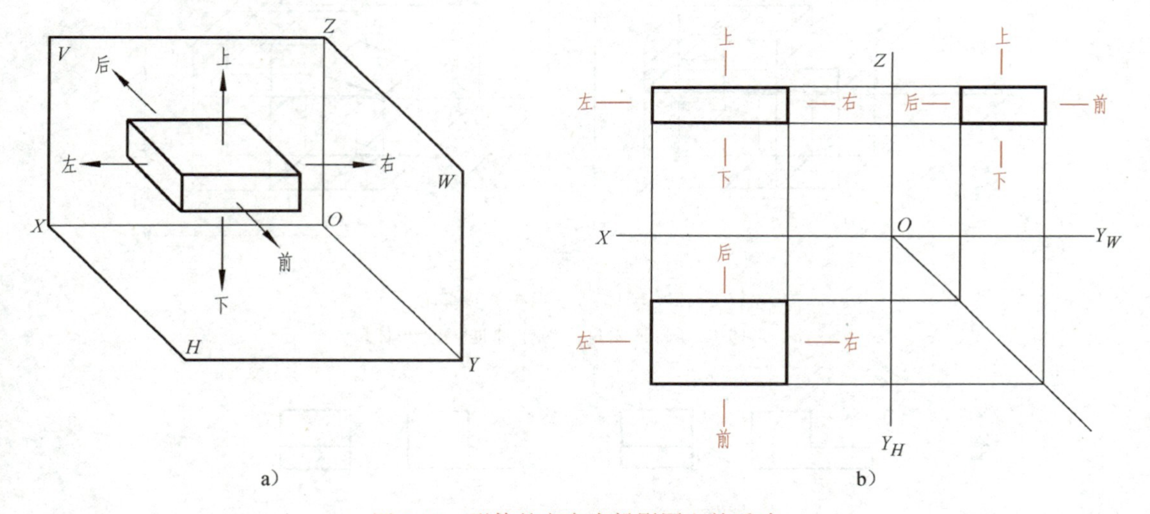

图 3-11　形体的方向在投影图上的反映

6）一个形体需要画多少个投影才能表达清楚，完全取决于形体本身的形状。对一般形体来说，用三个投影已经足够确定其形状和大小；对于简单的形体两个（或一个）投影也可以；而对于复杂的形体，往往需要更多的投影来表达。

课堂练习：图 3-12 所示为几个简单形体及其投影图的形成，图 3-13 所示为这几个形体的三面投影图，请分别找出形体对应的投影图。

3.2.3　三面正投影图（三视图）的画法示例

画出如图 3-14 所示三棱柱的三面正投影图。

绘制三面正投影图时，一般先绘制反映形体表面实形的投影图，然后再按照“三等关系”绘制其他投影图。熟练掌握形体的三面正投影图画法是绘制和识读工程图样的重要基础。下面是绘制三面正投影图的具体方法和步骤：

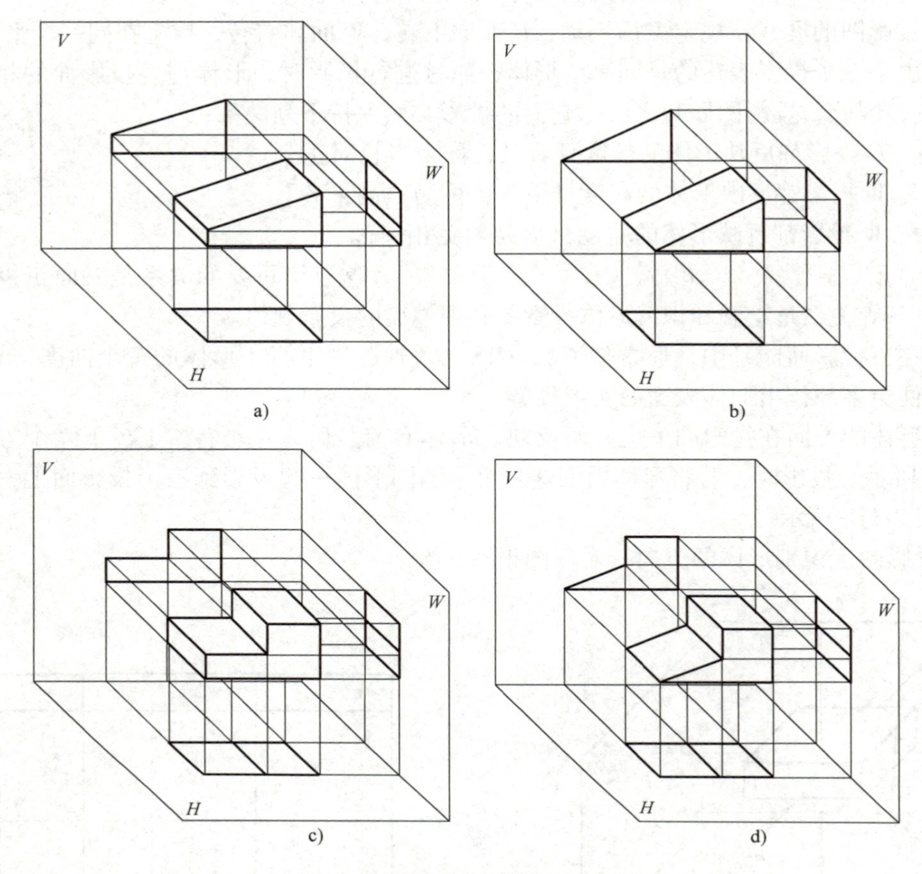

图 3-12 形体的三面投影图形成

a）形体Ⅰ b）形体Ⅱ c）形体Ⅲ d）形体Ⅳ

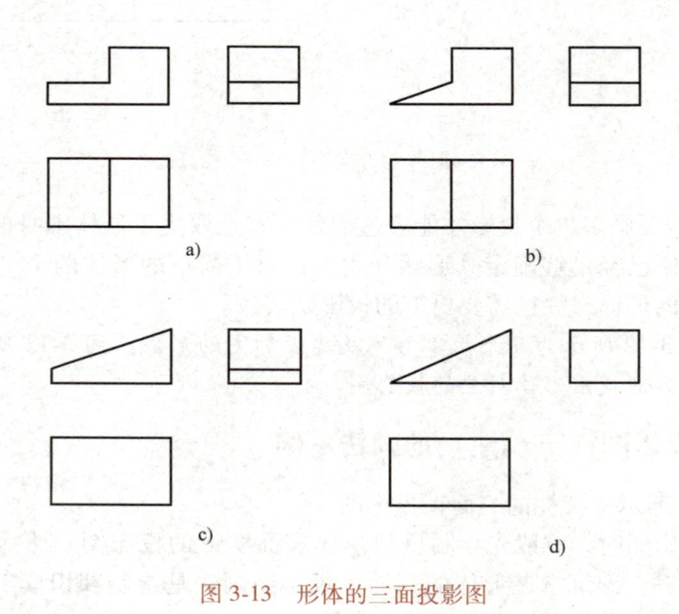

图 3-13 形体的三面投影图

1）先画出正投影图中的投影轴，同时画出 45°辅助线（以保证投影图的“宽相等”），如图 3-15a 所示。熟练时投影轴也可以省略。

2）根据形体在三投影面体系中的放置位置，先画出能够反映形体表面实形的 *H* 投影图，如图 3-15b 所示。

3）根据投影关系，由“长对正”的投影规律，画出 *V* 投影图，如图 3-15c 所示。

4）由“高平齐”的投影规律，把 *V* 面投影图中涉及高度的各相应部位用水平线引向 *W* 面；由“宽相等”的投影规律，用过原点 *O* 作 45°斜线的方法将 *H* 面投影图中涉及宽度的各相应部位也引向 *W* 面，得到 *W* 投影图，如图 3-15d 所示。

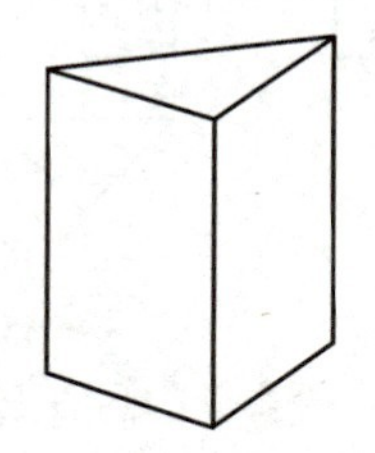

图 3-14　三棱柱的直观图

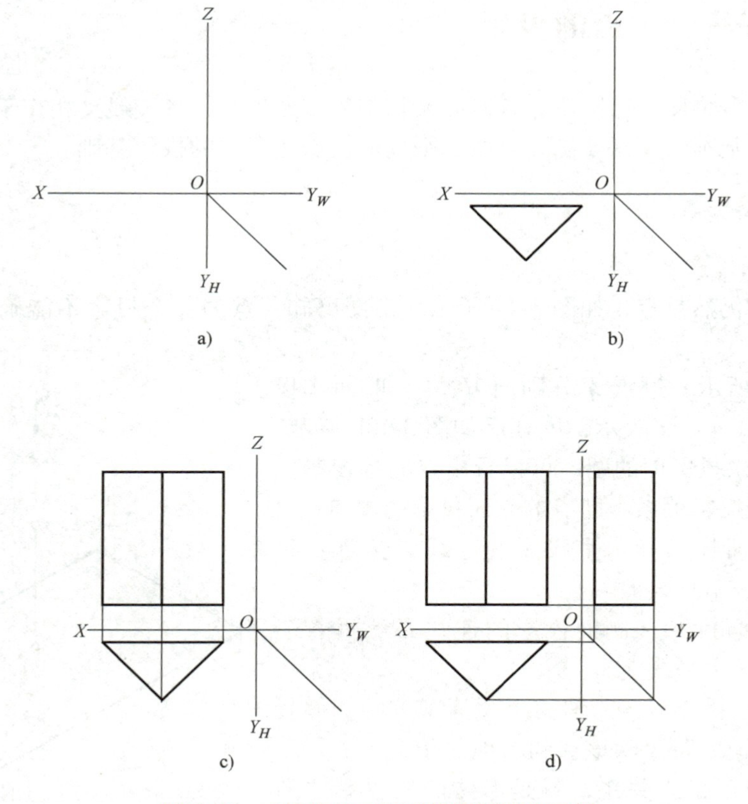

图 3-15　三棱柱的三面正投影图画法示例

a）画出投影轴及 45°辅助线　b）画出 *H* 投影（反映上、下底面的实形）

c）按照“长对正”画出 *V* 投影　d）按照“高平齐、宽相等”画出 *W* 投影注意：形体的投影距投影轴的距离反映出形体距投影面的距离，而形体距投影面的距离对投影图没有影响，因此可以不画投影轴，如图3-16a、b所示。但如若画出投影轴，则形体距同一投影面的距离应相等，如图3-16c所示。注意不能画出投影轴而投影图距同一个投影面的距离不同是错误的，如图3-16d所示。此为部分同学易出现的错误，应正确理解并避免此种错误画法。

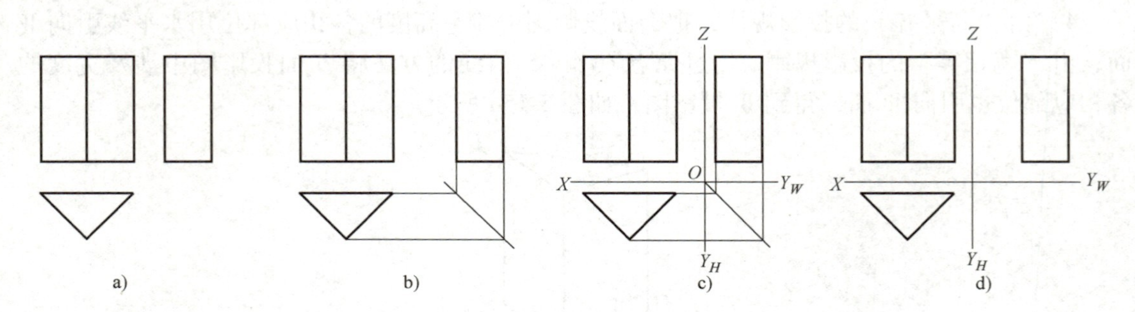

图3-16　投影图的画法正误分析

a)、b)、c）正确　d）错误

3.3　点、直线、平面的投影

一个形体由多个侧面所围成，各侧面又相交于多条棱线，各棱线又相交于多个顶点。因此，点是形体最基本的元素。点、直线、平面的投影是形体的投影基础。

3.3.1　点的投影

1. 点的三面投影

点的正投影仍然是点，如图3-17所示。由图可知，点的一个投影不能确定它在空间的位置。

如图3-18a所示，过点 A 分别向 H、V、W 面作投影，并分别用 a、a'、a''表示，展开后如图3-18b所示，图3-18c为不画出投影面的图。可以看出点的各投影之间有如下三项正投影关系，即点的三面投影的规律：

1）点的正面投影和水平投影的连线必然垂直于 OX 轴，即在同一铅直线上。

2）点的正面投影和侧面投影的连线必然垂直于 OZ 轴，即在同一水平线上。

3）点的水平投影到 OX 轴的距离等于点的侧面投影到 OZ 轴的距离，都反映该点到 V 面的距离。

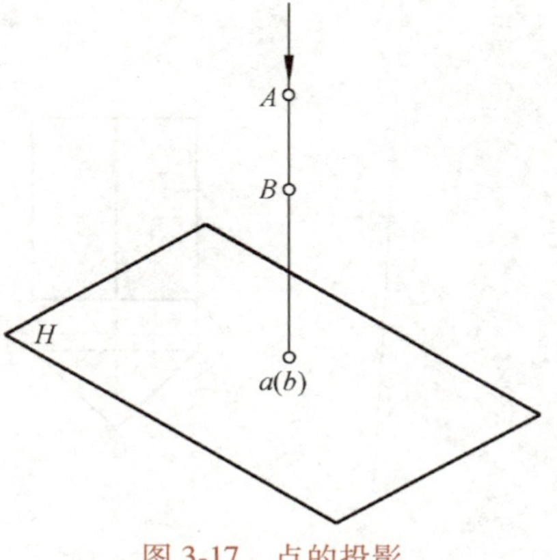

图3-17　点的投影

点的这三项正投影关系，就是形体的三投影之所以具有“长对正、高平齐、宽相等”关系的理论根据。如图3-19所示，形体最右一点和最左一点的 V 投影和 H 投影，都分别在同一铅直连线上，因此必然会出现“长对正”的关系。形体最高一点和最低一点的 V 投影和 W 投影，分别在同一水平连线上，因此必然会出现“高平齐”的关系。形体最前一点和最后一点到 V 面的距离以及这两个距离之差，即形体的宽度，都可以在 H 投影和 W 投影得到相等的反映，因此又必然出现“宽相等”的关系。

如图 3-20 所示，当点 A、B、C 位于投影面上时，则点在所在投影面上的投影与其本身重合，另外两个投影在相应的投影轴上；点 D 位于 OX 轴上，则其 H、V 投影与其本身重合，W 投影在 O 点上。

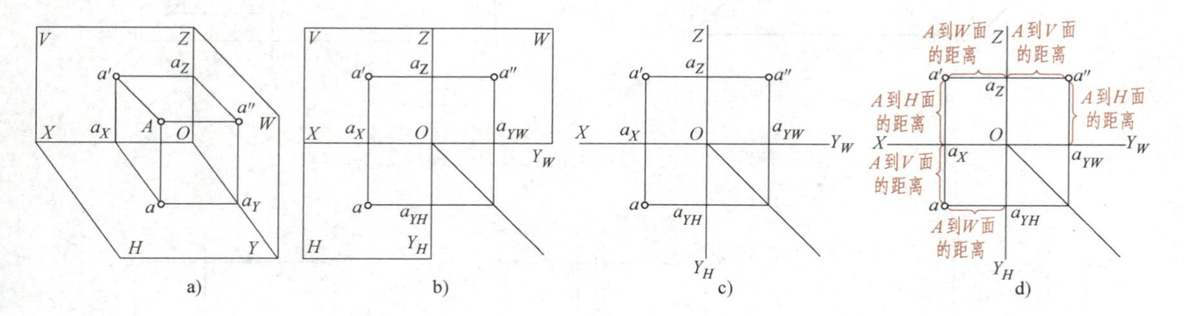

图 3-18　点的三面投影
a）点的投影直观图　b）点的投影图的展开　c）点的三面投影
d）空间点 A 到投影面的距离在投影图中的反映

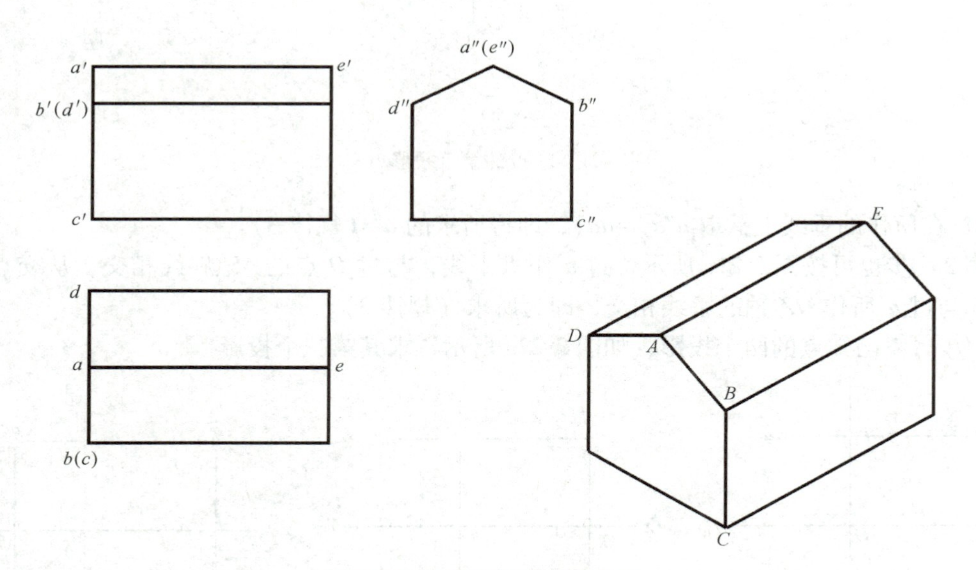

图 3-19　三面投影的投影关系

点的三面投影规律说明了三面投影中每两个投影都有联系，因此只要任意给出点的两个投影就可以补出其第三个投影。

【例 1】　已知点的两个投影，如图 3-21a 所示，求其第三个投影。

利用点的投影的三条规律作图，如图 3-21b 所示：

1）过 a' 作 OZ 轴的垂线（规律 2）。

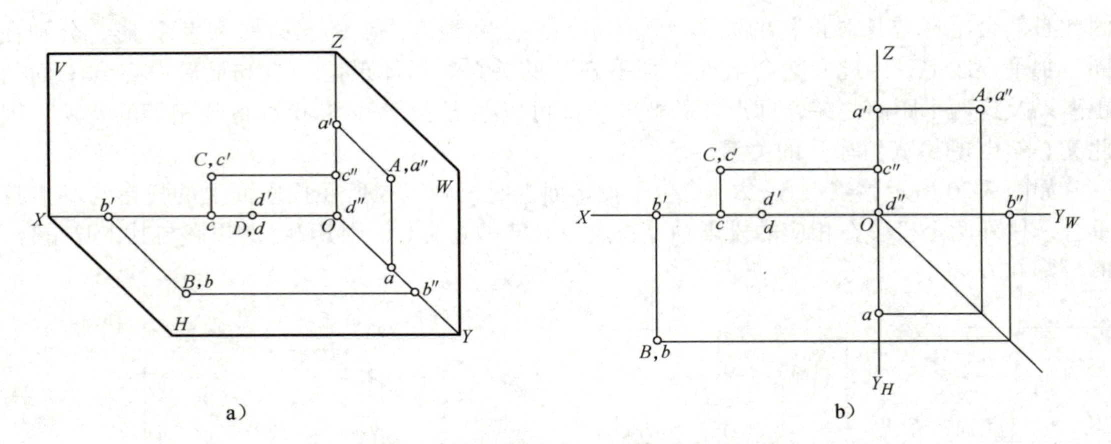

图 3-20　位于投影面上的点及其三面投影

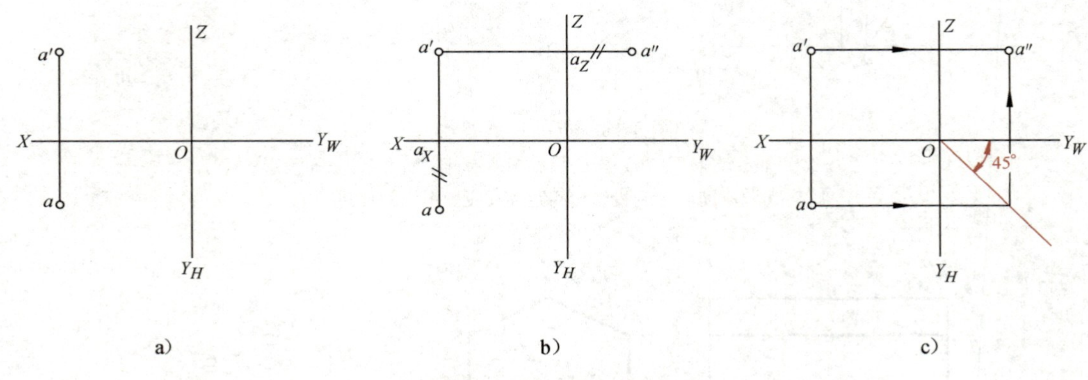

图 3-21　求点的第三投影（一）

2）在所作的垂线上截取 $a''a_Z = aa_X$，即得所求的 a''（规律 3）。

第 2）步也可按图 3-21c 所示，过 a 作水平线，与过 O 点的 45°斜线相交，从交点引铅直线，与过 a'所作 OZ 轴的垂线相交，即为所求（规律 3）。

【例 2】　已知点的两个投影，如图 3-22a 所示，求其第三个投影。

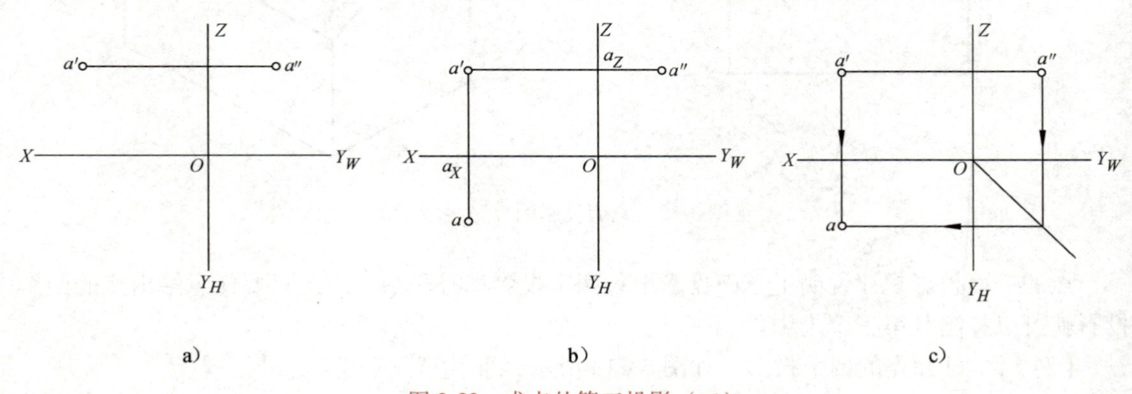

图 3-22　求点的第三投影（二）

利用点的投影的三条规律作图，如图 3-22b 所示：

1）过 a'作 OX 轴的垂线（规律 1）。

2）在所作的垂线上截取 $aa_X = a''a_Z$，即得所求的 a（规律 3）。

第 2）步也可按图 3-22c 所示，过 a''作铅直线，与过 O 点的 45°斜线相交，从交点引水平线，与过 a'所作 OX 轴的垂线相交，即为所求（规律 3）。

【例 3】　已知特殊位置点的两个投影，如图 3-23a 所示，求其第三个投影。

作图过程如图 3-23b 所示，用箭头表示，不再细述。

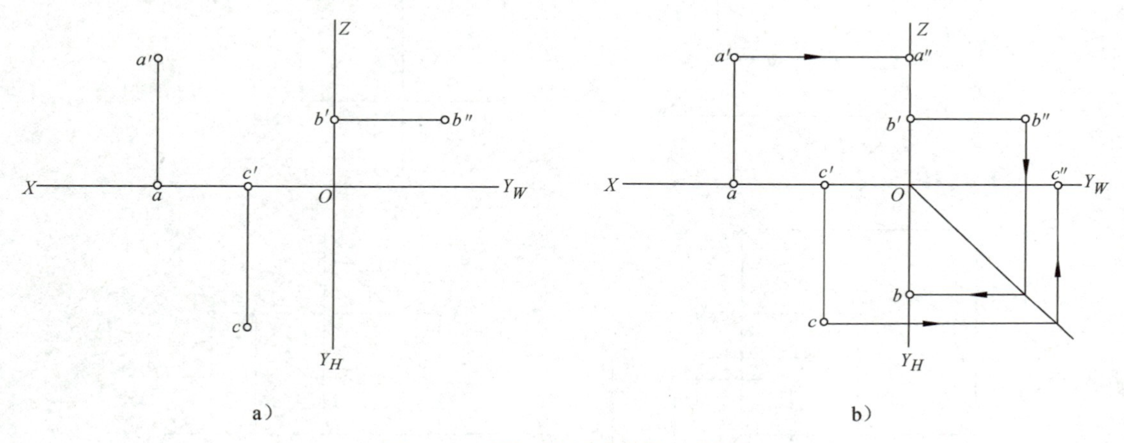

图 3-23　求特殊位置点的第三投影

2. 两点的相对位置、重影点

（1）两点的相对位置　空间两点的相对位置，是指两点间的上下、左右和前后关系，如图 3-24a 所示，点 A 在点 B 的右后上方。两点的相对位置可以在它们的三面投影中反映出来。V 投影反映出它们的上下、左右关系，H 投影反映出左右、前后关系，W 投影反映出上下、前后关系。在投影图中判别两点的相对位置对投影图的识读和绘制十分重要。

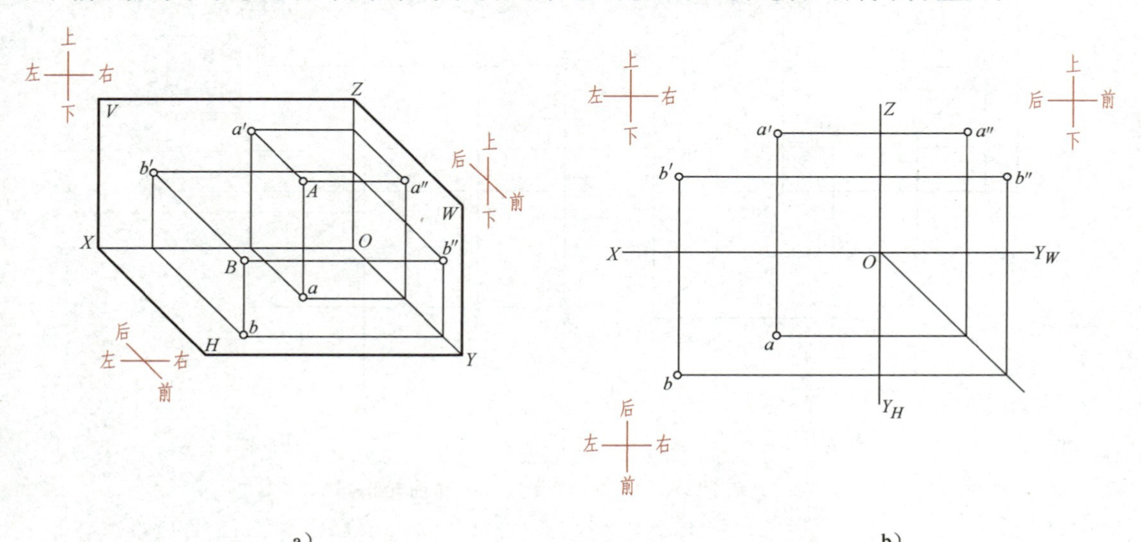

图 3-24　两点的相对位置

（2）重影点　如果空间两点在某一投影面上的投影重合，那么这两点就称为该投影面的重影点，重影点的投影及投影特性如图3-25所示。

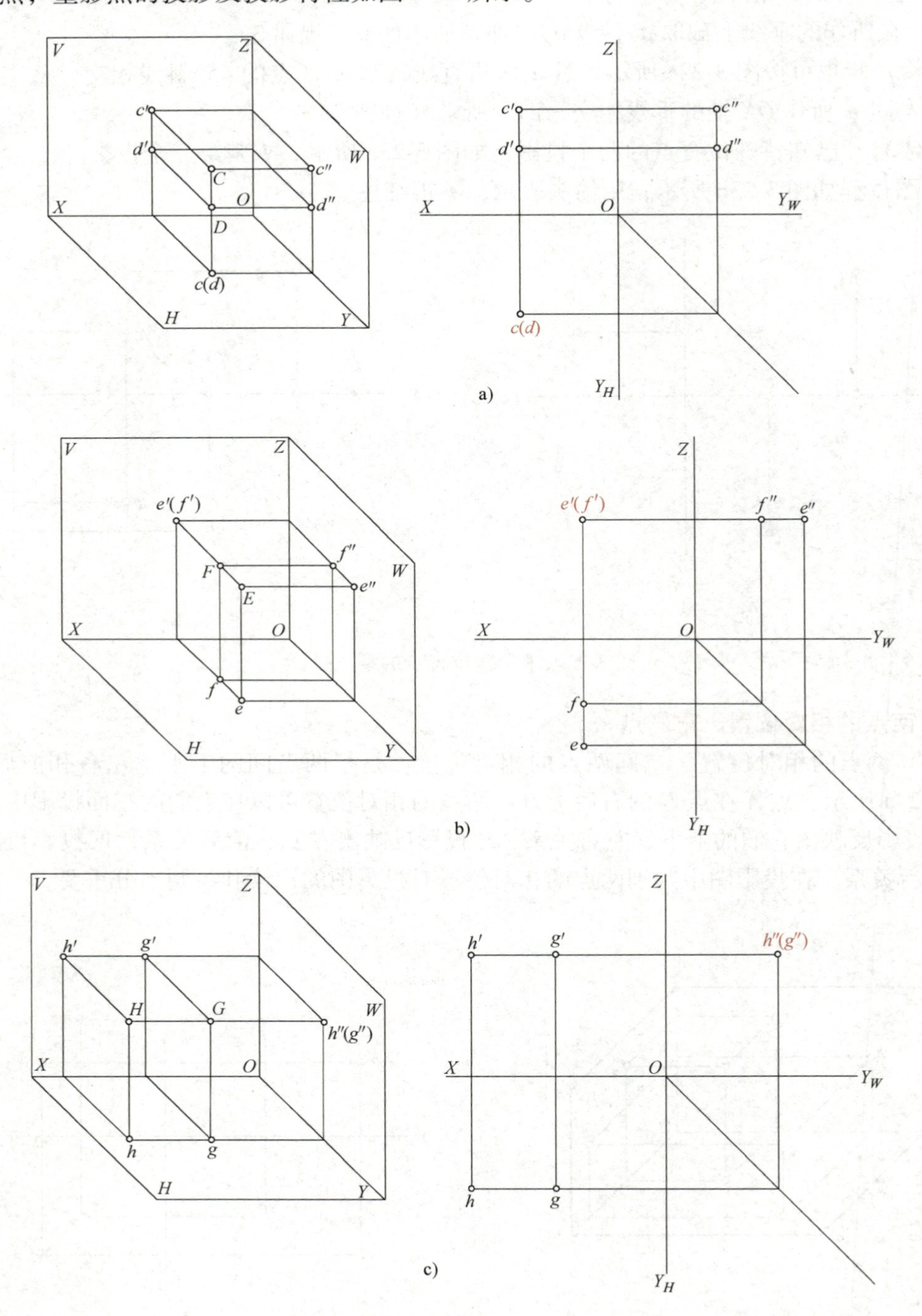

图3-25　重影点（一）

a）H面重影点　b）V面重影点　c）W面重影点

显然，重影点投影重合的原因是两个点位于该投影面的同一条投射线上，假如沿投射线方向进行投影，则会有一点可见，另一点不可见，这就是重影点的可见性问题。在投影图中的标注应在不可见点的投影上加小括号。在投影图中判别重影点的可见性，对读图十分重要。

判断重影点可见性的方法如下：H 面重影点，上面的点可见，下面的点不可见；V 面重影点，前面的点可见，后面的点不可见；W 面重影点，左面的点可见，右面的点不可见。

判定重影点的可见性，须先根据其他投影判断它们的位置关系，然后按照投射方向可判别出重影点的可见性。

【例 4】 已知形体的直观图和投影图如图 3-26 所示，在直观图上标注出其中的点 A 和 B。

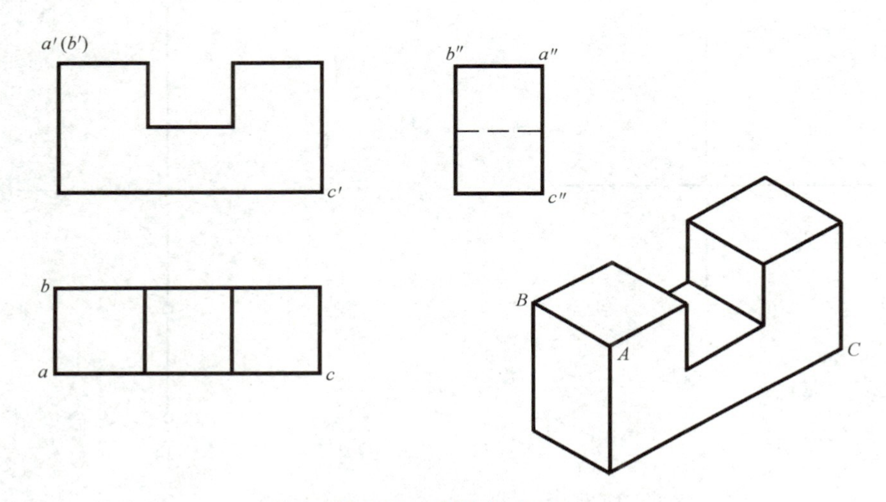

图 3-26　重影点（二）

根据投影图可以判断出，点 A 在形体的左前上角，点 B 在形体的左后上角，点 C 在形体的右前下角。

【例 5】 如图 3-27 所示，根据形体，标注出点 A、B、C、D 的投影。

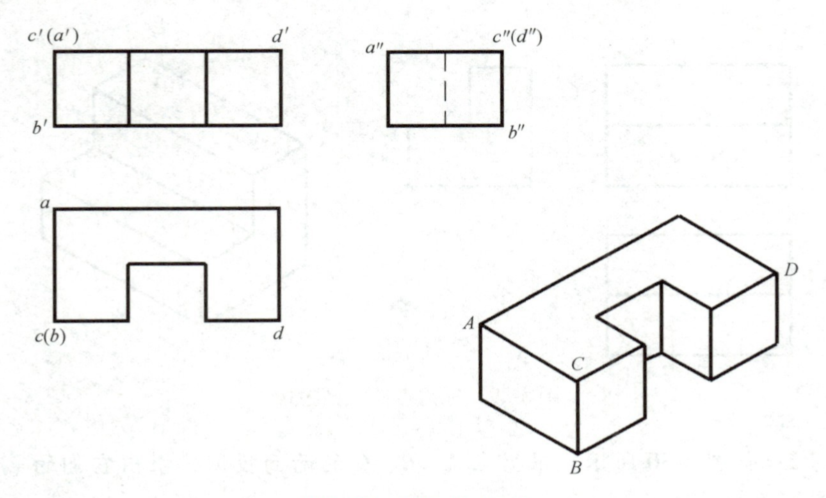

图 3-27　重影点（三）

分析形体可知，点 A 在形体的左后上角，点 B 在形体的左前下角，点 C 在形体的左前上角，点 D 在形体的右前上角；而且点 A、C 为 V 面重影点，点 B、C 为 H 面重影点，点 C、D 为 W 面重影点。因此，在 H 投影中，C 点在上，C 点的投影 c 可见，B 点在下，B 点的投影 b 不可见；在 V 投影中，C 点在前，C 点的投影 c' 可见，A 点在后，A 点的投影 a' 不可见；在 W 投影中，C 点在左，C 点的投影 c'' 可见，D 点在右，D 点的投影 d'' 不可见，如图 3-27 所示进行标注。

【例 6】 如图 3-28a，已知点 A 的投影，并且点 B 在点 A 的正前方 10mm 处，求作点 B 的投影。

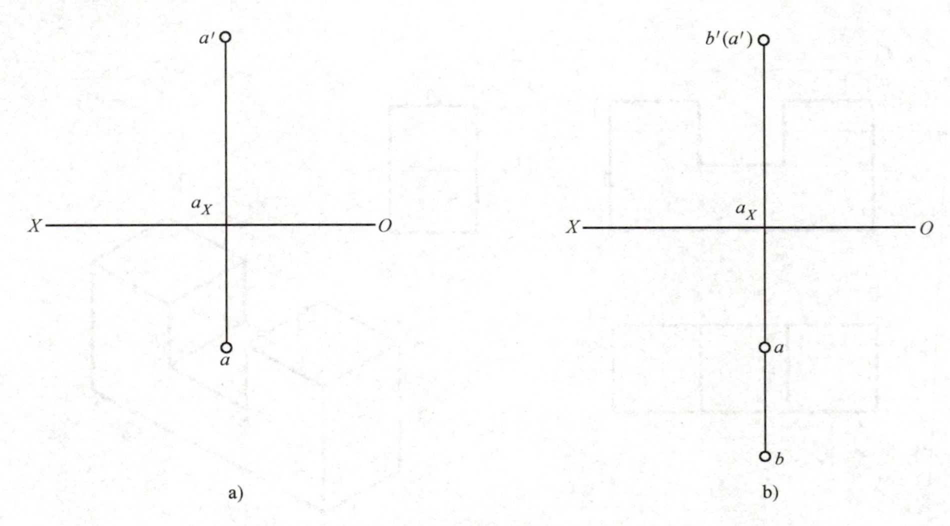

图 3-28 已知两点相对位置求点的投影

如图 3-28b 所示，它们的 V 投影重合，其中点 A 的 V 投影 a' 不可见；H 投影中 b 在 a 的正前方 10mm。

课堂练习 1： 如图 3-29 所示，对照立体图，在三面投影图中注明 A、B、C 点的三个投影。

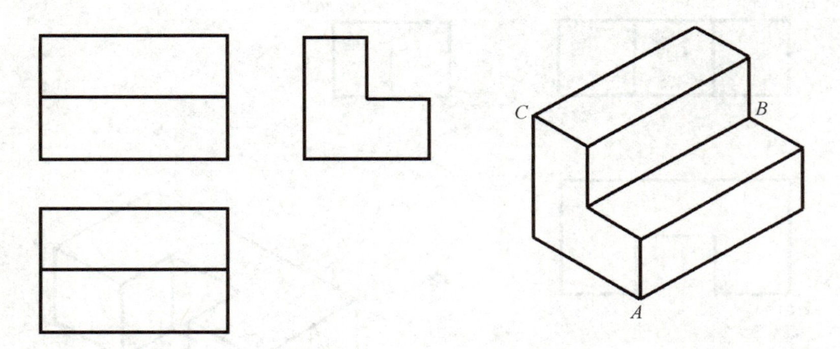

图 3-29 标注点的三面投影

课堂练习 2： 如图 3-30 所示，根据点 A、B、C 的两面投影，求出它们的第三投影，并判定三点在空间的相对位置。

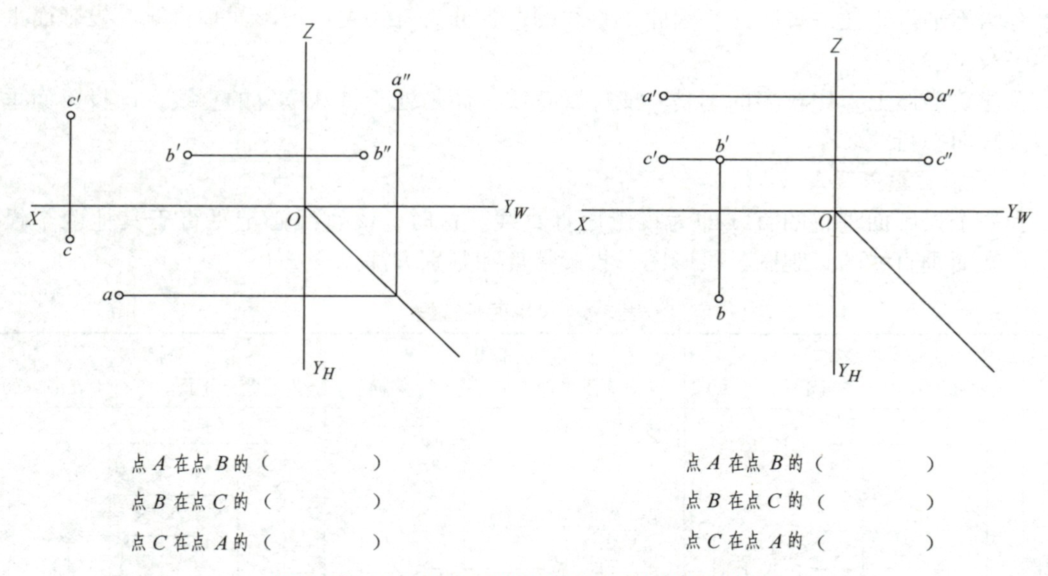

图 3-30　求点的第三投影并判定三点的相对位置

3.3.2　直线的投影

直线的长度是无限的。直线的空间位置可由线上任意两点的位置确定，即两点定一直线。直线还可由线上任意一点和线的指定方向（例如规定要平行于另一条已知直线）来确定。直线可以取线内任意两点的字母来标记，例如直线 AB，或者以一个字母来标记，例如直线 l。直线上两点之间的一段，称为线段。线段有一定的长度，用它的两个端点作标记。为便于作图，在投影图中，通常用有限长的线段来表示直线。

一般来说，求作直线的投影，只要作出直线上的两点的投影，再把两点在同一投影面上的投影（即同面投影）连线即可，如图 3-31 所示。

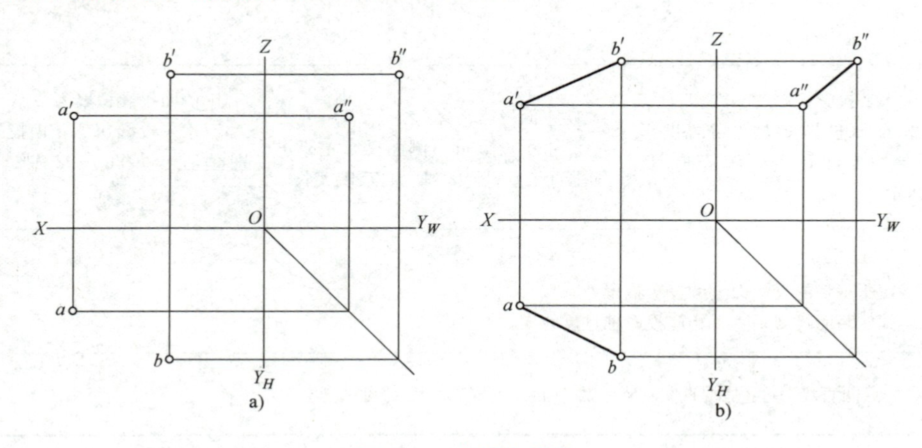

图 3-31　直线的投影
a）两点的投影图　b）两点所确定的直线的投影图

对投影面而言，形体上的直线有各种不同的位置，有的垂直于投影面，有的平行于投影面，有的不平行于任一投影面。因此，直线的位置分为三大类：投影面垂直线、投影面平行线、一般位置直线。

在建筑形体上，比较多的不是一般位置直线，而是处于特殊位置的直线，即投影面垂直线和投影面平行线。

1. 投影面垂直线

和一个投影面垂直的直线即为投影面垂直线。这时，该直线必定平行于其他两个投影面。投影面垂直线的直观图、投影图、投影特性和判别方法见表3-1。

表3-1　投影面垂直线

名称	铅垂线 （垂直于H面，平行于V、W面）	正垂线 （垂直于V面，平行于H、W面）	侧垂线 （垂直于W面，平行于H、V面）
直观图	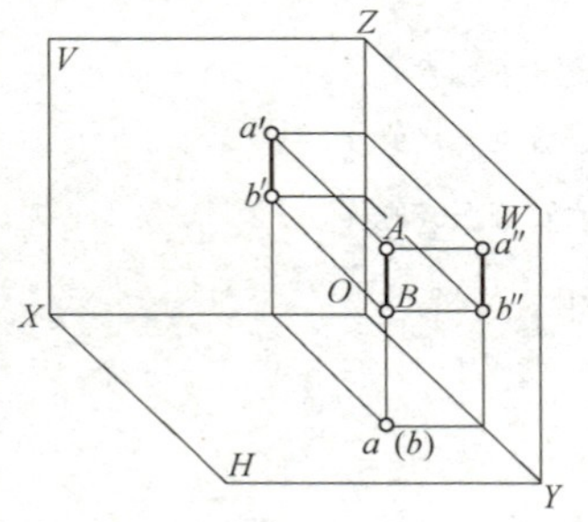	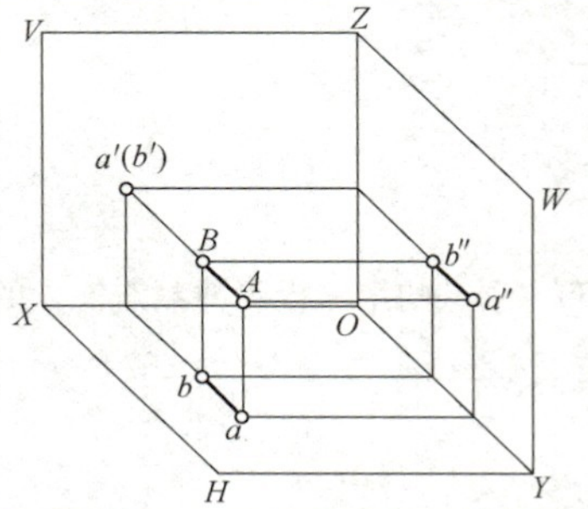	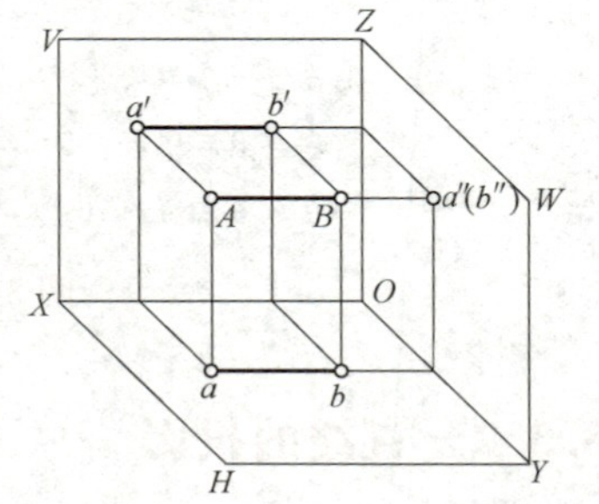
投影图	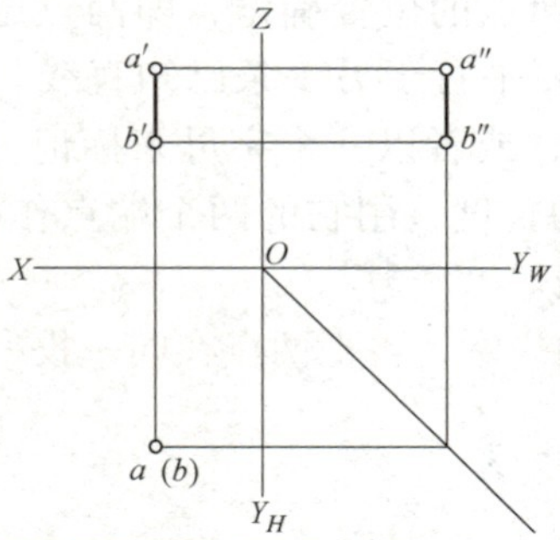	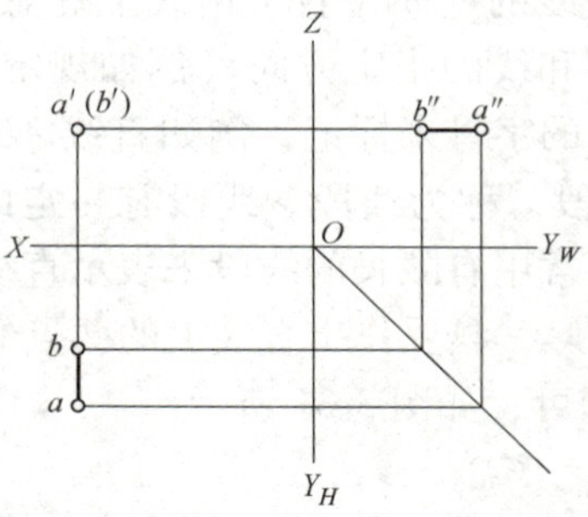	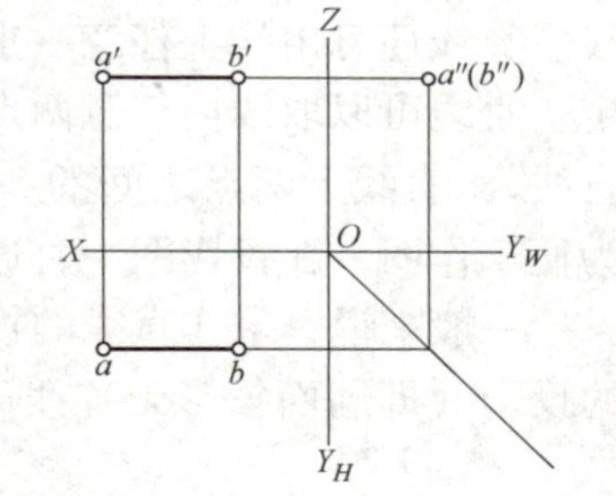
投影特性	① 水平投影积聚为一点 ② 正面投影$a'b'$、侧面投影$a''b''$分别垂直于OX、OY_W轴，且反映实长	① 正面投影积聚为一点 ② 水平投影ab、侧面投影$a''b''$分别垂直于OX、OZ轴，且反映实长	① 侧面投影积聚为一点 ② 水平投影ab、正面投影$a'b'$分别垂直于OY_H、OZ轴，且反映实长
	"一点两直线"： ① 在所垂直的投影面上的投影积聚为一点 ② 其他两面投影垂直于相应投影轴且反映实长		
判别方法	"一点两直线"，定是垂直线；点在哪个面，垂直哪个面（投影面）		

1）空间位置：投影面垂直线（包括铅垂线、正垂线、侧垂线）垂直于某一投影面，平行于另外两个投影面。

2）投影特点：投影面垂直线在它所垂直的投影面上的投影积聚为一点，即积聚投影。

由于投影面垂直线与其他两投影面平行，因此在它所平行的投影面上的投影反映该线段的实长，即实形投影，并且平行于相应的投影轴。

3）读图：一直线只要有一个投影积聚为一点，它必然是一条投影面垂直线，并垂直于积聚投影所在的投影面。

2. 投影面平行线

和一个投影面平行，和其他两个投影面倾斜的直线即为投影面平行线。投影面平行线的直观图、投影图、投影特性和判别方法见表 3-2。表中直线与 H、V、W 面的倾角分别用 α、β、γ 表示。

表 3-2　投影面平行线

名称	水平线（平行于 H 面，倾斜于 V、W 面）	正平线（平行于 V 面，倾斜于 H、W 面）	侧平线（平行于 W 面，倾斜于 H、V 面）
直观图	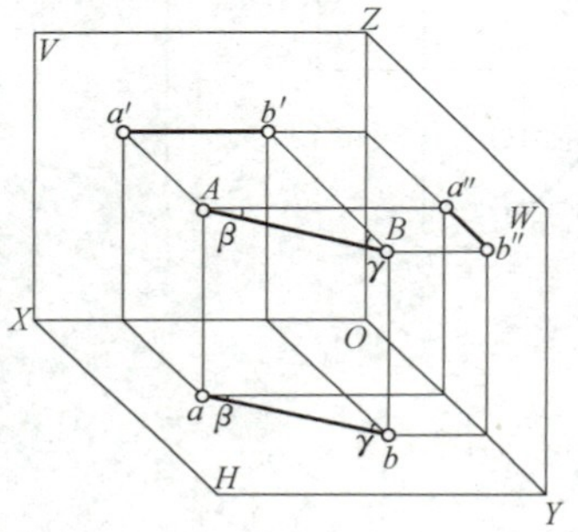	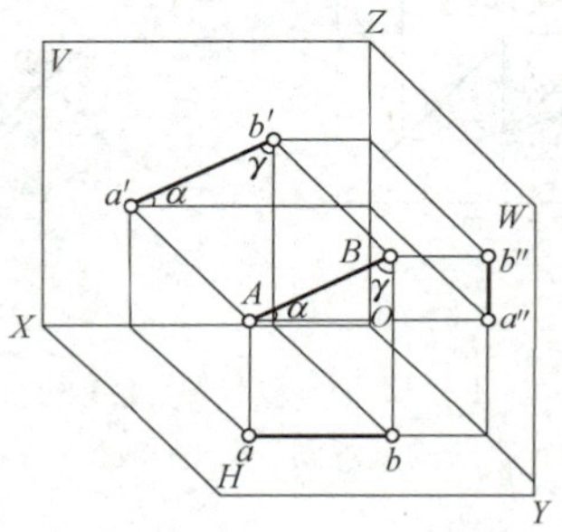	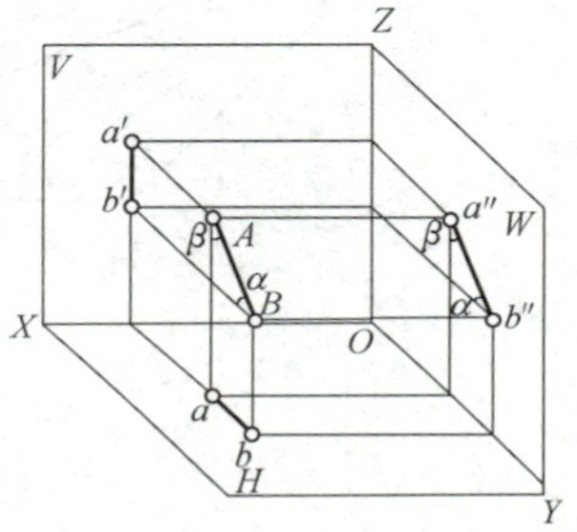
投影图	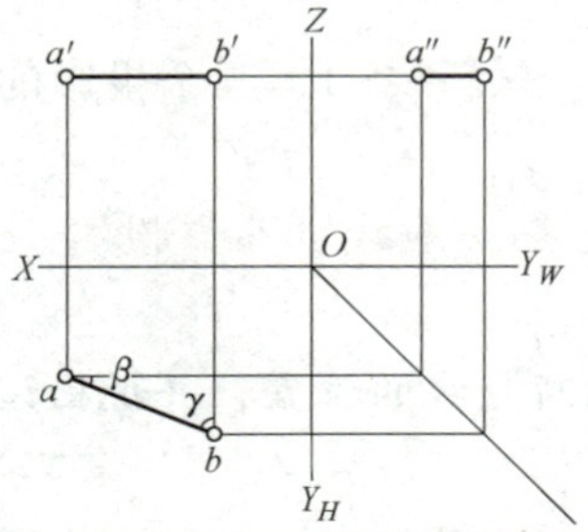	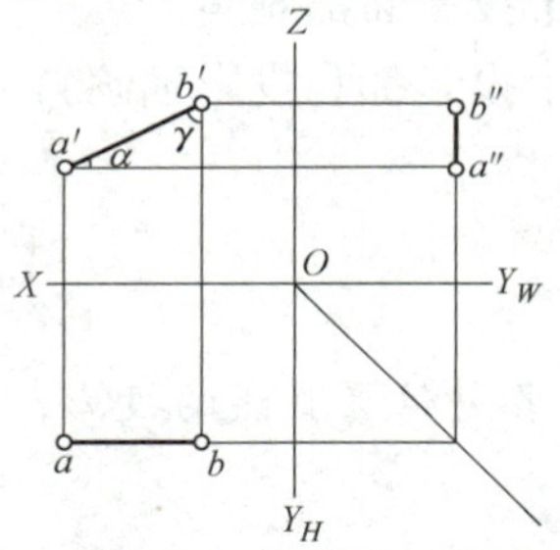	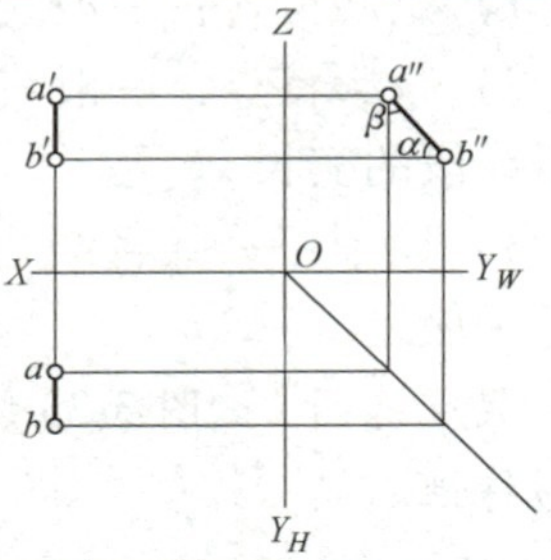
投影特性	① 水平投影 ab 倾斜于投影轴且反映实长 ② 正面投影 $a'b'$、侧面投影 $a''b''$ 分别平行于 OX、OY_W 轴，且短于实长	① 正面投影 $a'b'$ 倾斜于投影轴且反映实长 ② 水平投影 ab、侧面投影 $a''b''$ 分别平行于 OX、OZ 轴，且短于实长	① 侧面投影 $a''b''$ 倾斜于投影轴且反映实长 ② 水平投影 ab、正面投影 $a'b'$ 分别平行于 OY_H、OZ 轴，且短于实长
	“一斜两直线”： ① 在所平行的投影面上的投影倾斜于投影轴且反映实长 ② 其他两面投影平行于相应投影轴且短于实长		
判别方法	“一斜两直线”，定是平行线；斜线在哪面，平行哪个面（投影面）		

1）空间位置：投影面平行线（包括水平线、正平线、侧平线）平行于某一投影面，且倾斜于其他两个投影面。

2）投影特点：投影面平行线在它所平行的投影面上的投影是倾斜的，且反映实长。直线的其他两个投影平行于相应的投影轴，但不反映实长，而是缩短了。

3）读图：一条直线如果有一个投影平行于投影轴而另有一个投影倾斜时，它就是一条投影面平行线，平行于该倾斜投影所在的投影面。

3. 一般位置直线

和三个投影面都倾斜的直线称为一般位置直线，简称一般线，其投影如图 3-32 所示。

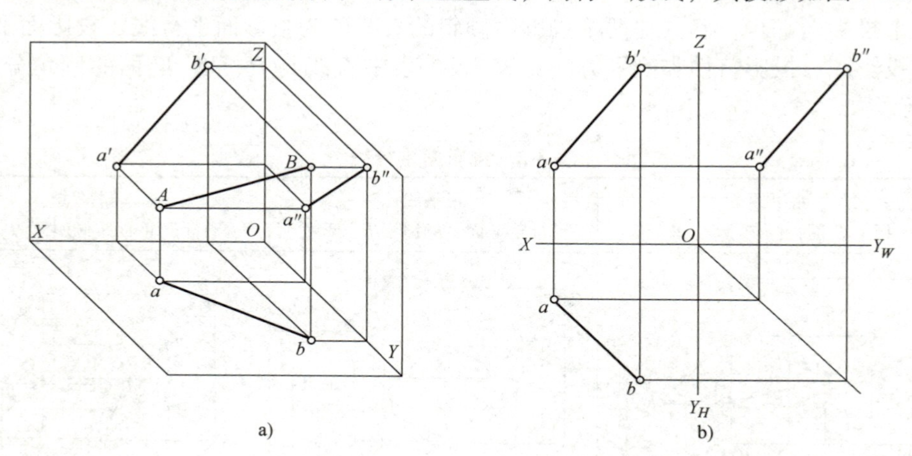

图 3-32 一般位置直线的投影

a）一般位置直线的直观图 b）一般位置直线的三面投影图

1）空间位置：一般线对三个投影面都倾斜。

2）投影特点：一般线的三个投影都和投影轴倾斜（即“三斜线”），三个投影的长度都小于线段的实长。

3）读图：一条直线只要有两个投影是倾斜的，它一定是一般线。即“投影三斜线”，定是一般线。

课堂练习 1： 图 3-33 给出了各种位置直线的投影，试判断直线的位置，并说出该直线的投影特性。

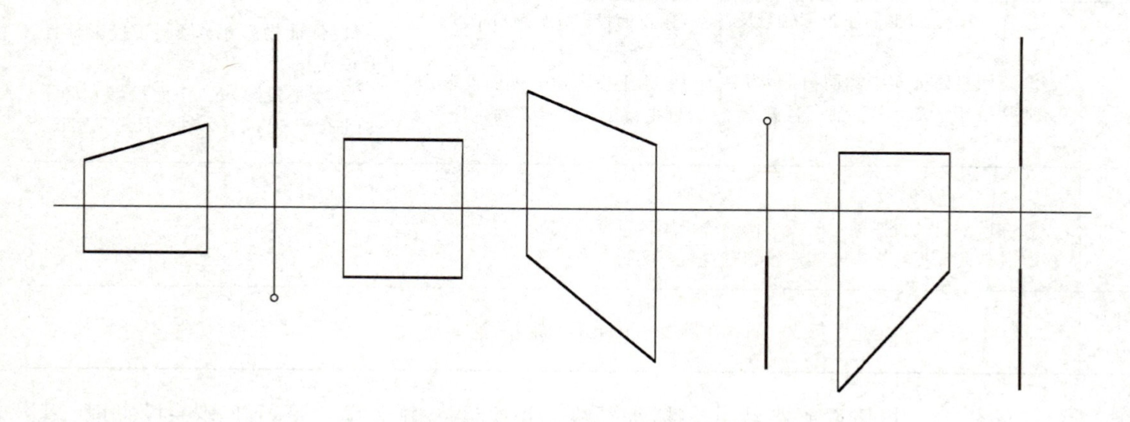

图 3-33 判断直线的位置（一）

课堂练习 2： 判断图 3-34 所示立体图中指定直线的位置。

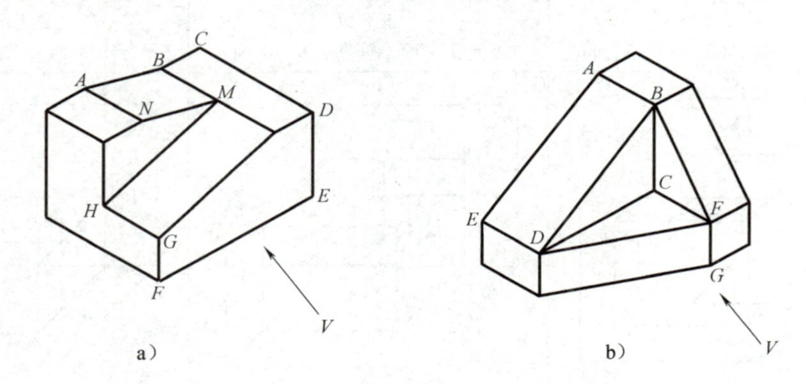

图 3-34　判断直线的位置（二）

3.3.3　平面的投影

平面是无限大的，它在空间的位置可用下列几何元素来确定和表示：不在同一直线上的三个点，如图 3-35a 所示；一直线及线外一点，如图 3-35b 所示；相交二直线，如图 3-35c 所示；平行二直线，如图 3-35d 所示；平面图形，如图 3-35e 所示。

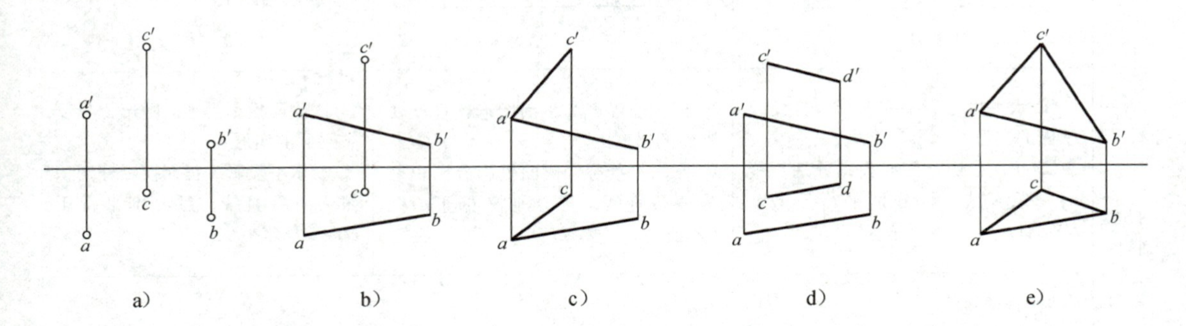

图 3-35　平面的表示方法

在本书中，通常用一个平面图形（如三角形、长方形、梯形等）来表示一个平面。

按平面与投影面的相对位置不同，平面也有三种位置：投影面平行面、投影面垂直面、一般位置平面。

1. 投影面平行面

与一个投影面平行的平面称为投影面平行面，它必然与另外两个投影面垂直。投影面平行面的直观图、投影图、投影特性和判别方法见表 3-3。

1）空间位置：投影面平行面（包括水平面、正平面、侧平面）平行于一个投影面，因而垂直于其余两个投影面。

2）投影特点：投影面平行面在它所平行的投影面上的投影，反映该平面图形的实形，即实形投影。由于它又同时垂直于其他投影面，所以它的其他投影均积聚为一条直线，且平行于投影轴。

表 3-3 投影面平行面

名称	水平面 （平行于 H 面，垂直于 V、W 面）	正平面 （平行于 V 面，垂直于 H、W 面）	侧平面 （平行于 W 面，垂直于 H、V 面）
直观图	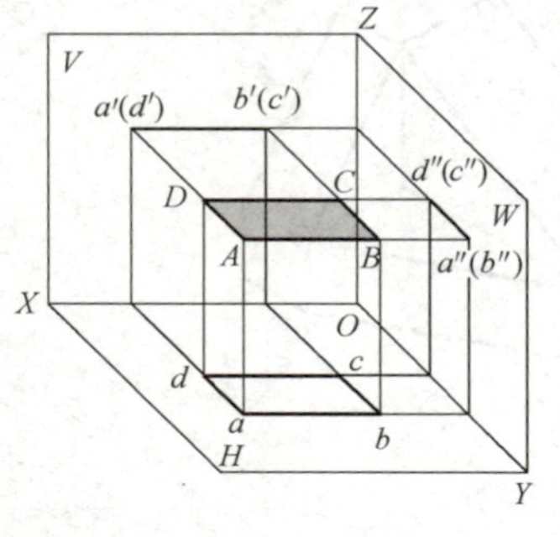	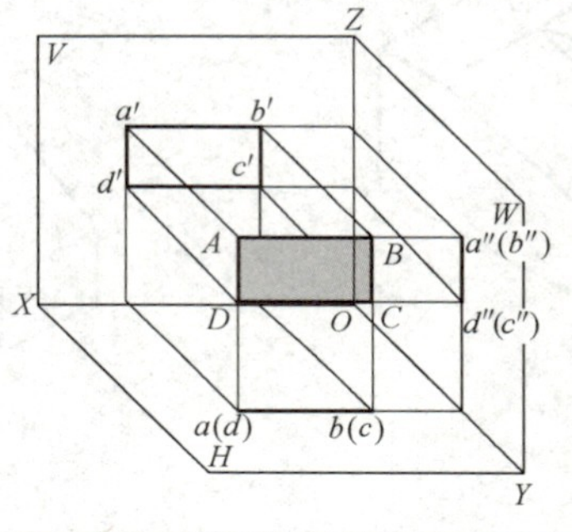	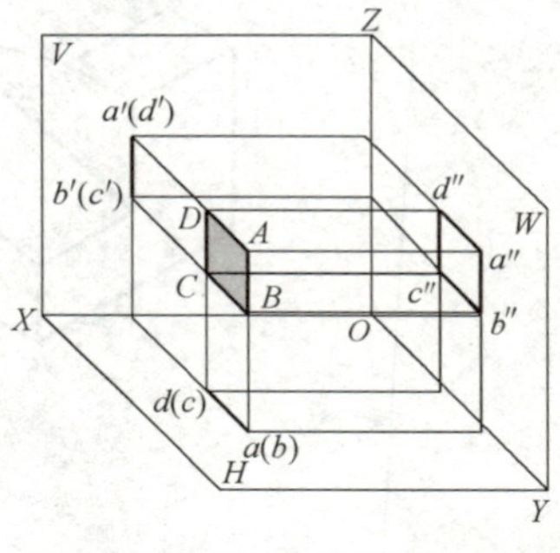
投影图	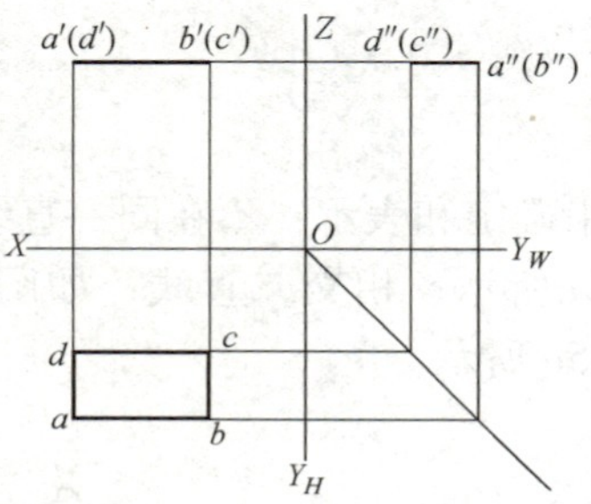	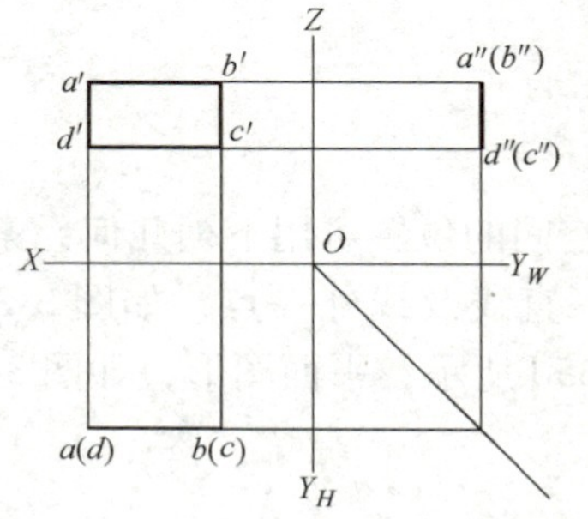	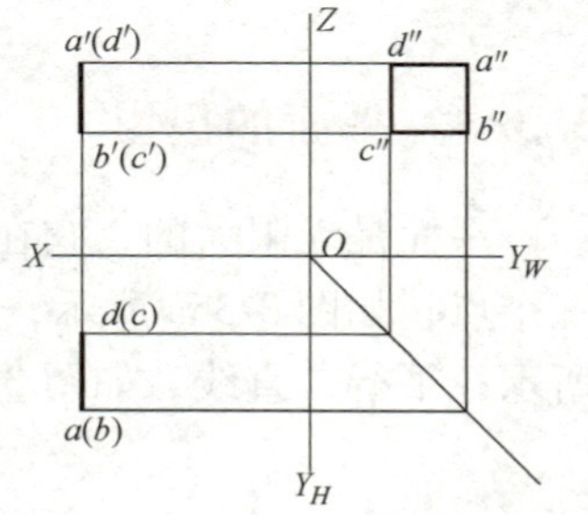
投影特性	① 水平投影为平面图形，且反映平面的实形 ② 正面投影、侧面投影分别积聚为一条直线，且分别平行于 OX、OY_W 轴	① 正面投影为平面图形，且反映平面的实形 ② 水平投影、侧面投影分别积聚为一条直线，且分别平行于 OX、OZ 轴	① 侧面投影为平面图形，且反映平面的实形 ② 水平投影、正面投影分别积聚为一条直线，且分别平行于 OY_H、OZ 轴
	“一框两直线”： ① 在所平行的投影面上的投影反映实形 ② 其他两面投影分别积聚为一条直线，且平行于相应投影轴		
判别方法	“一框两直线”，定是平行面；框在哪个面，平行哪个面（投影面）		

3）读图：一个平面只要有一个投影积聚为一条平行于投影轴的直线，该平面就是投影面平行面，平行于非积聚投影所在的投影面。那个非积聚的投影反映该平面图形的实形。

2. 投影面垂直面

与一个投影面垂直，且与另外两个投影面倾斜的平面称为投影面垂直面。投影面垂直面的直观图、投影图、投影特性和判别方法见表 3-4。表中平面与 H、V、W 面的倾角分别用 α、β、γ 表示。

1）空间位置：投影面垂直面（包括铅垂面、正垂面、侧垂面）垂直于一个投影面，而对另外两个投影面倾斜。

2）投影特点：投影面垂直面在它所垂直的投影面上的投影，积聚为一倾斜线。投影面垂直面的其他投影都比实形小，但反映原平面图形的类似形状。

3）读图：一个平面只要有一个投影积聚为一倾斜线，它必然是投影面垂直面，垂直于积聚投影所在的投影面。

表 3-4　投影面垂直面

名称	铅垂面（垂直于 H 面，倾斜于 V、W 面）	正垂面（垂直于 V 面，倾斜于 H、W 面）	侧垂面（垂直于 W 面，倾斜于 H、V 面）
直观图	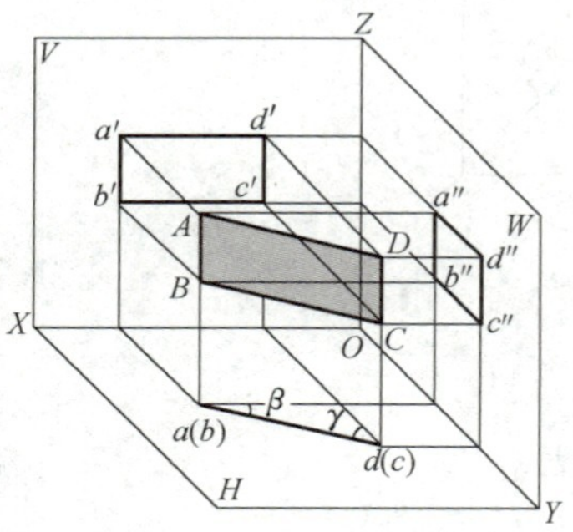	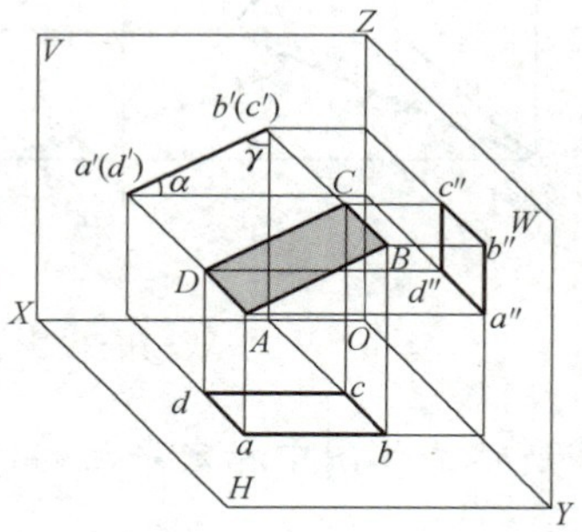	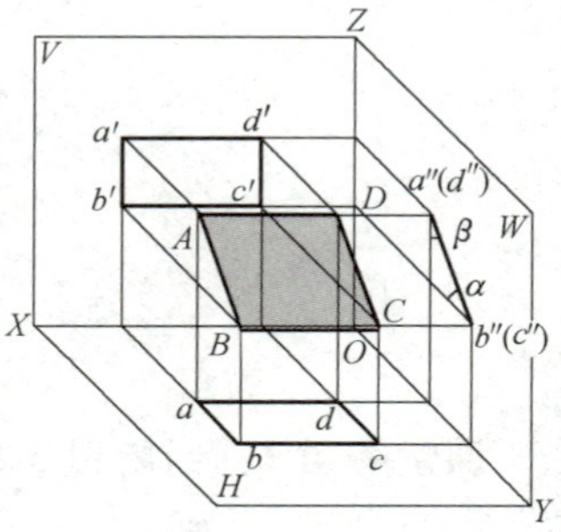
投影图	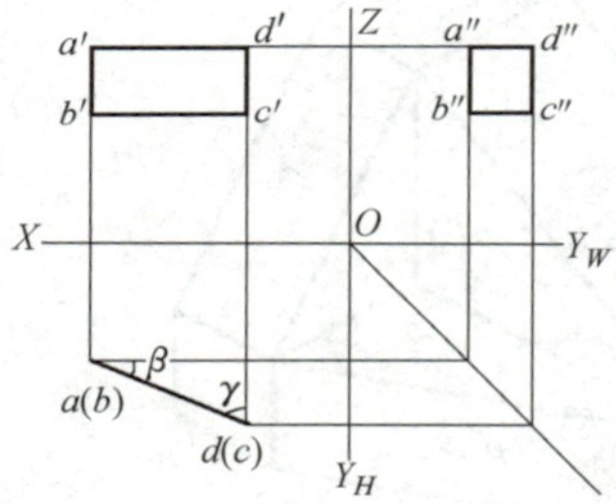	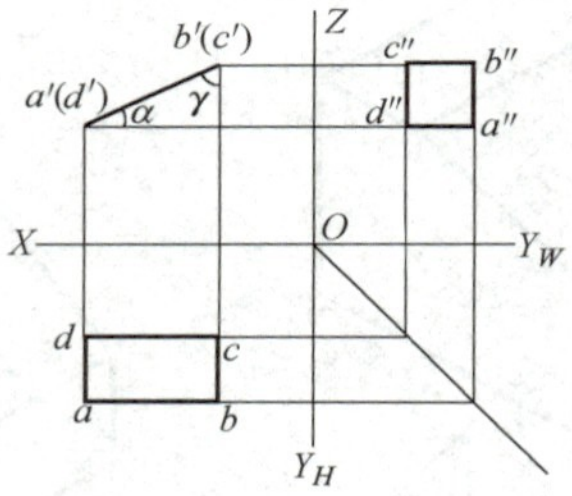	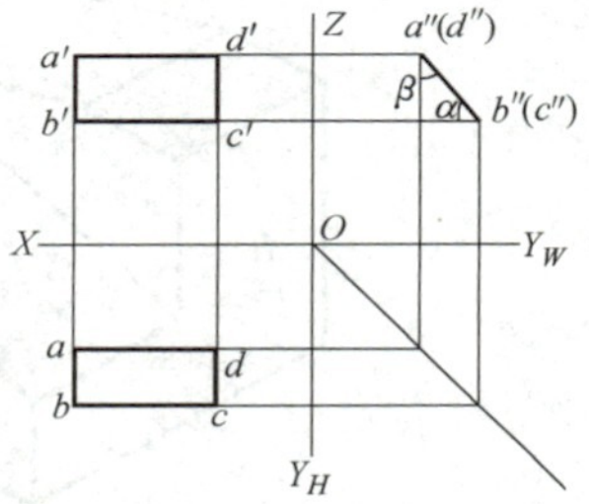
投影特性	① 水平投影积聚为一条斜线 ② 正面投影、侧面投影均为空间平面的类似形	① 正面投影积聚为一条斜线 ② 水平投影、侧面投影均为空间平面的类似形	① 侧面投影积聚为一条斜线 ② 水平投影、正面投影均为空间平面的类似形
	“两框一斜线”： ① 在所垂直的投影面上的投影积聚为一条斜线 ② 其他两面投影均为空间平面的类似形，但不反映实形		
判别方法	“两框一斜线”，定是垂直面；斜线在哪面，垂直哪个面（投影面）		

3. 一般位置面

与三个投影面都倾斜的平面称为一般位置平面，简称一般面，其投影如图 3-36 所示。

1）空间位置：一般面对三个投影面都倾斜。

2）投影特点：一般面的三个投影都不积聚，也不反映实形，但都反映原平面图形的类似形状（即“三框”），比平面图形本身的实形小。

3）读图：一个平面的三个投影如果都是平面图形，它必然是一般面。即“投影三个框”，定是一般面。

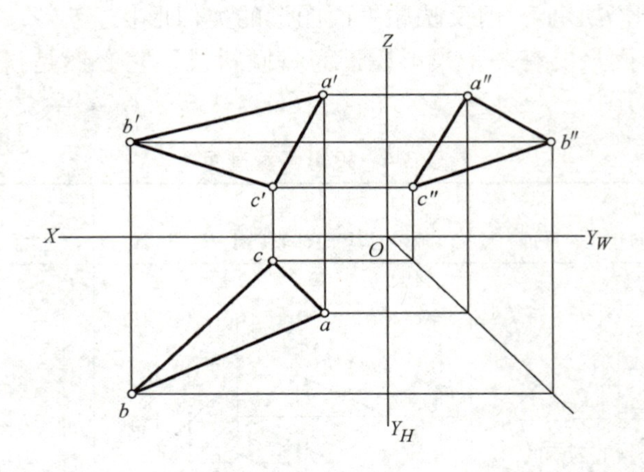

图 3-36　一般面的投影

课堂练习 1： 判断图 3-37 所示立体图中指定平面的位置。

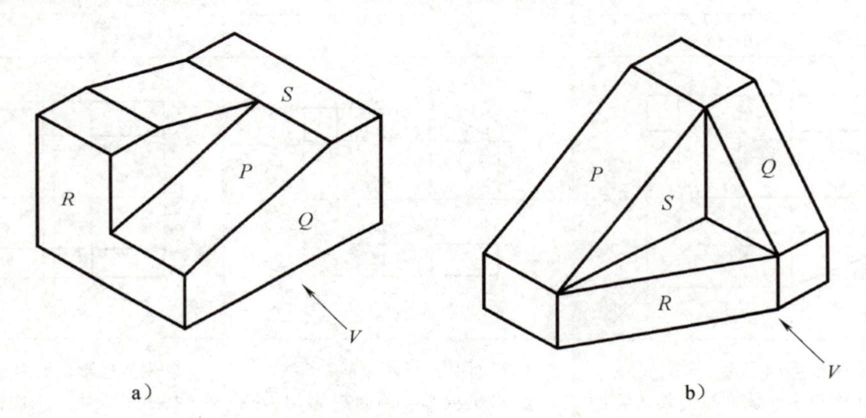

图 3-37　判断指定平面的位置

课堂练习 2： 根据图 3-38 所示投影图判断各平面的位置。

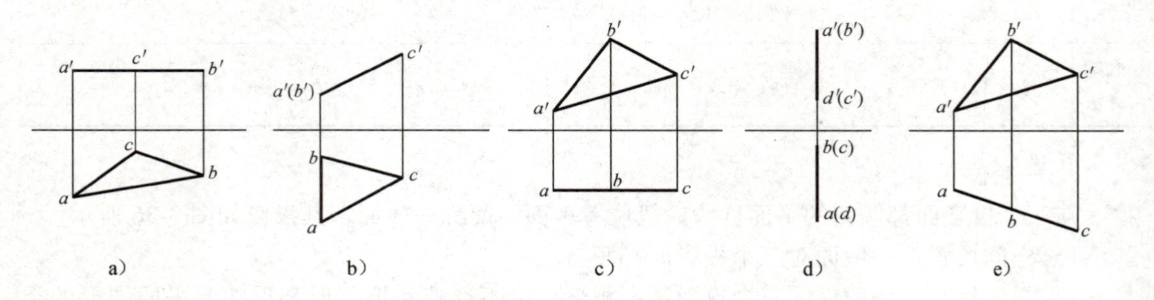

图 3-38　判断平面的位置

课堂练习 3： 如图 3-39 所示，对照立体图，在三面投影图中注明 P、Q、R 面的三个投影。

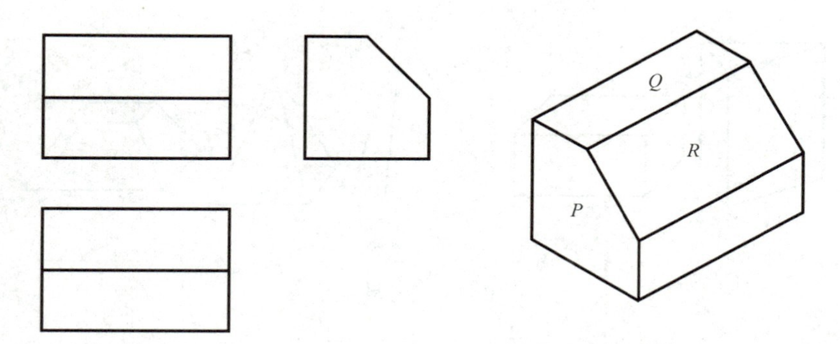

图 3-39　标注面的投影

3.4　基本形体的投影

一般建筑物及其构配件，如果对其形体进行分析，就会发现它们总是可以看成由一些简单的几何体组合或切割而成的，如图 3-40 所示。在制图上，把这些简单的几何体称为基本形体，把由基本形体组合成的形体称为组合形体。

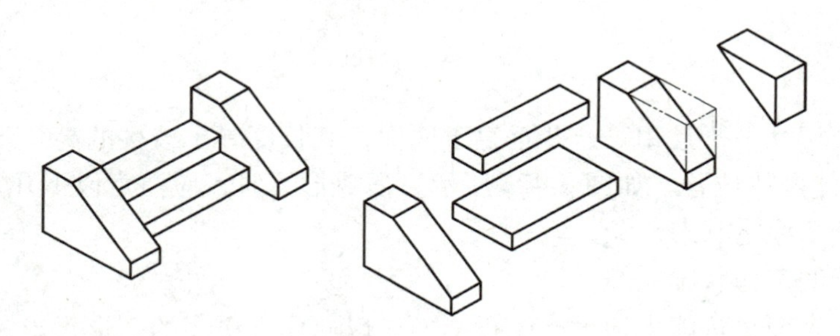

图 3-40　台阶的形体分析

常见的基本形体分两类：平面立体和曲面立体。

表面均由平面围成的立体称为平面立体，如图 3-41a 所示；表面由曲面围成或由曲面和平面共同围成的立体称为曲面立体，如图 3-41b 所示。

平面立体包括棱柱、棱锥和棱台；曲面立体包括圆柱、圆锥、圆台和球。

3.4.1　平面立体的投影

1. 棱柱

棱柱由上、下底面和若干棱面围成，其中上、下底面形状大小相同且平行，其余的面为棱面，相邻两个棱面的交线称为棱线，棱线相互平行且等长。

在建筑形体中常见的棱柱有三棱柱、四棱柱、五棱柱、六棱柱等。下面以正六棱柱为例，分析其三面正投影图的作图方法，如图 3-42 所示。

（1）分析形体特征（图 3-42a）

1）上、下底面是两个相互平行且相等的正六边形。

2）六个棱面是全等的矩形，与底面垂直。

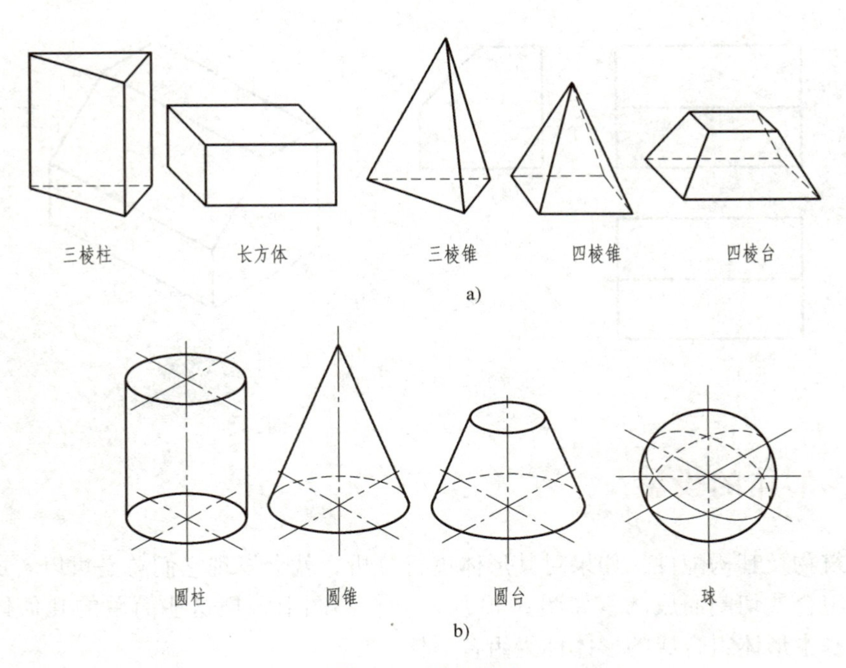

图 3-41　基本形体
a）平面立体　b）曲面立体

3）六条棱线相互平行且相等，并垂直于底面，其长度等于棱柱的高。

（2）确定形体摆放位置　如图 3-42a 所示，摆放形体时，应注意以下几点：

1）使形体处于稳定状态。

2）考虑物体的工作状况。

3）使形体的表面尽可能多地平行于投影面，以便作出更多的实形投影。

考虑到以上因素，作正六棱柱的投影时，应使其上、下底面平行于 *H* 面，前后两个棱面平行于 *V* 面。此时，该正六棱柱中的上、下两面为水平面，前后两面为正平面，其余各面均为铅垂面。

（3）投影图分析　根据平行投影的特性，按照各种位置直线、平面的投影特性即可作出该正六棱柱的三面正投影图。

H 投影：正六棱柱的底面平行于 *H* 面，所以其 *H* 投影反映实形；而六个棱面均垂直于 *H* 面，因此其 *H* 投影均积聚，其中前、后两个棱面的积聚投影均平行于 *OX* 轴；底面上的各线段均平行于 *H* 面，其投影反映实长；六条棱线均垂直于 *H* 面，其 *H* 投影均积聚为点，即正六边形的顶点。因此正六棱柱的 *H* 投影为正六边形。

V 投影：上、下底面为水平面，其 *V* 投影均积聚为水平线；前、后棱面为正平面，其 *V* 投影反映实形；左、右棱面与 *V* 面倾斜，其 *V* 投影均为类似形即长方形；六条棱线为铅垂线，其 *V* 投影与 *OX* 轴垂直且反映实长。因此正六棱柱的 *V* 投影为横放的“目”字。

W 投影：上、下底面均积聚为一条水平线；前、后棱面均积聚为一条铅垂线；左、右棱面均为类似形即长方形；六条棱线反映实长。因此正六棱柱的 *W* 投影为横放的“日”字。

（4）作图步骤　一般先从最能反映形体特征，并且反映形体表面实形的投影作起。

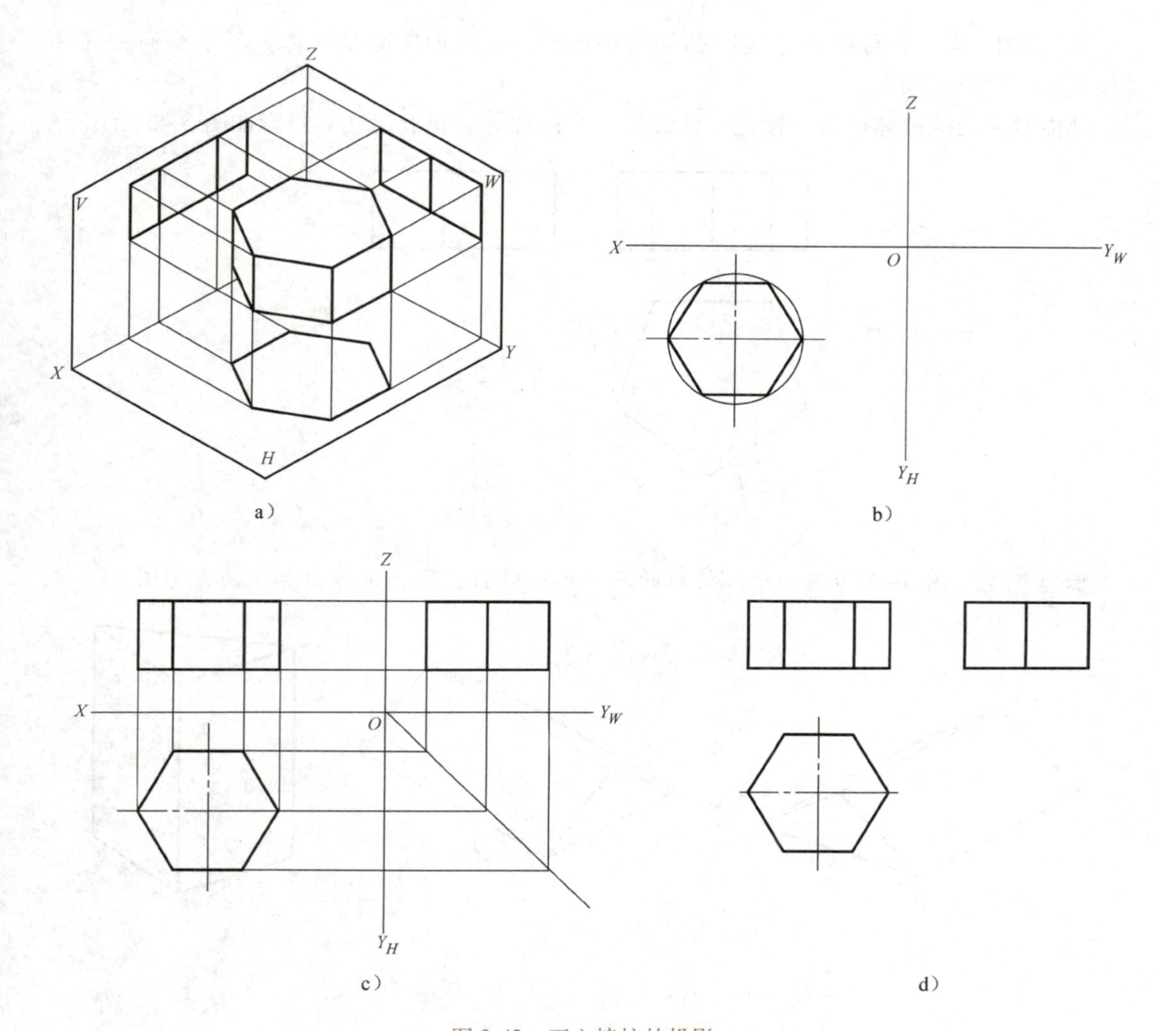

图3-42　正六棱柱的投影

a）确定正六棱柱的摆放位置　b）先从最能反映形体特征，且反映形体表面实形的投影作起

c）按照“三等关系”作其他两个投影，可以画出投影轴和45°辅助线，注意区分线型

d）可以省去投影轴，但仍需符合“三等关系”

正六棱柱的投影先作出其 H 投影，如图3-42b所示。

注意：此处需注意正六边形的画法。此正六边形距离投影轴的远近与形体距投影面的远近对应，但对投影图没有影响。另外该正六边形有两条边与 OX 轴平行。

如图3-42c所示，按照“长对正”作出其正面投影；按照“高平齐”“宽相等”作出侧面投影。

在作投影图时，一般投影图只要求表示出形体的形状和大小，而不要求反映形体与各投影面的距离，所以可以不画投影轴。但在无轴投影图中，各个投影之间仍需保持正投影的“三等关系”，如图3-42d所示。

（5）投影特征　棱柱的投影特征可归纳为四个字：“矩矩为柱”。从两个角度来讲，即：

1）作图。只要是棱柱，则必有两个投影的外框是矩形。

2）读图。若一形体的两个投影的外框是矩形，则该形体必是柱体。至于是何种柱体，可从其第三投影判断。

其他常见的棱柱体还有三棱柱、四棱柱、五棱柱等。正五棱柱的投影如图 3-43 所示。

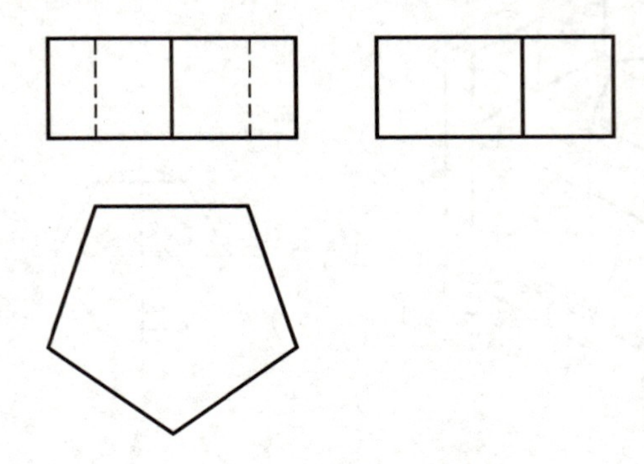

图 3-43 正五棱柱的投影

课堂练习： 图 3-44 为同一个三棱柱的三种不同摆放位置，试作出其三面投影图。

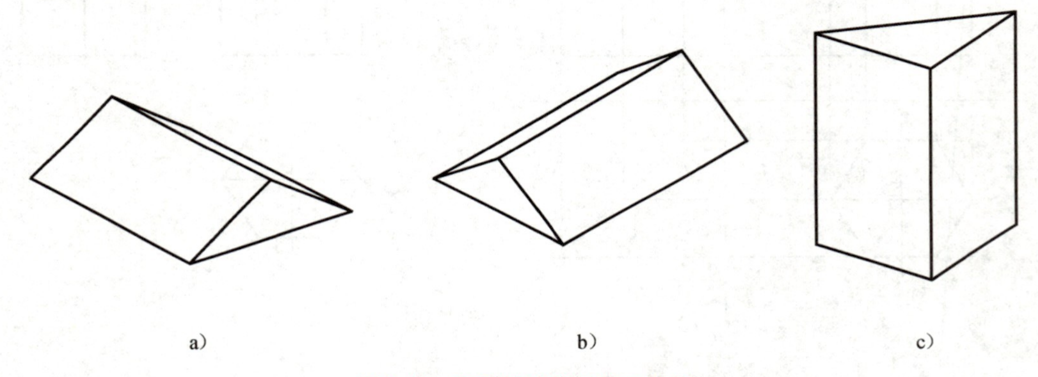

图 3-44 不同摆放位置的三棱柱

2. 棱锥

棱锥由一个底面和若干个棱面围成，各棱面相交于一个点，即锥顶。常见的棱锥有正三棱锥、正四棱锥、正六棱锥等。下面以正三棱锥为例讲述棱锥的投影，如图 3-45 所示。

（1）分析形体特征 如图 3-45a 所示，形体总共有四个面。

1）底面是正三角形。

2）三个棱面是全等的等腰三角形。

3）三条棱线相交于一点，即锥顶，三条棱线的长度相等。

（2）确定形体摆放位置 摆放形体时的注意事项与棱柱体相同。作正三棱锥的投影时，应使其底面平行于 H 面，即为水平面，同时使底面上的一条边垂直于 W 面，即为侧垂线。此时底面上的其余两条边是水平线，三棱锥的后棱面是侧垂面，其余两个棱面则是一般面，如图 3-45a 所示。

（3）投影图分析 按照平行投影的特性，根据各种位置直线、平面的投影特性即可作出该正三棱锥的三面正投影图。

H 投影：正三棱锥的底面平行于 H 面，所以其 H 投影反映实形，即为正三角形，该三角形的一条边 ac 平行于 OX 轴；三个棱面均与 H 面倾斜，其 H 投影反映类似形即三角形；三条棱线相交于一点，即锥顶 S，其投影在正三角形的中心。

V 投影：底面为水平面，其 V 投影积聚为一条水平线；三个棱面均与 V 面倾斜，其 V 投影为三角形；后面两条棱线均为一般线，其 V 投影倾斜，而前面的棱线为侧平线，其 V 投影垂直于 OX 轴。

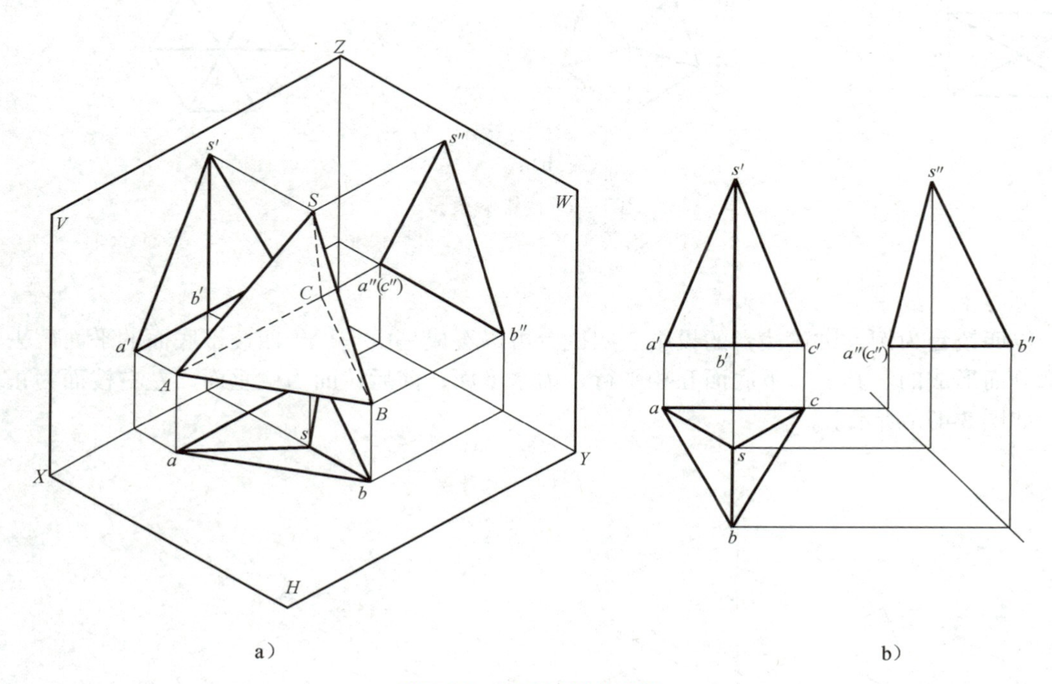

图 3-45　正三棱锥的投影

W 投影：底面为水平面，其 W 投影积聚为一条水平线；后面棱面与 W 面垂直，其 W 投影积聚为一条斜线，其余两个棱面均与 W 面倾斜，其 W 投影为三角形。

（4）作图步骤　先从最能反映形体特征，并且反映形体表面实形的投影作起，故正三棱锥的投影应先作其 H 投影。

此处需注意正三角形的画法，另外正三角形的一条边平行于 OX 轴。

按照"长对正"作出其正面投影。

按照"高平齐""宽相等"作出侧面投影。

作出的三面投影图如图 3-45b 所示。

注意：正三棱锥的侧面投影很容易出现错误，侧面投影不是等腰三角形，中间也没有一竖线。

（5）投影特征　棱锥的投影特征可归纳为四个字："三三为锥"。从两个角度来讲，即：

1）作图。只要是棱锥，则其两个投影的外框是三角形。

2）读图。若一形体的两个投影的外框是三角形，则该形体必是锥体。至于是何种锥体，可从其第三投影判断。

图3-46所示为其他常见的棱锥的投影。图3-46a为四棱锥的投影，图3-46b为正五棱锥的投影，图3-46c为正六棱锥的投影。

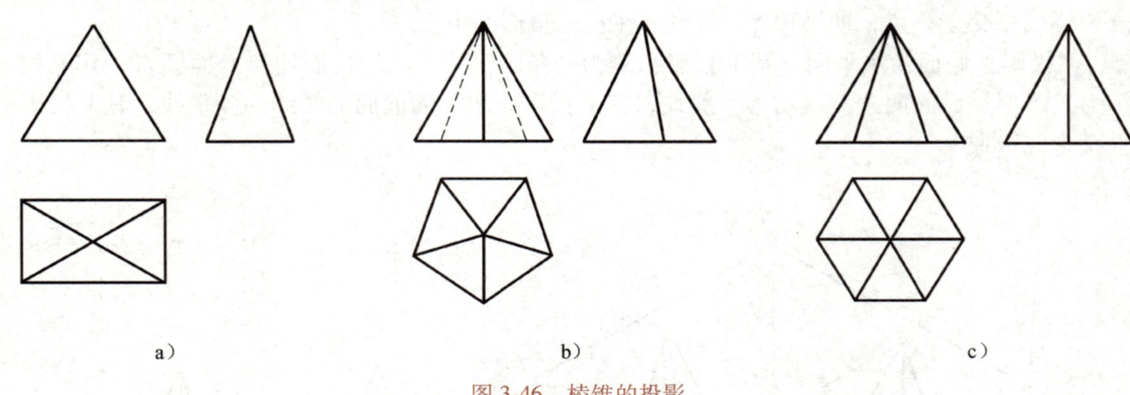

图3-46 棱锥的投影
a）四棱锥 b）正五棱锥 c）正六棱锥

3. 棱台

以四棱台为例，讲述棱台的投影。四棱台可以看成是由平行于四棱锥底面的平面截去锥顶部分而形成的。其上、下底面互相平行，为水平面；前后棱面为侧垂面，左右棱面为正垂面，如图3-47a所示。

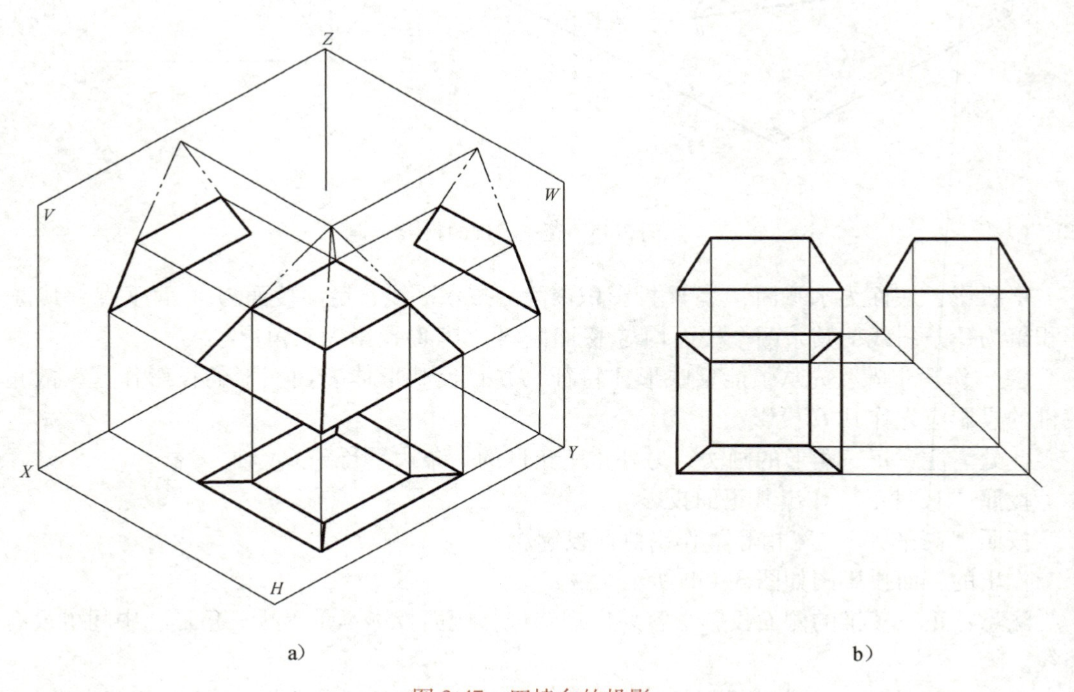

图3-47 四棱台的投影

四棱台的投影中，V、W投影均为梯形，如图3-47b所示，所以棱台的投影特征可归纳为四个字："梯梯为台"。从两个角度来讲，即：

1）作图。只要是棱台，则其两个投影的外框是梯形。

2）读图。若一形体的两个投影的外框是梯形，则该形体必是台体。至于是何种台体，可从其第三投影判断。

3.4.2　曲面立体的投影

在工程实践中，常用的曲面立体有圆柱、圆锥、圆台、球等。

由直线或曲线绕一轴线旋转，该直线或曲线称为母线。

直母线或曲母线绕一轴线旋转而形成的曲面，称为回转面。

由回转面围成或由回转面和平面共同围成的形体，称为回转体，如圆柱、圆锥、圆台、球等。

母线绕轴线旋转到任一位置时，称为曲面的素线。

将形体放置于三投影面体系中，在投影时，为形体的轮廓的素线是形体的轮廓素线。对于不同的投影面，轮廓素线不同。

母线绕轴线旋转时，母线上每一点的运动轨迹都是一个圆，这个圆称为曲面的纬圆。

常见的回转体圆柱、圆锥、球分别如图3-48所示。

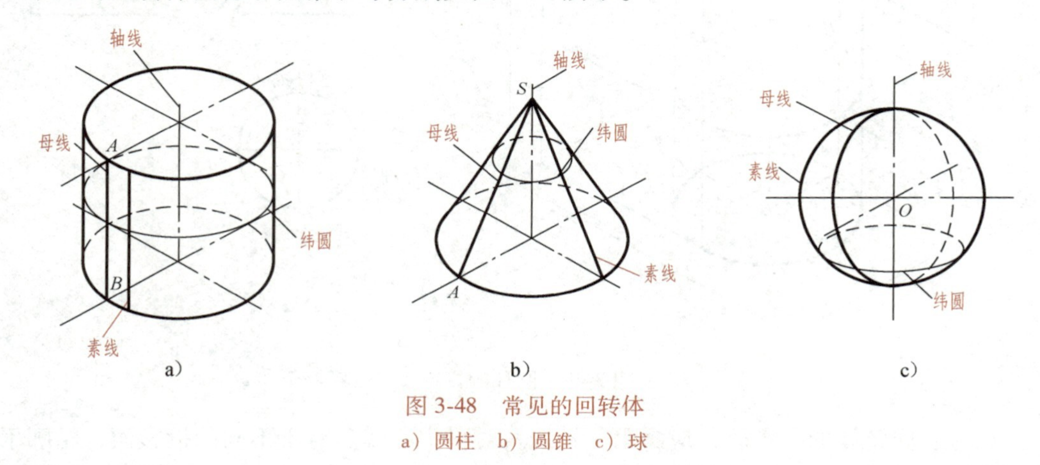

图3-48　常见的回转体

a）圆柱　b）圆锥　c）球

1. 圆柱

圆柱由圆柱面和上、下底面围成。圆柱面是由直母线 AB 绕与母线平行的轴线旋转一周形成的曲面，如图3-48a所示。

（1）分析形体特征　形体总共有三个面，如图3-49a所示。

1）上、下底面是两个相等且平行的圆形。

2）圆柱面。直母线绕着与它平行的轴线旋转一周，形成圆柱面，故圆柱面可以看成由无数根与圆柱的轴线平行等距且长度相等的素线所围成。

（2）形体的摆放位置　作圆柱的投影时，应使其上、下底面平行于 H 面，此时圆柱面上的素线都垂直于 H 面，即圆柱面垂直于 H 面。

（3）投影图分析　按照各种位置直线、平面的投影特性即可作出该圆柱的三面正投影图。

H 投影：圆柱的底面平行于 H 面，其 H 投影反映实形；圆柱面的所有素线均垂直于 H 面，其 H 投影积聚为一个圆，与底面的实形投影重合；圆柱的轴线积聚，为该圆的圆心。

V 投影：为一矩形，由圆柱上、下底面的积聚投影和圆柱面的轮廓素线的投影围成。圆柱的底面是水平面，它们的 V 投影均积聚为水平线；圆柱面的最左、最右两条素线为 V 投影的轮廓素线，其投影均垂直于 OX 轴。

W 投影：为一与 V 投影相同的矩形，但是轮廓素线为圆柱面上最前、最后的两条素线。

（4）作图步骤　圆柱的投影先作出其 H 投影，为一圆形。

按照“长对正”作出其正面投影，此时的轮廓素线是圆柱面上最左和最右的两条素线。

按照“高平齐”“宽相等”作出侧面投影，此时的轮廓素线是圆柱面上最前和最后的两条素线，如图 3-49b 所示。

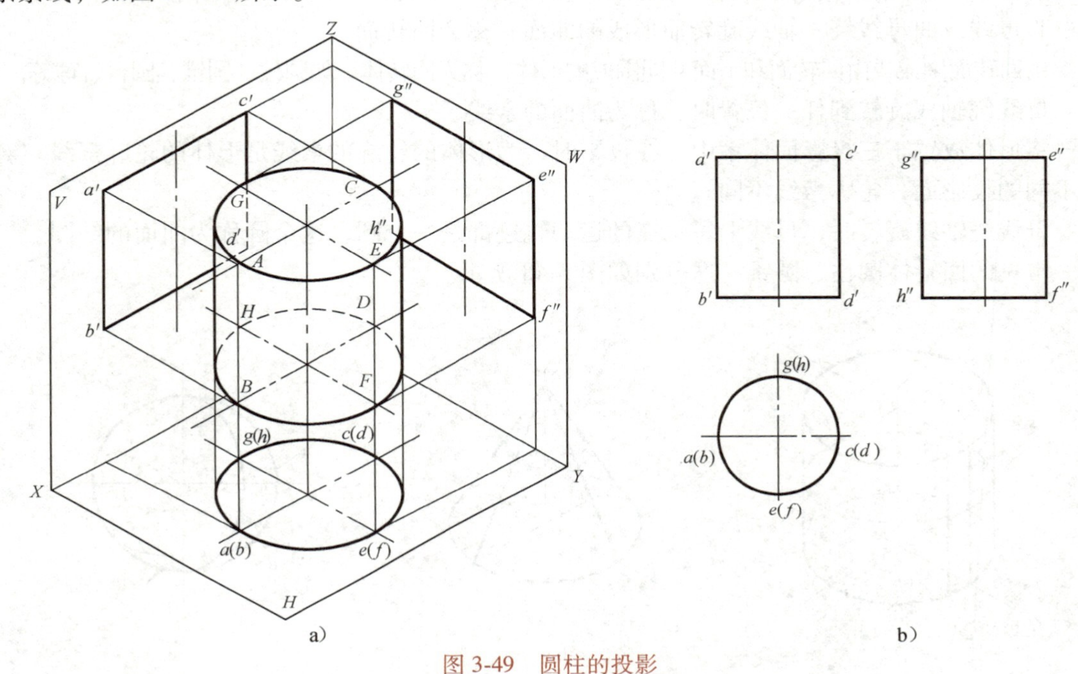

图 3-49　圆柱的投影

注意：画回转体的投影时，应画出其轴线及对称中心线。对于不同的投影面，轮廓素线不同。在投影时，不是轮廓素线的素线不画出。如正面投影中最左、最右两条素线是轮廓素线，但在侧面投影中最前、最后两条素线是轮廓素线。所以，正面投影中只画出最左、最右两条素线的投影，而侧面投影中只画出最前、最后两条素线的投影，其他的素线均不画出。

（5）投影特征　圆柱的投影同样符合柱体投影特征，即“矩矩为柱”。

在建筑工程实际中出现的可能是圆柱（图 3-49），也可能是圆孔（图 3-50a）、圆管（图 3-50b），或只是圆柱（面）的一部分，如圆角（图 3-50c）、圆端（图 3-50d）、圆拱（图 3-50e）等。应灵活运用圆柱的投影特性进行制图和读图，并注意它们的尺寸标注方法。

2. 圆锥

圆锥由圆锥面和底面围成。圆锥面是由直母线 SA 绕与母线相交的轴线旋转一周形成的曲面，如图 3-48b 所示。

（1）分析形体特征　如图 3-51 所示，形体总共有两个面。

1）底面是圆形。

2）圆锥面。直母线绕着与它相交的轴线旋转一周，形成圆锥面。

（2）形体的摆放位置　作圆锥的投影时，应使其底面平行于 H 面，如图 3-51a 所示。

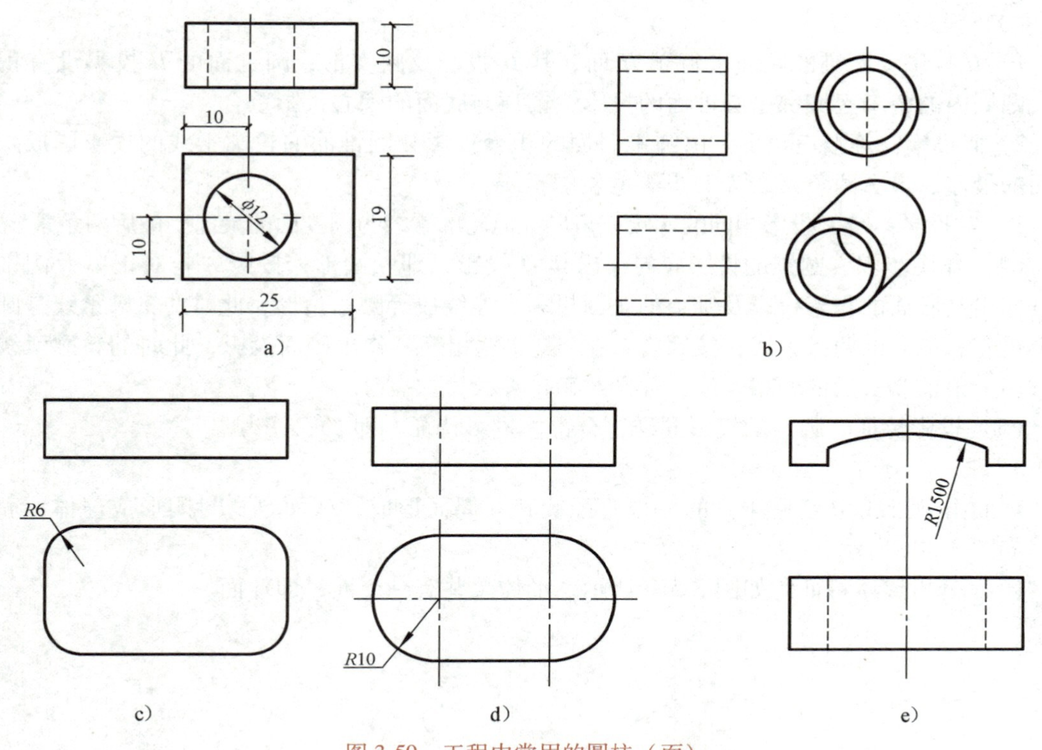

图 3-50　工程中常用的圆柱（面）

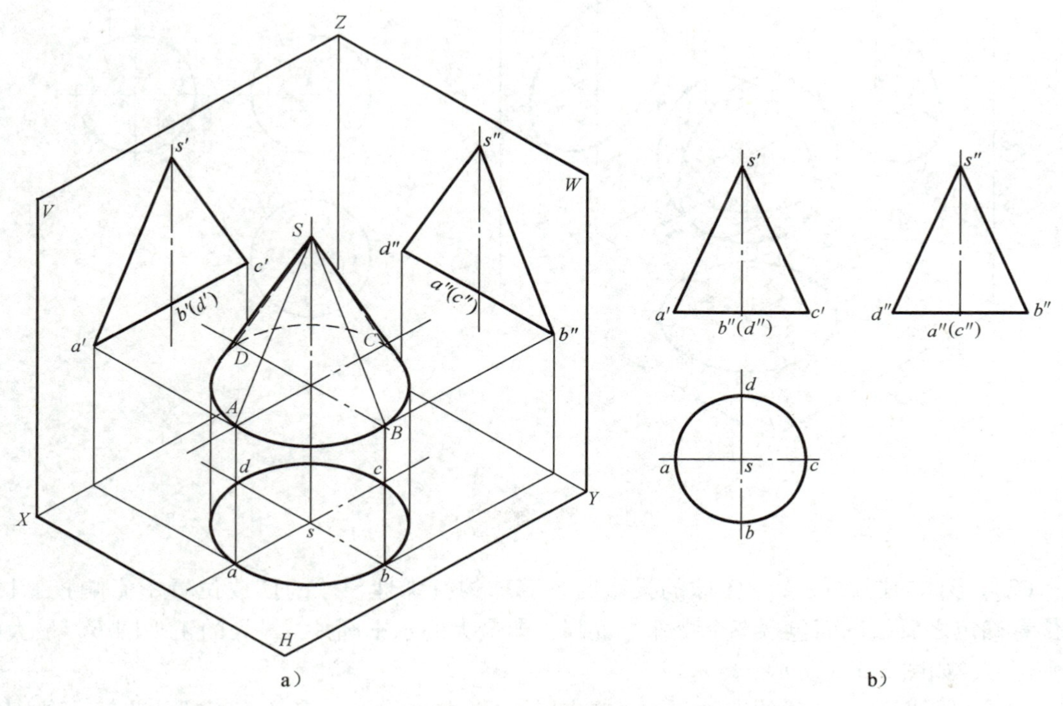

图 3-51　圆锥的投影

（3）投影图分析

1）H投影：圆锥的底面平行于H面，其H投影反映实形；圆锥面的H投影没有积聚性，圆周内的整个区域都是圆锥面的投影，锥顶与底面的圆心投影重合。

2）V投影：等腰三角形。由圆锥底面的积聚投影和圆锥面的轮廓素线的投影围成。圆锥面的最左、最右两条素线为V投影的轮廓素线。

3）W投影：与V投影相同的等腰三角形。但轮廓素线为圆锥面的最前、最后两条素线。

（4）作图步骤　圆锥的投影应先作出其H投影，即一圆形；按照“长对正”及圆锥的高度作出其底面的积聚投影及锥顶的正面投影，连线成等腰三角形，此时的轮廓素线是圆锥面上最左和最右的两条素线；按照“高平齐”“宽相等”作出侧面投影，此时的轮廓素线是圆锥面上最前和最后的两条素线，如图3-51b所示。

（5）投影特征　圆锥的投影同样符合锥体投影特征，即“三三为锥”。

3. 球

球面由圆母线M绕它本身的一根直径旋转一周而形成，球面自身封闭形成球体，简称球，如图3-48c所示。

（1）分析形体特征　如图3-52a所示，形体总共有一个面，即球面。

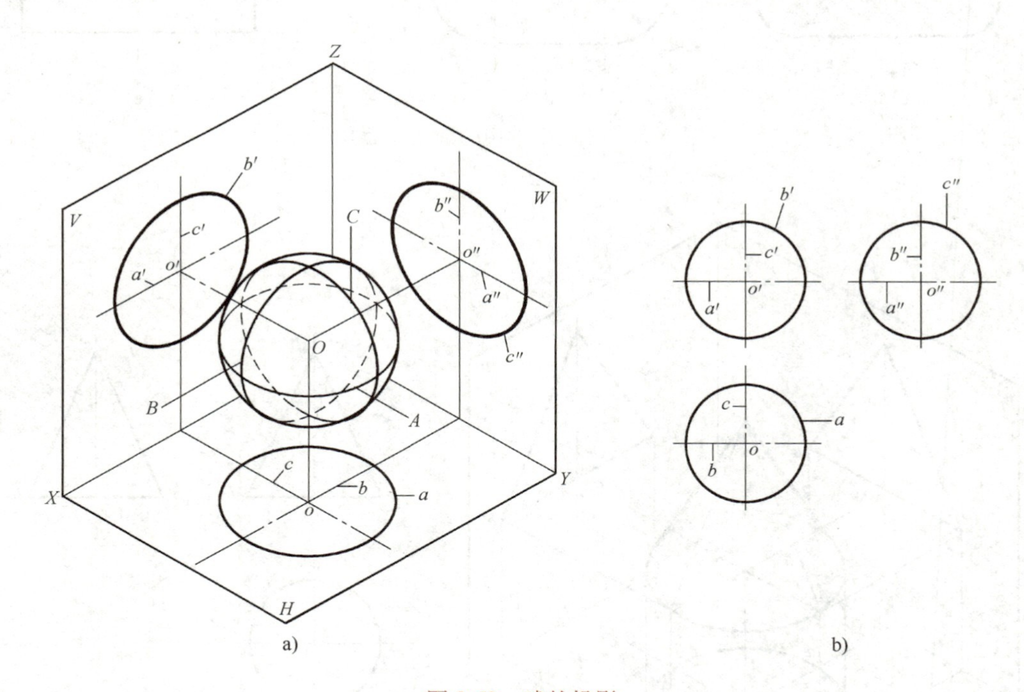

图3-52　球的投影

（2）形体的摆放位置　作球的投影时，因球的特殊性，球的摆放位置不影响投影图。球位置确定之后，球面包含三个特殊位置圆，即最大的水平圆A、最大的正平圆B、最大的侧平圆C，如图3-52a所示。

（3）投影图分析　球的三面投影均为圆，它们大小相同，直径等于球的直径。然而不同投影的轮廓线是球面上不同的圆的投影。

（4）作图步骤　按照三等关系画出对称中心线；以球的直径为直径画出三面投影，均为圆，如图 3-52b 所示。

（5）投影特征　球的投影特征，即“圆圆为球”。

3.5　建筑形体的投影

建筑赏析

国家游泳中心又被称为“水立方”（图 3-53），位于北京奥林匹克公园内，是北京 2008 年夏季奥运会的主游泳馆。其设计体现出 $[H_2O]^3$（“水立方”）的设计理念，融建筑设计与结构设计于一体，设计新颖，结构独特。这个看似简单的“方盒子”是中国传统文化和现代科技共同“搭建”而成的。在中国传统文化中，“天圆地方”的设计思想催生了“水立方”，它与圆形的“鸟巢”——国家体育场相互呼应，相得益彰。

中央电视台总部大楼（图 3-54）建筑外形前卫，由德国人奥雷·舍人和荷兰人库哈斯带领大都会建筑事务所（OMA）设计。总建筑面积约 55 万 m^2，最高建筑 234m，工程建安总投资约 50 亿元人民币。中央电视台总部大楼主楼的两座塔楼双向内倾斜 6°，在 163m 以上由 L 形悬臂结构连在一起，建筑外表面的玻璃幕墙由强烈的不规则几何图案组成，造型独特、结构新颖、高新技术含量大，在国内外均属“高、难、精、尖”的特大型项目。

图 3-53　水立方

图 3-54　中央电视台总部大楼

金字塔（图 3-55）是古埃及文明的代表作。金字塔形状像“金”字，是方底尖顶的石砌建筑物，它一方面体现了古埃及人民的智慧与创造力，另一方面也成为法老专制统治的见证。金字塔工程浩大，结构精细，其建造涉及测量学、天文学、力学、物理学和数学等各领域，被称为人类历史上最伟大的石头建筑，至今还有许多未被揭开的谜。

荷兰坐落在地球的盛行西风带，一年四季盛吹西风。同时它濒临大西洋，又是典型的海洋性气候国家，海陆风长年不息。这就给缺乏水力、动力资源的荷兰提供了利用风力的优厚补偿。风车（图 3-56）利用的是自然风力，没有污染、耗尽之虞，所以它不仅被荷兰人一直沿用至今，而且也成为今日新能源的一种，深深地吸引着人们。

图 3-55 金字塔

图 3-56 荷兰风车

流水别墅（图 3-57）是现代建筑的杰作之一，它位于美国匹兹堡市郊区的熊溪河畔，由建筑大师 F·L·赖特设计。别墅外形强调块体组合，使建筑带有明显的雕塑感。别墅的室内空间处理也堪称典范，室内空间自由延伸，相互穿插；内外空间互相交融，浑然一体。流水别墅在空间的处理、体量的组合及与环境的结合上均取得了极大的成功，为有机建筑理论作了确切的注释，在现代建筑历史上占有重要地位。

洛可可风格（图 3-58）于 18 世纪 20 年代产生于法国并流行于欧洲，主要表现在室内装饰上。洛可可风格的基本特点是纤弱娇媚、华丽精巧、甜腻温柔、纷繁琐细。洛可可风格以欧洲封建贵族文化的衰败为背景，表现了没落贵族阶层颓丧、浮华的审美理想和思想情绪。他们受不了古典主义的严肃理性和巴洛克的喧嚣放肆，追求华美和闲适。洛可可一词由法语 ro-caille（贝壳工艺）演化而来，原意为建筑装饰中的一种贝壳形图案。洛可可风格常常采用不对称手法，喜欢用弧线和 S 形线，尤其爱用贝壳、旋涡、山石作为装饰题材，卷草舒花，缠绵盘曲，连成一体。洛可可风格最初出现于建筑室内装饰，后来扩展到绘画、雕刻、工艺品、音乐和文学领域。

图 3-57 流水别墅

图 3-58 洛可可风格室内装饰

3.5.1　建筑形体的形成方法

建筑工程形体的形状虽然很复杂，但总可以把它看成是由一些简单的基本几何形体，如棱柱、棱锥、圆柱、圆锥、球等组合而成。这种由基本几何形体组成的立体称为组合形体。

在作组合形体投影图之前，先要对形体进行分析，主要分析组合形体是怎样构成的。组合形体的构成方式大致可归纳为下列三种：

1）叠加型：可以看作是由两个或两个以上的基本形体堆砌或拼合而成。

2）切割型：可以看作是由基本形体被一些平面或曲面切割而成。

3）混合型：可以看作是由上述叠加型和切割型混合构成。

如图 3-59a 所示的形体，可以将它分析为由图 3-59b 所示的三个形体叠加而成。Ⅱ放在Ⅰ上，且有两面与Ⅰ对齐，Ⅲ放在Ⅰ上且有一面紧靠Ⅱ的中部。经过分析，可以掌握该组合形体的形状特征。

如图 3-60 所示的组合形体，可以看成是由一个立方体被切去了Ⅰ（1/4 圆柱体）和Ⅱ（类似四棱柱）两部分以后形成的。

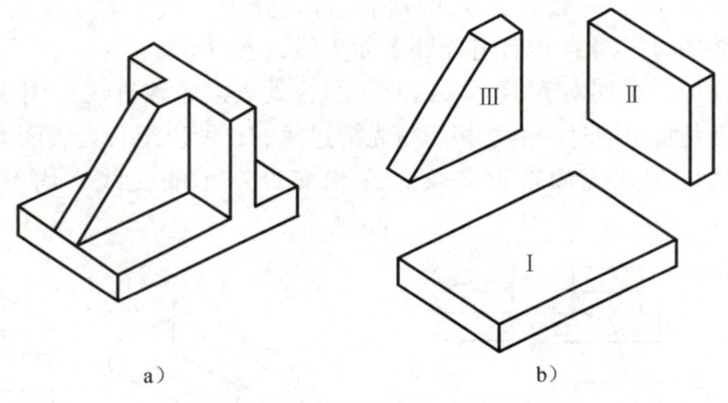

图 3-59　形体分析——叠加型

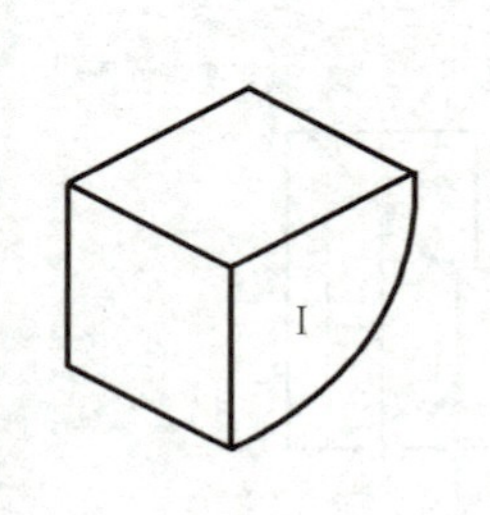

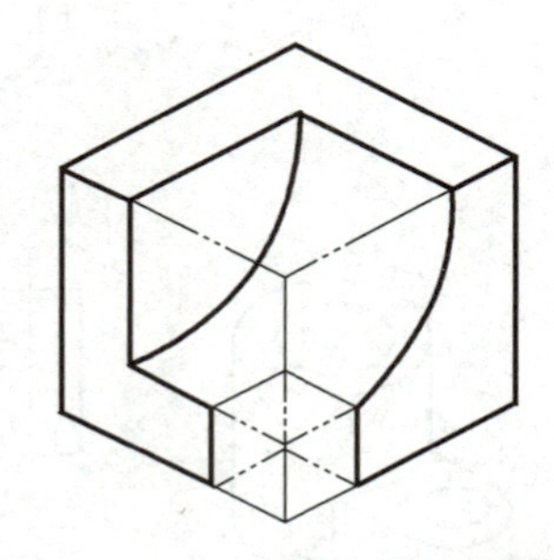

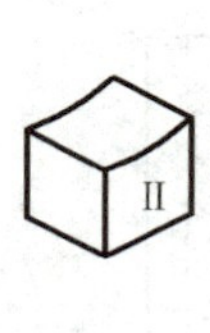

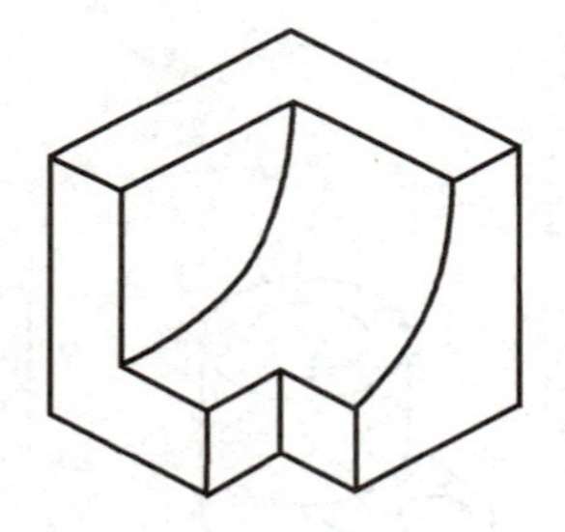

图 3-60　形体分析——切割型

上述三种类型的划分，仅在形体分析时采用。事实上某一组合形体究竟属于何种类型并不是唯一的，有的组合形体既可以按叠加型来分析，也可以作为切割型或混合型来分析，这要看以何种类型作分析能使作图简便而定。

3.5.2　建筑形体投影的画图步骤

作组合形体投影图，就是画出构成它的若干几何形体的投影图。作图时，先进行形体分析，然后再动手作图，有时需辅以线面分析。

1. 形体分析

在分析组合形体时，常将组合形体分解为若干个基本形体，并分析各基本形体之间的组成形式和相邻表面间的相互位置，这种为便于画图，把形体人为地分析成若干基本几何形体的分析方法，称为形体分析法。

形体分析的目的，主要是弄清组合形体的形状，为画组合形体投影图打基础。因此，同一个组合形体，允许采用不同的组合形式进行分析，只要分析正确，最后得出组合形体的形状都是相同的。至于画图时采用哪种组合形式进行分析，常与形体的具体形状及个人的想象能力有关，但都应力求准确、简便。

2. 组合处的线面分析

由于组合形体的投影图比较复杂，为了避免组合处的投影出现多线或漏线的错误，对于基本形体在组合处的投影，一般从下列四种情况进行分析：

1）当两部分叠加时，对齐共面组合处表面无线（图3-61a）。

2）当两部分叠加，虽属对齐但不共面时，组合处表面应该有线（图3-61b）。

3）当组合处两表面相切时，由于相切是光滑过渡的，所以组合处表面无线（图3-61c）。

4）两基本形体的相邻表面彼此相交，在相交处产生的交线，均应按投影规律求出（图3-61d）。

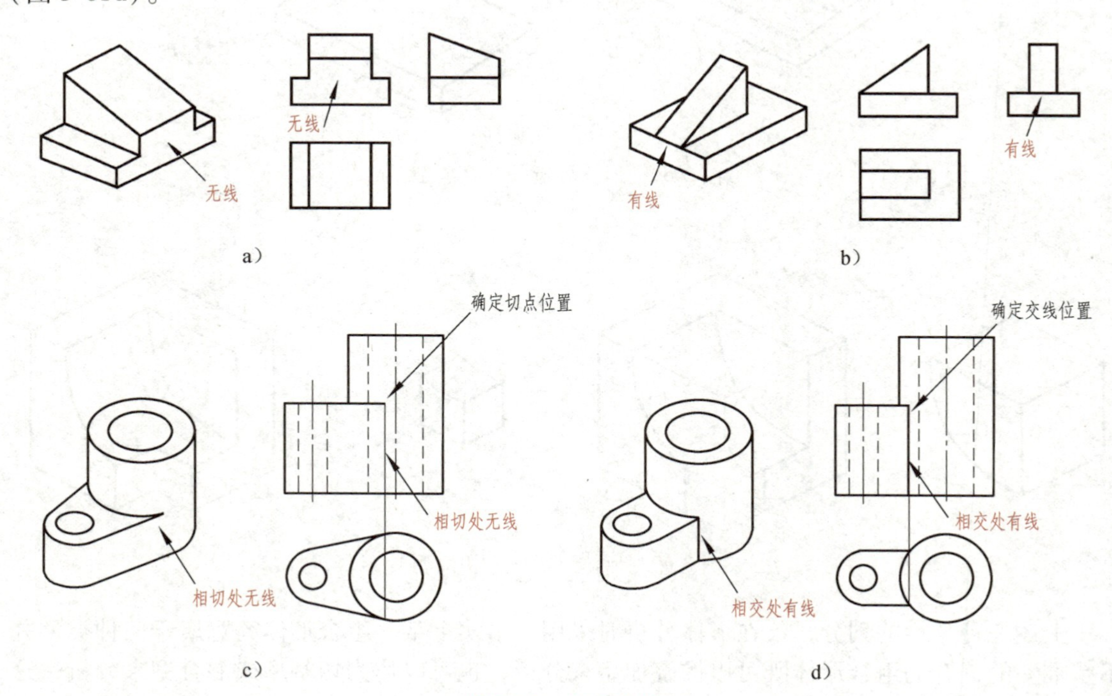

图3-61　线面分析

3. 投影分析

在组合形体投影图中，形体在三投影面体系中所放的位置及投影方向，对形体形状特征的表达和清晰程度等都有明显的影响，因此，在画图前，除进行形体分析外，还需进行投影分析，以确定较好的投影方案。一般应考虑下述几点：

1）确定摆放位置，选择正面投影。

① 将反映建筑物外貌特征的表面平行于正立投影面。

② 让建筑形体处于工作状态，如梁应水平放置，柱子应竖直放置，台阶应正对识图人员，这样识图人员较易识图。

③ 考虑图面效果，使图面布置紧凑、匀称。

2）尽量减少虚线，过多的虚线不易识图。

当然，由于组合体的形状千变万化，因此在确定投影方案时，往往不能同时满足上述原则，还需根据具体情况，全面分析，权衡主次，进行确定。

4. 投影图画法步骤

1）进行形体分析。分析组合形体的组成，弄清组成该组合形体的基本形体的形状特征及其相对位置。

2）进行投影分析，确定投影方案。确定正面、投影数量等。

3）根据形体的大小和复杂程度，确定图样的比例和图纸的幅面（以下各例省略），并用中心线、对称线或基线定出各投影的位置。

4）画组合形体的三面投影图。根据投影规律，画出三面投影图。一般是按先主（主要形体）后次（次要形体）、先大（形体）后小（形体）、先实（体）后空（挖去的槽、孔等）、先外（外轮廓）后内（里面的细部）的顺序作图。同时，要三个投影联系起来画。

5）对照验证，检查投影图是否正确，是否符合投影规律，用线面分析法检查组合处的投影是否有多线或漏线等现象。

6）区分图线。

【例 7】 画出图 3-62a 所示组合形体的三面投影图。

作图步骤：

1）形体分析。该组合形体由三部分组成：Ⅰ是长方体的底板，Ⅱ是四棱柱的立板，Ⅲ是楔形的支承肋板。三部分以叠加的方式组成组合体，其中Ⅰ与Ⅱ的前、后相邻表面共面，画图时，应注意该处不画线（图 3-62a）。

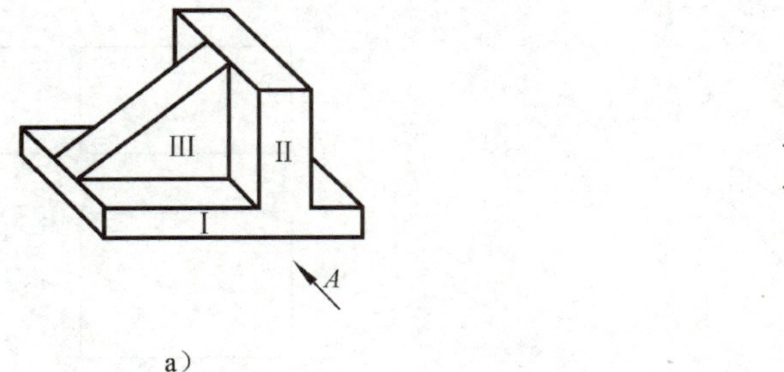

a）

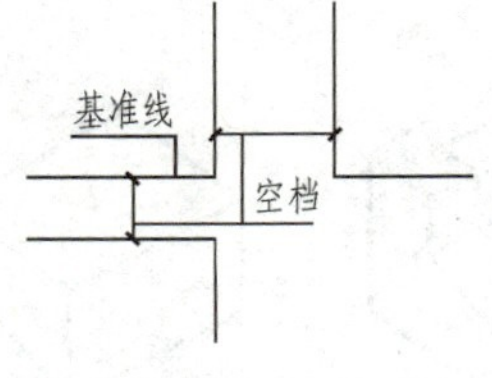

b）

图 3-62　组合形体投影图的画法

a）形体及正立面投影方向　b）布图

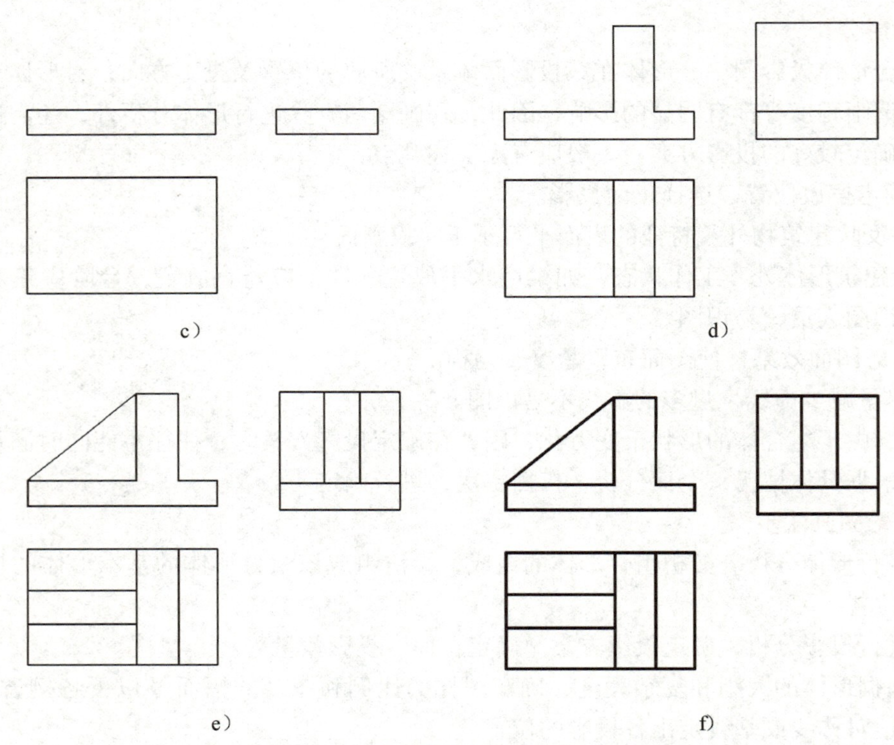

图 3-62 组合形体投影图的画法（续）
c）作底板的三面投影图 d）作立板的三面投影图 e）作肋板的三面投影图 f）检查、区分图线

2）确定投影方案。以 A 向作为正面投影，可明显地反映各部分的组合关系，且投影不出现虚线（图 3-62a）。

3）定出各投影基线（图 3-62b）。

4）逐个画出三部分的三面投影（图 3-62c、d、e）。

5）检查投影图是否正确，用线面分析法确定Ⅰ、Ⅱ、Ⅲ组合时产生交线和不产生交线的问题。

6）区分图线（图 3-62f）。

【例 8】 画出图 3-63a 所示形体的三面投影图。

图 3-63 组合形体投影图的画法
a）形体及正面投影方向 b）作长方体的三面投影图

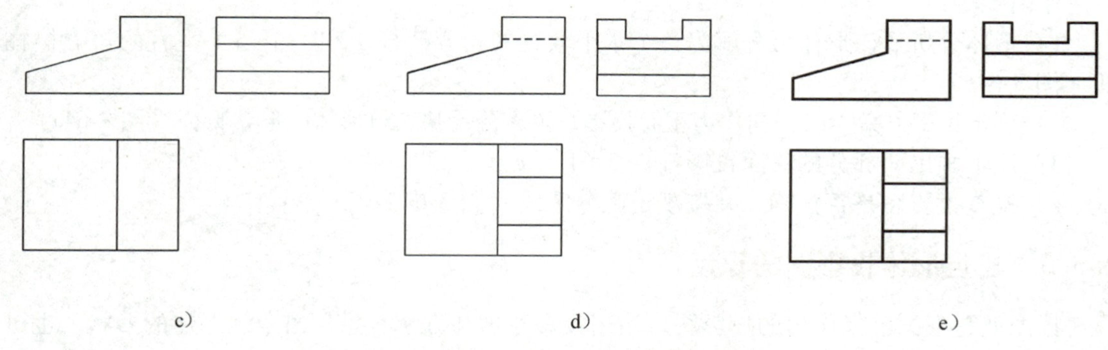

图 3-63　组合形体投影图的画法（续）
c）切去Ⅰ　d）切去Ⅱ　e）检查、区分图线

作图步骤：

1）该形体可看作由长方体切割而成（图 3-63a）。以 A 向作为正面投影，可明显地反映形状特征。

2）画长方体的三面投影（图 3-63b）。

3）从正面投影开始切去梯形块Ⅰ，并补全另两投影（图 3-63c）。

4）从侧面投影开始切去长方体Ⅱ，并补全另两投影（图 3-63d）。

5）检查投影图是否正确，并按规定加深图线（图 3-63e）。

【例 9】　画出图 3-64a 所示形体的三面投影图。

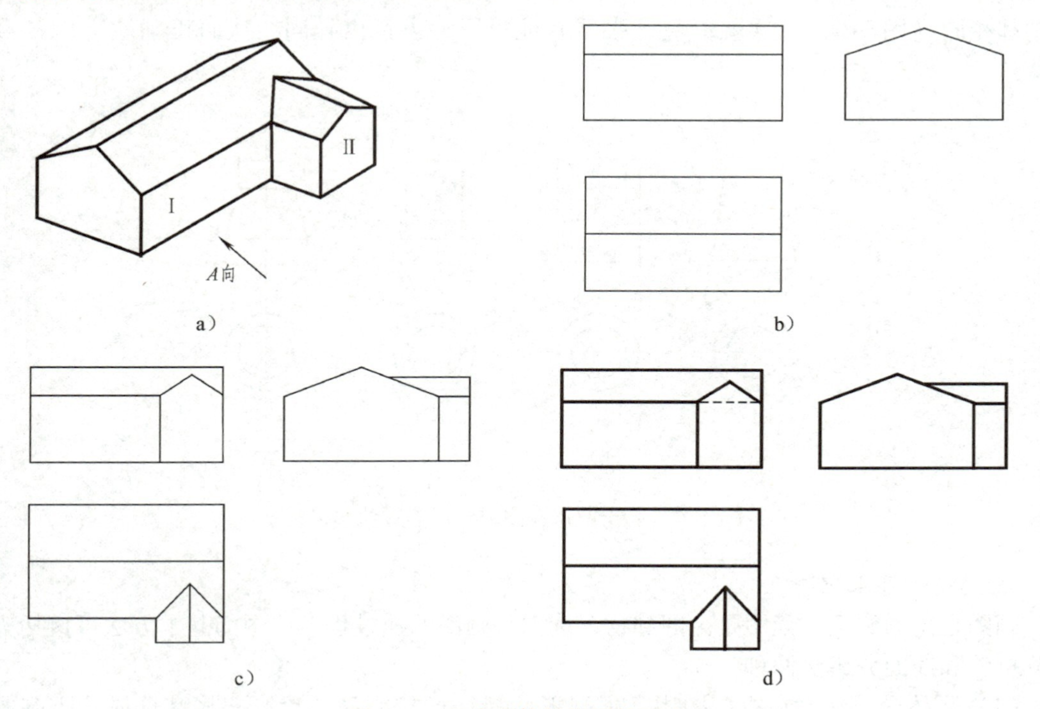

图 3-64　组合形体投影图的画法
a）形体及正立面投影方向　b）作Ⅰ形体的三面投影图　c）作Ⅱ形体的三面投影图　d）检查、区分图线

作图步骤：

1）形体分析。该形体可分解为一个水平放置的长五棱柱Ⅰ和一个与Ⅰ垂直的短五棱柱Ⅱ（图3-64a）。

2）确定投影方案。以 *A* 向作为正面投影，可充分反映建筑形体的形状特征（图3-64a）。

3）逐个画出两部分的三面投影（图3-64b、c）。

4）检查投影图是否正确，并按规定区分图线（图3-64d）。

3.5.3　建筑形体投影图的识读

读图就是根据已经作出的投影图，运用投影原理和方法，想象出空间形体的形状。也可以说读图是从平面图形到空间形体的想象过程。读图时，除了要熟练地运用投影规律外，还要掌握一些读图的基本知识和方法，并要经过多画多读，以提高画图和读图能力。

根据建筑形体投影图识读其形状，必须首先掌握以下基本知识：

① 掌握三面投影图的投影关系，即“长对正、高平齐、宽相等”。

② 掌握在三面投影图中各基本体的相对位置，即上下关系、左右关系和前后关系。

③ 掌握基本体的投影特点，即棱柱、棱锥、圆柱、圆锥和球体这些基本体的投影特点。

④ 掌握点、线、面在三面投影体系中的投影规律。

⑤ 掌握建筑形体投影图的画法。

读图时，不能孤立地看一个投影，一定要抓住重点投影（一般常以正面投影为主要投影图），同时将几个投影联系起来看。只有这样才能正确地确定该形体的形状。特别是有些情况下，几个形体的空间形状不同，但它们的某个投影完全相同（图3-65），有的甚至两个投影都相同（图3-66），这就更应该去看其他投影，去找出异同，从而正确地定出各自的形状。

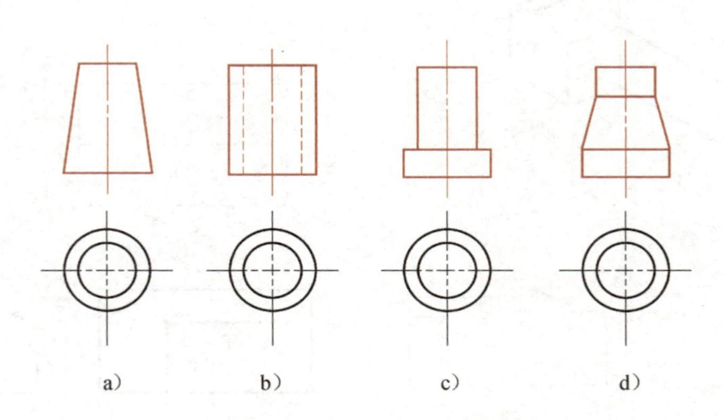

图3-65　联系两投影读图（注意特征视图）

1. 读图的基本方法

画图是由物到图，读图是由图到物，读图是画图的逆过程。读图的基本方法可概括为形体分析法和线面分析法两种。

（1）形体分析法　在投影图中，根据形状特征比较明显的投影，将其分成若干基本形体，并按它们各自的投影关系，分别想出各个基本形体的形状，最后加以综合，想出整体形

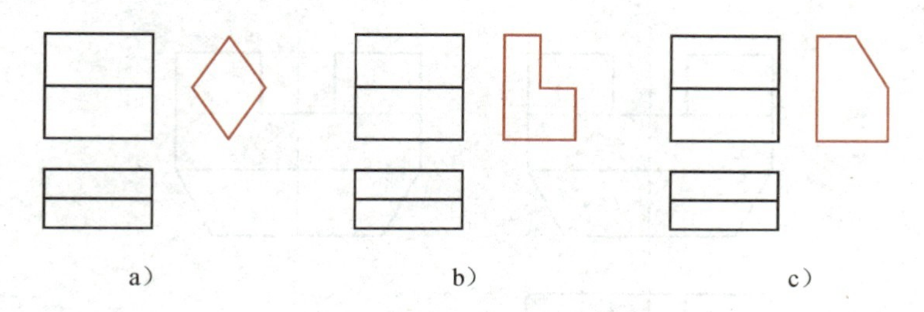

a）　b）　c）

图 3-66　联系三投影读图（注意特征视图）

状。这种方法称为形体分析法。

为了能顺利地运用形体分析法读图，必须掌握常见基本形体的投影特性——“矩矩为柱、三三为锥、梯梯为台、圆圆为球”，同时为了准确地将组合体分解，还必须牢固掌握“长对正、高平齐、宽相等”的投影规律以及各基本形体之间的相对位置关系。

【例 10】　根据如图 3-67a 所示的三面投影图，想象出形体的形状。

应用形体分析法读图，其步骤可以概括为四个字，即“分、找、想、合”。

1）分——分解投影。按正面投影和水平投影的特征，该组合形体宜分为三大部分，即上、中、下三部分（图 3-67b、c、d）。

2）找——找出对应投影。按照“长对正、高平齐、宽相等”的投影规律找出被分解的基本形体的三面投影。如图 3-67b 所示投影图中粗实线部分为组合形体的上方组成部分的投影，图 3-67c 所示投影图中粗实线部分为组合形体的中间组成部分的投影，图 3-67d 所示投影图中粗实线部分为组合形体的下方组成部分的投影。

3）想——分部分想形状。根据上方形体的三面投影，可看出该部分为四个相同的小长方体（图 3-67b）。同理，中间部分形体为一个大长方体（图 3-67c）。根据下方形体的三面投影，可看出该部分为一个倒放的四棱台（图 3-67d）。

4）合——合起来想整体。最后，把上、中、下三部分形状合在一起，整体形状就清楚了（图 3-67e）。

需要注意的是，形体在组合的时候，组合处应进行图线分析。当任两部分叠加时，对齐共面组合处表面无线。如上方组成部分（四个小长方体）和中间组成部分（大长方体）在叠加时表面无线（图 3-67e），但是投影图中有虚线（图 3-67a）。

这个形体是一个斗栱的坐斗。斗栱是中国古代木构架建筑中特有的承重构件，并具有一定的装饰作用。

（2）线面分析法　若形体或形体的一部分是由基本形体经多次切割而成，且切割后其形状与基本形体差异较大，切口处图线常较为复杂，此时再采用形体分析法读图会非常困难，可采用线面分析法。线面分析法是以线和面的投影特点为基础，识读时对投影图中的每条线和由线围成的各个线框进行分析，根据它们的投影特点，明确它们的空间形状和位置，综合起来就能想象出整个形体的形状。

注意：

① 投影图中一个封闭的线框，必代表一个面（或一个孔洞），但它所代表的是什么形状的面，它处在什么位置，还要根据投影规律对照其他投影图才能确定。

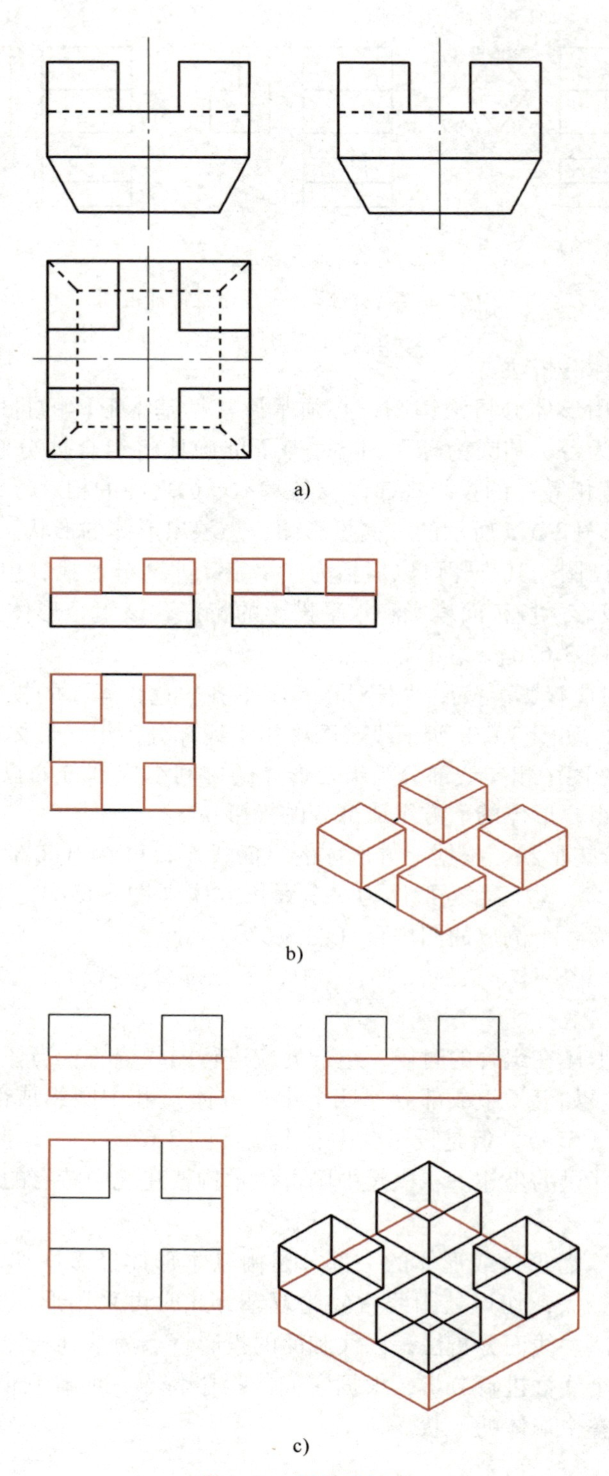

图 3-67 形体分析法

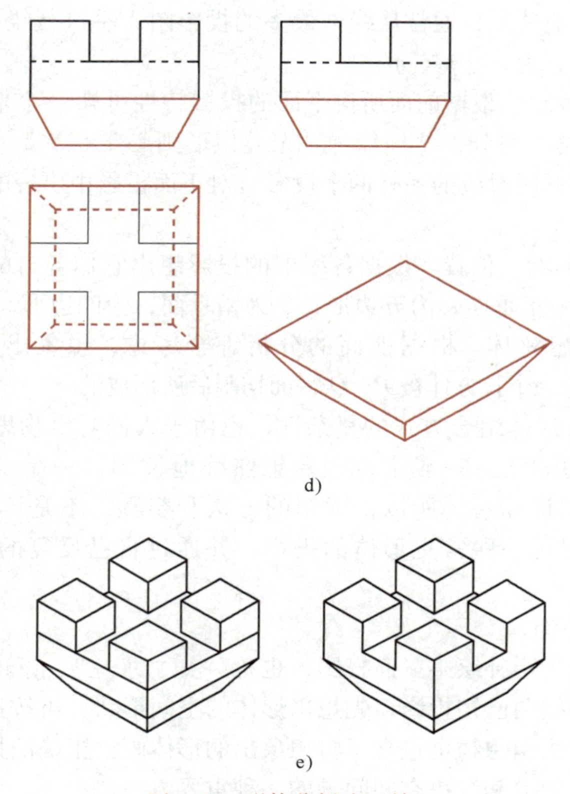

图 3-67　形体分析法（续）

② 投影图中的一个线段，可能是特殊位置的面的积聚投影，也可能是两个面的交线。

【例 11】　根据如图 3-68a 所示三面投影图，想象出形体的空间形状。

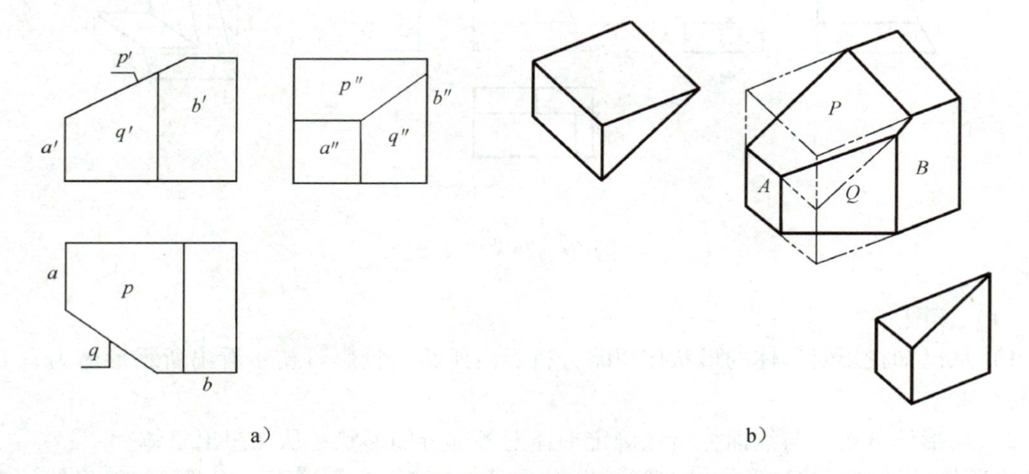

a）　　b）

图 3-68　线面分析法

应用线面分析法读图，其步骤也可以概括为四个字，即“分、找、想、合”。

1）分——分线框。投影中的每个线框通常都是形体上的一个表面，线面分析法就要对线框进行分析。为了避免遗漏，通常从线框最多的投影图入手进行线框的划分。如图3-68a所示，可将其侧面投影分为a''、p''、q''。

2）找——找对应投影。根据前面所讲平面的投影特性可知，除非积聚，否则平面各投影均为“类似形”；反之可得到下述规律：“无类似形则必定积聚”。此外，再按照投影规律，可清楚地找到各线框所对应的另外两个投影。对正面投影中出现的b'也分别找到其对应的其他两个投影。

3）想——想表面形状、位置。根据各线框的投影想出它们各自的形状和位置：A为侧平面；B为正平面；P为正垂面，为五边形；Q为铅垂面，为四边形。

4）合——合起来想整体。根据前面的分析综合考虑，想象出形体的整体形状。如图3-68b所示，该形体为一个长方体被P、Q平面切割后所形成的。

读图时，由于组合形体组合方式的复杂性，也由于人们对事物思维方式的差异，读图不存在一条简单通用的方法。一般来说，要想熟练地读图，一是要熟练掌握投影原理，二是要有足够的相关知识储备。所以，读图的方法和步骤，不是读图的关键，关键是每个人都要尽可能多地记忆一些常见形体的投影，并通过自己反复的读图实践，积累自己的经验。

2. 读图练习——补图

由形体的已知两面投影补绘第三面投影，也称“知二求三”，是训练并提高读图能力的一种方法。作题时应根据两已知投影，先想出形体的空间形状，再按投影规律补画出第三投影。整个过程既包含了由图想物也包含了将想象出的形体画出正确的投影图。因此，补图也是培养与提高空间思维能力和解决空间问题的一种重要方法。

【例12】 已知两投影，补绘第三投影（图3-69）。

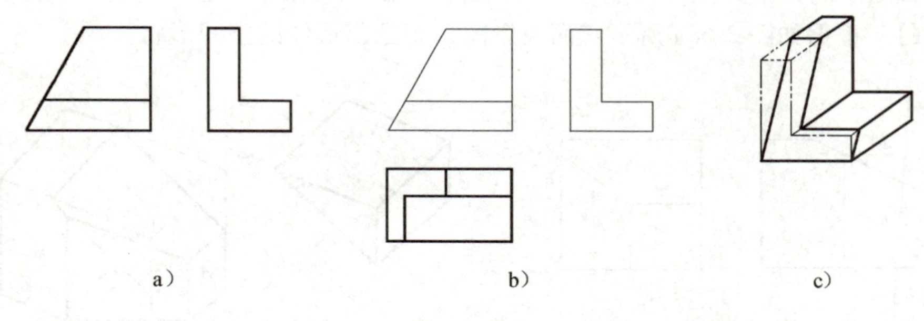

图3-69 补投影（一）

（1）读图

1）从已知投影对形体的形状作粗略分析。由所给两投影可初步看出所示形体为一L形平面立体。

2）用形体分析法与线面分析法确定形体上各部分的形状，从而想出整体。

由所给的投影可知该形体的左侧面为正垂面，右侧面为侧平面，因此可知该形体的空间形状如图3-69c所示。

（2）补画第三投影 通过读图，已想出形体的空间形状，按照投影对应关系补出其水平投影，如图3-69b所示。

【例 13】　已知两投影，补绘第三投影（图 3-70）。

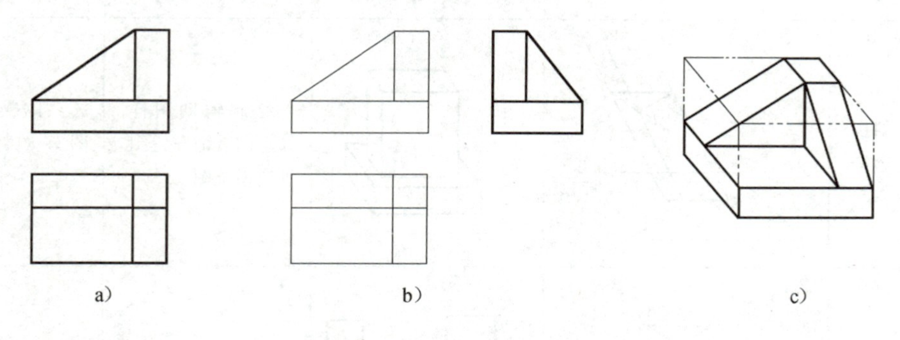

图 3-70　补投影（二）

（1）读图

1）从已知投影对形体的形状作粗略分析。由图 3-70a 所给两投影可初步看出所示形体为一长方体上部叠加了一些形体（也可看作切割型）。

2）用形体分析法与线面分析法确定形体上各部分的形状，从而想出整体。

由所给的两投影可知该形体的各叠加部分分别为一个长方体和两个三棱柱，因此可知该形体的空间形状如图 3-70c 所示。

（2）补画第三投影　通过读图，已想出形体的空间形状，按照投影对应关系补出其侧面投影，如图 3-70b 所示。

小　　结

本项目内容为建筑制图与识图的基础知识，要求掌握投影的概念、分类及在建筑中的应用，投影的形成及特性，点、直线、平面的投影规律及识读，基本形体的投影绘制及识读，组合形体的组合方式、投影绘制及识读等内容。

1）投影法的分类：投影法分为中心投影法和平行投影法两大类，平行投影法又有斜投影法和正投影法两种。常用投影法的比较见表 3-5。

表 3-5　常用投影法的比较

投影法分类	原理图	实例图	主要用途	优缺点
中心投影法	S、A、B、C、a、b、c		绘制辅助图样，如建筑设计、装饰设计效果图	立体感强，作图困难，度量性差

（续）

投影法分类		原理图	实例图	主要用途	优缺点
平行投影法	斜投影法			绘制辅助图样，如室内装饰布置图、管道系统图	立体感较强，作图较难，度量性较差
	正投影法			绘制工程图	没有立体感，但度量性好，能够反映物体的真实形状和大小，容易作图

2）平行投影的特性有显实性、积聚性、度量性、类似性、平行性、定比性。

3）在三投影面体系中，通常使 *OX*、*OY*、*OZ* 轴分别平行于形体的三个向度（长、宽、高），以便能更多地作出形体表面的实形投影。

4）形体的三面投影存在“长对正、高平齐、宽相等”的三等关系。

5）形体的前、后、左、右、上、下六个方向能在投影图中反映出来。在投影图上识别形体的方向，对读图是非常有必要的。

6）点的投影的三个规律，根据该规律求作点的第三投影。

7）直线按位置分为投影面垂直线、投影面平行线、一般线。投影面垂直线包括正垂线、铅垂线、侧垂线；投影面平行线包括正平线、水平线、侧平线。应该熟练掌握各种位置直线的空间位置、投影特征及其识读规律。

8）平面按位置分为投影面垂直面、投影面平行面、一般面。投影面垂直面包括正垂面、铅垂面、侧垂面，投影面平行面包括正平面、水平面、侧平面。应该熟练掌握各种位置平面的空间位置、投影特征及其识读规律。

9）基本形体分两类：平面立体和曲面立体。平面立体包括棱柱、棱锥和棱台。曲面立体包括圆柱、圆锥、圆台和球。

10）绘制形体的投影时，需确定形体摆放位置，应注意以下几点：

① 使形体处于稳定状态。

② 考虑物体的工作状况，比如矩形柱和矩形梁外形类似，但按照它们的工作状态，一个竖放，而一个平放。

③ 使形体的表面尽可能多地平行于投影面，以便作出更多实形投影。

一旦形体的摆放位置确定，则绘制其三面投影时不能再把形体动来动去，需按照这一个固定的位置来画三面投影图。

11）基本形体的投影特征：

① 柱体的投影特征——“矩矩为柱”。
② 锥体的投影特征——“三三为锥”。
③ 台体的投影特征——“梯梯为台”。
④ 球的投影特征——“圆圆为球”。

12）因为组合形体是由基本形体通过叠加或切割组合而成的，所以，在画组合形体的投影或读组合形体的投影之前，必须熟练掌握点、直线、平面及基本形体的投影绘制和识读。

13）组合形体的形体分析法、线面分析法的读图步骤均可以概括为“分、找、想、合”四个字。应通过反复练习，领会读图方法。

14）画图容易，读图难。为了提高读图能力，必须加强形体分析与线面分析能力。同时，平时应多分析、积累常见形体及其投影，只有熟练掌握，才能运用自如。

思考题

1. 投影法有哪几类？其概念各是什么？
2. 平行投影的特性有哪些？
3. 点、直线、平面的投影的基本规律是什么？
4. 说出三投影面体系和三面投影图中各投影面、投影轴、投影图的名称。
5. 三投影面体系是如何展开的？
6. 投影图的特性有哪些？
7. 形体的三面投影各反映形体的哪个向度？
8. 三等关系和六个方向在投影图中的反映是怎样的？
9. 正投影和正面投影的概念相同吗？它们的区别是什么？
10. 常见的基本形体分哪两类？分别是什么？
11. 什么是平面立体？什么是曲面立体？
12. 作基本形体投影图的一般步骤是什么？
13. 作形体投影图时一般怎样摆放形体？
14. 柱体、锥体、台体、球的投影特征分别是什么？
15. 组合形体通常是怎样组合的？有哪几种组合方式？
16. 画组合形体的投影图一般有哪些画法步骤？
17. 组合形体投影图的读图方法有哪些？

项目4　建筑形体的图样表达方法

【学习目标】　通过学习本项目，掌握形体的基本视图和辅助视图以及形体的简化画法，轴测投影图的分类和特性，正等测、正面斜二测的画法，剖面图和断面图的形成、种类、画法、剖切符号，建筑形体尺寸标注的组成和方法等内容。

工程形体的形状和结构是多种多样的。要想把它们表达得既完整、清晰，画图、读图又都很简便，只用前面介绍的三面投影图难以满足要求。因此，国家制图标准规定了一系列的图样表达方法，以供画图时根据形体的具体情况选用。

4.1　基本视图与辅助视图

工程上表达形体形状的投影图也称为视图，视图包括基本视图和辅助视图。

4.1.1　基本视图

三面投影体系由水平投影面、正立投影面和侧立投影面组成，所作形体的投影图分别是水平投影图、正面投影图和侧面投影图，在工程图中分别叫做平面图、正立面图和左侧立面图。

对于某些复杂的工程形体，可能其正面和背面不同，左侧面和右侧面也不相同，此时可以作出形体的六视图，即与 V、H、W 相对再增加 V_1、H_1、W_1 三个投影面，形成六投影面体系。分别向上述六个投影面进行投影，就得到了形体的六视图，如图4-1a所示。以上六个投影面的展开方法，如图4-1b所示。这样即得到展开后的六视图，包括主视图、俯视图、左视图、右视图、仰视图、后视图，如图4-1c所示。六视图之间仍然满足“长对正、高平齐、宽相等”的投影规律。

六视图也可按图4-2所示布置，这样可以合理利用图纸，但每个视图一般均应标注图名。图名宜标注在视图的下方或一侧，并在图名下用粗实线绘一条横线，其长度应以图名所占长度为准，如图4-2所示。

4.1.2　辅助视图

在建筑工程施工图中常用的辅助视图主要有局部视图、展开视图和镜像投影图。

1. 局部视图

如图4-3所示的 A 视图和 B 视图。这种只将形体的一部分向基本投影面投影得到的视图称为局部视图。

画图时，局部视图的图名用大写字母表示，注在视图的下方，在相应视图附近用箭头指明投影部位和投射方向，并标注相同的大写字母。

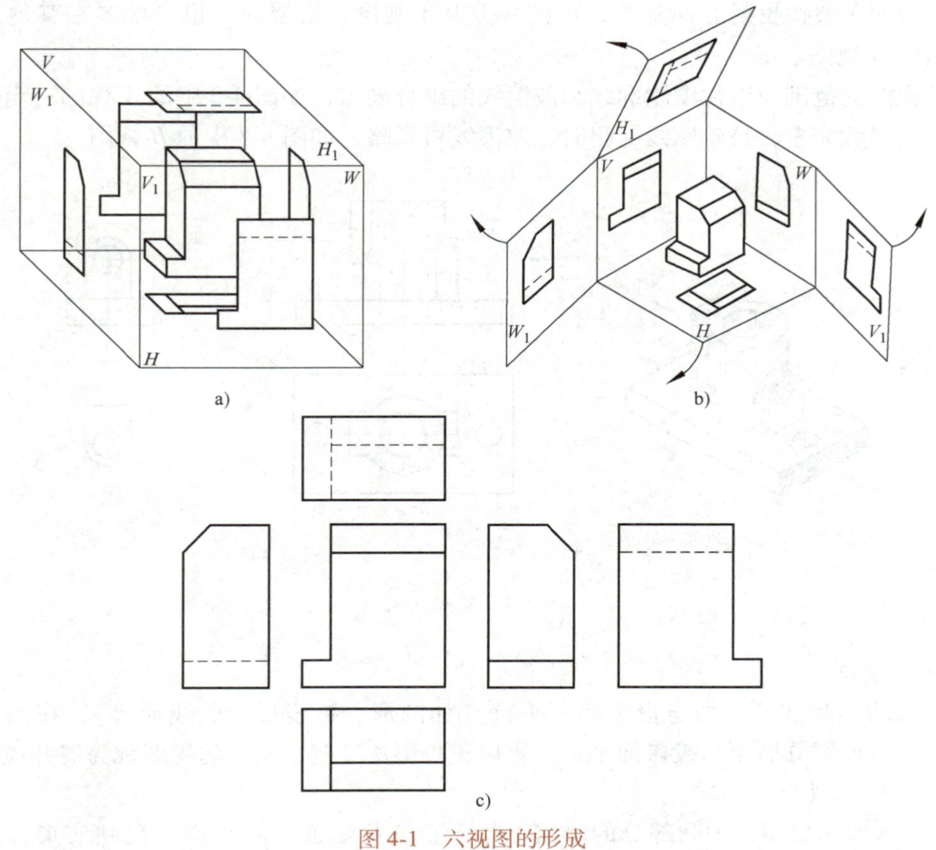

图 4-1　六视图的形成
a）六投影面体系　b）六视图的展开　c）六视图

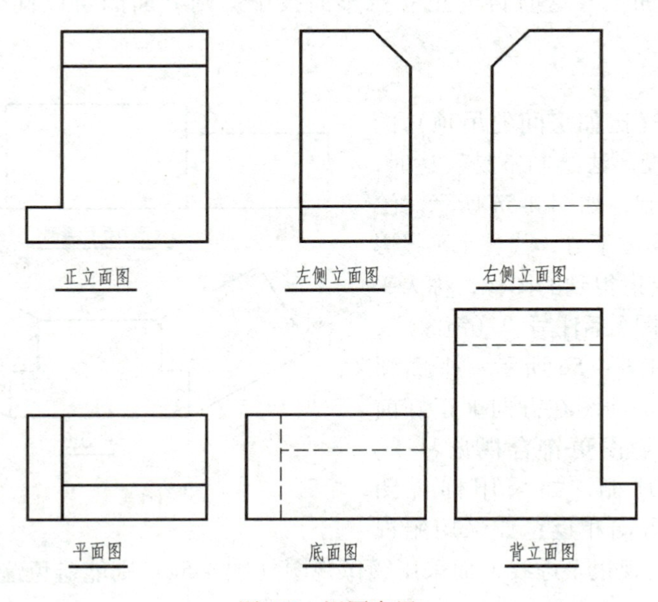

图 4-2　视图布置

局部视图一般按投射方向配置，如图 4-3 中 *A* 视图；必要时，也可配置在其他适当位置，如图中 *B* 视图。

局部视图的范围应以视图轮廓线和波浪线的组合表示，如图 4-3 中的 *A* 视图；当所表示的局部结构形状完整，且轮廓线封闭时，波浪线可省略，如图 4-3 中的 *B* 视图。

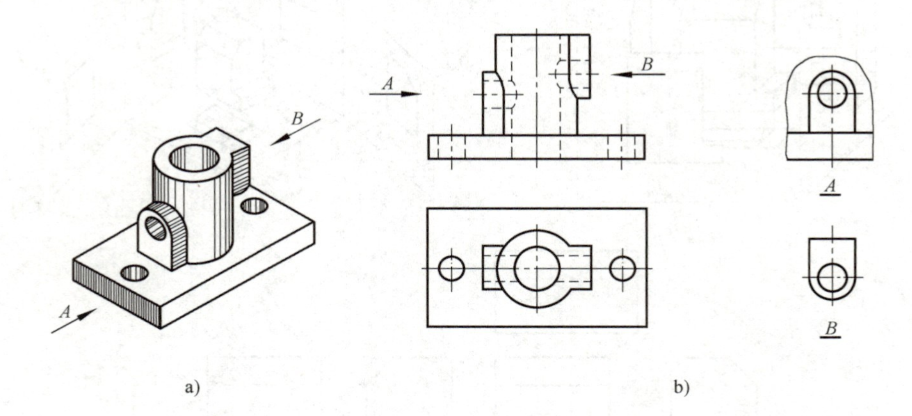

图 4-3 局部视图

2. 展开视图

建筑物的某些部分，如与投影面不平行（如圆形、折线形、曲线形等），在画立面图时，可假想将该部分展至与投影面平行，再以正投影法绘制，所得的视图称为展开视图，应在图名后注写“展开”字样。

如图 4-4 所示房屋，中间部分的墙面平行于正立投影面，在正面上反映实形，而左右两侧面与正立投影面倾斜，其投影图不反映实形。因此，可假想将左右两侧墙面展至和中间墙面在同一平面上，这时再向正立投影面投影，则立面图可以同时反映左右两侧墙面的实形。

3. 镜像投影图

某些工程构造（比如房间的吊顶）的视图，当用直接正投影法绘制不易表达时，可用镜像投影法绘制，如图 4-5a 所示。绘图时，把镜面放在形体下方，代替水平投影面，形体在镜面中反射得到的图像，称为平面图（镜像）。应在图名后注写“（镜像）”，如图 4-5b 所示。如图 4-5c 所示，平面图有虚线，底面图与平面图在方向上正好前后相反，其镜像投影图更符合视觉习惯。如图 4-5d 所示的顶棚，如采用仰视图（图 4-5e）则前后方向相反；如采用俯视图（图 4-5f），则出现很多虚线；而采用镜像视图（图 4-5g）则能避免这些问题，有利于工程人员正确识读。

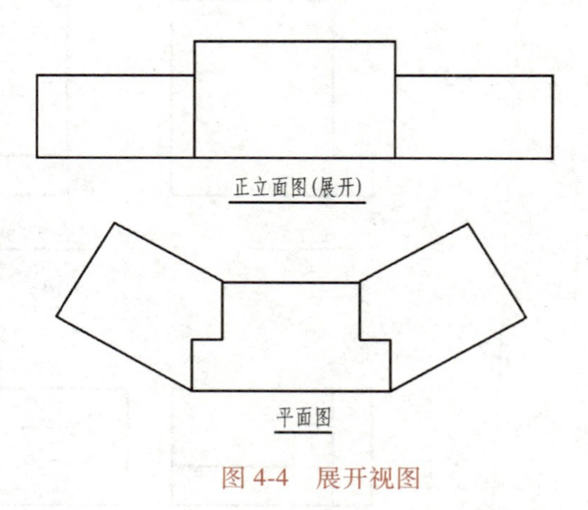

图 4-4 展开视图

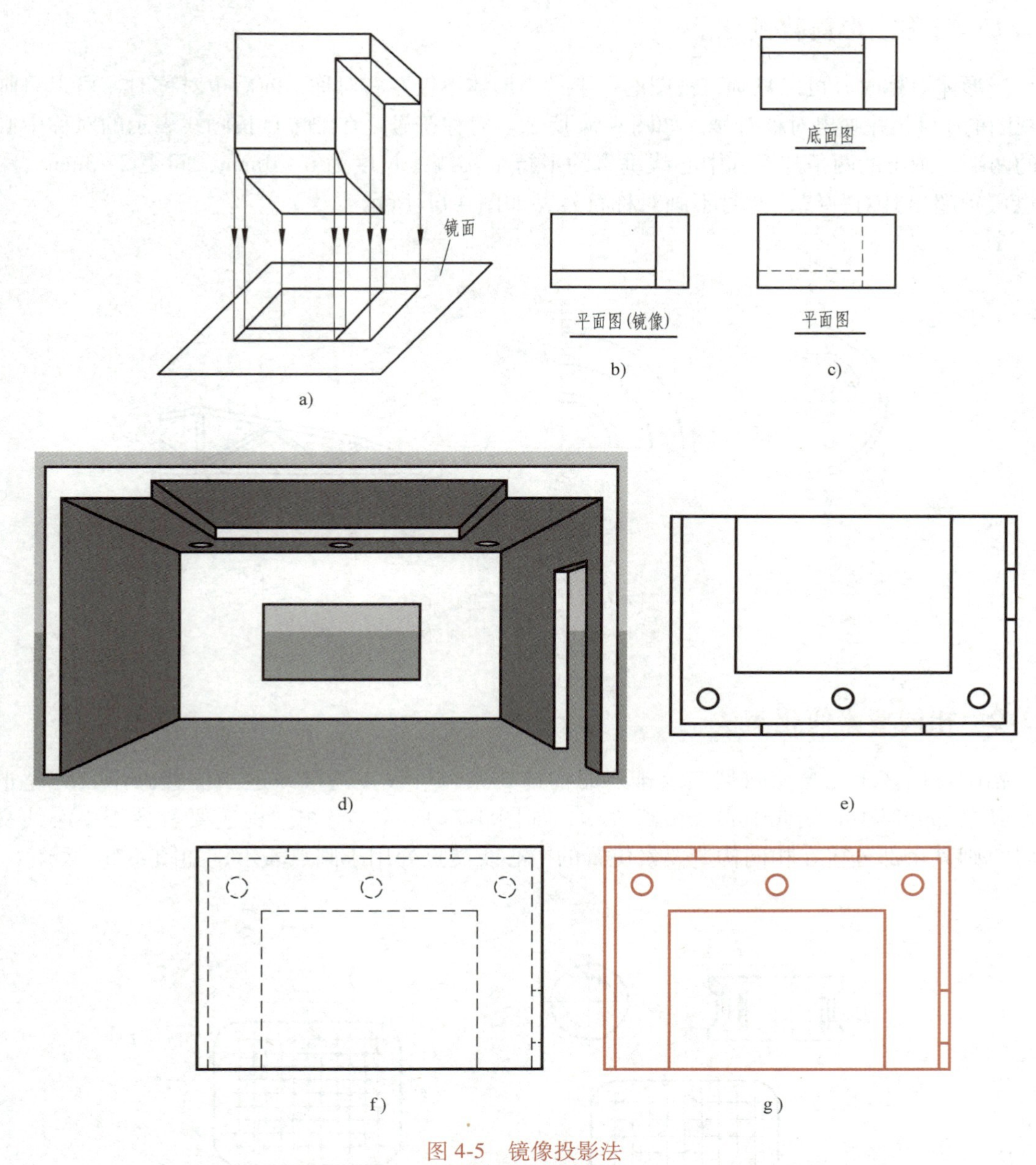

图 4-5　镜像投影法
a）镜像投影图的形成　b）镜像图　c）平面图与底面图　d）顶棚透视图
e）仰视图　f）俯视图　g）平面图（镜像）

4.2　简化画法

为了提高制图效率，使图面清晰简明，《房屋建筑制图统一标准》（GB/T 50001—2017）还规定了工程作图中的简化画法。

4.2.1 对称图形简化画法

当形体对称时，可以只画该视图的一半；当形体不仅左右对称，前后也对称时，可以只画该视图的1/4，并画出对称符号，如图4-6a所示。对称符号是在细单点长画线表示的对称中心线的两端，画出的两条与对称中心线垂直的平行细实线，长度为6~10mm，间距2~3mm。图形也可稍超出其对称线，此时不画对称符号，如图4-6b所示。

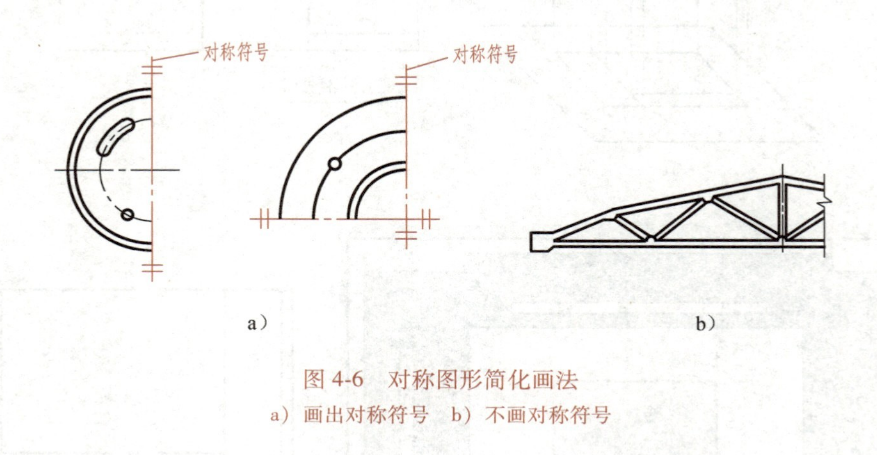

图4-6 对称图形简化画法
a）画出对称符号 b）不画对称符号

4.2.2 相同要素简化画法

构配件内多个完全相同且连续排列的构造要素，可仅在两端或适当位置画出其完整形状，其余部分以中心线或中心线交点表示，如图4-7a所示。当相同构造要素少于中心线交点时，则其余部分应在相同构造要素位置的中心线交点处用小圆点表示，如图4-7b所示。

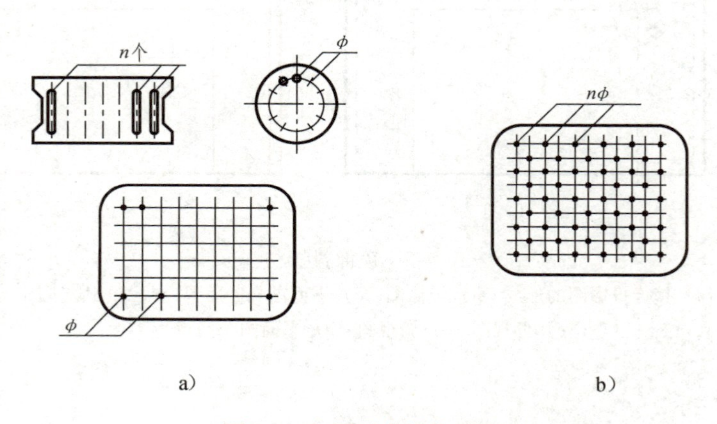

图4-7 相同要素简化画法

4.2.3 折断简化画法

较长的构件，当沿长度方向的形状相同或按一定规律变化，可断开省略绘制，断开处应以折断线表示，如图 4-8 所示。

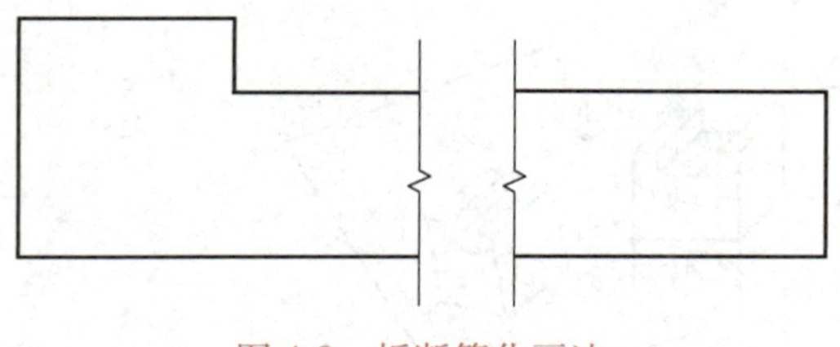

图 4-8　折断简化画法

一个构配件如与另一构配件仅部分不相同，该构配件可只画不同部分，但应在两个构配件的相同部分与不同部分的分界线处，分别绘制连接符号，如图 4-9 所示。

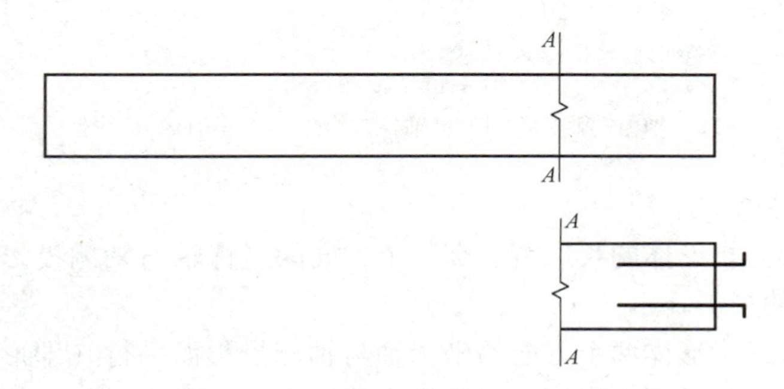

图 4-9　构件局部不同的简化画法

4.3　轴测图

如图 4-10a 所示的多面正投影图能完整、准确地反映形体的形状和大小，且度量性好，作图简便，但缺点是直观性差，只有具备一定读图能力的人才能看懂，所以有时工程上还需采用如图 4-10b 所示的立体感较强的图。这种能同时反映形体长、宽、高三个方向形状，富有立体感的图，称为轴测投影图。下面主要介绍轴测投影图的基本知识和画法。

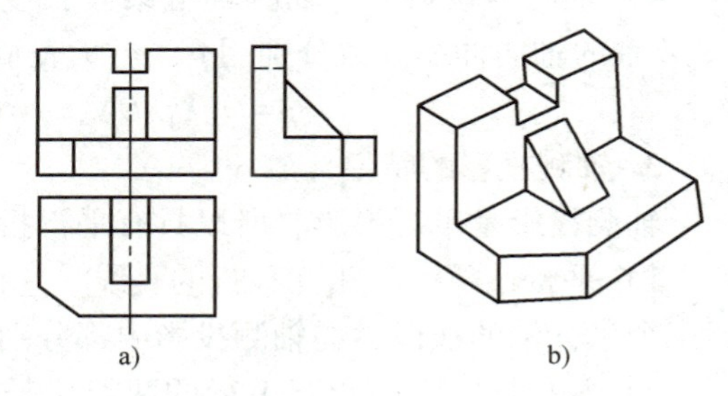

图 4-10　三视图与轴测图
a）三视图　b）轴测图

4.3.1　轴测投影的概念

将形体连同确定形体长、宽、高三个向度的直角坐标轴（OX、OY、OZ）用平行投影的方法沿不平行于任一坐标平面的方向投射到某一投影面（如 P、R 面）上，所得到的能同时反映形体三个向度的投影，称为轴测投影，如图 4-11a 所示。用轴测投影方法绘制的图形称为轴测投影图（简称轴测图），如图 4-11b、c 所示。

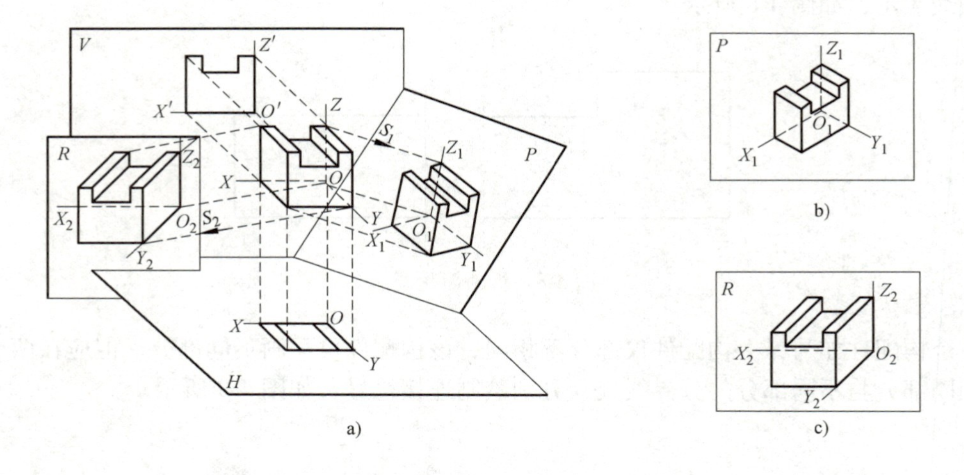

图4-11 轴测投影

a）轴测投影形成 b）正轴测投影图 c）斜轴测投影图

1. 轴测投影的分类

1）正轴测投影是指形体的长、宽、高三个方向的坐标轴与轴测投影面倾斜，投射线垂直于投影面所得到的投影。

2）斜轴测投影是指形体两个方向的坐标轴与轴测投影面平行（即形体的一个面与轴测投影面平行），投射线与轴测投影面倾斜所得到的投影。

2. 轴测投影的术语

1）轴测投影面。轴测图所处的平面称为轴测投影面。

2）轴测轴。表示空间形体长、宽、高三个向度的直角坐标轴 OX、OY、OZ 在轴测投影面上的投影 O_1X_1、O_1Y_1、O_1Z_1 称为轴测轴。

3）轴间角。相邻两轴测轴之间的夹角 $\angle X_1O_1Z_1$、$\angle Z_1O_1Y_1$、$\angle Y_1O_1X_1$ 称为轴间角，三个轴间角之和为360°。

4）轴向伸缩系数。轴测轴上某段长度与它的实长之比称为该轴的轴向伸缩系数。X、Y、Z轴的轴向伸缩系数分别用 p、q、r 表示，即：

$$p=O_1X_1/OX,\ q=O_1Y_1/OY,\ r=O_1Z_1/OZ$$

3. 轴测投影的特性

轴测投影是平行投影，所以具有平行投影的特性。

1）平行性。空间相互平行的直线，它们的轴测投影仍然相互平行。因此，形体上平行于三个坐标轴的线段，在轴测投影中都分别平行于相应的轴测轴。

2）定比性。空间相互平行的两线段长度之比，等于它们轴测投影的长度之比。因此，形体上平行于坐标轴的线段的轴测投影与线段实长之比，等于相应的轴向伸缩系数。

4.3.2 轴测图的画法

1. 正等测的画法

当确定形体空间位置的三个坐标轴与轴测投影面的倾角相等，投射线与轴测投影面垂直时，所得到的轴测投影称为正等轴测投影，简称正等测，如图 4-12a 所示。因为三个坐标面与轴测投影面倾角相同，所以三个轴间角相等，即 $\angle X_1O_1Z_1=\angle Z_1O_1Y_1=\angle Y_1O_1X_1=120°$，如图 4-12b 所示；又因三个坐标轴与轴测投影面倾角相同，所以三个轴向伸缩系数相等，即 $p=q=r$，经过计算，$p=q=r=0.82$，如图 4-12b 所示。显然，用这样的数据作图，形体比实际变小了，形体的长、宽、高都缩小了 0.82 倍，如图 4-12c 所示，作图非常不便。因此，实际作图时，取 $p=q=r=1$，此时画出来的轴测图比实际的轴测投影要大些，各轴向长度都放大了 1.22 倍，但形体的形象不变，如图 4-12d 所示。所以通常作图都采用简化的轴向伸缩系数。

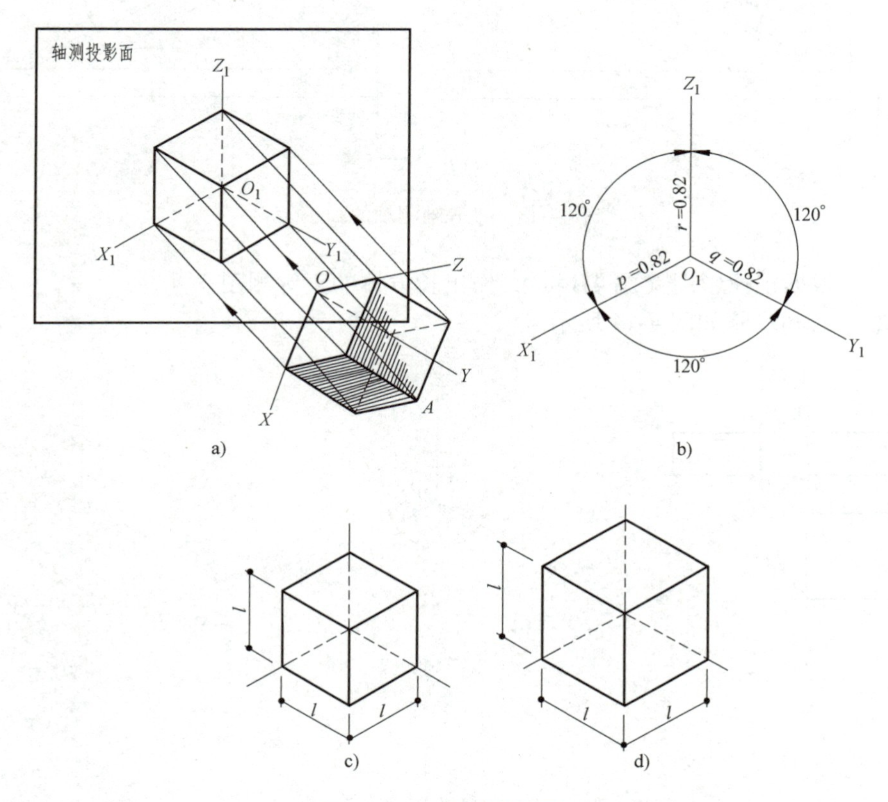

图 4-12　正等轴测投影

a）正等测轴测投影的形成　b）轴间角和轴向伸缩系数　c）$p=q=r=0.82$　d）$p=q=r=1$

正等测是最常用的一种轴测投影，因为 $p=q=r=1$，可以按形体的实际尺寸直接作图，同时 $\angle X_1O_1Z_1=\angle Z_1O_1Y_1=\angle Y_1O_1X_1=120°$，可以用丁字尺和 30°的三角板直接作图，作图简便，效果也较好。其作图方法有以下几种：

（1）坐标法　坐标法画正等测的步骤主要有以下几点：

1）读懂正投影图，并确定原点和坐标轴的位置。

2）选择轴测图种类，画出轴测轴。

3）作出各顶点的轴测投影。

4）连接各顶点完成轴测图。

画正等测时，首先要确定正等轴测轴，将 O_1Z_1 轴画成铅垂位置，再用丁字尺画一条水平线，在其下方用30°的三角板作出 O_1X_1 轴和 O_1Y_1 轴，如图4-13所示。正等测的三个轴向伸缩系数均是1，即按实长量取。

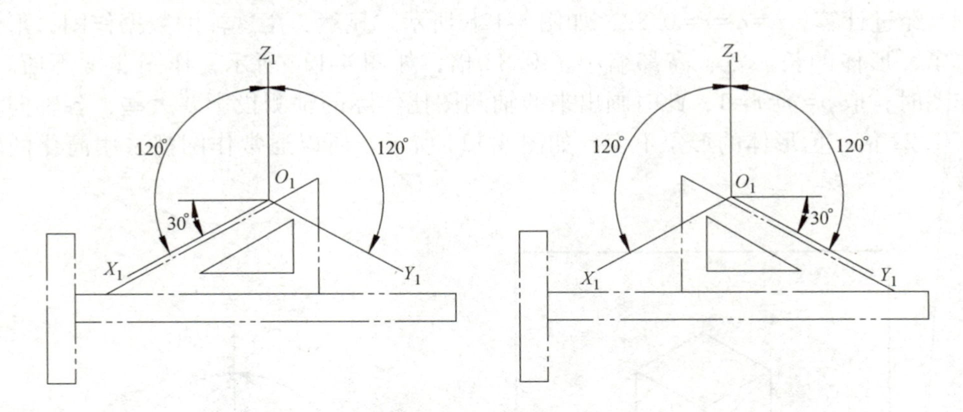

图4-13 正等轴测轴的画法

【例1】 根据正投影图（图4-14a），作出长方体的正等测图。

作图的方法和步骤如图4-14所示。

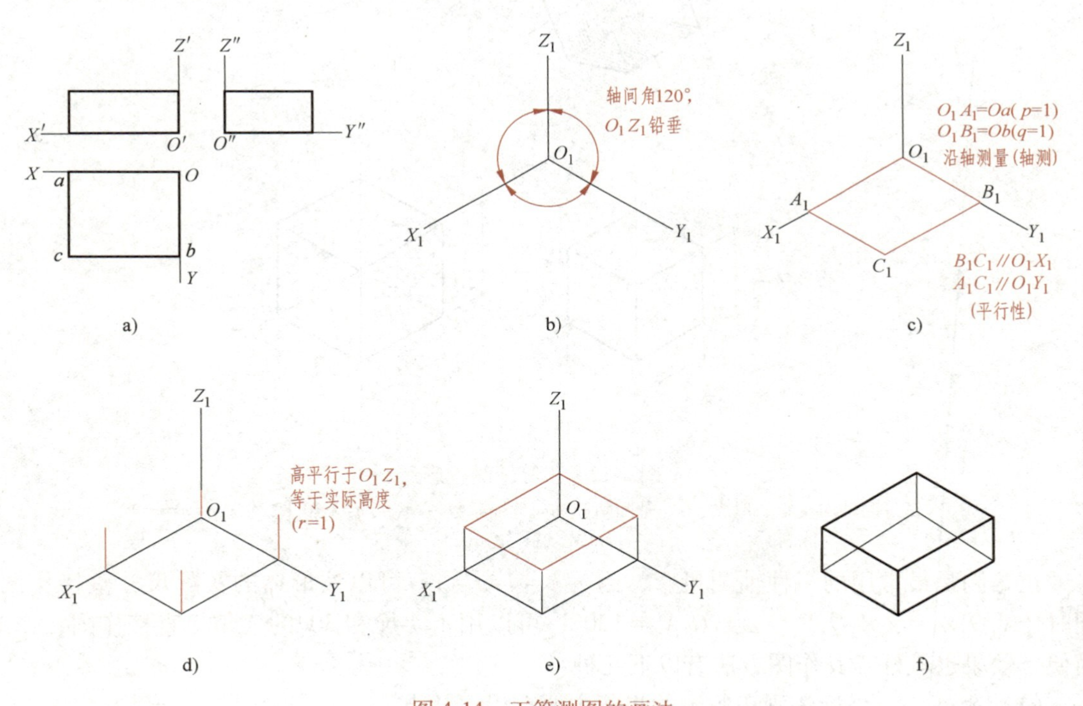

图4-14 正等测图的画法

a）选长方体的右后下角为坐标原点 b）画轴测轴 c）画底面 d）竖高度 e）画顶面 f）区分线型

1）读图、确定坐标原点和坐标轴，如图4-14a所示。为作图简便起见，通常可将坐标原点设在形体的一个顶点上，或设在形体的对称中心。该形体选在底面的右后下角顶点为坐标原点。

2）画出正等测的轴测轴，如图 4-14b 所示。

3）画出底面，如图 4-14c 所示。O 点的轴测投影为 O_1，OA 在 OX 上，它的轴测投影则在 O_1X_1 轴上，轴向伸缩系数为 1，所以沿 O_1X_1 轴测量出 O_1A_1 的长度（即沿轴测量），得 A_1 点。同理可作出点 B 的轴测投影 B_1。根据平行投影的平行性，过 A_1 作 O_1Y_1 轴的平行线，和过 B_1 所作的 O_1X_1 轴的平行线相交，即得点 C_1。

4）竖高度，如图 4-14d 所示。过底面的四个顶点作 O_1Z_1 轴的平行线，轴向伸缩系数为 1，高度不变，可直接量取。

5）画顶面，如图 4-14e 所示。把顶面各点连接起来。

6）区分线型，如图 4-14f 所示。轴测图中可见轮廓线宜用 0.5b 线宽的实线绘制，不可见轮廓线一般不绘出，必要时可用细虚线绘出所需部分。

【例 2】 作出图 4-15a 所示正六棱柱的正等测图。

作图方法和步骤如图 4-15 所示。

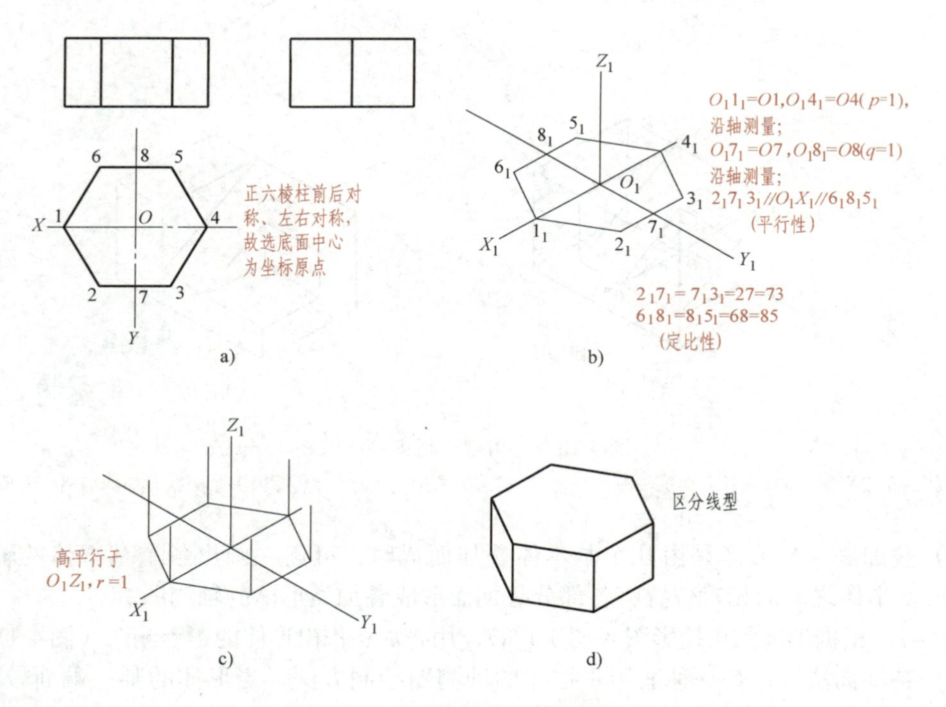

图 4-15 正六棱柱的正等测图画法

a）已知投影图确定坐标原点和坐标轴 b）按坐标法画出底面 c）竖高度 d）画顶面、区分线型

1）该正六棱柱前后、左右对称，故选用底面中心点为坐标原点，如图 4-15a 所示。

2）画出轴测轴，按照底面各顶点的位置求出底面轴测投影。注意底面的六条边中有不平行于坐标轴的斜线，它们的轴测投影不平行于轴测轴，应该先求出它们的两个端点然后再连线，如图 4-15b 所示。沿 O_1X_1 轴量出 1_1、4_1 点，沿 O_1Y_1 轴量出 7_1、8_1 点，过 7_1、8_1 点作 O_1X_1 轴的平行线，量出 2_1、3_1、5_1、6_1 点，连线。

3）竖高度。过底面的各顶点作 O_1Z_1 轴的平行线，量出棱柱的高度，如图 4-15c 所示。

4）画顶面，如图 4-15d 所示。把顶面各点连接起来，区分线型。

（2）切割法　当形体是由基本体切割而成时，可先画出基本体的轴测图，然后再逐步切割而形成切割类形体的轴测图。

【例 3】　根据正投影图（图 4-16a），用切割法作出形体的正等测图（图 4-16b~d）。

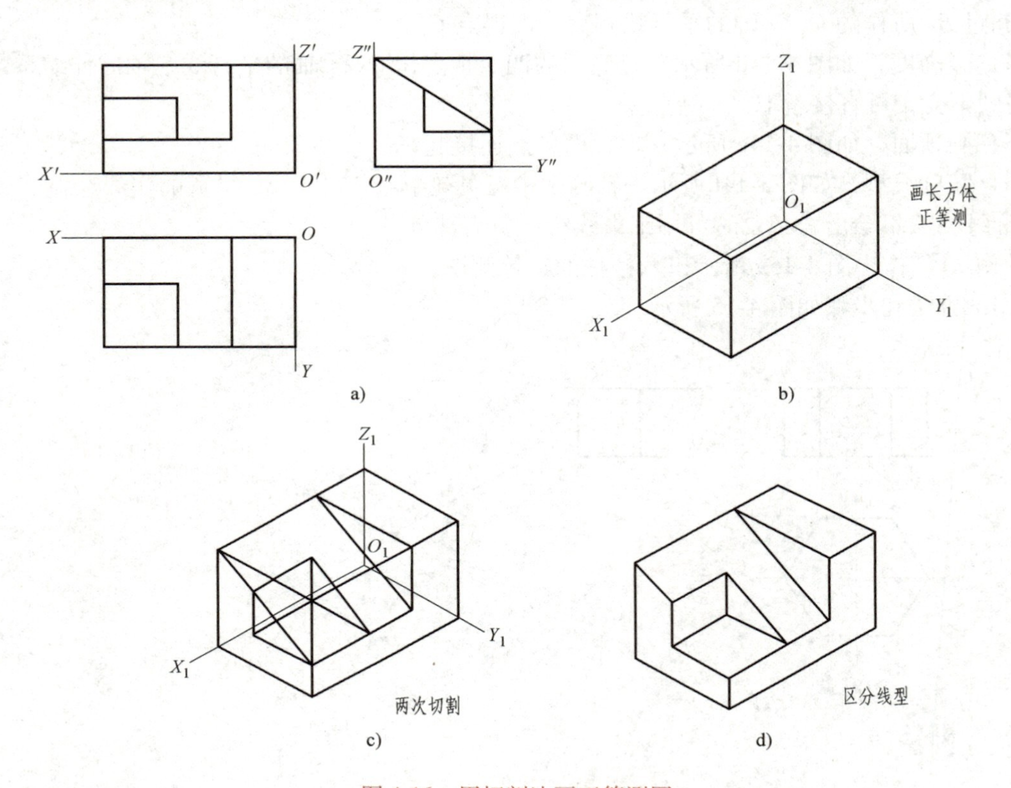

图 4-16　用切割法画正等测图

a）形体的正投影图　b）画长方体的轴测图　c）画切去的两个三棱柱　d）擦去多余图线、加深加粗、完成作图

（3）叠加法　当形体是由几个基本体叠加而成时，可逐一画出各个基本体的轴测图，然后再按基本体之间的相对位置将各部分叠加而形成叠加类形体的轴测图。

【例 4】　根据形体的正投影图（图 4-17a），用叠加法作出形体的正等测图（图 4-17b~d）。

（4）特征面法　这是一种适用于柱体的轴测图绘制方法。当形体的某一端面较为复杂且能够反映形体的形状特征时，可先画出该面的正等测图，然后再“扩展”成立体，这种方法称为特征面法。

【例 5】　根据正投影图（图 4-18a），用特征面法作出形体的正等测图（图 4-18b、c）。

2. 正面斜二测的画法

当投射方向倾斜于轴测投影面时，所得形体的斜投影称为斜轴测投影。以 V 面（即正平面）作为轴测投影面，所得的斜轴测投影称为正面斜轴测投影，如图 4-19 所示。

正面斜轴测投影是平行斜投影，具有平行投影的特性：

1）不管投射方向如何倾斜，平行于轴测投影面的平面图形，它的正面斜轴测图反映实

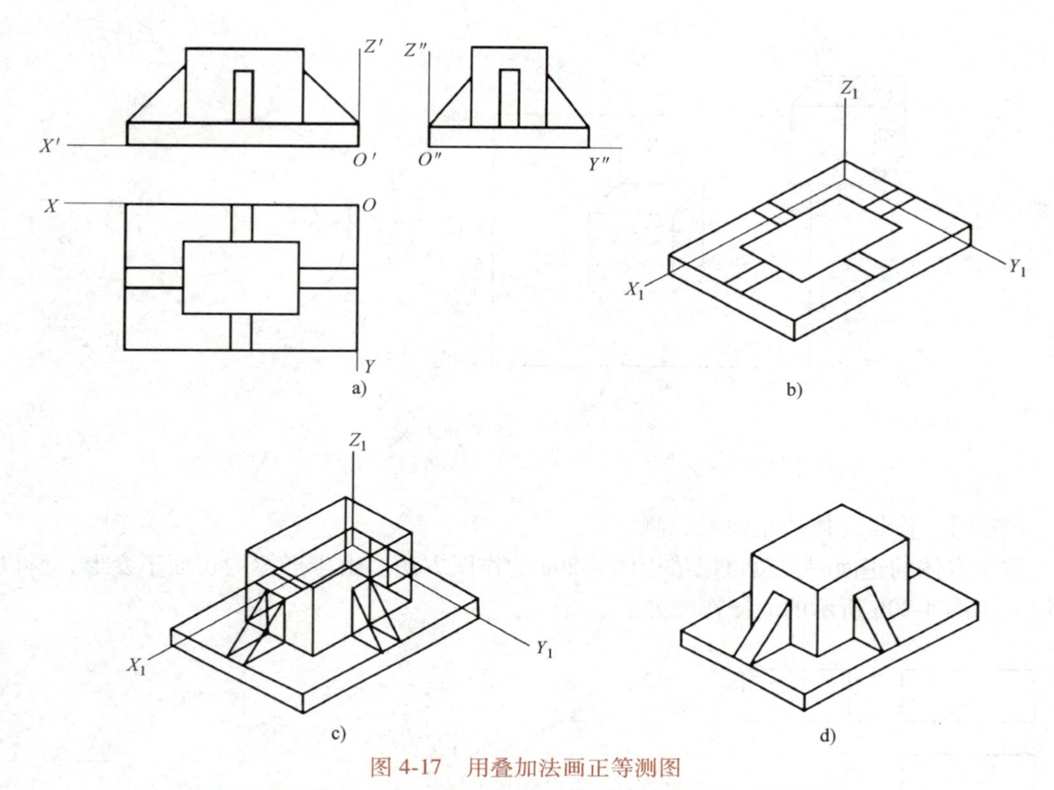

图 4-17　用叠加法画正等测图

a）形体的正投影图　b）画底板（长方体）；在底板顶面画出上部形体的底面

c）画出上部形体　d）区分线型

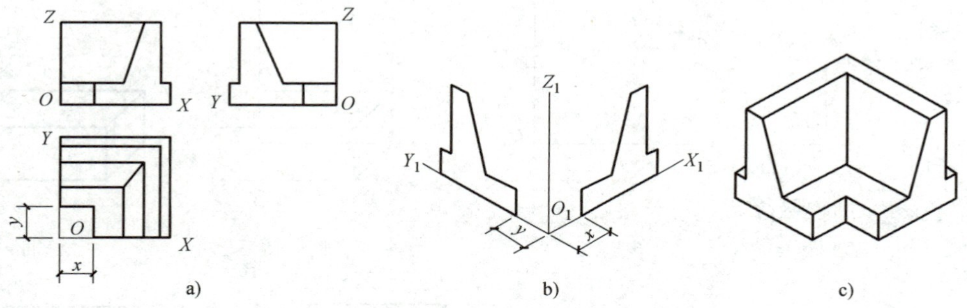

图 4-18　用特征面法画正等测图

a）正投影图　b）画出特征面　c）分别作平行线、区分线型

形，正面不变形，即长度和高度方向的轴向伸缩系数 $p=r=1$，$\angle X_1O_1Z_1=90°$。

这个特性使得斜轴测图的作图较为方便，对具有较复杂的侧面形状的形体，这个优点尤为显著。

2）垂直于投影面的直线，它的轴测投影方向和长度，将随着投射方向的不同而变化。为便于作图，轴间角和轴向伸缩系数一般分别采用 45°和 0.5。

3）由于 $p=r=1$，$q=0.5$，$\angle X_1O_1Z_1=90°$，$\angle X_1O_1Y_1=\angle Y_1O_1X_1=135°$，作出的正面斜轴测图又叫正面斜二测。正面斜二测也是工程图中常用的一种轴测图。

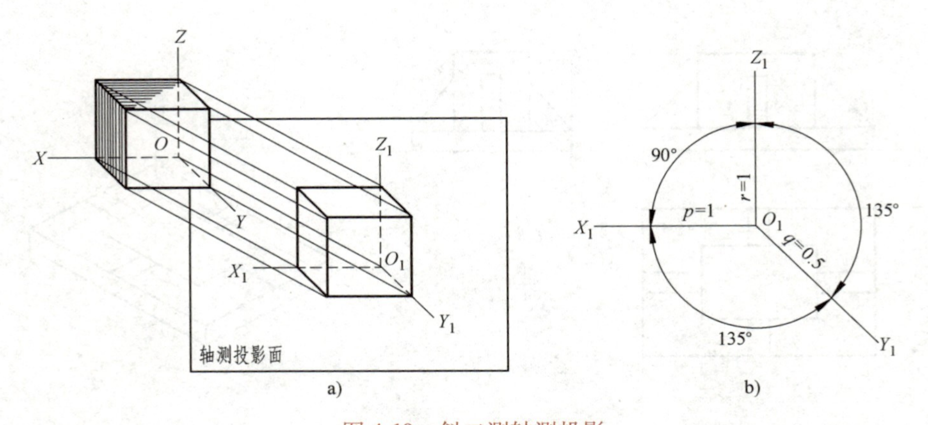

图 4-19　斜二测轴测投影

a）斜二测轴测投影的形成　b）斜二测轴测投影的轴间角和轴向伸缩系数

【例 6】 作长方体的正面斜二测。

作长方体的正面斜二测可以采用图 4-20a 的作图方法。由于形体的正面不变形，所以也可以采用图 4-20b 所示的简捷作图方法。

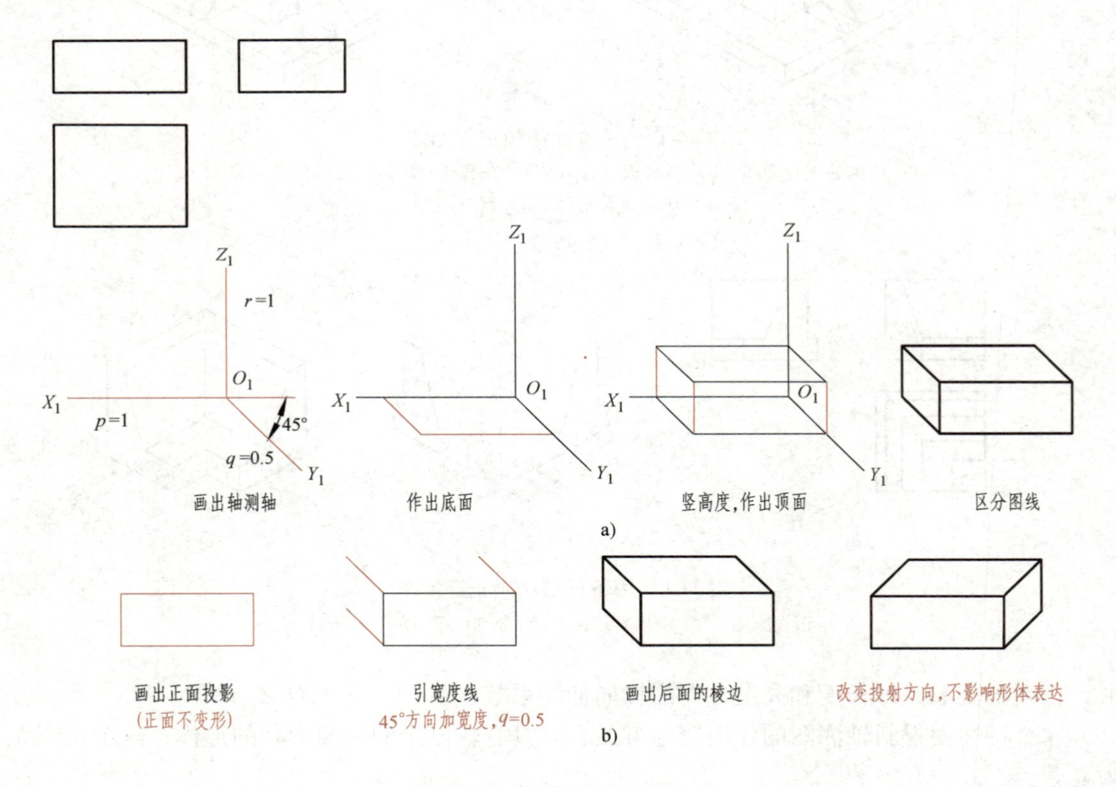

图 4-20　长方体的正面斜二测

a）常规作图法　b）简捷作图法

可以看出，根据形体正面不变形，按照图 4-20b 所示作形体的正面斜二测的步骤，显然比正等测图方便些。

【例7】 根据台阶的正投影图（图4-21a），作出它的正面斜二测图（图4-21b~e）。

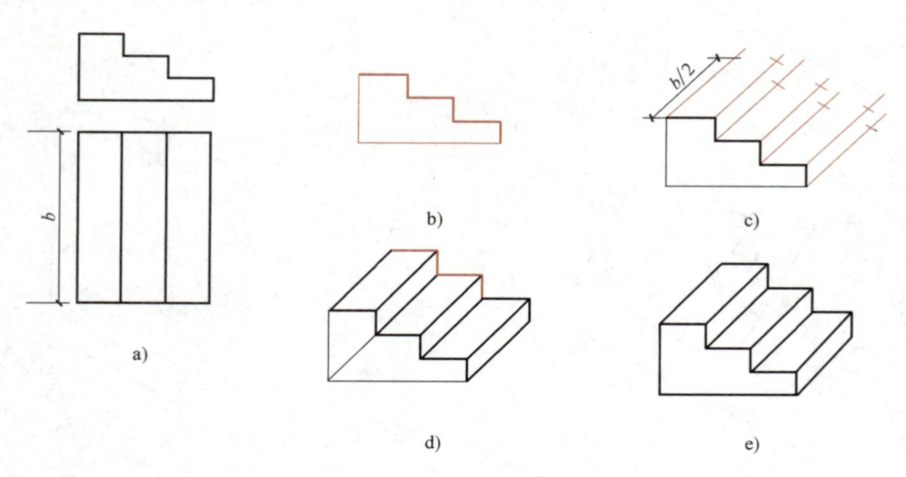

图4-21 台阶的正面斜二测图画法

a）正投影图 b）正面不变形 c）根据形体特点，45°方面加宽度 $q=0.5$ d）分别平行 e）区分线型

【例8】 作图4-22a所示形体的正面斜二测。

作图步骤如图4-22所示。此形体的正面斜二测需注意其投射方向。

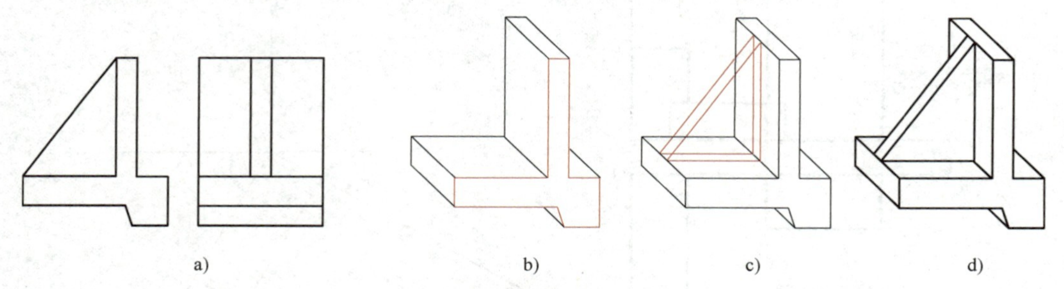

图4-22 形体的正面斜二测

a）已知投影图 b）正面不变形，作出主要形体 c）叠加剩余形体 d）区分线型

3. 水平斜等测的画法

形体仍保持作正投影时的位置，而用倾斜于 H 面的平行光线向 H 面（即水平面）作平行投影，所得即水平斜轴测投影，如图4-23所示。

显然，平行于 H 面的平面图形保持实形，水平面不变形，$\angle X_1O_1Y_1=90°$，轴向伸缩系数 $p=q=1$。而垂直于投影面的直线，它的轴测投影方向和长度将随着投影方向的不同而变化。一般分别采用 $\angle Y_1O_1Z_1=150°$，$\angle X_1O_1Z_1=120°$，$r=1$。这样作出的斜轴测图称为水平斜等测，其轴测轴如图4-24a所示。画图时，习惯上把 O_1Z_1 轴画成铅直方向，则轴测轴如图4-24b所示。

这种轴测图适宜用来绘制一幢房屋的水平剖面或一个区域的总平面，它可以反映出房屋内部布置，或一个区域中各建筑物、道路、设施等的平面位置和相互关系以及建筑物和设施的实际高度。

【例9】 作建筑群的水平斜等测图。

作图步骤如图4-25所示。

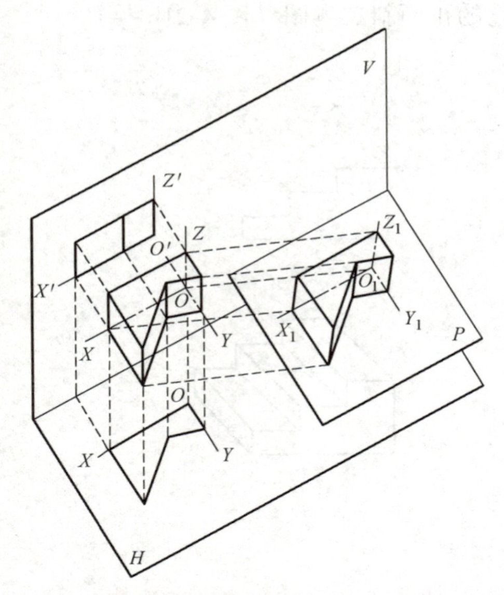

图 4-23 水平斜轴测投影的形成

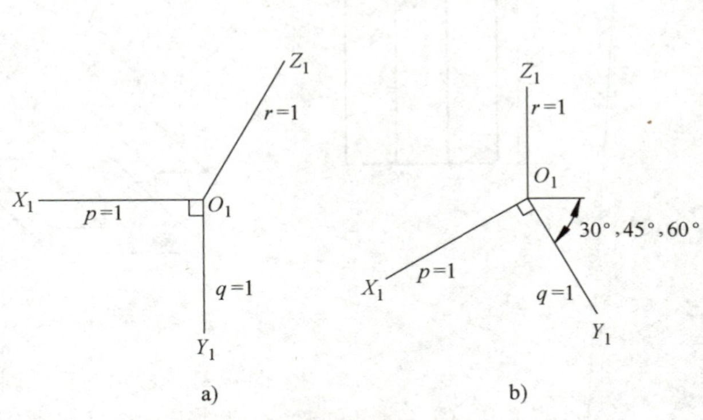

图 4-24 水平斜等测

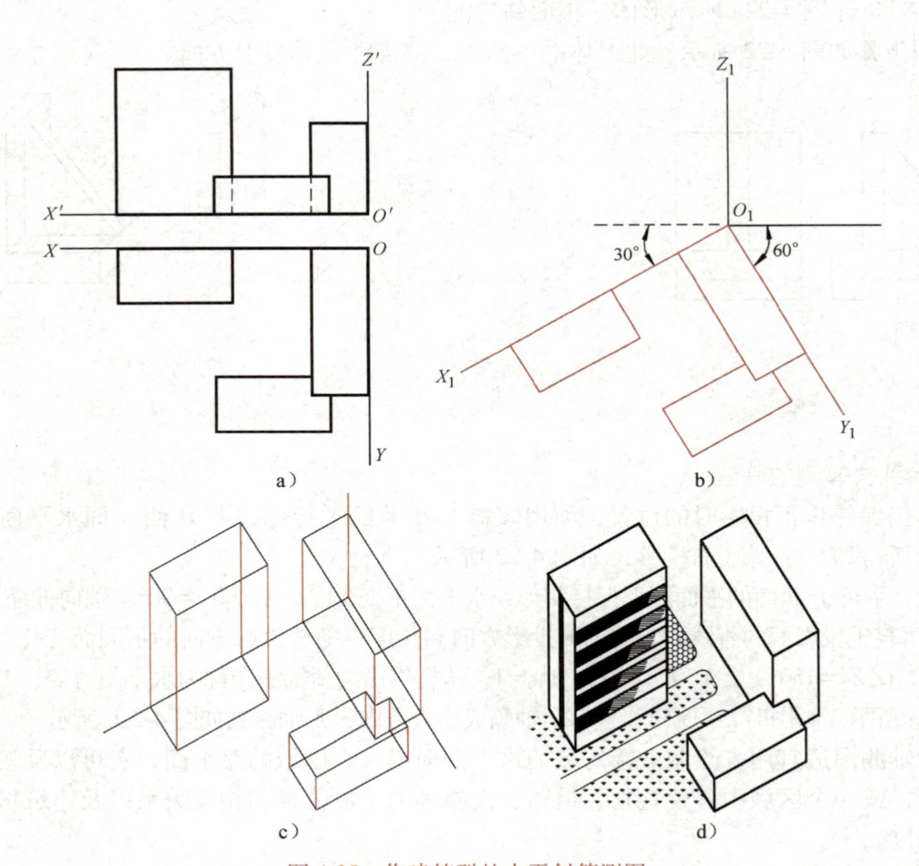

图 4-25 作建筑群的水平斜等测图

a）投影图 b）平面图旋转 30°画出底面，底面反映实形 c）加高度（铅垂） d）区分线型、画出道路等布置

【例 10】 已知一幢房屋的立面图及平面图（图 4-26a），作其被水平截面剖切后余下部分的水平斜等测图。

作图步骤如图 4-26 所示。

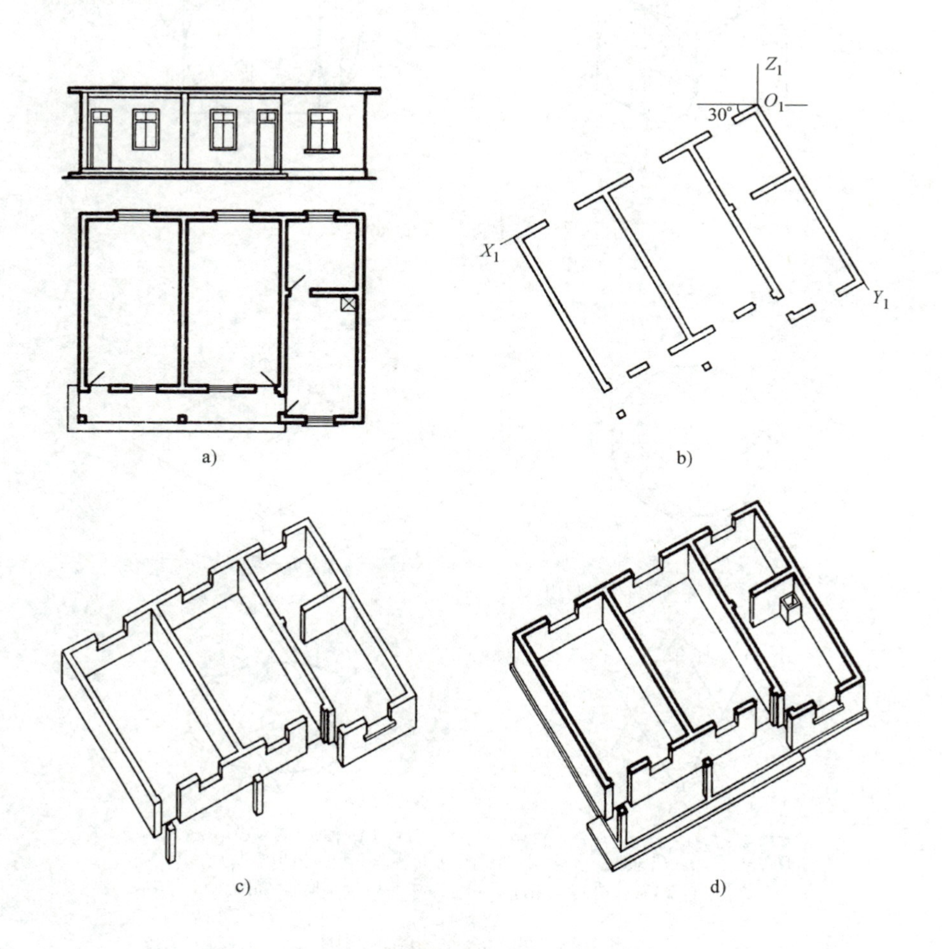

图 4-26　作水平剖切后房屋的水平斜等测图

a）房屋立面图与平面图　b）平面图的断面旋转 30°后画出

c）画内外墙角、门、窗、柱子　d）画台阶、池等并完成画图

4. 曲面体轴测投影图的画法

在轴测投影中，除斜轴测投影有一个面不发生变形外，一般情况下正方形的轴测投影都成了平行四边形，平面上圆的轴测投影也都变成了椭圆，如图 4-27 所示。

当圆的轴测投影是一个椭圆时，其作图方法通常是作出圆的外切正方形作为辅助图形，先作圆的外切正方形的轴测图，再用四心圆弧近似法作椭圆或用八点椭圆法作椭圆。

1）当圆的外切正方形在轴测投影中成为菱形时，可用四心圆弧近似法作出椭圆的正等测图，如图 4-28 所示。

2）当圆的外切正方形在轴测投影中成为一般平行四边形时，可用八点椭圆法作出椭圆的斜二测图，如图 4-29 所示。

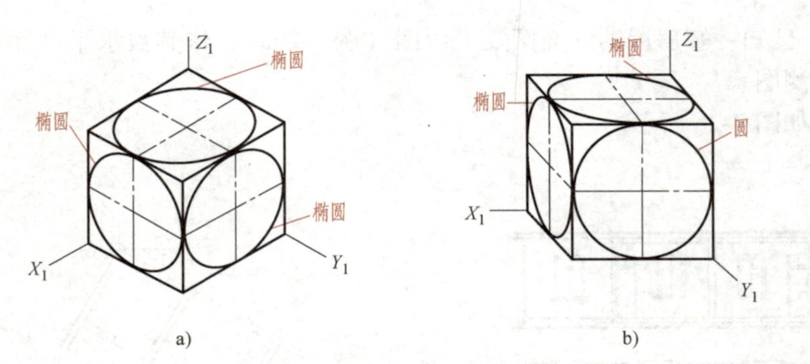

图 4-27 三个方向圆的轴测图

a）正等测 b）正面斜二测

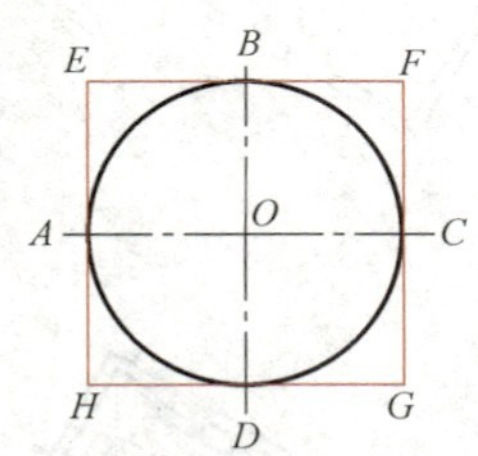

在正投影图上定出原点和坐标轴位置，并作圆的外切正方形EFGH

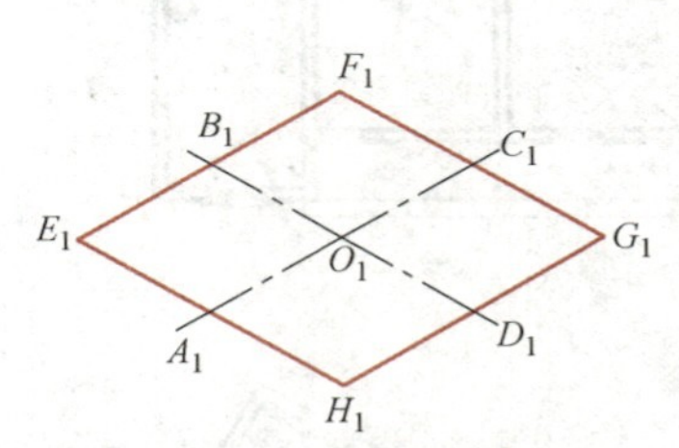

画轴测轴及圆的外切正方形的正等测图

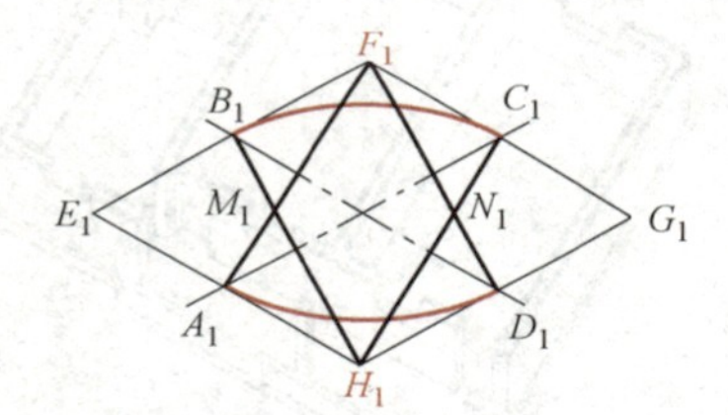

连接F_1A_1、F_1D_1、H_1B_1、H_1C_1，分别交于M_1、N_1，以F_1和H_1为圆心，F_1A_1或H_1C_1为半径分别作大圆弧$\overset{\frown}{B_1C_1}$和$\overset{\frown}{A_1D_1}$

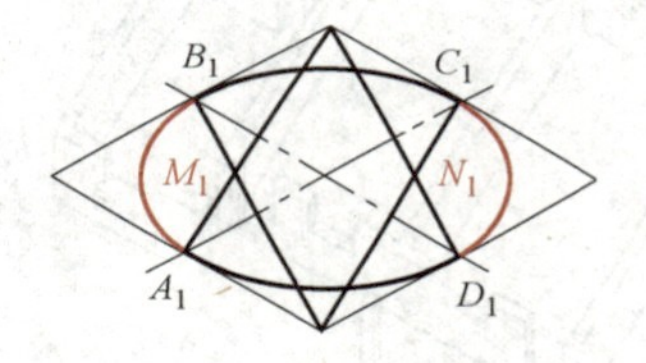

分别以M_1和N_1为圆心，M_1A_1或N_1C_1为半径作小圆弧$\overset{\frown}{A_1B_1}$和$\overset{\frown}{C_1D_1}$，即得平行于水平面的圆的正等测图

图 4-28 四心法作圆的轴测图

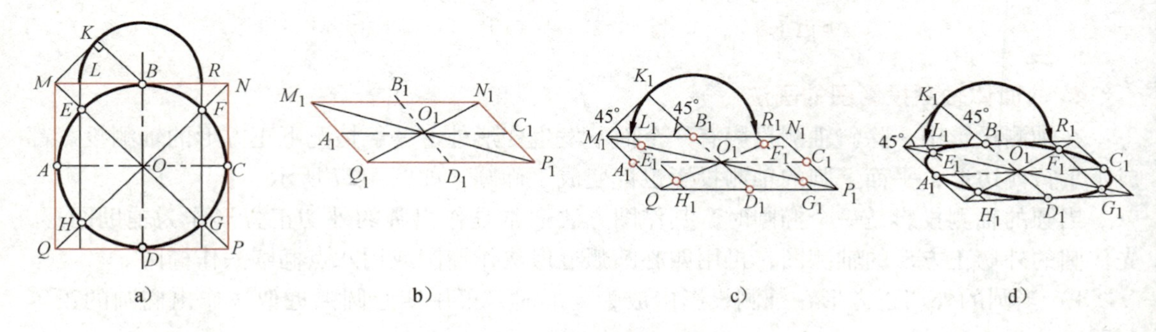

图 4-29 八点法作圆的轴测图

a）平行于H面的圆 b）圆外切正方形及中心线的正面斜二测 c）找出8个点 d）圆滑地连接8个点

【例 11】　根据正投影图（图 4-30a），作圆柱体的正等测图（图 4-30b~d）。

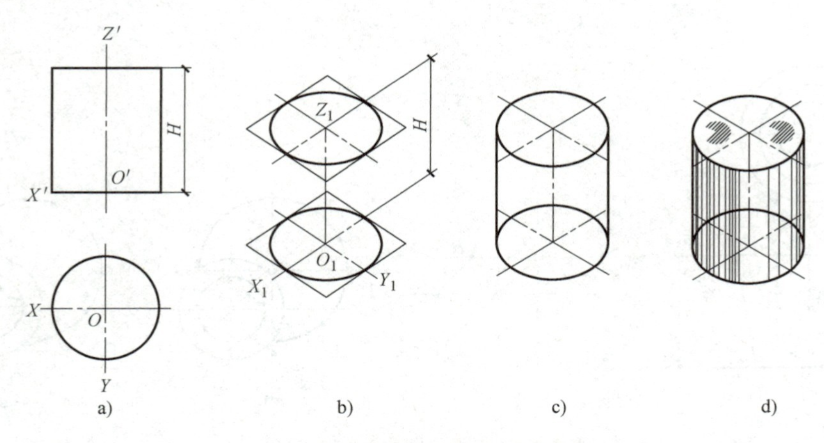

图 4-30　作圆柱体的正等测图

a）正投影　b）作上、下椭圆　c）作椭圆切线　d）绘制阴影

【例 12】　作带圆角平板的正等测图（图 4-31）。

圆角的正等测图画法为切点垂线法。

圆角的正等测图，即把圆形分为四个角，求每个角的正等测。可按四心圆法作椭圆的近似画法，找出每个角的圆心，圆心的作法可采用切点垂线法，具体画法如图 4-31 所示。

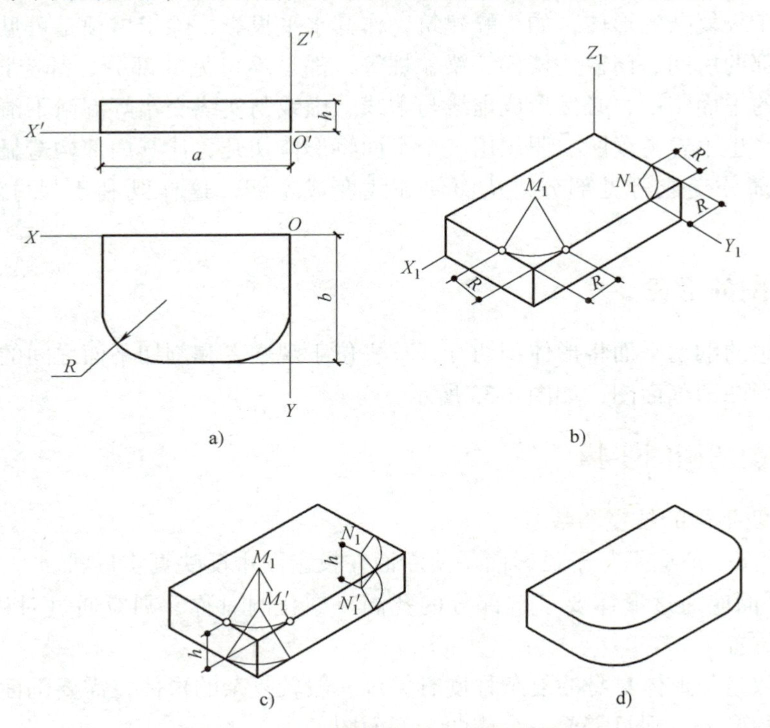

图 4-31　带圆角平板的正等轴测图画法

a）投影图　b）作长方体正等测，用切点垂线法找圆心　c）圆心向下一个高度，找底面上的圆心

d）作公切线，区分线型

【例13】 根据正投影图（图4-32a），作带通孔圆台的斜二测图（图4-32b~d）。

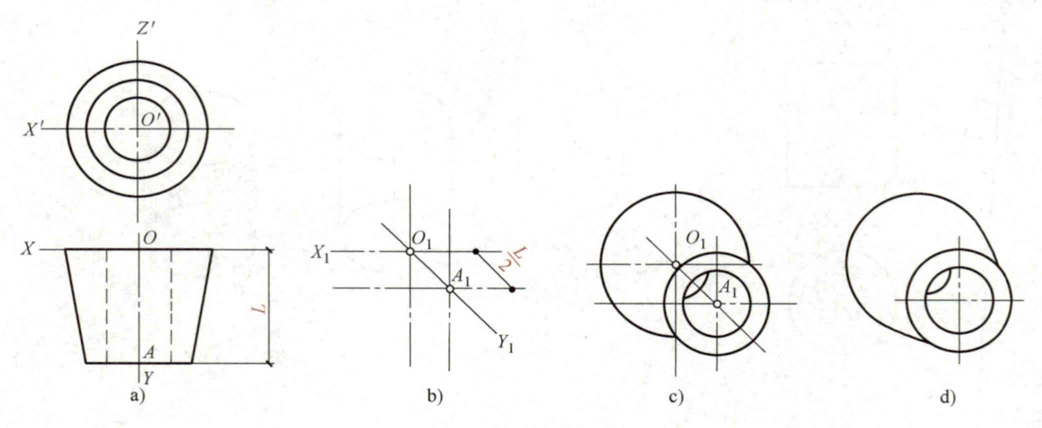

图4-32 带通孔圆台的斜二测图

a）投影图 b）分别定出前后两端面的圆心 c）画出两端面 d）作公切线，区分线型

4.4 剖面图

利用正投影知识，作形体投影图时，可见轮廓线用实线表示，不可见轮廓线用虚线表示，但是，对于较复杂的形体，如一幢建筑，作其水平投影，除了屋顶是可见轮廓外，其余的，如建筑内部的房间、门窗、楼梯、梁、柱等，都是不可见的部分，都应该用虚线表示。这样在该建筑的平面图中，必然形成虚线与虚线、虚线与实线交错等混淆不清的现象，既不利于标注尺寸，也不容易读图。假想用一个平面将形体切开，让其内部构造显露出来，使形体中不可见的部分变成可见部分，从而使虚线变成实线，这样既利于尺寸标注，又方便识图。

4.4.1 剖面图的形成

用一个假想的剖切平面将形体剖切开，移去位于观察者和剖切平面之间的部分，作出剩余部分的正投影图即剖面图，如图4-33所示。

4.4.2 剖面图的画图步骤

1. 确定剖切平面的位置和数量

1）剖切平面一般应平行于投影面，使断面在投影图中反映真实形状。

2）剖切平面应通过形体要了解部分的孔洞。如孔洞对称，则应通过对称线或中心线，或有代表性的位置。

剖面图的数量与形体自身的复杂程度有关。一般较复杂的形体，需要剖面图的数量也较多，而略简单的形体，则只需要一个或两个剖面图。

2. 剖面图图线的使用

《房屋建筑制图统一标准》（GB/T 50001—2017）规定，形体剖面图中，被剖切平面剖

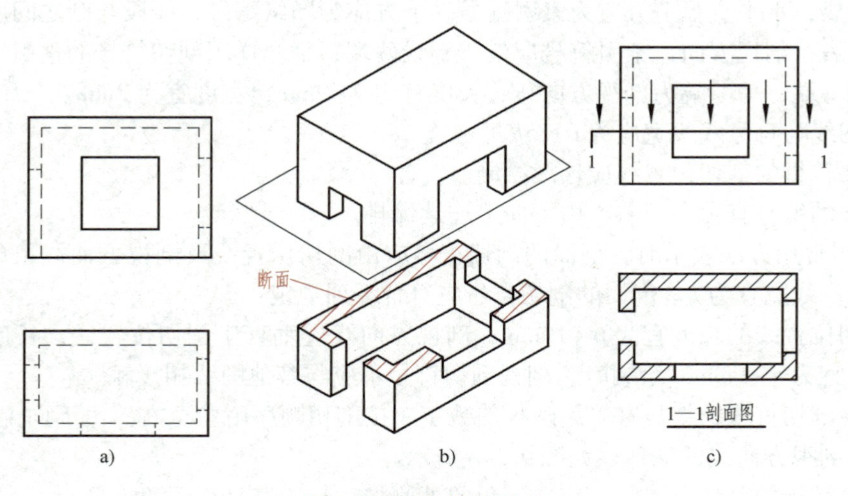

图 4-33　剖面图的形成
a）正投影图　b）直观图　c）剖面图

切到的部分轮廓线用 0.7b 线宽的实线绘制，未被剖切平面剖切到但投射方向可见部分的轮廓线用 0.5b 线宽的实线绘制，不可见的部分可以不画。

3. 画材料图例

形体被剖切后，物体内部的构造、材料等均已显露出来，因此，在剖面图中，被剖切面剖到的实体部分（即断面）应画上材料图例，材料图例应符合《房屋建筑制图统一标准》（GB/T 50001—2017）的规定。当不需要表明建筑材料的种类时，可用同方向、等间距的 45°细实线表示剖面线。

4. 画剖切符号

剖切符号宜优先选择国际通用方法表示，如图 4-34a 所示，也可采用常用方法表示，如图 4-34b 所示。同一套图纸应选用同一种表示方法。

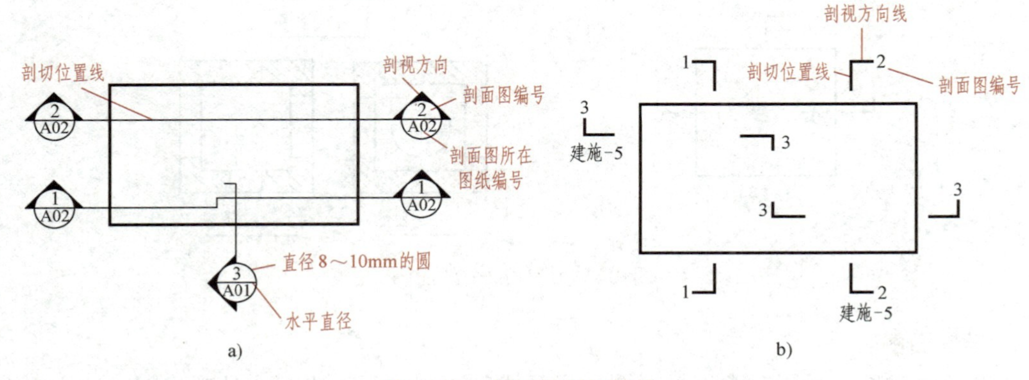

图 4-34　剖视的剖切符号

1）采用国际通用剖视表示方法时，剖面的剖切符号应符合下列规定：

① 剖面剖切索引符号应由直径为 8～10mm 的圆和水平直径以及两条相互垂直且外切于

圆的线段组成，水平直径上方应为索引编号，下方应为图纸编号，线段与圆之间应填充黑色并形成箭头表示剖视方向，索引符号应位于剖线两端；剖视详图剖切符号的索引符号应位于平面图外侧一端，另一端为剖视方向线，长度宜为7~9mm，宽度宜为2mm。

② 剖切线与符号线线宽应为0.25b。

③ 需要转折的剖切位置线应连续绘制。

④ 剖号的编号宜由左至右、由下向上连续编排。

2）采用常用方法表示时，剖面的剖切符号应由剖切位置线及剖视方向线组成，均应以粗实线绘制，线宽宜为b。剖面的剖切符号应符合下列规定：

① 剖切位置线的长度宜为6~10mm；剖视方向线应垂直于剖切位置线，长度应短于剖切位置线，宜为4~6mm。绘制时，剖视剖切符号不应与其他图线相接触。

② 剖视剖切符号的编号宜采用阿拉伯数字，按剖切顺序由左至右、由下向上连续编排，并应注写在剖视方向线的端部，如图4-34b所示。

③ 需要转折的剖切位置线，应在转角的外侧加注与该符号相同的编号。

4.4.3　剖面图的类型

由于建筑物的形状变化多样，因此作其剖面图时，剖切平面的位置、剖视方向和剖切的范围也不相同。画剖面图时，针对建筑物的不同特点和要求，常用的剖面图类型有：全剖面图、半剖面图、阶梯剖面图、展开剖面图、局部剖面图与分层剖面图等。

1. 全剖面图

用一个剖切平面将形体完整地剖切开，得到的剖面图称为全剖面图。全剖面图一般应用于不对称的建筑形体，或对称但较简单的建筑构件中，如图4-35所示。

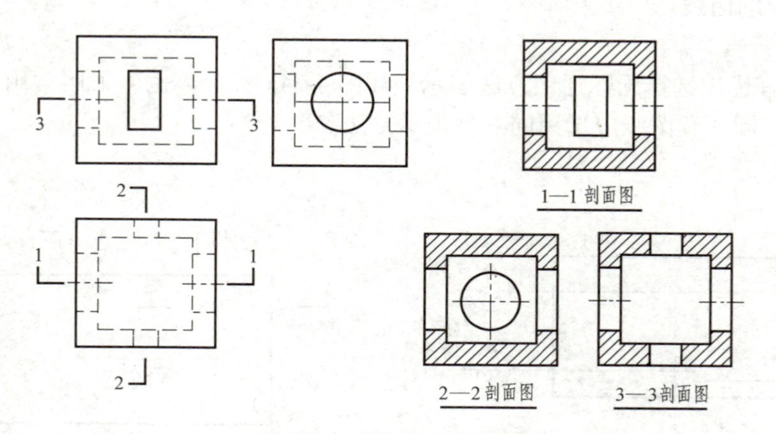

图4-35　形体的全剖面图

2. 半剖面图

如果形体对称，画图时常把投影图一半画成剖面图，另一半画成外观视图。这样组合而成的投影图称为半剖面图，如图4-36中的2—2剖面图、图4-37中的1—1、2—2剖面图。

画半剖面图时，应注意：

1）半剖面图和半外形图应以对称面或对称线为界，对称面或对称线用细单点长画线

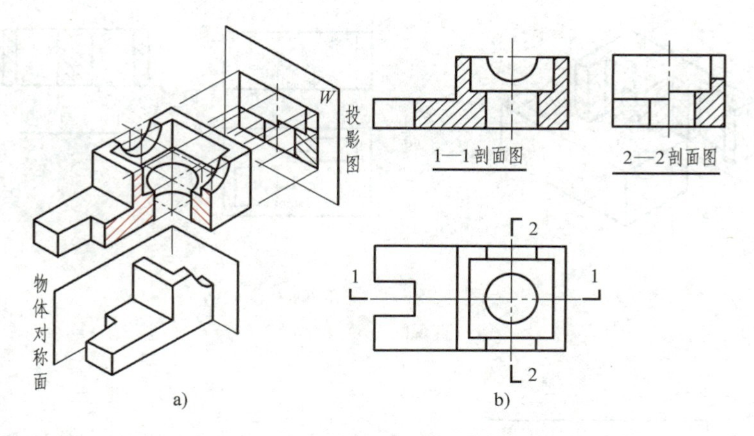

图 4-36　形体的半剖面图
a）形成　b）画法

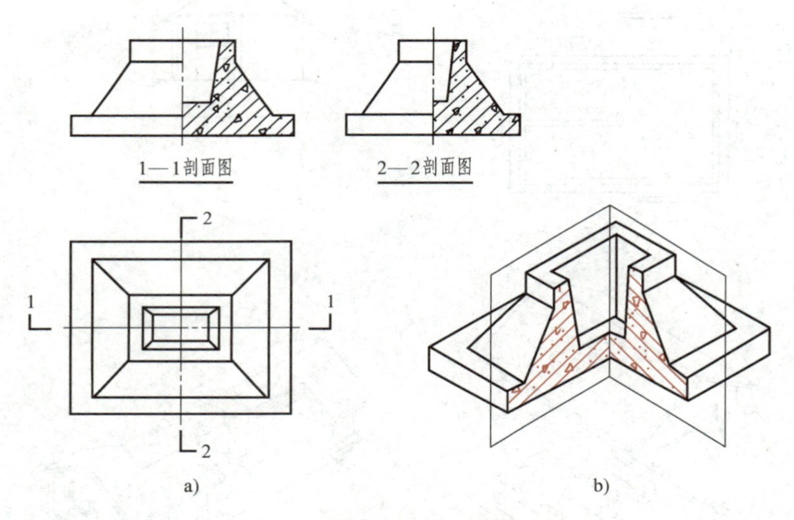

图 4-37　杯形基础的半剖面图
a）投影图　b）直观图

表示。

2）半剖面图一般应画在水平对称轴线的下侧或竖直对称轴线的右侧。

3）半剖面图可以不画剖切符号。

3. 阶梯剖面图

用两个或两个以上互相平行的剖切平面将形体剖切开，得到的剖面图称为阶梯剖面图。由于剖切是假想的，所以剖切平面转折处由于剖切而使形体产生的轮廓线不应在剖面图中画出。阶梯剖面图的画法如图 4-38 和图 4-39 所示。

4. 展开剖面图

用两个或两个以上相交剖切平面剖切形体，剖切后，将其展开在同一投影面的平行面上进行投影，所得到的剖面图称为展开剖面图。

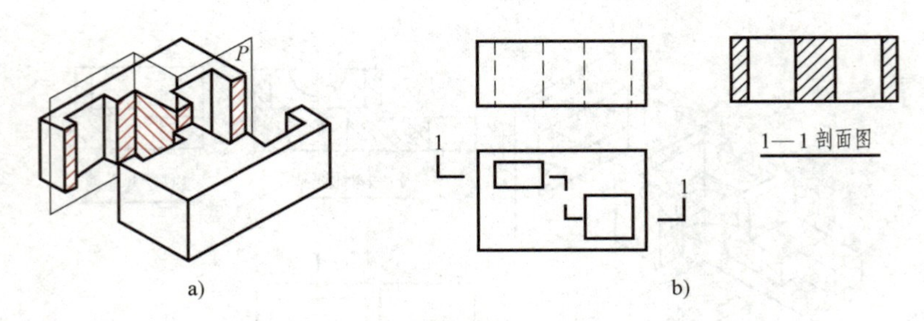

图 4-38　阶梯剖面图
a）直观图　b）剖面图

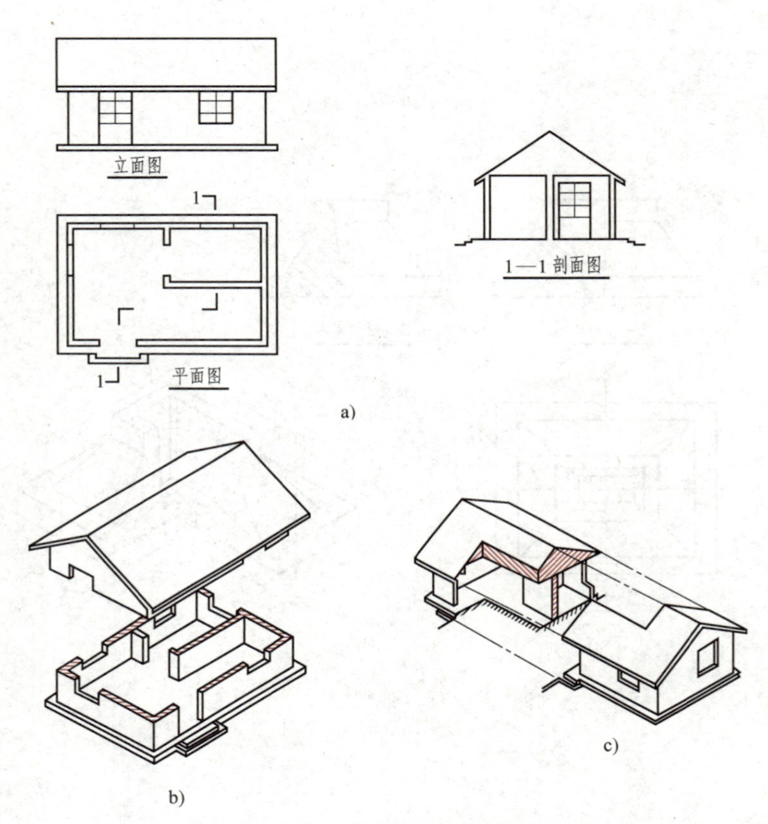

图 4-39　房屋的阶梯剖面图

展开剖面图的图名后应加注“展开”字样，如图 4-40 所示。

5. 局部剖面图与分层剖面图

当仅仅需要表达形体的某局部内部构造时，可以只将该局部剖切开，只作该部分的剖面图，称为局部剖面图，如图 4-41 所示。

对一些具有不同层次构造的建筑构件，可按实际需要分层剖切，获得的剖面图称为分层剖面图，如图 4-42 所示。分层剖切的剖面图，应按层次以波浪线将各层隔开，波浪线不应与任何图线重合。

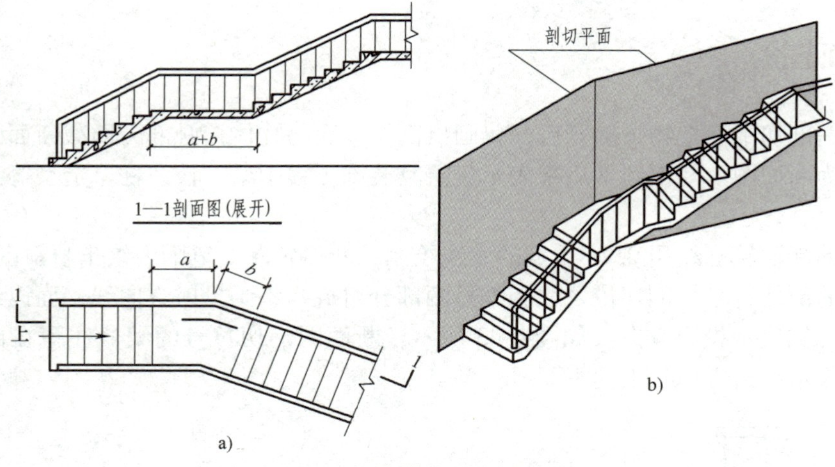

图 4-40　楼梯的展开剖面图

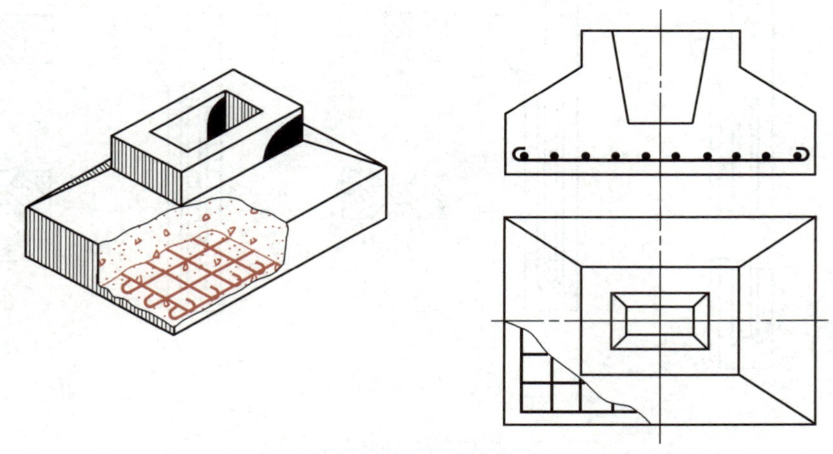

图 4-41　局部剖面图

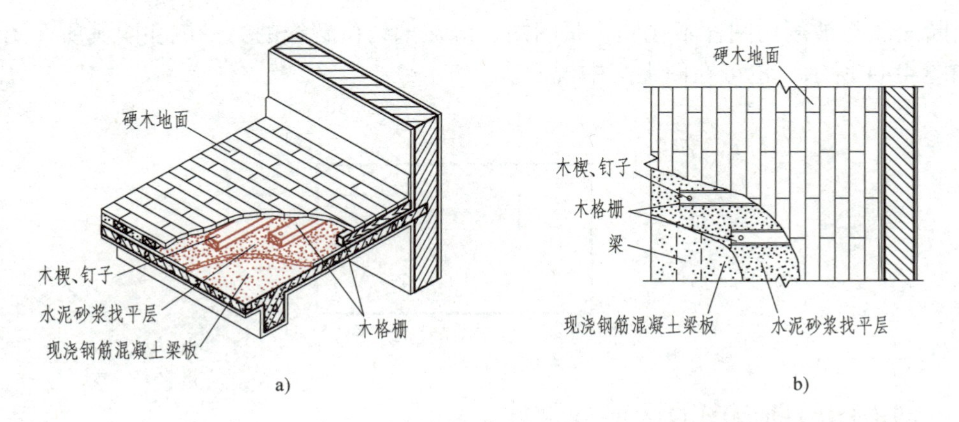

图 4-42　分层剖面图

a）立体图　b）水平分层剖面图

4.5 断面图

假想用一剖切平面把物体剖开后，仅画出剖切平面与物体接触部分即截断面的形状，这样的图形称为断面图。断面图常用来表示建筑及装饰工程中梁、板、柱、造型等某一部位的断面实形。

断面图的断面轮廓线用 0.7b 线宽的实线绘制，断面轮廓线范围内绘出材料图例。

断面图的剖切符号由剖切位置线和编号两部分组成，不画投射方向线，而以编号写在剖切位置线的一侧表示投影方向。如图 4-43 所示，断面图剖切符号的编号注写在剖切位置线的下侧，则表示投射方向从上向下。

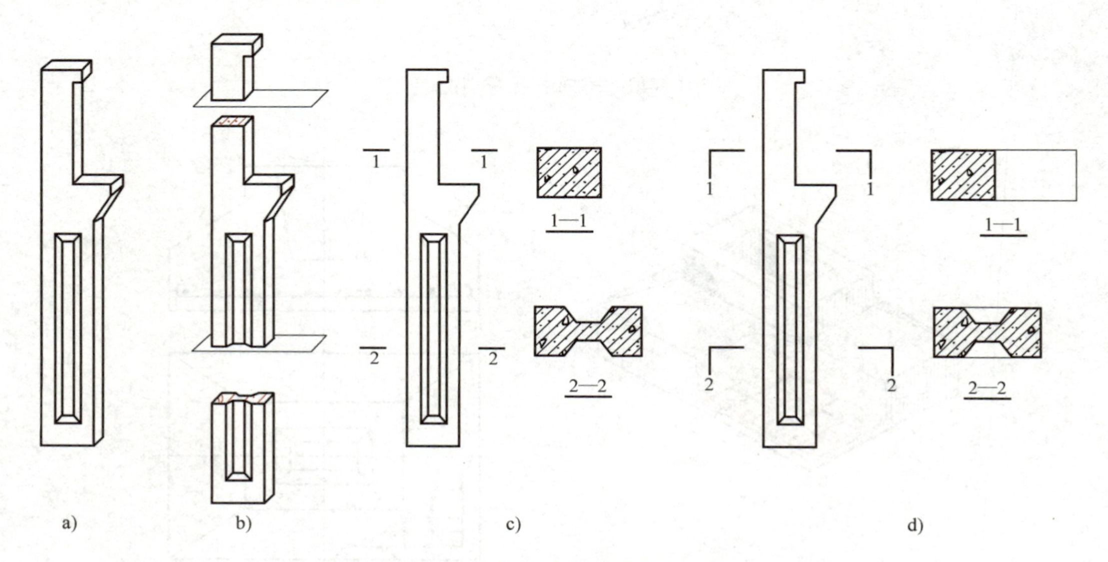

图 4-43 工字柱的剖面图与断面图
a）工字柱 b）剖开后的工字柱 c）断面图 d）剖面图

当断面图与被剖切图样不在同一张图内，应在剖切位置线的另一侧注明其所在图纸的编号，如图 4-44 所示，也可在图上集中说明。

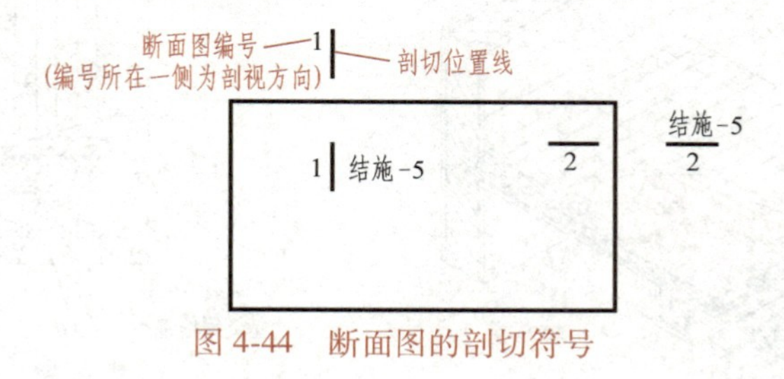

图 4-44 断面图的剖切符号

4.5.1 剖面图与断面图的区别与联系

（1）剖面图与断面图的区别

1）概念不同。断面图只画形体与剖切平面接触的部分，而剖面图画形体被剖切后，剩余部分的全部投影，即剖面图不仅画剖切平面与形体接触的部分，还要画出剖切平面后面没有被剖切平面切到的可见部分。剖面图是体的投影，而断面图是面的投影，如图 4-45 所示。

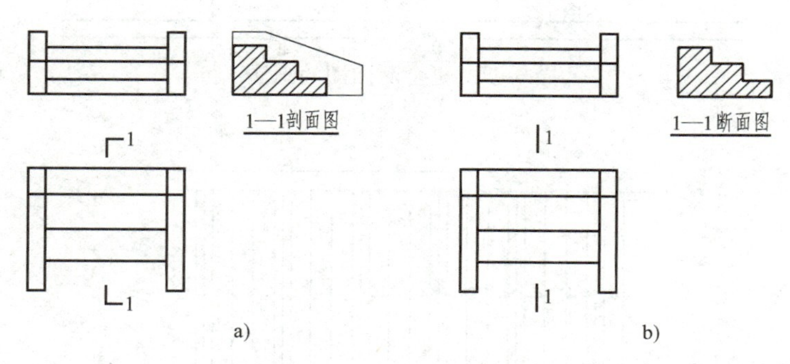

图 4-45　台阶的剖面图与断面图的区别
a）剖面图　b）断面图

2）剖切符号不同。断面图的剖切符号是一条长度为 6～10mm 的粗实线，没有剖视方向线，剖切符号旁编号所在的一侧是剖视方向。

3）目的不同。剖面图通常是为了表达形体的内部形状、内部空间和结构，而断面图则用来表达形体中某一局部的断面形状。

（2）剖面图与断面图的联系　剖面图包含断面图，而断面图是剖面图的一部分。

4.5.2　断面图的类型

1. 移出断面图

将形体某一部分剖切后所形成的断面移画于原投影图旁边的断面图称为移出断面图，如图 4-46 所示。断面图的轮廓线应用粗实线，轮廓线内也画相应的材料图例。断面图应尽可能地放在投影图的附近，以便识图。断面图也可以适当地放大比例，以利于标注尺寸和清晰地反映断面形状。

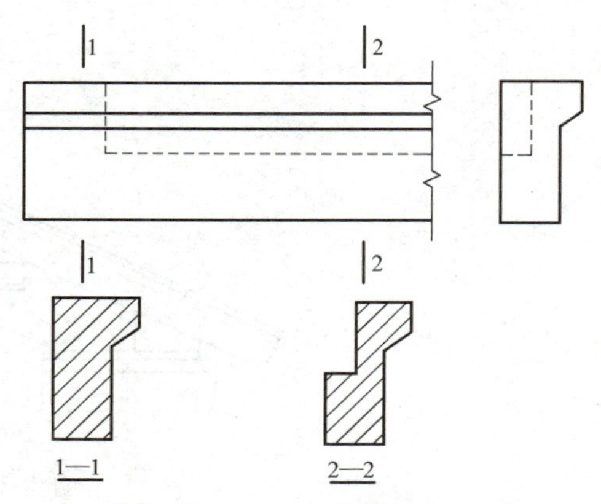

图 4-46　梁移出断面图的画法

2. 重合断面图

直接画于投影图中，使其与投影图重合在一起的断面图称为重合断面图。如图 4-47 所示为角钢和倒 T 形钢的重合断面图，图 4-48 所示为墙壁立面上装饰花纹的凹凸起伏状况。

重合断面图通常在整个构件的形状基本相同时采用，断面图的比例必须和原投影图的比例一致。

在施工图中的重合断面图，通常把原投影的轮廓线画成中粗实线或细实线，而断面图画成粗实线。

3. 中断断面图

对于单一的长杆件，也可以在杆件投影图的某一处用折断线断开，然后将断面图画于其中，不画剖切符号，如图4-49所示的木材断面图。

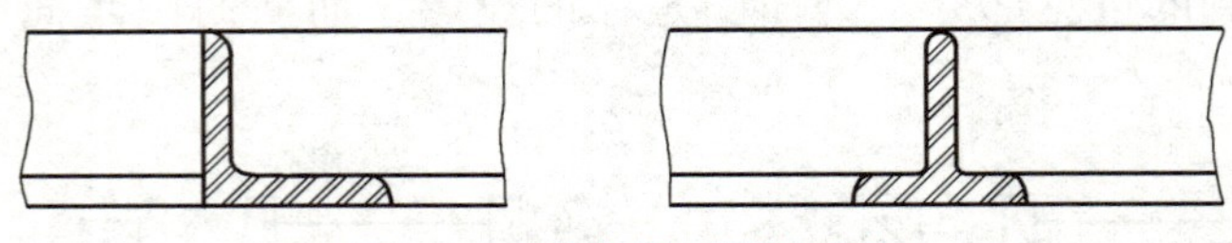

图4-47 重合断面图的画法

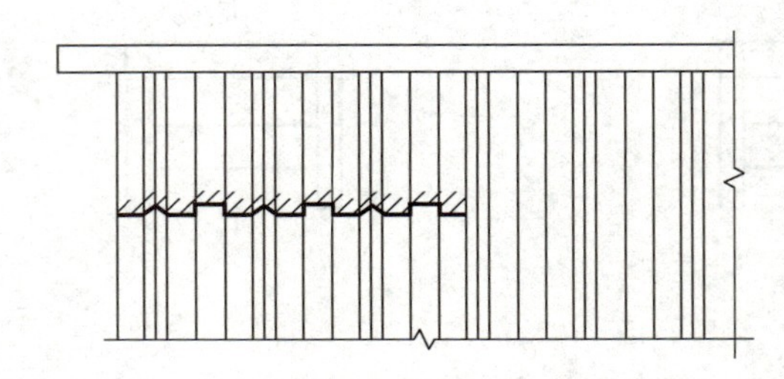

图4-48 墙壁立面装饰的重合断面图

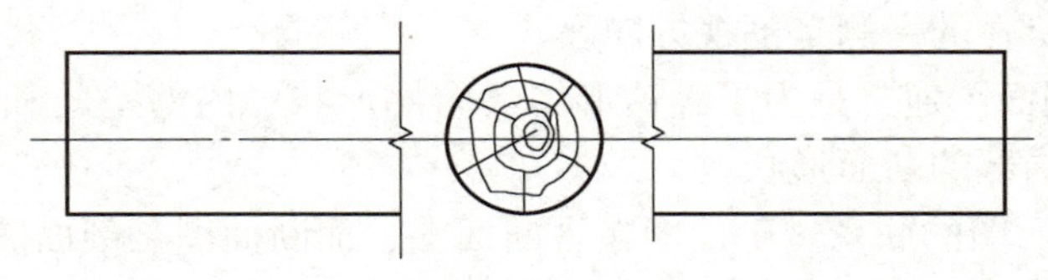

图4-49 木材断面图

如图4-50所示为钢屋架大样图，该图通常采用中断断面图的形式表达各弦杆的形状和规格。

中断断面图的轮廓线为粗实线，图名沿用原图名。

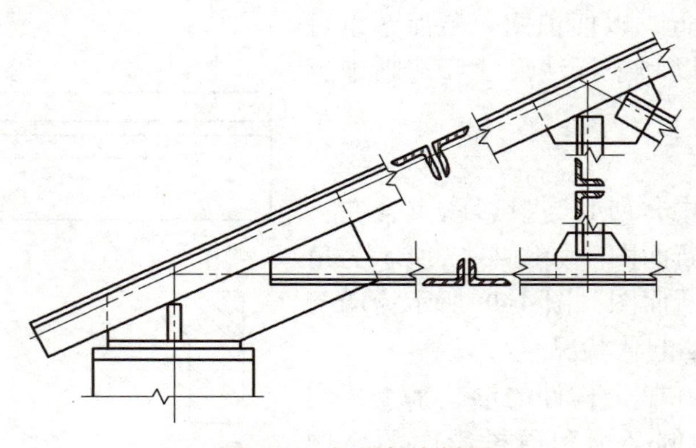

图4-50 钢屋架大样图

4.6 组合形体的尺寸标注

尺寸是施工的重要依据，是必不可少的组成部分。尺寸不能在图纸上量取，只有依据完整的尺寸标注才能确定形体的大小和位置。

尺寸标注的要求是：准确、完整、排列清晰，符合国家制图标准中关于尺寸标注的基本规定。尺寸标注的准确、完整是指在建筑形体上所标注的尺寸，能唯一确定形体的大小和各部分的相对位置，尤其不要有遗漏尺寸到施工时再去计算和度量；排列清晰是指所标注的尺寸在投影图中应完整明显、排列整齐、有条理性、便于识读。

在标注组合形体的尺寸时，要解决两个方面的问题：一是应标注哪些尺寸，二是尺寸应标注在投影图的什么位置。

4.6.1　尺寸的种类

在组合形体的投影图中，应标注如下三种尺寸：

1. 定形尺寸

定形尺寸是确定组成组合形体的各基本形体大小的尺寸。基本形体是组成组合形体的基础，所以要标注组合形体的尺寸，首先应掌握基本形体尺寸的标注方法。常见的基本形体如棱柱、棱锥、棱台、圆柱、圆锥、圆台、球等，它们的定形尺寸标注如图 4-51 所示。

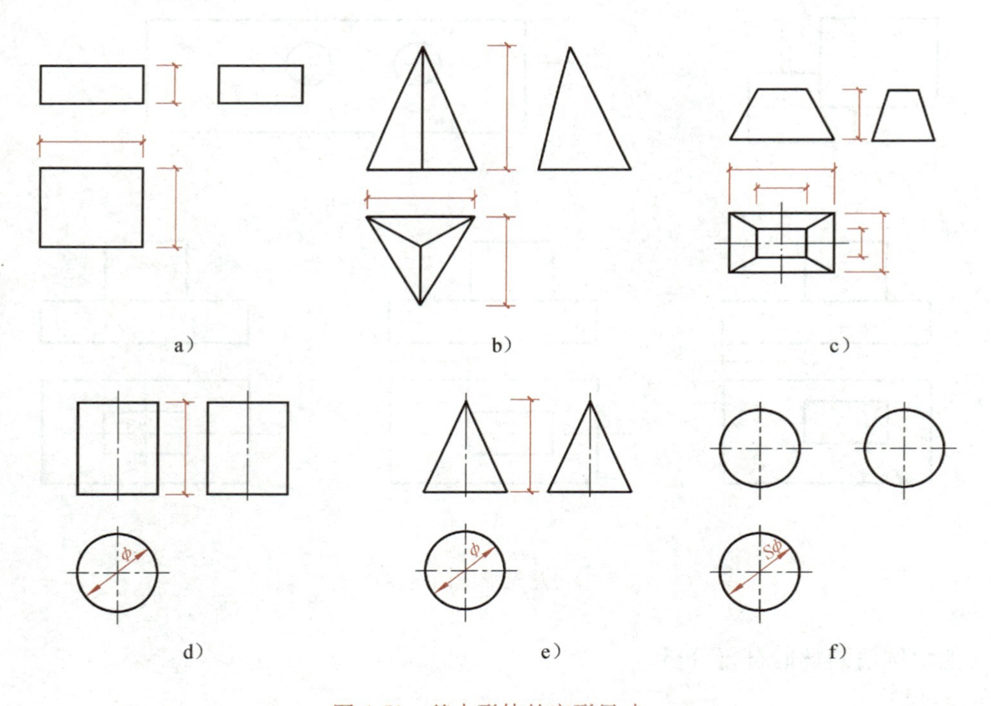

图 4-51　基本形体的定形尺寸

2. 定位尺寸

定位尺寸是确定各基本形体在组合形体中的相对位置的尺寸。一般先要选择一个或几个标注尺寸的起点，称为尺寸的基准。长度方向一般可选择左侧面或右侧面作为基准，宽度方向一般可选择前侧面或后侧面作为基准，高度方向一般以底面或顶面作为基准；若形体对称，还可选择对称中心线、轴线作为尺寸的基准。组合形体的长、宽、高三个方向上标注尺寸时都应有基准。

下面以图4-52为例说明各种定位尺寸的标注方法。各图标注出的定位尺寸应能确定基本形体在组合形体中的位置，即在组合形体中上下、前后、左右的位置。

如图4-52a所示形体由两个长方体组合而成，两长方体有共同的底面，高度方向不需要定位，但是两长方体的前后和左右需定位。前后方向定位时按后一长方体的后面为基准，左右方向定位时按后一长方体的左侧面为基准。标注出这两个定位尺寸后，两个基本形体在组合形体中的位置就唯一确定了。

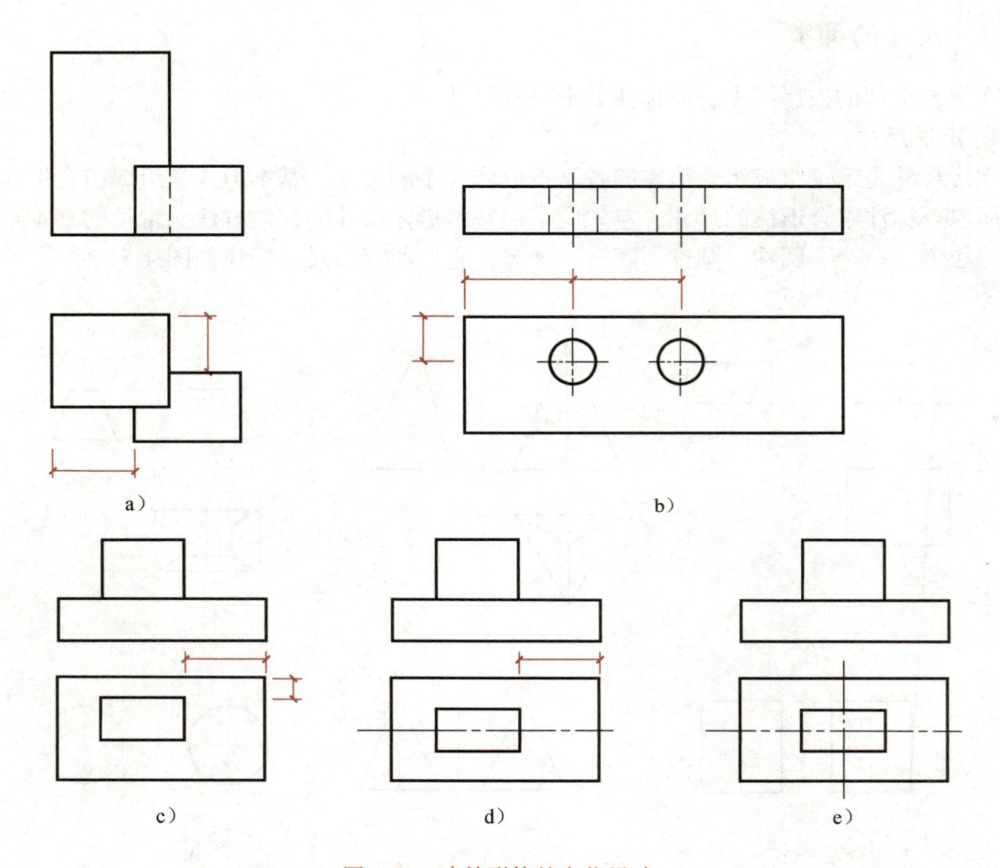

图4-52 建筑形体的定位尺寸

其他示例请同学们自行分析。

3. 总尺寸

总尺寸是确定组合形体总长、总宽、总高的尺寸。

4.6.2 尺寸配置

确定了标注哪些尺寸后，还应考虑尺寸如何配置，才能达到明显、清晰、整齐、美观等要求。除遵照制图标准的有关规定外，还应注意以下几点：

1）画投影图时，应留出足够的空间来标注尺寸。

2）一般应把尺寸布置在图形轮廓线之外，但又要靠近被标注的形体。对某些细部尺寸，可以注在图形内。

3）对基本形体的定形尺寸、定位尺寸，应尽量标注在反映该形体特征的投影图中，如直立圆柱的直径一般标注在水平投影图中，而不标注在正面投影图中。标注圆形的定位尺寸时，通常应定圆心的位置。

4）当尺寸较多时，可把长、宽、高三个方向的定形尺寸、定位尺寸组合起来，排成几行。几条平行的尺寸线之间的距离，一般为 7~10mm，并且距离相等。最内一道尺寸线距图形一般为 10~15mm。

5）注意每一方向细部尺寸的总和应等于该方向的总尺寸，避免出现错误。

4.6.3　尺寸标注的步骤

1）确定出每个基本形体的定形尺寸。

2）确定出各个基本形体相互间的定位尺寸。

3）确定出总尺寸。

4）确定这三类尺寸的标注位置，分别画出尺寸线、尺寸界线、尺寸起止符号。

5）注写尺寸数字。

如图 4-53 所示为台阶的尺寸标注。

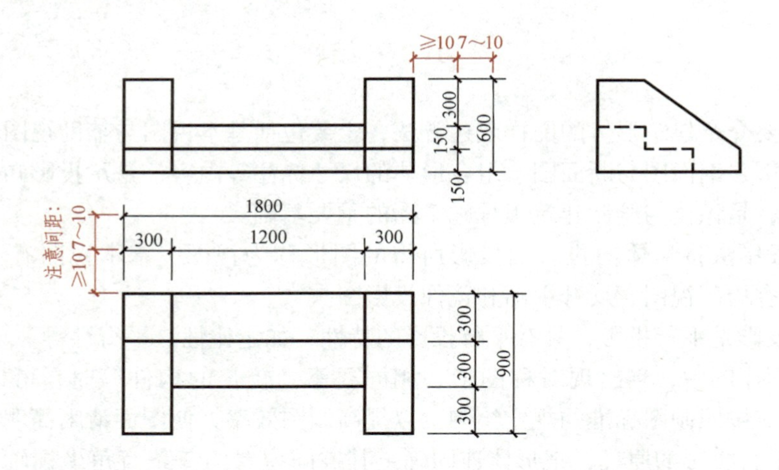

图 4-53　台阶的尺寸标注

注意尺寸标注的排列：

1. 小尺寸在内、大尺寸在外。2. 尺寸线距图样最外轮廓之间的距离不宜小于 10mm。

3. 平行排列的尺寸线的间距宜为 7~10mm，并保持一致。

课堂练习 1： 一长方体的大小为 50mm×40mm×20mm，作出该长方体的投影并标注尺寸。

课堂练习 2： 一圆柱的直径为 30mm，高为 50mm，作出该圆柱的投影并标注尺寸。

课堂练习 3： 读图 4-54，说出图中所注尺寸的种类以及组成组合形体的基本形体的大小。

实训练习： 作图 2-1 的水平斜等测图，并画出室内布置陈设等。

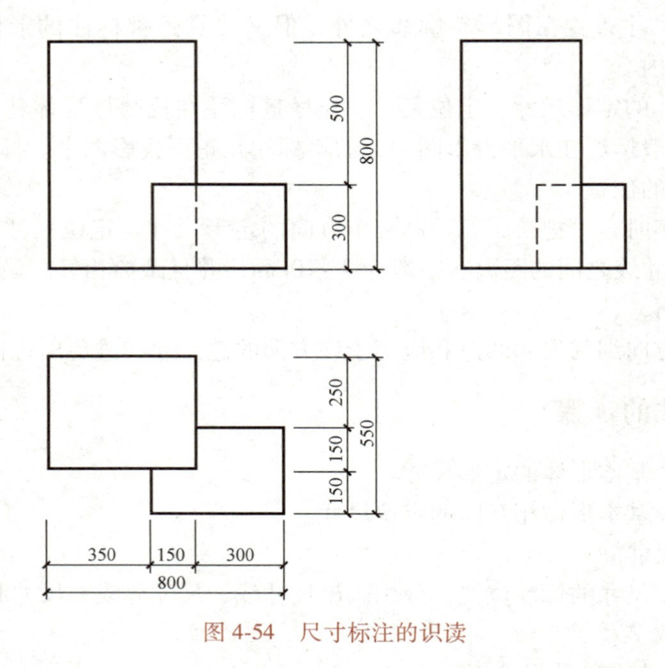

图4-54　尺寸标注的识读

小　　结

本项目主要介绍建筑形体的图样表达方法，主要包括基本视图与辅助视图、图形的简化画法、轴测投影、剖面图与断面图、组合形体的尺寸标注等内容，是从投影知识到建筑工程图的一个衔接，是识读与绘制建筑工程施工图的重要基础。

1）用正投影法将形体向投影面投影所得的图形称为视图。基本视图有三视图和六视图，辅助视图有局部视图、展开视图和镜像投影图。

2）轴测投影是平行投影，具有平行投影的特性，如定比性、平行性等。

3）在工程作图中，当出现对称图形、相同要素、较长的构件等时，可以采用简化画法。简化画法应按照制图标准的规定绘制，以提高制图效率，使图面清晰简明。

4）根据平行投影的原理，把形体连同确定其空间位置的三条直角坐标轴 OX、OY、OZ 一起，沿不平行于这三条坐标轴和由这三条坐标轴组成的坐标面的方向，投影到一个投影面 P 上，所得的投影称为轴测投影。当投影方向垂直于投影面时，所得的投影称为正轴测投影；当投影方向倾斜于投影面时，所得的投影称为斜轴测投影。

5）正轴测投影常用的有正等测，斜轴测投影常用的有正面斜二测和水平斜等测。各种轴测投影的轴间角和轴向伸缩系数不同，但绘制轴测图时应遵守的原则和对形体的处理方法相同。常用轴测投影的类型及轴测轴、轴向伸缩系数见表4-1。

6）轴测投影的作图方法常用的有坐标法、特征面法、叠加法、切割法等。

7）圆的轴测投影按圆与轴测投影面的相对位置有两种情况：圆或椭圆。如果为椭圆，一般可先作出圆外切正方形的轴测投影，然后再采用四心椭圆法（正等测图）作椭圆或采用八点法绘制椭圆。

表 4-1　常用轴测投影的类型及轴测轴、轴向伸缩系数

类　型		画法（以正方体为例）
正轴测投影	正等测	l，l，l；Z_1，O_1，X_1，Y_1，120°，90°，30°，120°；$p=q=r=1$
斜轴测投影	正面斜二测	l，$l/2$，l；Z_1，$r=1$，O_1，X_1，$p=1$，45°，$q=0.5$，Y_1
	水平斜等测	l，l，l；Z_1，$r=1$，O_1，30°，60°，X_1，$p=1$，$q=1$，Y_1

8）剖面图是用假想剖切面剖开形体，将处在观察者和剖切面之间的部分移去，而将其余部分向投影面作正投影所得到的视图。其目的是表达形体的内部空间和结构。

9）绘制剖面图时，形体的断面上应画材料图例。

10）用剖面图配合其他视图表达物体时，为了明确视图之间的投影关系，便于读图，对所画的剖面图一般应标注剖切符号，注明剖切位置、投射方向和剖面名称。

11）常见的剖面图类型：全剖面图、半剖面图、局部剖面图、分层剖面图、阶梯剖面图和展开剖面图。

12）断面图是用剖切面将物体的某处断开，仅画出该剖切面与物体接触部分的图形。其目的是表达形体上某一部分的断面形状。

13）断面图有移出断面图、重合断面图、中断断面图三种。

14）断面图的断面轮廓线用粗实线绘制，断面轮廓线范围内也要绘出材料图例。剖切符号由剖切位置线和编号两部分组成，不画投射方向线，而以编号写在剖切位置线的一侧表示投射方向。

15）建筑形体的尺寸标注应准确、完整、排列清晰，符合国家制图标准中关于尺寸标注的基本规定。尺寸标注的种类有总尺寸、定形尺寸、定位尺寸。在标注建筑形体的尺寸时，要解决两个方面的问题：一是应标注哪些尺寸，二是尺寸应标注在投影图的什么位置。

思 考 题

1. 基本视图和辅助视图是指什么？分别是怎样形成的？
2. 工程制图中常用的简化画法有哪些？
3. 轴测投影是怎样形成的？分析轴测投影与正投影各自的优缺点。
4. 正轴测投影和斜轴测投影有什么区别？
5. 常用的轴测投影作图方法有哪些？分别适用于什么情况？
6. 绘制剖面图时，剖切符号、剖切位置、投影方向和剖面名称是如何标注的？
7. 常见的剖面图有哪几种？其用途如何？
8. 剖面图和断面图是如何形成的？它们之间有何区别和联系？
9. 简述断面图的种类和应用。
10. 简述建筑形体尺寸标注的内容、步骤和注意事项。

项目 5　建筑工程施工图认知

【学习目标】 通过本项目的学习，了解房屋的组成及各部分的作用、施工图的分类，掌握施工图的图示特点、施工图的常用比例和可用比例，掌握施工图中常用的符号、图例，为识读和绘制建筑工程施工图打下基础。

建筑工程施工图是用正投影的方法，将拟建房屋内外形状、大小、结构、构造、装饰、设备等情况，按照国家制图标准的规定详细、准确画出的图样，它是用来表达设计思想、指导工程施工的重要技术文件，所以称为建筑工程施工图。建筑工程施工图在房屋施工安装、编制预算、工程监理、房屋质量验收等方面都是必不可少的技术依据。

5.1　建筑物的组成部分及作用

建筑物根据其使用功能和使用对象的不同分为很多种类，一般可分为民用建筑和工业建筑两大类，但其基本的组成内容是相似的，一般都是由以下几部分组成：

1）基础：房屋最下部的承重构件，它承受建筑物的全部荷载，并把荷载传到地基上。

2）墙（或柱）：起着承重、围护、分隔的作用。

3）楼地面：水平方向的承重构件，同时分隔空间。

4）屋顶：起承重、保温、隔热、防水的作用。

5）门窗：起交通、采光、通风的作用。

6）楼梯：起上下交通联系的作用。

以上为房屋的基本组成部分，除此之外还有一些建筑配件，如台阶、雨篷、阳台等。建筑物的组成如图 5-1 所示。

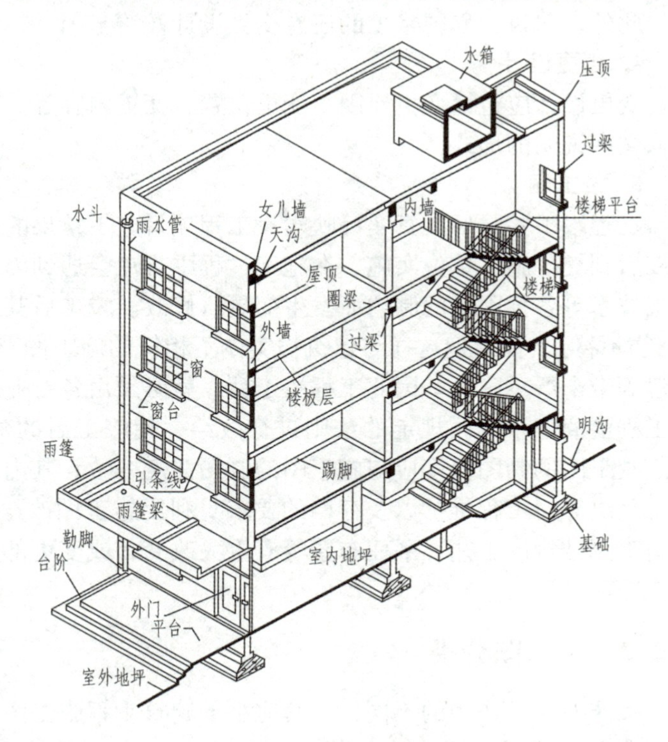

图 5-1　建筑物的组成

5.2 建筑工程图的制图阶段、施工图分类及编排顺序

5.2.1 建筑工程图的制图阶段

建筑工程制图深度应根据房屋建筑设计的阶段性要求确定。民用建筑工程一般应分为方案设计、初步设计、施工图设计三个阶段；对于技术要求相对简单的民用建筑工程，可在方案设计审批后直接进入施工图设计。

1. 方案设计阶段

这一阶段主要是根据业主提出的设计任务和要求，进行调查研究，搜集资料，提出设计方案，然后初步绘出草图。复杂一些的可以绘出透视图或制作出建筑模型。此阶段的图纸和有关文件只能供研究和审批使用，不能作为施工依据。

2. 初步设计阶段

这一阶段主要是根据方案设计阶段确定的内容，进一步解决建筑、结构、材料、设备（水、电、暖通）等与相关专业配合的技术问题。

3. 施工图设计阶段

这一阶段主要是为满足工程施工中的各项具体技术要求，通过详细的计算和设计，绘制出完整的工程图样。施工图是施工单位进行施工的依据。

此外，建筑工程图常见的还有变更设计及竣工图。

4. 变更设计

变更设计应包括变更原因、变更位置、变更内容等。变更设计可采取图纸的形式，也可采取文字说明的形式。

5. 竣工图

工程竣工验收后，真实反映建设工程项目施工结果的图样。一份施工图从设计单位生产完成后到交付施工单位实施，在施工过程中难免会遇到因原材料、工期、气候 、使用功能、施工技术等各种因素的制约而发生变更、修改。竣工后其施工图就与建筑实体有不相符之处（图物不符），如果把这样与建筑物实体不相符的施工图草率归档，必将给工程维修、改建、扩建等带来严重隐患。因此工程竣工后，就必须由各专业施工技术人员按有关设计变更文件和工程洽商记录遵循规定的法则进行改绘，使竣工后的建筑实体图和建筑物相符，即竣工图。竣工图的制图深度应与施工图的制图深度一致，其内容应能完整记录施工情况，并应满足工程决算、工程维护以及存档的要求。利用施工图改绘竣工图，必须标明变更修改依据；凡施工图结构、工艺、平面布置等有重大改变，或变更部分超过图面1/3的，应当重新绘制竣工图。

5.2.2 施工图分类

按照专业及作用的不同，一套完整的建筑工程施工图通常应包括如下内容：

1. 图纸目录和设计总说明

图纸目录包括图纸编号、图纸内容、图纸规格、备注等内容。

设计总说明内容一般包括：施工图的设计依据（设计条件、设计规范等）；工程概况

（工程名称、建筑面积、建筑分类及耐火等级、层数、结构类型、抗震烈度、相对标高与总图绝对标高的对应关系等）；节能与保温设计；工程做法、有特殊要求的做法说明；建筑经济技术指标；装修材料做法表；门窗表等。

设计说明也可分别在各专业图纸上注写。

2. 建筑施工图（简称建施）

表示建筑物总体布局、外部形状、房间布置、内外装修、建筑构造做法等情况的图样，由总平面图、平面图、立面图、剖面图、建筑详图等组成。

3. 结构施工图（简称结施）

表示建筑物的结构形式、结构平面布置、结构构件做法等情况的图样，由基础图、结构布置平面图、构件详图等组成。

4. 设备施工图（简称设施）

包括给水排水施工图（简称水施）、采暖通风施工图（简称暖施）、电气施工图（简称电施）、通信施工图等内容，分别由平面布置图、系统图和详图等组成。

5. 装饰施工图（简称装施）

表示建筑物室内（外）的装饰效果、装饰布置、构造做法等情况的图样，一般由装饰平面图、装饰立面图、装饰详图等组成，有些还包括建筑物室内（外）透视图。

5.2.3 图纸编排顺序

工程图纸应按专业顺序编排。一般应为图纸目录、总图、建筑图、结构图、给水排水图、暖通空调图、电气图等。

各专业的图纸，应该按图纸内容的主次关系、逻辑关系有序排列。例如基本图在前、详图在后，布置图在前、构件图在后，总图在前、局部图在后，主要部分在前、次要部分在后等。

5.3 制图标准

制图标准是为了统一房屋建筑制图规则，保证制图质量，提高制图效率，做到图面清晰、简明，符合设计、施工、审查、存档的要求，适应工程建设的需要而制定的。各制图标准适用于计算机制图、手工制图方式绘制的图样。

5.3.1 制图标准类别

1. 国家标准

1）《房屋建筑制图统一标准》（GB/T 50001—2017）。如图5-2所示，该标准是房屋建筑制图的基本规定，适用于总图、建筑、结构、给水排水、暖通空调、电气等各专业制图，是在《房屋建筑制图统一标准》（GB/T 50001—2010）的基础上修订而成的，以适应信息化发展与房屋建设的需要，并利于国际交往。

标准共15章和2个附录，主要技术内容包括：总则、术语、图纸幅面规格与图纸编排顺序、图线、字体、比例、符号、定位轴线、常用建筑材料图例、图样画法、尺寸标注、计算机辅助制图文件、计算机辅助制图文件图层、计算机辅助制图规则、协同设计。

2）《总图制图标准》（GB/T 50103—2010）。本标准适用于总图专业的工程制图；新建、改建、扩建工程各阶段的总图制图、场地园林景观设计制图。

3）《建筑制图标准》（GB/T 50104—2010）。本标准适用于建筑专业和室内设计专业的工程制图。

4）《建筑结构制图标准》（GB/T 50105—2010）。本标准适用于建筑结构专业工程制图。

此外，制图标准还有《建筑给水排水制图标准》（GB/T 50106—2010）、《暖通空调制图标准》（GB/T 50114—2010）等。

现行《房屋建筑制图统一标准》自2018年5月1日起施行。此外国家还曾在1973年、1986年、2001年、2010年颁布过制图标准。我们在制图时应使用现行的制图标准。

2. 行业标准

《房屋建筑室内装饰装修制图标准》（JGJ/T 244—2011），如图5-3所示。其主要技术内容包括：总则、术语、基本规定、常用房屋建筑室内装饰装修材料和设备图例、图样画法（投影法、平面图、顶棚平面图、立面图、剖面图和断面图、视图布置、其他规定）。

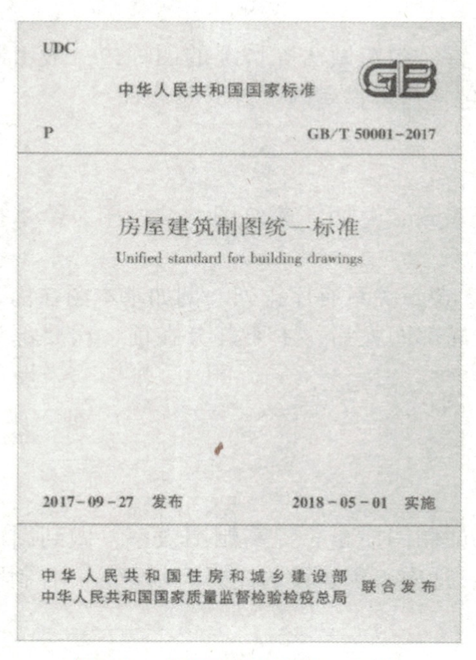

图5-2　房屋建筑制图统一标准

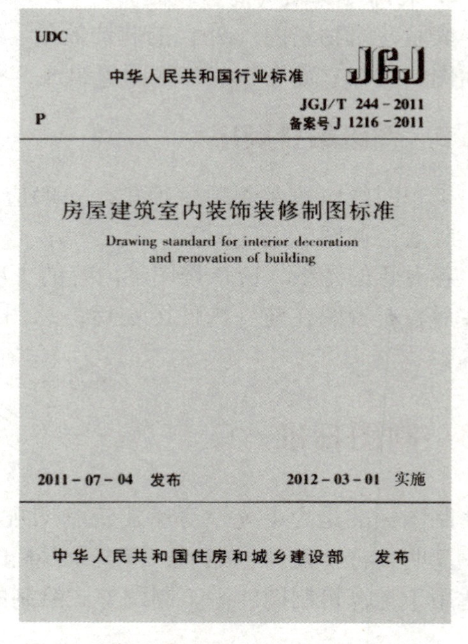

图5-3　房屋建筑室内装饰装修制图标准

标准与制图标准

1. 标准

对需要在全国范围内统一的技术要求，应当制定国家标准。国家标准由国务院标准化行政主管部门制定。对没有国家标准而又需要在全国某个行业范围内统一的技术要求，可以制定行业标准。行业标准由国务院有关行政主管部门制定，并报国务院标准化行政主管部门备案，在公布国家标准之后，该项行业标准即行废止。对没有国家标准和行业标准而又需要在省、自治区、直辖市范围内统一的工业产品的安全、卫生要求，可以制定地方标准。地方标准由省、自治区、直辖市标准化行政主管部门制定，并报国务院标准化行政主管部门和国务院有关行政主管部门备案，在公布国家标准或者行业标准之后，该项地方标准即行废止。企业生产的产品没有国家标准和行业标准的，应当制定企业标准，作为组织生产的依据。企业的产品标准须报当地政府标准化行政主管部门和有关行政主管部门备案。已有国家标准或者行业标准的，国家鼓励企业制定严于国家标准或者行业标准的企业标准，在企业内部适用。

国家标准、行业标准分为强制性标准和推荐性标准。保障人体健康，人身、财产安全的标准和法律、行政法规规定强制执行的标准是强制性标准，强制性标准又分为全文强制和条文强制两种形式。其他标准是推荐性标准。

强制性标准，必须执行。推荐性标准，国家鼓励企业自愿采用。

国家标准的年限一般为 5 年，过了年限后，国家标准就要被修订或重新制定。此外，随着社会的发展，国家需要制定新的标准来满足人们生产、生活的需要。因此，标准是一种动态信息。

国家标准的编号由国家标准的代号、国家标准发布的顺序号和国家标准发布的年号（发布年份）构成。强制性国家标准的代号为 GB，推荐性国家标准的代号为 GB/T，国家标准指导性技术文件（是国家标准的补充）的代号为 GB/Z。

2. 制图标准

为了便于交流和指导生产，必须制定大家都能遵守的技术标准，这样才能使得在一定范围内的所有人都能够理解工程图样上所传递的信息，才能使工程图成为工程界共同的语言。对于不同的行业、不同的领域可能有不同的标准与规范。例如建筑行业有建筑行业的制图标准，机械行业有机械制图的标准，它们的差别主要体现在尺寸标注的格式、图形名称的定义和标注的位置等。如前述介绍的《房屋建筑制图统一标准》（GB/T 50001—2017）是建筑各专业应遵照的国家制图标准。《房屋建筑室内装饰装修制图标准》（JGJ/T 244—2011）为建筑装饰装修专业的行业标准。

5.3.2 制图标准相关规定

在识读与绘制建筑工程施工图时，须严格执行制图标准，正确理解与掌握施工图中常用的图例、符号、线型、比例等的意义。以下关于定位轴线、标高、索引符号和详图符号、引出线及其他符号的规定等均选自《房屋建筑制图统一标准》（GB/T 50001—2017）。

1. 定位轴线

（1）定位轴线　在施工图中通常将房屋的基础、墙、柱和屋架等承重构件的轴线画出，并进行编号，以便施工时定位放线和查阅图纸，这些轴线称为定位轴线，如图 5-4 所示。

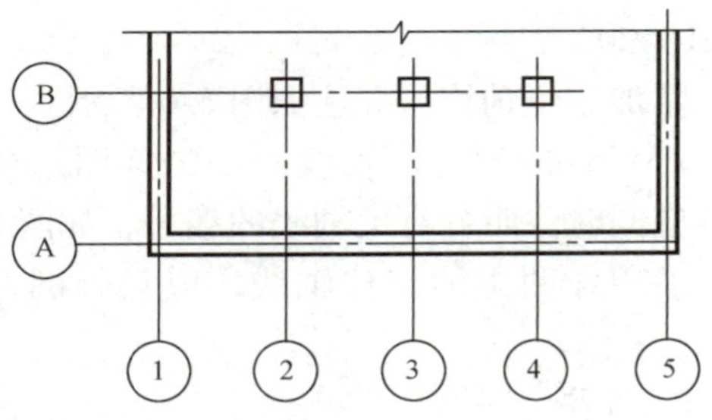

图 5-4　定位轴线的编号顺序

定位轴线应用 0.25b 线宽的单点长画线绘

制。定位轴线应编号，编号应注写在轴线端部的圆内。圆应用 0.25b 线宽的实线绘制，直径宜为 8~10mm。定位轴线圆的圆心应在定位轴线的延长线上或延长线的折线上。

除较复杂需采用分区编号或圆形、折线形外，平面上定位轴线的编号，宜标注在图样的下方及左侧。横向编号应用阿拉伯数字，从左至右顺序编写；竖向编号应用大写英文字母，从下至上顺序编写。

英文字母作为轴线号时，应全部采用大写字母，不应用同一个字母的大小写来区分轴线号。英文字母的 I、O、Z 不得用做轴线编号。当字母数量不够使用时，可增用双字母或单字母加数字注脚。

组合较复杂的平面图中定位轴线可采用分区编号，如图 5-5 所示。编号的注写形式应为“分区号—该分区定位轴线编号”。分区号宜采用阿拉伯数字或大写英文字母表示。

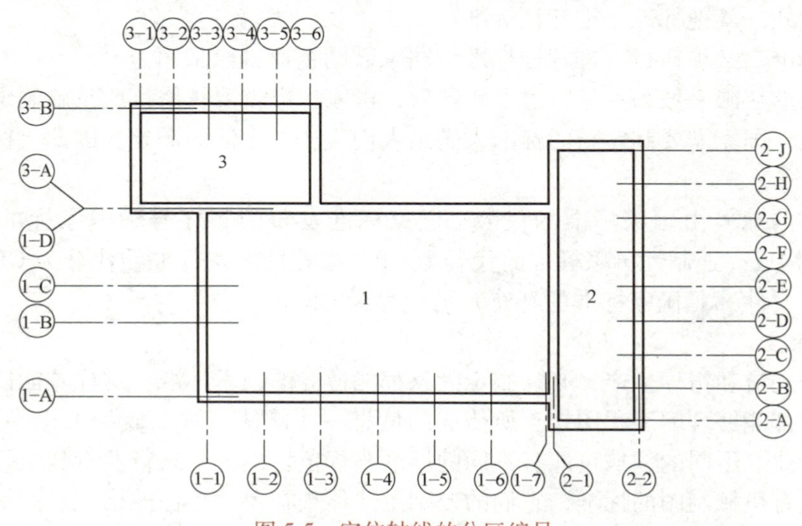

图 5-5　定位轴线的分区编号

（2）附加定位轴线　对于一些与主要承重构件相联系的次要构件，其定位轴线一般作为附加定位轴线。附加定位轴线的编号，应以分数形式表示，并应符合下列规定：

1）两根轴线的附加轴线，应以分母表示前一轴线的编号，分子表示附加轴线的编号。编号宜用阿拉伯数字顺序编写。

2）1 号轴线或 A 号轴线之前的附加轴线，分母应以 01 或 0A 表示。

附加定位轴线的标注如图 5-6 所示。

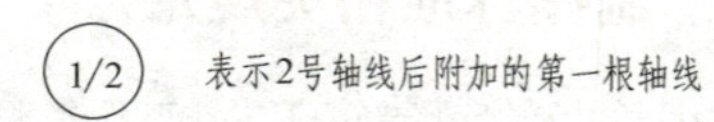

3/C　表示C号轴线后附加的第三根轴线

1/01　表示1号轴线之前附加的第一根轴线

3/0A　表示A号轴线之前附加的第三根轴线

图 5-6　附加定位轴线的标注

（3）详图的定位轴线　一个详图适用于几根轴线时，应同时注明各有关轴线的编号，如图 5-7 所示。

通用详图中的定位轴线，应只画圆，不注写轴线编号。

2. 标高

在建筑工程施工图上，通常用标高表示建筑物上某一部位的高度。

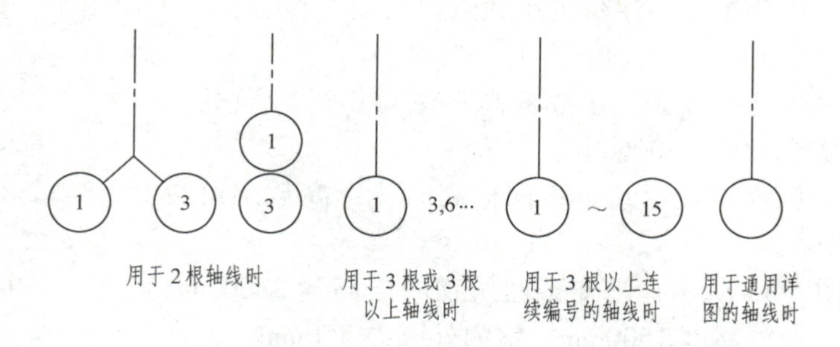

图 5-7　详图的轴线编号

（1）绝对标高和相对标高　绝对标高是指以我国青岛市外的黄海海平面作为零点而测定的高度尺寸。把室内首层地面作为标高的零点（写作±0.000），建筑的其他部位对标高零点的相对高度称为相对标高。

（2）建筑标高和结构标高　建筑标高是指装修完成后的标高，包括粉刷层、装饰层厚度在内；而结构标高则是不包括构件表面粉刷层、装饰层厚度的标高，是构件的安装或施工高度，如图 5-8 所示。

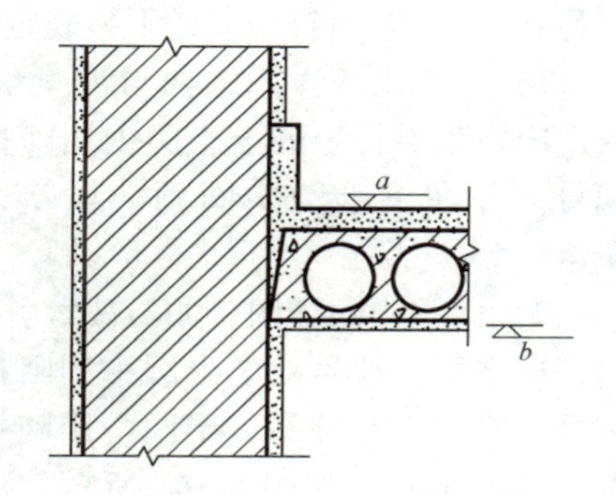

图 5-8　建筑标高和结构标高

a—建筑标高　*b*—结构标高

（3）标高表示方法　标高符号应以直角等腰三角形表示，按图 5-9a 所示形式用细实线绘制；如标注位置不够，也可按图 5-9b 所示形式绘制。标高符号的具体画法如图 5-9c、d 所示。

总平面图室外地坪标高符号，宜用涂黑的三角形表示，如图 5-10 所示。

标高符号的尖端应指至被注高度的位置。尖端宜向下，也可向上。标高数字应注写在标高符号的上侧或下侧，如图 5-11 所示。

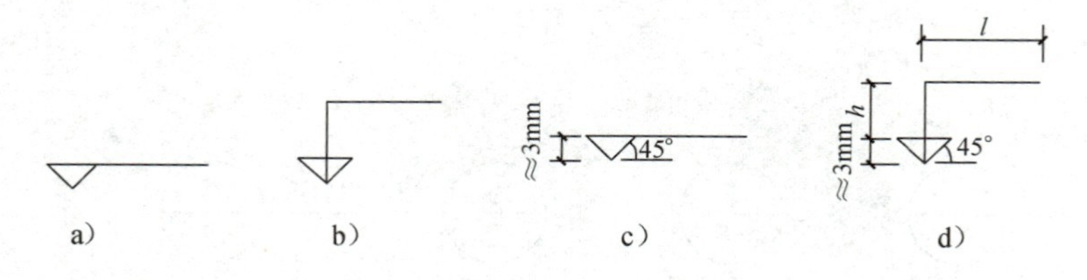

图 5-9　标高符号

l—取适当长度注写标高数字　*h*—根据需要取适当高度

图 5-10　总平面图室外地坪标高符号　　图 5-11　标高的指向

标高数字应以 m 为单位，注写到小数点以后第三位。在总平面图中，可注写到小数点以后第二位。

零点标高应注写成±0.000，正数标高不注写“+”，负数标高应注“-”，例如3.000、-0.600。

在图样的同一位置需表示几个不同标高时，标高数字可按图5-12的形式注写。

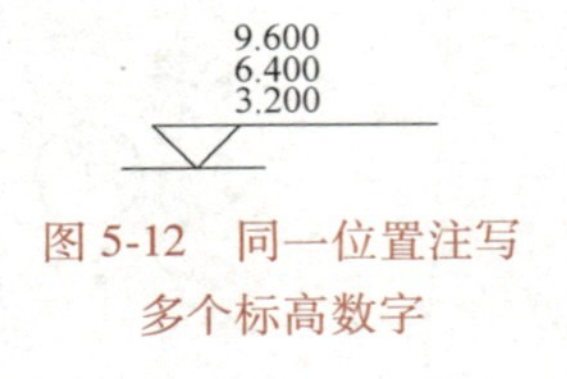

图5-12 同一位置注写多个标高数字

【例1】 如图5-13所示，已知某建筑物的层高为2800mm，窗台高为900mm，窗洞高度1500mm，室内外高差450mm，试在墙身剖面图上标注各部位的标高。

3. 索引符号和详图符号

（1）索引符号 图样中的某一局部或构件，如需另见详图，应以索引符号索引，如图5-14a所示。索引符号由直径为8～10mm的圆和水平直径组成，圆及水平直径线宽宜为0.25b。索引符号应按下列规定编写：

1）索引出的详图，如与被索引的图样同在一张图纸内，应在索引符号的上半圆中用阿拉伯数字注明该详图的编号，并在下半圆中间画一段水平细实线，如图5-14b所示。

2）索引出的详图，如与被索引的图样不在同一张图纸内，应在索引符号的上半圆中用阿拉伯数字注明该详图的编号，在索引符号的下半圆中用阿拉伯数字注明该详图所在图纸的编号，如图5-14c所示。数字较多时，可加文字标注。

3）索引出的详图，如采用标准图，应在索引符号水平直径的延长线上加注该标准图集的编号，如图5-14d所示。需要标注比例时，文字在索引符号右侧或延长线下方，与符号下对齐。

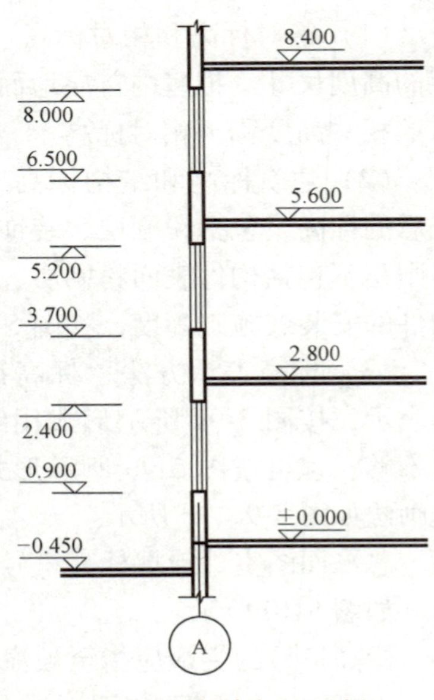

图5-13 标高标注示例

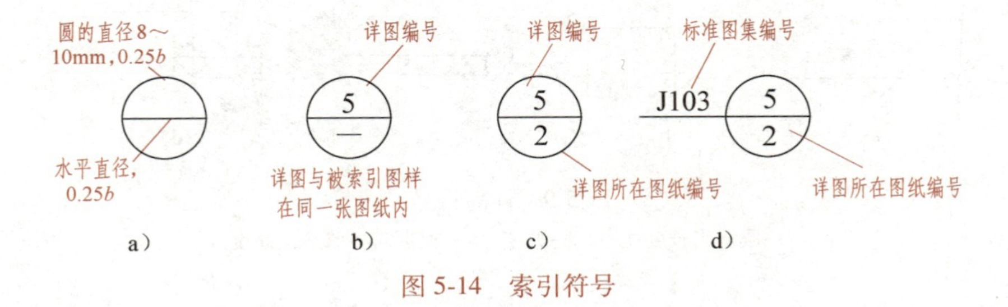

图5-14 索引符号

索引符号如用于索引剖视详图，应在被剖切的部位绘制剖切位置线，并以引出线引出索引符号，引出线所在的一侧应为剖视方向，如图5-15所示。

（2）详图符号 详图的位置和编号，应以详图符号表示。详图符号的圆应以直径为14mm的粗实线绘制。详图应按下列规定编号：

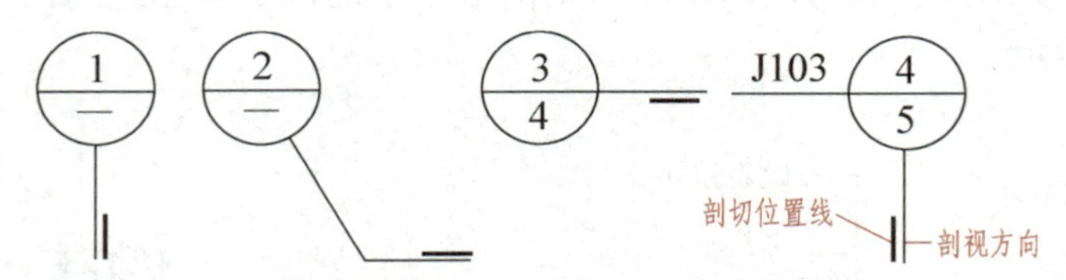

图5-15　用于索引剖视详图的索引符号

1）详图与被索引的图样同在一张图纸内时，应在详图符号内用阿拉伯数字注明详图的编号，如图5-16a所示。

2）详图与被索引的图样不在同一张图纸内时，应用细实线在详图符号内画一水平直径，在上半圆中注明详图编号，在下半圆中注明被索引的图纸的编号，如图5-16b所示。

（3）零件、钢筋、杆件、设备等的编号　零件、钢筋、杆件、设备等的编号以直径为4~6mm的细实线圆表示，同一图样应保持一致，其编号应用阿拉伯数字按顺序编写，如图5-17所示。

图5-16　详图符号

a）详图与被索引图样在同一张图纸内

b）详图与被索引图样不在同一张图纸内

图5-17　零件、钢筋等的编号

4. 引出线

引出线线宽应为0.25b，宜采用水平方向的直线，或与水平方向成30°、45°、60°、90°的直线，并经上述角度再折为水平线。文字说明宜注写在水平线的上方，也可注写在水平线的端部。索引详图的引出线，应与水平直径线相连接，如图5-18a所示。

同时引出几个相同部分的引出线，宜互相平行，也可画成集中于一点的放射线，如图5-18b所示。

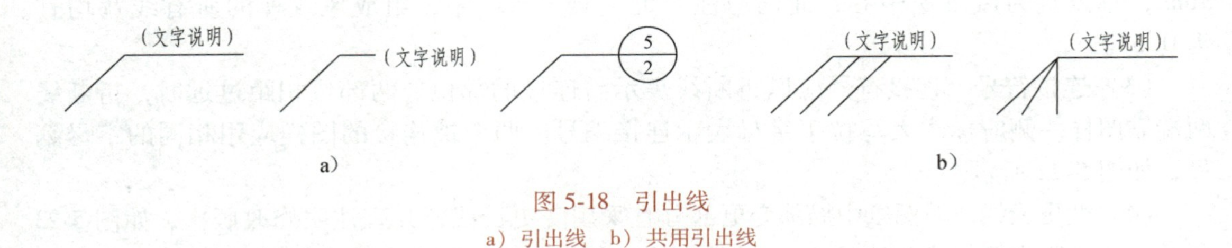

图5-18　引出线

a）引出线　b）共用引出线

多层构造或多层管道共用引出线，应通过被引出的各层，并用圆点示意对应各层次。文字说明宜注写在水平线的上方，或注写在水平线的端部，说明的顺序应由上至下，并应与被说明的层次对应一致；如层次为横向排序，则由上至下的说明顺序应与由左至右的层次对应一致，如图5-19所示。

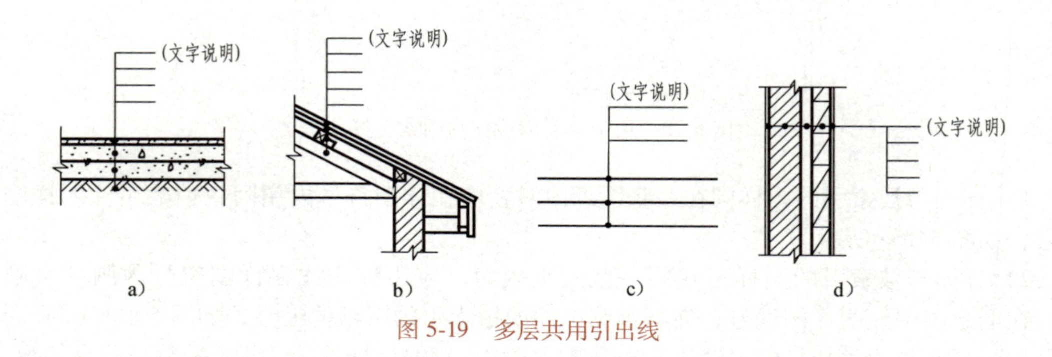

图5-19 多层共用引出线

5. 其他符号

(1) 对称符号 对称符号由对称线和两端的两对平行线组成。对称线用细单点长画线绘制；平行线用实线绘制，其长度宜为6~10mm，每对的间距宜为2~3mm，线宽宜为0.5b；对称线垂直平分两对平行线，两端超出平行线宜为2~3mm，如图5-20所示。

(2) 指北针、风玫瑰 指北针的形状如图5-21所示，其圆的直径宜为24mm，用细实线绘制；指针尾部的宽度宜为3mm，指针头部应注“北”或“N”字。需用较大直径绘制指北针时，指针尾部的宽度宜为直径的1/8。

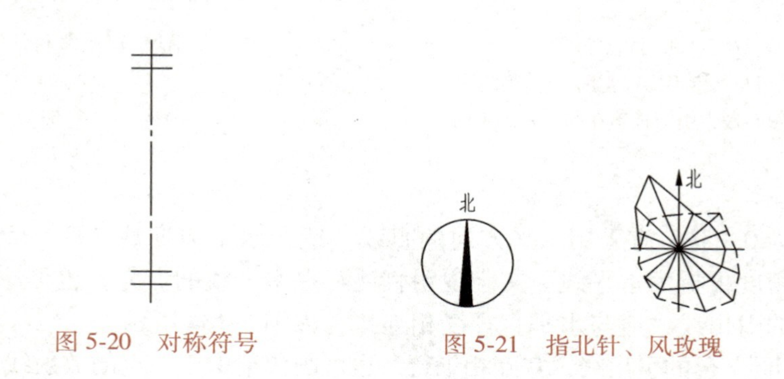

图5-20 对称符号　　图5-21 指北针、风玫瑰

指北针与风玫瑰结合时宜采用互相垂直的线段，线段两端应超出风玫瑰轮廓线2~3mm，垂点宜为风玫瑰中心，北向应注“北”或“N”字，组成风玫瑰的所有线宽均宜为0.5b。

(3) 连接符号 连接符号应以折断线表示需连接的部位。两部位相距过远时，折断线两端靠图样一侧应标注大写拉丁字母表示连接编号。两个被连接的图样应用相同的字母编号，如图5-22所示。

(4) 变更云线 对图纸中局部变更部分宜采用变更云线，并宜注明修改版次，如图5-23所示，修改版次符号宜为边长8mm的正等边三角形，修改版次应采用数字表示。

6. 常用建筑材料图例

常用建筑材料图例见表5-1。

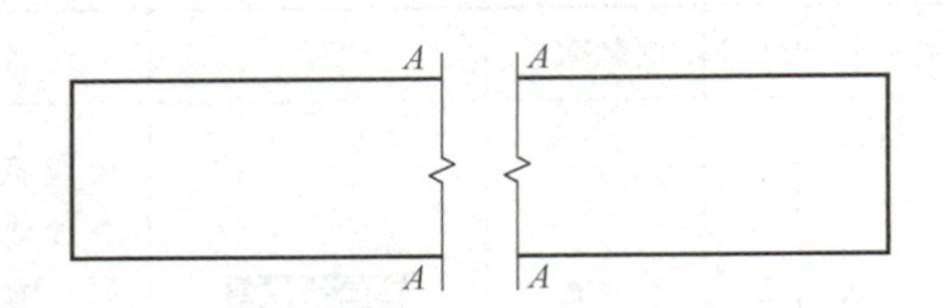

图 5-22　连接符号

图 5-23　变更云线

注：1 为修改次数。

表 5-1　常用建筑材料图例

序号	名称	图例	备　注
1	自然土壤		包括各种自然土壤
2	夯实土壤		—
3	砂、灰土		—
4	砂砾石、碎砖三合土		—
5	石材		—
6	毛石		—
7	实心砖、多孔砖		包括普通砖、多孔砖、混凝土砖等砌体
8	耐火砖		包括耐酸砖等砌体
9	空心砖、空心砌块		包括空心砖、普通或轻骨料混凝土小型空心砌块等砌体
10	加气混凝土		包括加气混凝土砌块砌体、加气混凝土墙板及加气混凝土材料制品等
11	饰面砖		包括铺地砖、玻璃马赛克、陶瓷锦砖、人造大理石等
12	焦渣、矿渣		包括与水泥、石灰等混合而成的材料
13	混凝土		1. 包括各种强度等级、骨料、添加剂的混凝土 2. 在剖面图上绘制表达钢筋时，不需绘制图例线 3. 断面图形较小，不易绘制表达图例线时，可填黑或深灰（灰度宜为 70%）
14	钢筋混凝土		
15	多孔材料		包括水泥珍珠岩、沥青珍珠岩、泡沫混凝土、软木、蛭石制品等
16	纤维材料		包括矿棉、岩棉、玻璃棉、麻丝、木丝板、纤维板等
17	泡沫塑料材料		包括聚苯乙烯、聚乙烯、聚氨酯等多聚合物类材料
18	木材		1. 上图为横断面，左上图为垫木、木砖或木龙骨 2. 下图为纵断面

（续）

序号	名称	图例	备　注
19	胶合板		应注明为×层胶合板
20	石膏板	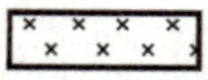	包括圆孔或方孔石膏板、防水石膏板、硅钙板等
21	金属		1. 包括各种金属 2. 图形较小时，可填黑或深灰（灰度宜为70%）
22	网状材料		1. 包括金属、塑料网状材料 2. 应注明具体材料名称
23	液体	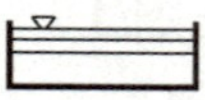	应注明具体液体名称
24	玻璃		包括平板玻璃、磨砂玻璃、夹丝玻璃、钢化玻璃、中空玻璃、夹层玻璃、镀膜玻璃等
25	橡胶		—
26	塑料		包括各种软、硬塑料及有机玻璃等
27	防水材料		构造层次多或绘制比例大时，采用上面的图例
28	粉刷	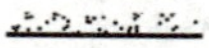	本图例采用较稀的点

注：1. 本表中所列图例通常在1∶50及以上比例的详图中绘制表达。
2. 如需表达砖、砌块等砌体墙的承重情况时，可通过在原有建筑材料图例上增加填灰等方式进行区分，灰度宜为25%左右。
3. 序号1、2、5、7、8、14、15、21图例中的斜线、短斜线、交叉线等均为45°。

建筑材料的图例画法应注意下列事项：

1）图例线应间隔均匀，疏密适度，做到图例正确，表示清楚。

2）不同品种的同类材料使用同一图例时（如某些特定部位的石膏板必须注明是防水石膏板时），应在图上附加必要的说明。

3）两个相同的图例相接时，图例线宜错开或使倾斜方向相反，如图5-24所示。

4）当一张图纸内的图样只采用一种图例时，或图形较小无法绘制表达建筑材料图例时，可不绘制图例，但应增加文字说明。

5）需画出的建筑材料图例面积过大时，可在断面轮廓线内，沿轮廓线作局部表示，如图5-25所示。

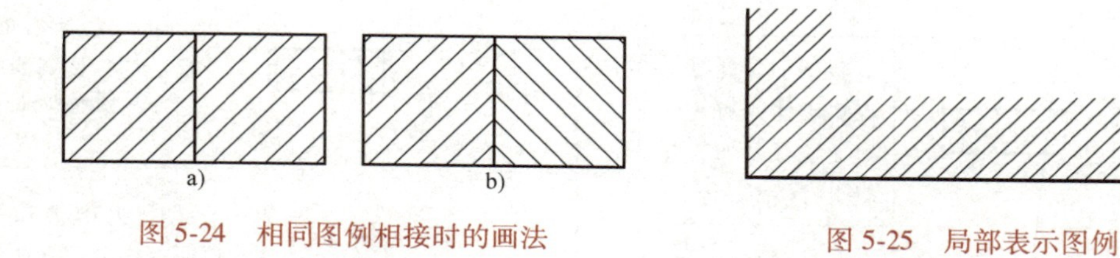

图5-24　相同图例相接时的画法

图5-25　局部表示图例

7. 视图配置

1）在同一张图纸上，如绘制几个图样时，图样的顺序宜按主次关系从左至右依次排列。

2）每个图样，一般均应标注图名，图名宜标注在图样的下方或一侧，并在图名下绘一粗横线，其长度应以图名所占长度为准。使用详图符号作为图名时，符号下不画粗横线。

3）同一工程不同专业的总平面图，在图纸上的布图方向均应一致；个体建筑物平面图在图纸上的布图方向，必要时可与其在总平面图上的布图方向不一致，但必须标明方位；不同专业的个体建筑物的平面图，在图纸上的布图方向均应一致。

4）建筑物的某些部分，如与投影面不平行（如圆形、折线形、曲线形等），可将该部分展开至与投影面平行，再以正投影法绘制，并应在图名后注写“展开”字样。

建筑标准设计图集

国家建筑标准设计图集是中国建筑标准设计研究院受住房和城乡建设部委托，为新产品、新技术、新工艺、新材料推广使用，对工程建设构配件与制品、建筑物、构筑物、工程设施、装置的通用设计文件，供建设单位依据工程实际需要自由选用。国家建筑标准设计现有建筑、结构、给水排水、暖通空调、动力、电气、弱电、人防工程及市政等专业数百册图集。这些标准设计质量高、方便使用，据统计，90%的建筑工程采用标准设计，约占设计工作量的40%~60%，深受全国设计、施工、监理等单位的欢迎，对提高设计效率、保证工程质量、合理利用资源、推广先进技术、降低工程造价等具有重要作用。

建筑标准图集包括：国家建筑标准设计图集；适应不同区域和地方的建筑标准图集，如区域性建筑标准图集（包括华北标、华东标、华中标、西北标、东北标、中南标、西南标等）；地方建筑标准图集等。

图集适用于民用建筑和一般工业建筑的新建、改建和扩建工程。以建筑专业为例，编制重点为以下四类：

1）通用建筑构造做法图集，如《工程做法》《平屋面建筑构造》《外装修》《内装修》《建筑无障碍设计》《窗井、设备吊装口、排水沟、集水坑》《地沟及盖板》《钢梯》《楼梯 栏杆 栏板》等。

2）为了配合我国建筑行业新政策、新材料、新工艺而编制的图集，如《墙体节能建筑构造》《屋面节能建筑构造》《节能门窗》《建筑外遮阳》《公共建筑节能构造》《既有建筑节能改造》《太阳能热水器选用与安装》《压型钢板、夹芯板屋面与墙体建筑构造》等。

3）根据建筑性质分类编制，具有内容全面、便于查找的特点，如《住宅建筑构造》《钢结构住宅》《汽车库建筑构造》《老年人居住建筑》《体育场地与设施》《医疗建筑》《地方传统建筑》等。

4）设计指导类图集，如《民用建筑工程建筑施工图设计深度图样》《建筑防火设计规范图示》《高层民用建筑设计防火规范图示》《建筑幕墙》《双层幕墙》《玻璃采光顶》等。这些图集虽然不能直接在工程设计图纸中引用，但对工程技术工作起到了重要的指导作用。

如13J502-1（图5-26a）为《内装修——墙面装修》、12J502-2（图5-26b）为《内装修——室内吊顶》、13J502-3为《内装修——楼（地）面装修》、16J502-4为《内装修——细部构造》等。

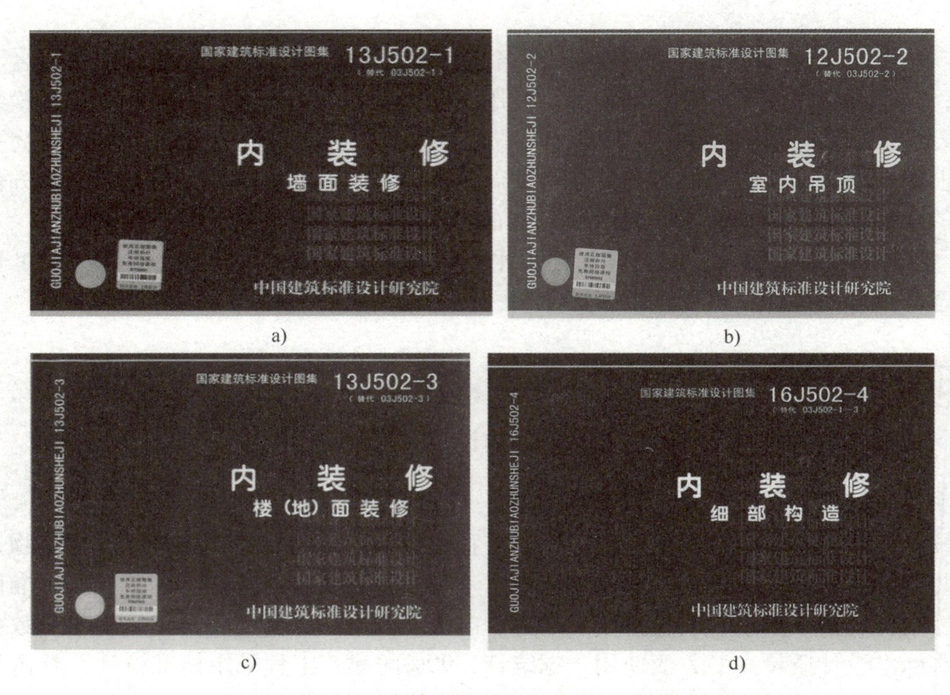

图 5-26 国家建筑标准设计图集 J502-1~4

实训练习： 浏览一套完整的建筑工程施工图，看懂标题栏内容，了解施工图的分类及主要内容，正确理解和掌握施工图中的常用符号和图例。

小　结

1）建筑物一般由基础、墙（或柱）、楼地面、屋顶、门窗、楼梯六大部分组成。

2）一套完整的施工图一般包括图纸目录和设计总说明、建施、结施、设施、装施等内容。

3）工程图纸应按专业顺序编排，一般应为图纸目录、总图、建筑图、结构图、给水排水图、暖通空调图、电气图等。各专业的图纸应该按图纸内容的主次关系、逻辑关系有序排列。例如基本图在前、详图在后，布置图在前、构件图在后，总图在前、局部图在后，主要部分在前、次要部分在后等。

4）施工图常用的符号，如定位轴线、标高、索引符号和详图符号、引出线等的画法，应熟练掌握和运用。

5）应熟练掌握和运用常用建筑材料图例的画法。

思 考 题

1. 建筑物由哪几大部分组成？它们的作用分别是什么？
2. 施工图的分类有哪些？
3. 建筑工程施工图纸编排的顺序是什么？各专业图纸编排的原则是什么？

4. 施工图的图示特点有哪些？阅读施工图有哪些要求？

5. 什么是定位轴线、附加定位轴线？如何编号？

6. 什么是绝对标高和相对标高？建筑标高和结构标高各是什么？平面图、立面图、剖面图、总平面图等各种图样的标高符号怎样绘制？

7. 什么是索引符号和详图符号？它们二者的关系是什么？

8. 常用的建筑材料图例如何绘制？

项目 6　建筑施工图识读与绘制

【学习目标】 通过本项目的学习，要求学生能较熟练地阅读和绘制一般的建筑施工图，并熟练掌握建筑制图标准的相关内容及常用的各种符号和图例，为准确识读和绘制装饰施工图打下坚实基础。

项目 6、项目 7 以某独栋别墅为例，说明建筑施工图和装饰施工图的图示内容及其识读方法与制图方法。

建筑施工图主要用来表示建筑物的位置、建筑功能布局、房间布置、内部空间、外部造型、内外装饰、建筑构造做法等内容。建筑施工图是建筑工程施工图中的最基本图样，也是其他各专业施工图设计的依据。

建筑施工图一般包括封面、首页图（设计说明、图纸目录、门窗表等）、总平面图、建筑平面图、建筑立面图、建筑剖面图、建筑详图等。

6.1　图纸目录、首页图识读

从图纸目录可了解到图纸的排列、总张数和每张图纸的内容，了解图纸的完整性，方便查找所需要的图纸。

首页图通常包含设计说明、门窗表、室内装修表、工程做法等。

设计说明一般安排在首页，用文字或表格方式介绍工程概况，如位置、层数、建筑面积、结构形式以及各部分构造做法等。如有采用标准图集，应说明所在图集号及页次、编号，以便查阅。

如图 6-1 所示为设计说明示例，图 6-2 所示为门窗表示例，图 6-3 所示为室内装修做法表示例。

6.2　总平面图识读

将拟建工程所在基地一定范围内的新建、原有和拆除的建筑物、构筑物连同其周围的地形状况，用水平投影图的方法和相应的图例所画出的图样，即为总平面图。它反映上述建筑的平面形状、位置、朝向和与周围环境的关系，因此总平面图是新建建筑施工定位、放线、土方施工、场地布置及管线设计的重要依据。

1. 图示内容

1）图名、比例。

2）应用图例来表明新建、扩建或改建区域的总体布局，表明各建筑物及构筑物的位置，道路、广场、室外场地和绿化、河流、池塘等的布置情况以及各建筑物的层数等。在总平面图上一般应画上所采用的主要图例及其名称。对于需要自定的图例，必须在总平面图中绘制清楚，并注明其名称。

施工图设计说明(一)

1　设计依据

1.1　设计合同、甲方所认可的设计方案、甲方提供的施工图设计任务书及修改要求。

1.2　现行国家规范和国家、地方的法则、标准:

《民用建筑设计统一标准》(GB 50352—2019)

《总图制图标准》(GB/T 50103—2010)

《房屋建筑制图统一标准》(GB/T 50001—2017)

《建筑设计防火规范》(GB 50016—2014)

《城市居住区规划设计标准》(GB 50180—2018)

《住宅建筑规范》(GB 50368—2005)

《住宅设计规范》(GB 50096—2011)

《屋面工程技术规范》(GB 50345—2012)

《地下工程防水技术规范》(GB 50108—2008)

《河南省居住建筑节能设计标准(寒冷地区 65%+)》(DBJ 41/062—2017)

《建筑工程建筑面积计算规范》(GB/T 50353—2013)

2　项目概况

2.1　工程项目名称:B′13#、B′14#、B′15#楼

2.2　建设地点:×××

2.3　建设单位:×××置业有限公司

2.4　建筑面积及占地面积:总建筑面积 549.45 平方米,占地面积 166.55 平方米。

其中:地下建筑面积为 161.07 平方米,地上建筑面积为 388.38 平方米(阳台面积均按 1/2 计算)。

2.5　建筑高度及层数:11.000 米(室外地坪至屋面面层最高点)。

地上 3 层,为住宅,一层局部为车库;地下 1 层,为住宅用房。

2.6　建筑的防火分类:本建筑物为低层居住建筑,耐火等级地上为二级,地下为一级。

2.7　本建筑工程等级为三级,钢筋混凝土剪力墙结构,设计使用年限为 50 年,抗震设防烈度为 7 度。

2.8　本工程为低层独立式住宅楼。

3　设计标高

3.1　本工程的平面位置、室内标高±0.000 所相当的绝对标高详见总平面定位图。

3.2　本建筑室内外高差为 450mm。

3.3　本工程标高以 m 为单位,总平面尺寸以 m 为单位,其他尺寸以 mm 为单位。各层标注标高为完成面标高(建筑面标高),屋面标高为结构面标高。

4　墙体工程

4.1　墙体的基础部分见结施。承重的钢筋混凝土剪力墙见结施。

4.2　除图中单独注明墙体材料及厚度之外,内外墙采用 100 厚及 160 厚加气混凝土砌块墙,未注明的洞口高度住宅层均距楼面 2200。加气混凝土砌块墙的施工工艺以及各相关构造做法参照 12 系列工程建设标准设计图集 12YJ3—4《轻质内隔墙》。

4.3　所有与混凝土墙柱相连的≤100mm 的墙垛,均改为素混凝土,与混凝土墙柱一起浇筑。

4.4　卫生间及洗衣房加气混凝土隔墙根部采用 C20 细石混凝土上翻 200 高(距楼面建筑标高)条带,遇门断开,宽度同墙体。

4.5　构造柱及压顶:填充墙构造柱位置、做法详见结施,窗台的压顶详见建施及结施。

4.6　墙体留洞及封堵:钢筋混凝土墙上的留洞见结施和设备图,封堵见结施;砌块墙预留洞见建施和设备图,待管道设备安装完毕后,用 C15 细石混凝土填实。若管道穿有防水要求的墙体时,还须用建筑密封膏封堵。

5　地下室和室内防水工程

5.1　地下室防水工程执行《地下工程防水技术规范》(GB 50108—2008)和地方的有关规程和规定。

图 6-1　设计说明示例

门窗表（一）

类型	设计编号	洞口尺寸	数量	图集名称	页次	选用型号	备　注
	YKM3030	3000×3000	1	12YJ10		DJM2-3030Y	遥控车库门
	HM1225	1200×2500	1			甲方定制	电子对讲防盗门
防火门	JFM0921	900×2100	1			甲方定制	甲级防火门
门	M0921	900×2100	1	12YJ4-1	89	参 PM-0921	中空玻璃断桥铝合金门
	TLM1525	1500×2500	1	详建施 011			中空玻璃断桥铝合金推拉门
	TLM1827	1800×2650	1				
	TLM2427	2400×2650	1				
	TLM3625	3600×2500	1				
窗	C0423	400×2300	2	详建施 011			中空玻璃断桥铝合金平开窗
	C0425	400×2500	7				
	C0428	400×2800	2				
	C0921	900×2100	1				
	C0924	900×2400	1				
	C1021	1000×2100	2				
	C1024	1000×2400	1				
	C1225	1200×2500	2				
	C1228	1200×2800	2				
	C2021	2000×2100	1				

图 6-2　门窗表示例

室内装修做法

层数	房间名称	楼地面			踢脚		内墙面		顶棚		备注
		名称	编号	结构降板/mm	名称	编号	名称	编号	名称	编号	
-1F	卫生间、洗衣房	铺地砖(防水)	地 2	130			面砖	内墙 3	水泥砂浆	顶 2	
	下沉庭院	铺地砖	地 5	100			乳胶漆	内墙 1	乳胶漆	顶 2	
	其余房间	铺地砖	地 1	100	面砖	踢 2	乳胶漆	内墙 1、2	乳胶漆	顶 1	内墙 1 用于地下室内墙侧壁
1-3F	卫生间	铺地砖(防水)	楼 2	130			面砖	内墙 3	水泥砂浆	顶 2	
	开敞阳台(下部无房间)	铺地砖(防水)	楼 4	100	面砖踢脚	踢 2	乳胶漆	内墙 1	乳胶漆	顶 2	外墙面不做踢脚
	露台(下部无房间)	铺地砖(防水)	楼 4	100	面砖踢脚	踢 2	面砖	详外墙 1	乳胶漆	顶 2	外墙面不做踢脚
	开敞阳台(下部有房间)	铺地砖(防水)	楼 5	100	面砖踢脚	踢 2	面砖	详外墙 1	乳胶漆	顶 2	外墙面不做踢脚
	露台(下部有房间)	铺地砖(防水)	楼 5	100	面砖踢脚	踢 2	面砖	详外墙 1	乳胶漆	顶 2	外墙面不做踢脚
	户内楼梯	铺地砖	楼 3	30	面砖	踢 2	乳胶漆	内墙 1	乳胶漆	顶 1	
	车库	细石混凝土	楼 6	100			乳胶漆	内墙 1	乳胶漆	顶 3	
	其余房间	铺地砖	楼 1	100	面砖	踢 2	乳胶漆	内墙 1	乳胶漆	顶 1	
附注	室内装修做法见建施 003。住宅室内楼面、墙面及顶棚均留毛面。饰面层由住户装修自理。										

图 6-3　室内装修做法表示例

3）确定新建或扩建工程的具体位置，一般根据原有房屋或道路来定位，并以 m 为单位标注其定位尺寸。当新建成片的建筑物、构筑物或地形较复杂时，往往用坐标来确定建筑物及道路转折点的位置，此时应画出测量坐标网（坐标代号 *X*、*Y*）或施工坐标网（坐标代号 *A*、*B*），并标注新建筑的定位坐标。地形起伏较大的地区，还应画出地形等高线。

4）注明新建建筑物底层室内地面和室外已整平的地面的绝对标高、建筑物层数（常用黑小圆点表示层数）。

5）用指北针或风向频率玫瑰图来表示建筑物、构筑物等的朝向和该地区的常年风向频率及风速。

6）绿化布置。

2. 规定画法

1）比例：由于总平面图所包括的区域大，所以常采用 1∶500、1∶1000、1∶2000、1∶5000等较小比例绘制。

2）图例：总平面图的常用图例见表 6-1。

表 6-1　总平面图常用图例

序号	名称	图　　例	备　　注
1	新建建筑物	X= Y= ① 12F/2D H=59.00m	新建建筑物以粗实线表示与室外地坪相接处±0.00外墙定位轮廓线 建筑物一般以±0.00 高度处的外墙定位轴线交叉点坐标定位。轴线用细实线表示，并标明轴线号 根据不同设计阶段标注建筑编号，地上、地下层数，建筑高度，建筑出入口位置（两种表示方法均可，但同一图纸采用一种表示方式） 地下建筑物以粗虚线表示其轮廓 建筑上部（±0.00 以上）外挑建筑用细实线表示 建筑物上部连廊用细虚线表示并标注位置
2	原有建筑物		用细实线表示
3	计划扩建的预留地或建筑物		用中粗虚线表示
4	拆除的建筑物		用细实线表示
5	建筑物下面的通道		—

（续）

序号	名称	图　例	备　注
6	散状材料 露天堆场		需要时可注明材料名称
7	其他材料 露天堆场或 露天作业场		需要时可注明材料名称
8	铺砌场地		—
9	敞篷或敞廊		—
10	围墙及大门		—
11	挡土墙	5.00 1.50	挡土墙根据不同设计阶段的需要标注$\frac{墙顶标高}{墙底标高}$
12	挡土墙上 设围墙		—
13	台阶及无障碍 坡道	1. 2.	1. 表示台阶（级数仅为示意） 2. 表示无障碍坡道
14	坐标	1. X=105.00 Y=425.00 2. A=105.00 B=425.00	1. 表示地形测量坐标系 2. 表示自设坐标系 坐标数字平行于建筑标注
15	方格网 交叉点标高	−0.50 | 77.85 78.35	“78.35”为原地面标高 “77.85”为设计标高 “−0.50”为施工高度 “−”表示挖方（“+”表示填方）
16	室内 地坪标高	151.00 ±0.00	数字平行于建筑物书写
17	室外 地坪标高	143.00	室外标高也可采用等高线

（续）

序号	名称	图　例	备　注
18	盲道		—
19	地下车库入口		机动车停车场
20	地面露天停车场		—
21	露天机械停车场		—
22	新建的道路	0.30% 100.00 R=6.00 107.50	“R=6.00”表示道路转弯半径；“107.50”为道路中心线交叉点设计标高，两种表示方式均可，同一图纸采用一种方式表示；“100.00”为变坡点之间距离，“0.30%”表示道路坡度，⟶表示坡向
23	道路断面	1. 2. 3. 4.	1. 为双坡立道牙 2. 为单坡立道牙 3. 为双坡平道牙 4. 为单坡立道牙
24	原有道路		—
25	计划扩建的道路		—
26	拆除的道路		—
27	人行道		—
28	针阔混交林		—

（续）

序号	名称	图　例	备　注
29	落叶灌木林	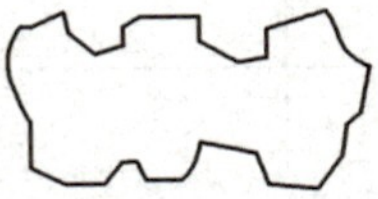	—
30	整形绿篱		—
31	草坪	1. 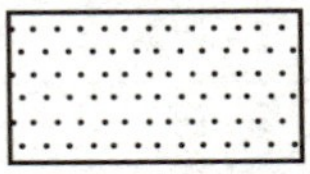 2. 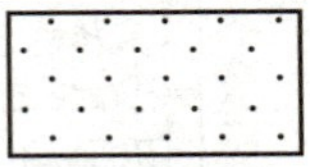 3. 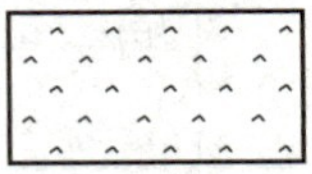	1. 草坪 2. 自然草坪 3. 人工草坪
32	植草砖	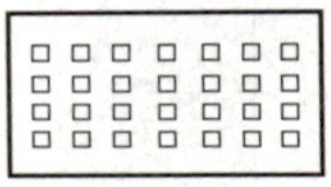	—
33	土石假山	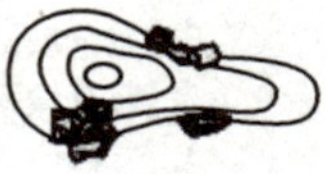	包括“土包石”“石抱土”及假山
34	独立景石		—
35	自然水体	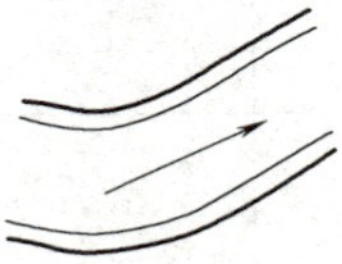	表示河流，以箭头表示水流方向
36	人工水体	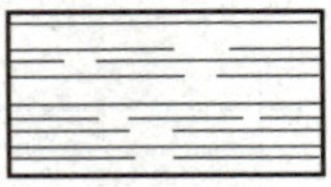	—
37	喷泉		—

3）总平面图的位置确定。

① 定向。总平面图应按上北下南方向绘制。根据场地形状或布局，可向左或右偏转，但不宜超过45°。图中应绘制指北针或风玫瑰图。

② 定位。总平面图中新建建筑物以坐标定位或采用相对尺寸定位。

建筑物、构筑物、道路等应标注下列部位的坐标或定位尺寸：建筑物、构筑物的外墙轴线交点；圆形建筑物、构筑物的中心；道路的中线或转折点等。

在一张图上，主要建筑物、构筑物用坐标定位时，较小的建筑物、构筑物也可用相对尺寸定位。

③ 定高。总平面图中标注的标高应为绝对标高。如标注相对标高，则应注明相对标高与绝对标高的换算关系。应标注建筑物室内地坪，即标注建筑图中±0.000处的标高，对不同高度的地坪，分别标注其标高；标注道路路面中心交点及变坡点的标高等。

4）计量单位：总图中的坐标、标高、距离以m为单位。坐标以小数点标注三位，不足以“0”补齐；标高、距离以小数点后两位数标注，不足以“0”补齐。详图可以mm为单位。

5）名称和编号：总平面图上的建筑物、构筑物应注写名称，名称宜直接标注在图上。当图样比例小或图面无足够位置时，也可编号列表标注在图内。一个工程中，整套图纸所注写的场地、建筑物、构筑物、道路等的名称应统一，各设计阶段的上述名称和编号应一致。

3. 图示实例

如图6-4所示（见书后插页）为某居住区一角的规划总平面图。

该总平面图为某居住区的一部分，比例为1∶500，图中粗实线表示新建住宅，细实线表示道路。

各住宅平面图内用数字表示了房屋的层数；编号B-15的住宅楼为低层，3.5F即为地上3.5层。

新建住宅的定位是通过坐标定位的，如B-13住宅的三个角（外墙定位轴线交叉点）标注了测量坐标：①与Ⓐ轴线交叉点坐标 $X=824055.721/Y=438751.983$，⑦与Ⓐ轴线交叉点坐标 $X=824055.643/Y=438765.483$ 等。轴线用细实线表示，并标明轴线号。此外还标注出了住宅的尺寸及距离，如编号B-13、B-14、B-15的住宅楼长度13500mm、宽度16600mm，间距均为8200mm。

小区范围较大，地势起伏多变，从图中所注写的标高可知该居住区的地势高低、雨水排除方向。B-13、B-14、B-15住宅楼北边道路宽度4400mm，道路东高西低，1.82%表示道路坡度，单面箭头表示坡向，274.270表示道路中心线的设计标高，33.00表示变坡点之间的距离。

6.3 建筑平面图识读

假想用一水平的剖切平面沿门窗洞的位置将房屋剖切开，作出剖切面以下部分剩余建筑形体的水平投影，即为建筑平面图，简称平面图。

建筑平面图反映房屋的平面形状、大小和房间的布置及组合关系，墙（或柱）的位置、厚度和材料，门窗的类型和位置等情况，是放线、砌墙、安装门窗等的重要依据，所以建筑平面图是建筑施工图中最基本的图样之一。

1. 建筑平面图的命名

一般来说房屋有几层就应画出几个平面图，并分别以楼层命名，如地下一层平面图、一层平面图、二层平面图、三层平面图、顶层平面图等。如上下各层的房间数量、大小和布置等都相同，则相同的楼层可用一个平面图表示，称为标准层平面图。

此外，一般还应画出屋顶平面图，有时还要画出局部平面图。

2. 图示内容

1）图名、比例。

2）墙、柱、门窗位置及编号，房间的名称或编号。

3）纵横定位轴线及其编号。

4）尺寸标注和标高、某些坡度及其下坡方向的标注。

5）电梯、楼梯位置及楼梯的上下方向。

6）其他构配件如阳台、雨篷、管道井、雨水管、散水、花池等的位置、形状和尺寸。

7）卫生器具、水池、工作台等固定设施的布置等。

8）一层平面图中应表明剖面图的剖切符号，表示房间朝向的指北针。

9）详图索引符号。

10）屋顶平面图主要表示屋顶的平面布置情况，如屋面排水组织形式、雨水管的位置以及水箱、上人孔等出屋面设施布置情况等。一般图示内容有：女儿墙、檐沟、屋面坡度、分水线、变形缝、楼梯间、水箱间、天窗、上人孔、消防梯及其他构筑物、索引符号等。

3. 规定画法

1）平面图中被剖切的主要建筑构造采用粗实线，被剖切到的次要建筑构造采用中实线，没有被剖切到但是投影方向可以看到的建筑构造采用细实线或中实线。其他图例或符号的图线见《房屋建筑制图统一标准》（GB/T 50001—2017）的相关规定。

2）建筑物的平面图、立面图、剖面图的比例可选用1：50、1：100、1：150、1：200、1：300等。

3）构造及配件图例见表6-2。

表6-2 构造及配件图例

序号	名称	图　例	备　注
1	墙体		1. 上图为外墙，下图为内墙 2. 外墙细线表示有保温层或有幕墙 3. 应加注文字或涂色或图案填充表示各种材料的墙体 4. 在各层平面图中防火墙宜着重以特殊图案填充表示
2	隔断		1. 加注文字或涂色或图案填充表示各种材料的轻质隔断 2. 适用于到顶与不到顶隔断
3	玻璃幕墙		幕墙龙骨是否表示由项目设计决定
4	栏杆		—

（续）

序号	名称	图　例	备　注
5	楼梯	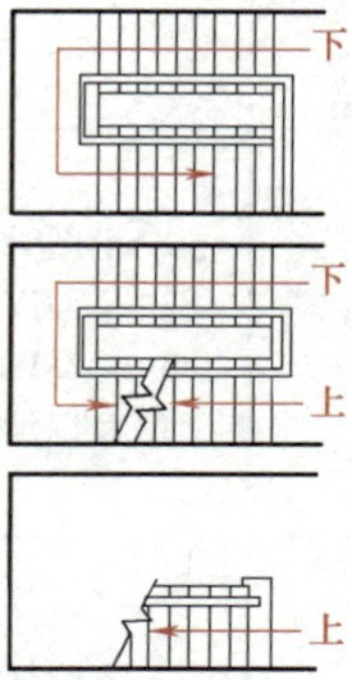	1. 上图为顶层楼梯平面，中图为中间层楼梯平面，下图为底层楼梯平面 2. 需设置靠墙扶手或中间扶手时，应在图中表示
6	坡道	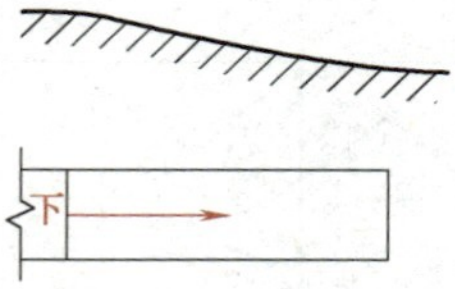	长坡道
		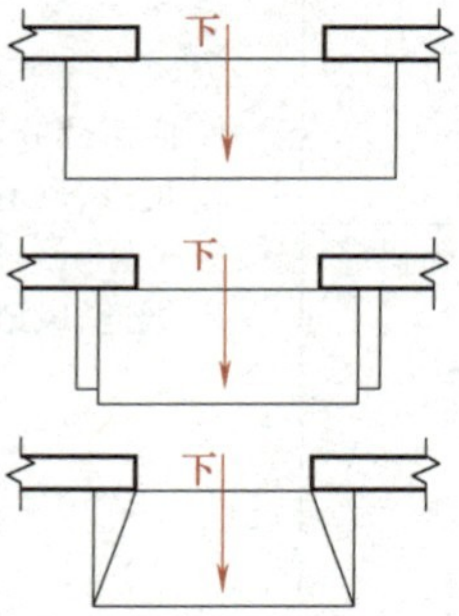	上图为两侧垂直的门口坡道，中图为有挡墙的门口坡道，下图为两侧找坡的门口坡道
7	台阶	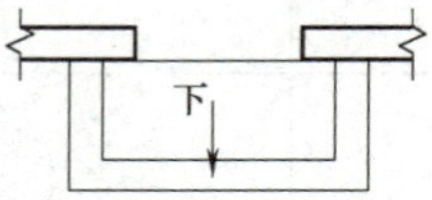	—
8	平面高差	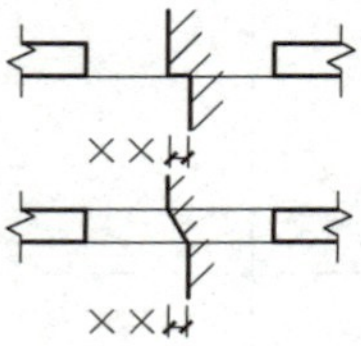	用于高差小的地面或楼面交接处，并应与门的开启方向协调
9	检查口		左图为可见检查口，右图为不可见检查口
10	孔洞		阴影部分可填充灰度或涂色代替

（续）

序号	名称	图 例	备 注
11	坑槽		—
12	墙预留洞、槽	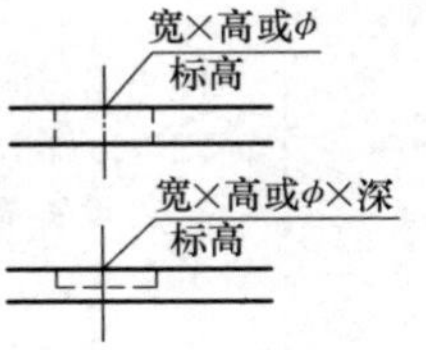 宽×高或φ 标高 宽×高或φ×深 标高	1. 上图为预留洞，下图为预留槽 2. 平面以洞（槽）中心定位 3. 标高以洞（槽）底或中心定位 4. 宜以涂色区别墙体和预留洞（槽）
13	地沟	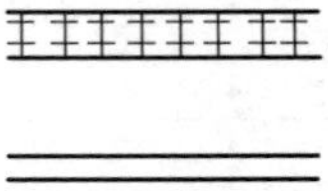	上图为有盖板地沟，下图为无盖板明沟
14	烟道	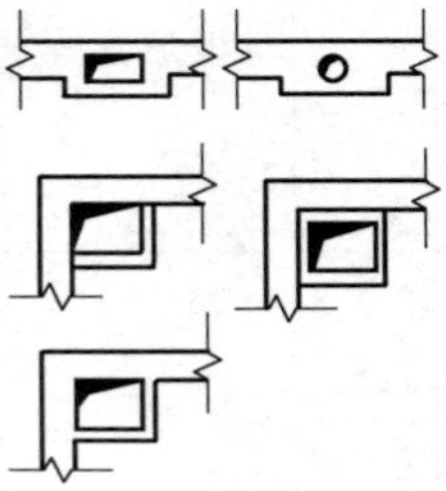	1. 阴影部分可填充灰度或涂色代替 2. 烟道、风道与墙体为相同材料，其相接处墙身线应连通 3. 烟道、风道根据需要增加不同材料的内衬
15	风道	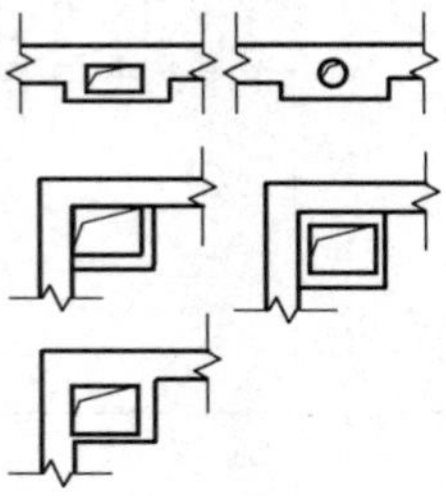	
16	新建的墙和窗	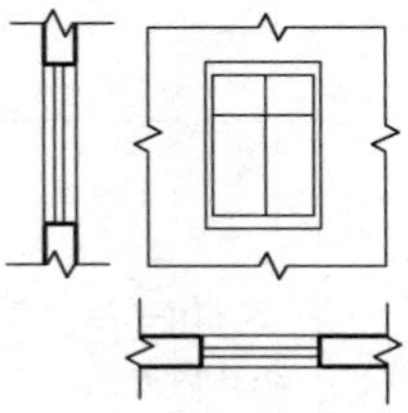	—
17	改建时保留的墙和窗	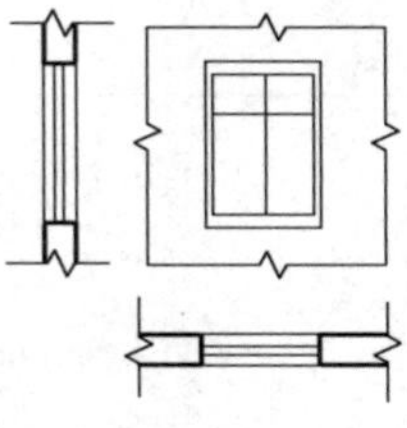	只更换窗，应加粗窗的轮廓线

（续）

序号	名称	图　例	备　注
18	拆除的墙	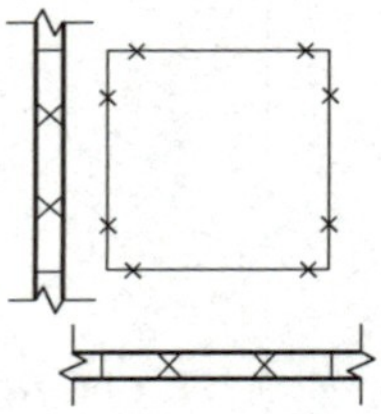	—
19	改建时在原有墙或楼板新开的洞	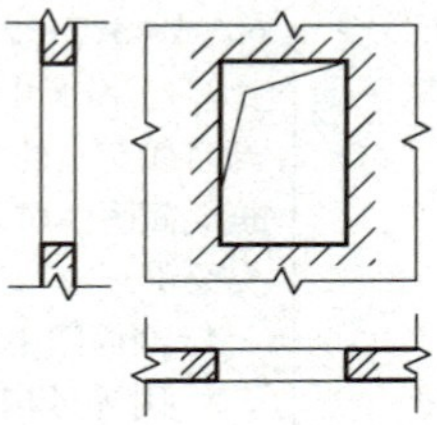	—
20	在原有墙或楼板洞旁扩大的洞	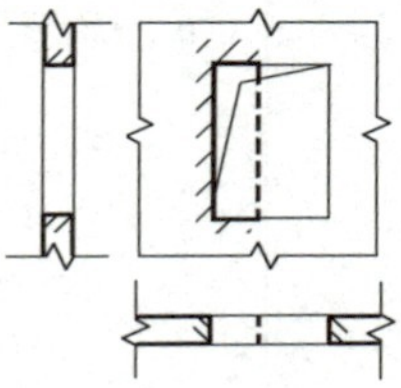	图示为洞口向左边扩大
21	在原有墙或楼板上全部填塞的洞	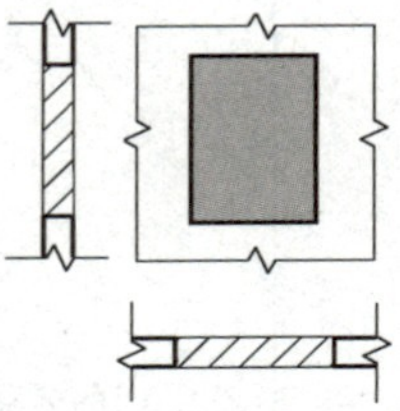	全部填塞的洞 图中立面填充灰度或涂色
22	在原有墙或楼板上局部填塞的洞	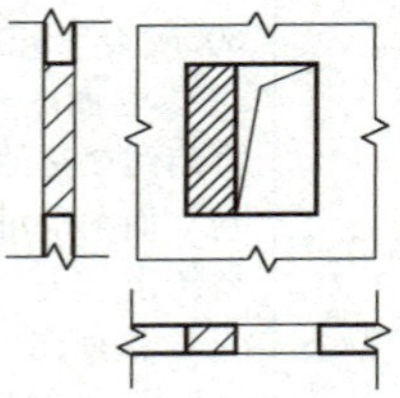	左侧为局部填塞的洞 图中立面填充灰度或涂色
23	空门洞	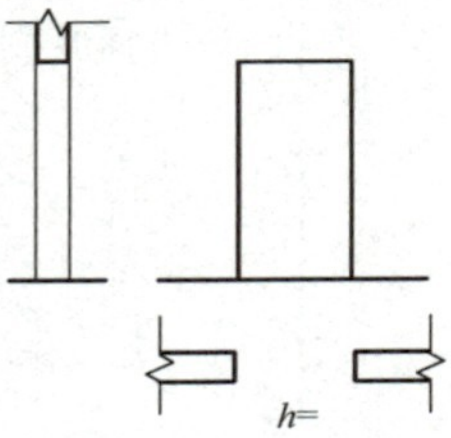 h=	h 为门洞高度

（续）

序号	名称	图　例	备　注
24	单面开启单扇门（包括平开或单面弹簧）	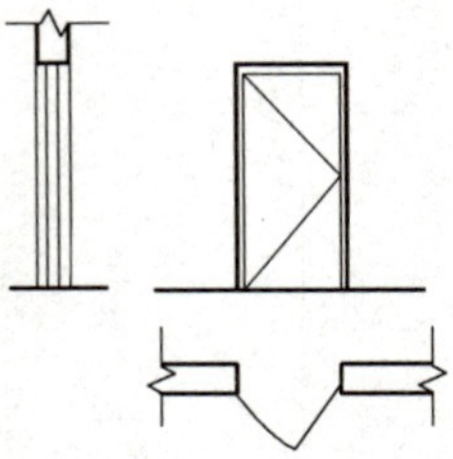	1. 门的名称代号用M表示 2. 平面图中，下为外，上为内。门开启线为90°、60°或45°，开启弧线宜绘出 3. 立面图中，开启线实线为外开，虚线为内开，开启线交角的一侧为安装合页一侧。开启线在建筑立面图中可不表示，在立面大样图中可根据需要绘出 4. 剖面图中，左为外，右为内 5. 附加纱扇应以文字说明，在平、立、剖面图中均不表示 6. 立面形式应按实际情况绘制
	双面开启单扇门（包括双面平开或双面弹簧）	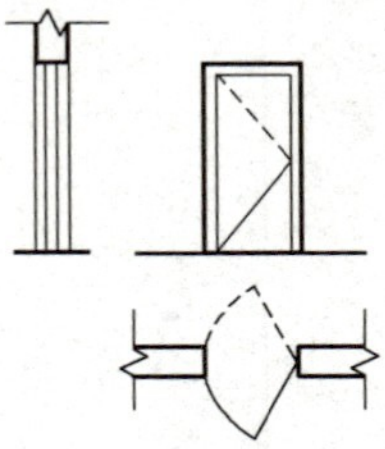	
	双层单扇平开门	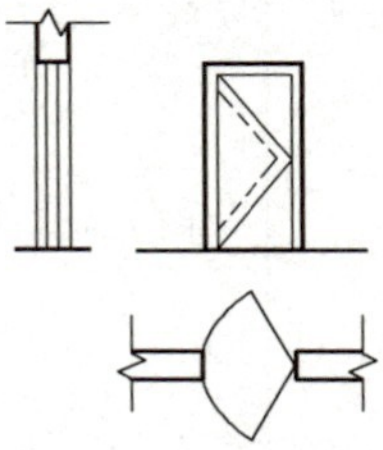	
25	单面开启双扇门（包括平开或单面弹簧）	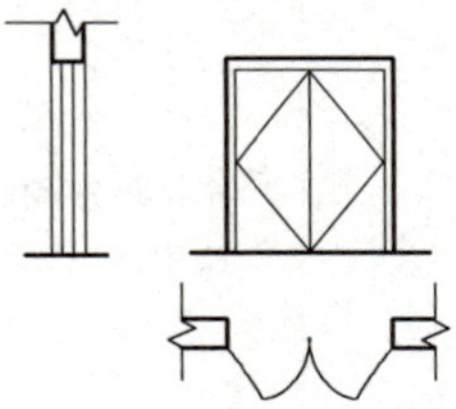	1. 门的名称代号用M表示 2. 平面图中，下为外，上为内。门开启线为90°、60°或45°，开启弧线宜绘出 3. 立面图中，开启线实线为外开，虚线为内开。开启线交角的一侧为安装合页一侧。开启线在建筑立面图中可不表示，在立面大样图中可根据需要绘出 4. 剖面图中，左为外，右为内 5. 附加纱扇应以文字说明，在平、立、剖面图中均不表示 6. 立面形式应按实际情况绘制
	双面开启双扇门（包括双面平开或双面弹簧）	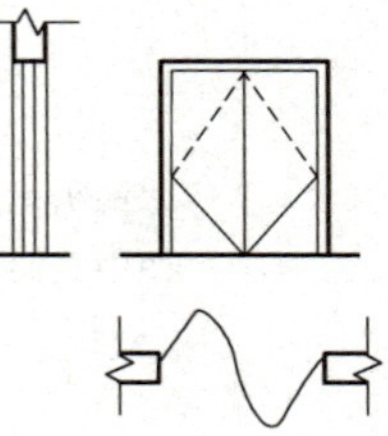	
	双层双扇平开门	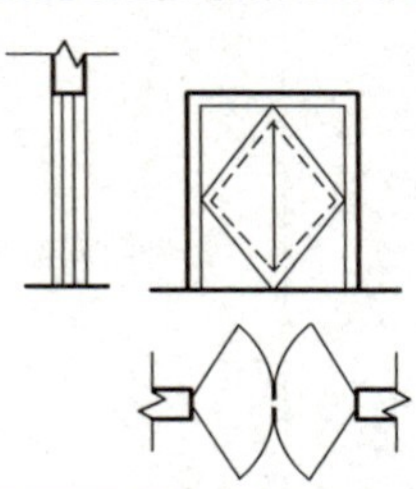	

（续）

序号	名称	图　例	备　注
26	折叠门	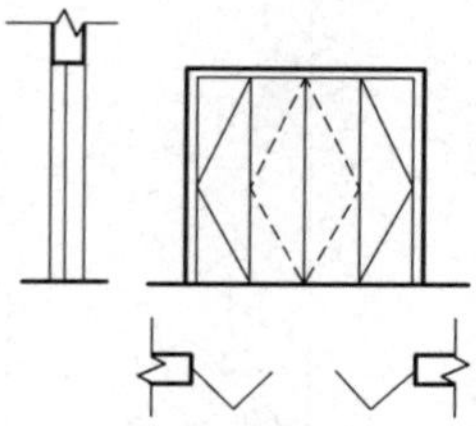	1. 门的名称代号用 M 表示 2. 平面图中，下为外，上为内 3. 立面图中，开启线实线为外开，虚线为内开。开启线交角的一侧为安装合页一侧 4. 剖面图中，左为外，右为内 5. 立面形式应按实际情况绘制
	推拉折叠门	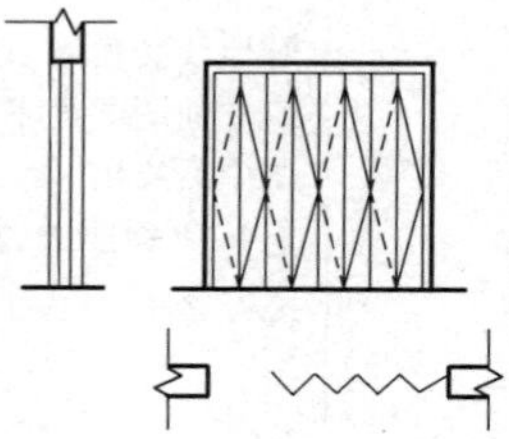	
27	墙洞外单扇推拉门	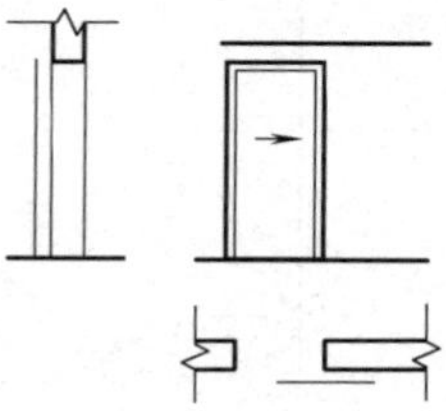	1. 门的名称代号用 M 表示 2. 平面图中，下为外，上为内 3. 剖面图中，左为外，右为内 4. 立面形式应按实际情况绘制
	墙洞外双扇推拉门	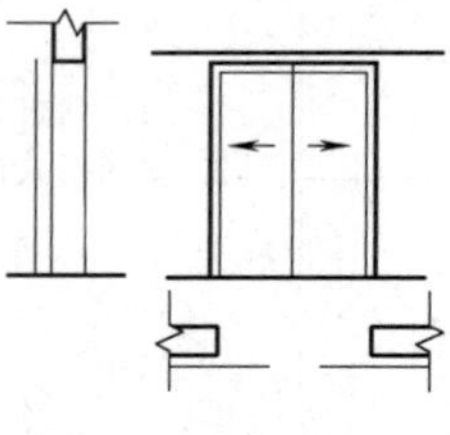	
	墙中单扇推拉门	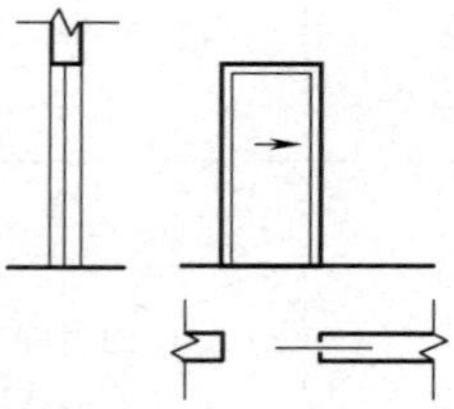	1. 门的名称代号用 M 表示 2. 立面形式应按实际情况绘制
	墙中双扇推拉门	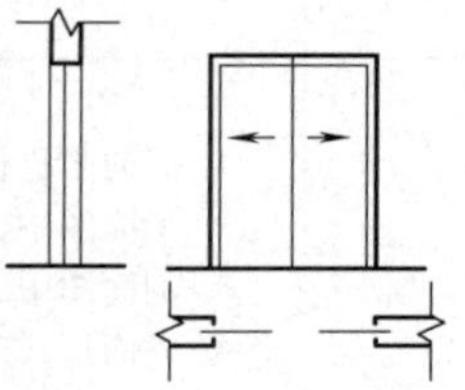	

（续）

序号	名称	图　例	备　注
28	推杠门	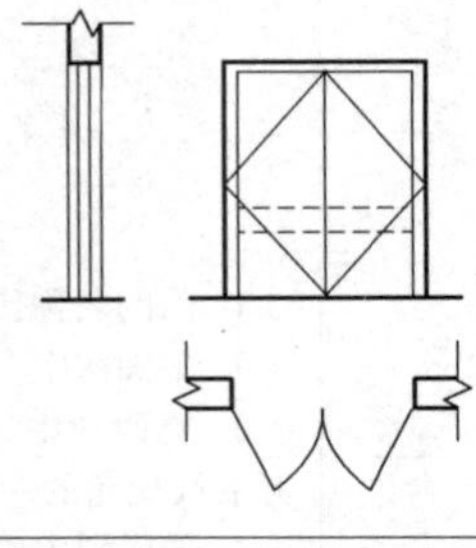	1. 门的名称代号用M表示 2. 平面图中,下为外,上为内。门开启线为90°、60°或45° 3. 立面图中,开启线实线为外开,虚线为内开。开启线交角的一侧为安装合页一侧。开启线在建筑立面图中可不表示,在室内设计门窗立面大样图中需绘出 4. 剖面图中,左为外,右为内 5. 立面形式应按实际情况绘制
29	门连窗	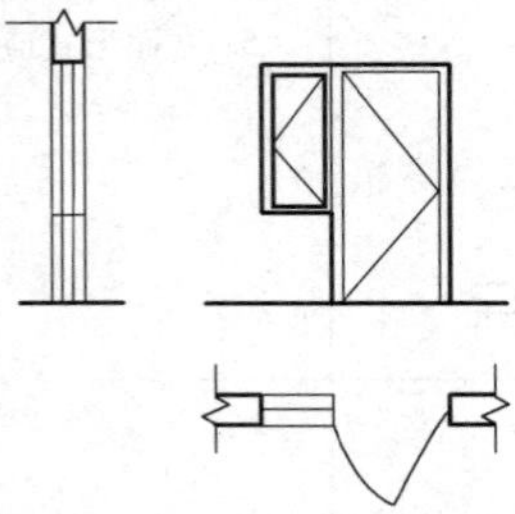	
30	旋转门	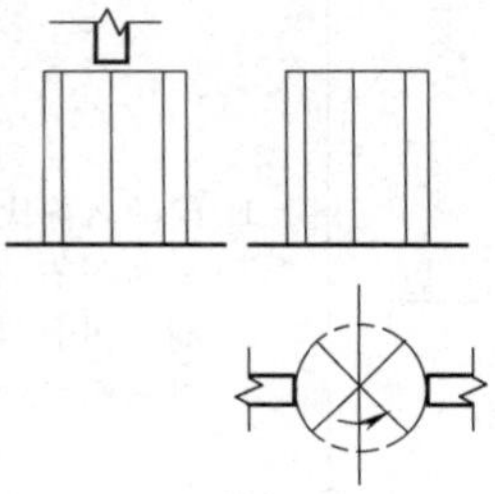	1. 门的名称代号用M表示 2. 立面形式应按实际情况绘制
	两翼智能旋转门	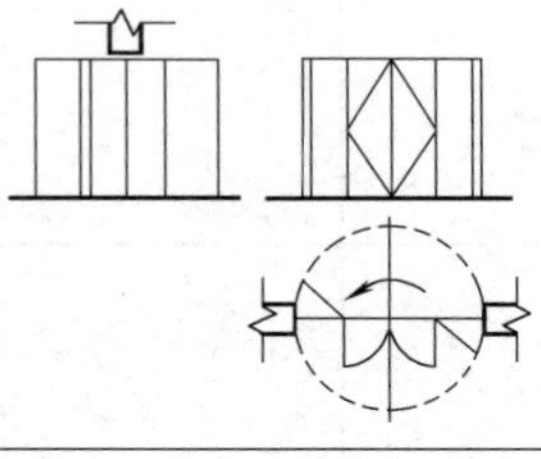	
31	自动门	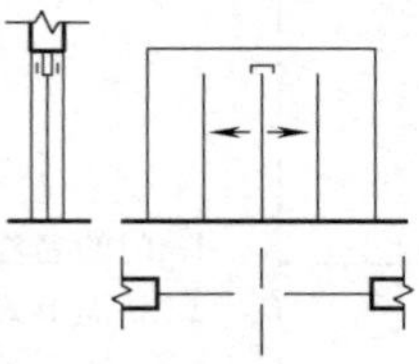	1. 门的名称代号用M表示 2. 立面形式应按实际情况绘制
32	折叠上翻门	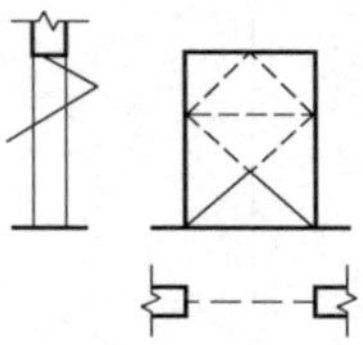	1. 门的名称代号用M表示 2. 平面图中,下为外,上为内 3. 剖面图中,左为外,右为内 4. 立面形式应按实际情况绘制

（续）

序号	名称	图　例	备　注
33	提升门	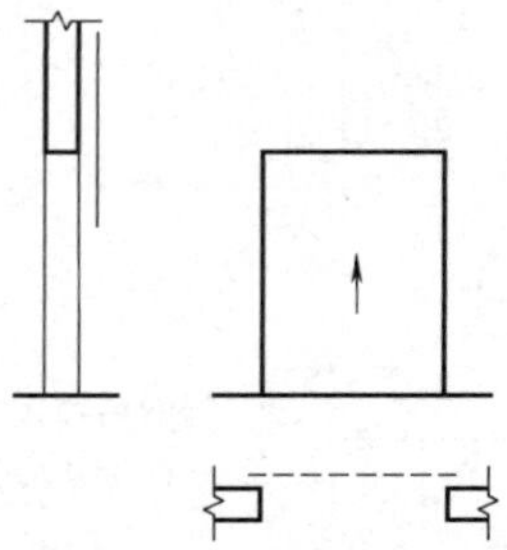	1. 门的名称代号用 M 表示 2. 立面形式应按实际情况绘制
34	分节提升门	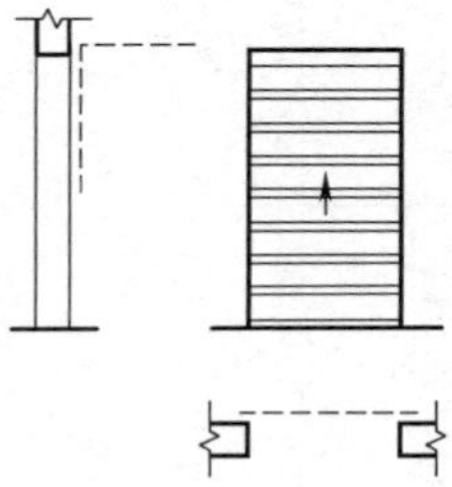	
35	人防单扇防护密闭门	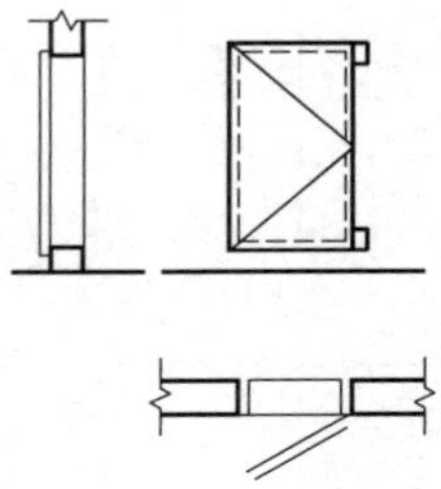	1. 门的名称代号按人防要求表示 2. 立面形式应按实际情况绘制
	人防单扇密闭门	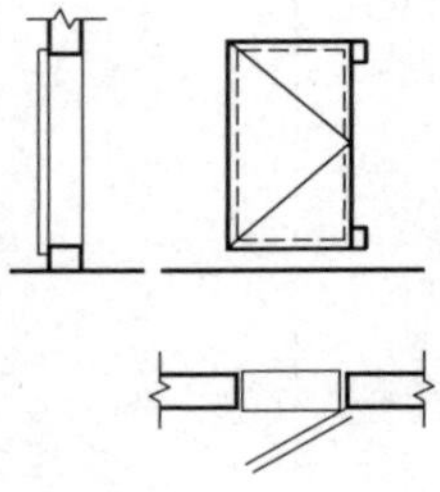	

（续）

序号	名称	图 例	备 注
36	人防双扇防护密闭门	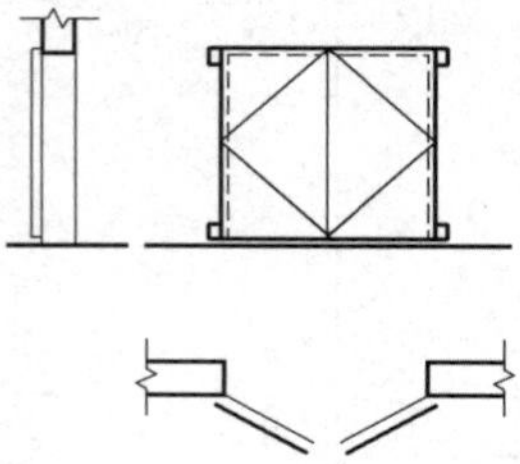	1. 门的名称代号按人防要求表示 2. 立面形式应按实际情况绘制
	人防双扇密闭门	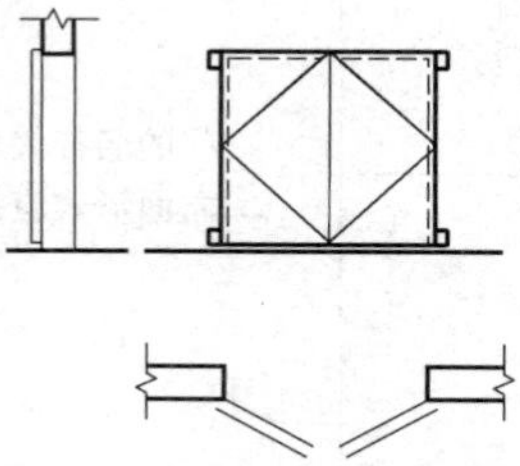	
37	横向卷帘门	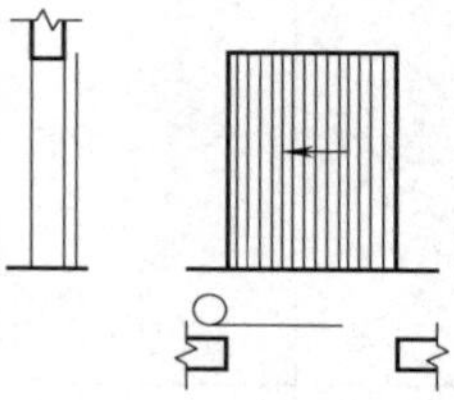	—
	竖向卷帘门	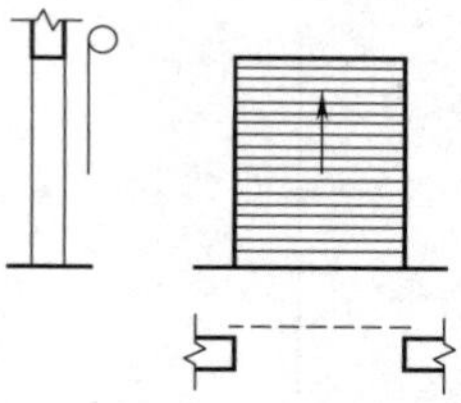	
	单侧双层卷帘门	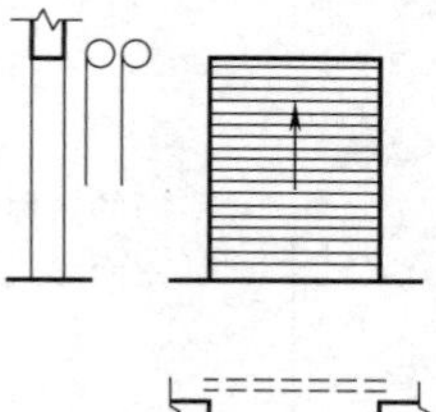	
	双侧单层卷帘门	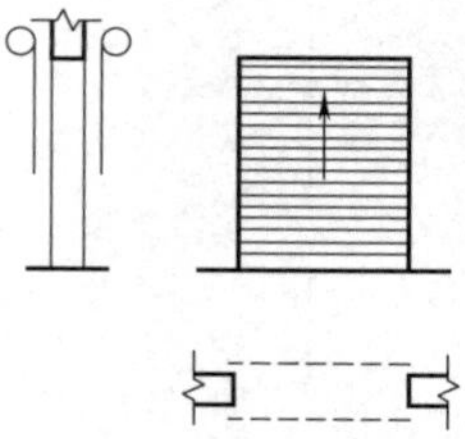	

（续）

<table>
<tr><th>序号</th><th>名称</th><th>图　例</th><th>备　注</th></tr>
<tr><td>38</td><td>固定窗</td><td>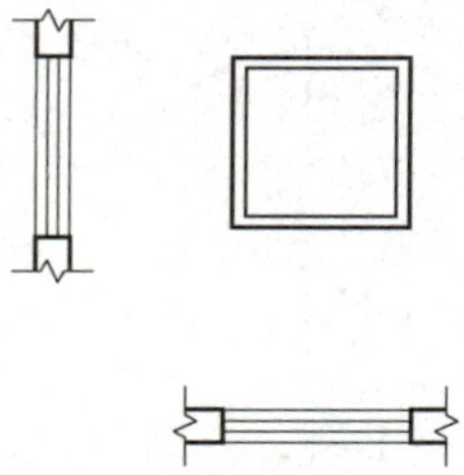</td><td rowspan="5">1. 窗的名称代号用 C 表示
2. 平面图中，下为外，上为内
3. 立面图中，开启线实线为外开，虚线为内开。开启线交角的一侧为安装合页一侧。开启线在建筑立面图中可不表示，在门窗立面大样图中需绘出
4. 剖面图中，左为外，右为内。虚线仅表示开启方向，项目设计不表示
5. 附加纱窗应以文字说明，在平、立、剖面图中均不表示
6. 立面形式应按实际情况绘制</td></tr>
<tr><td rowspan="2">39</td><td>上悬窗</td><td>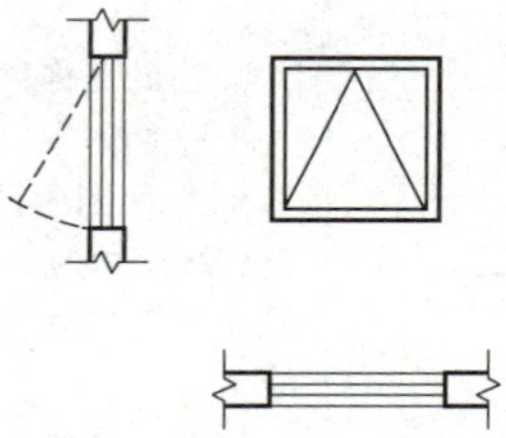</td></tr>
<tr><td>中悬窗</td><td>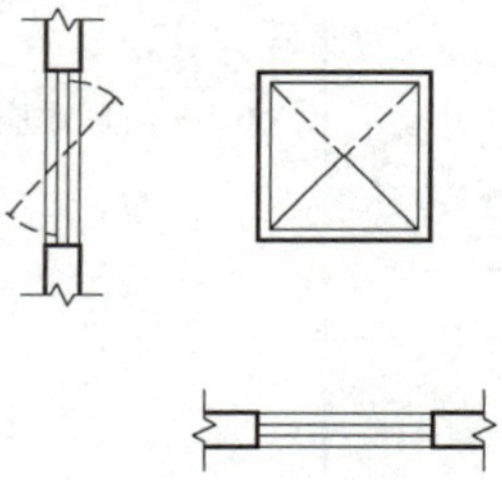</td></tr>
<tr><td>40</td><td>下悬窗</td><td>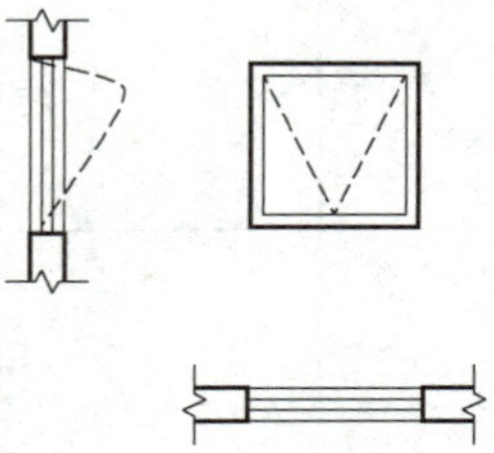</td></tr>
<tr><td>41</td><td>立转窗</td><td>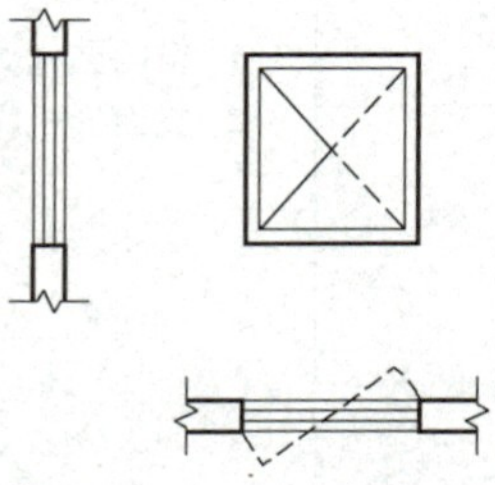</td></tr>
</table>

（续）

序号	名称	图例	备注
42	内开平开内倾窗	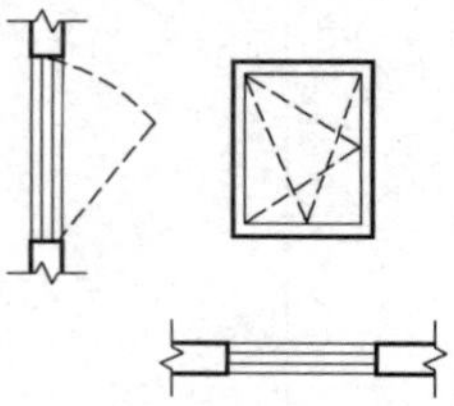	
43	单层外开平开窗	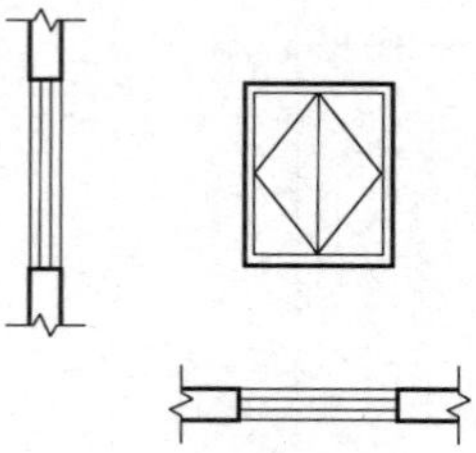	1. 窗的名称代号用C表示 2. 平面图中，下为外，上为内 3. 立面图中，开启线实线为外开，虚线为内开。开启线交角的一侧为安装合页一侧。开启线在建筑立面图中可不表示，在门窗立面大样图中需绘出 4. 剖面图中，左为外，右为内。虚线仅表示开启方向，项目设计不表示 5. 附加纱窗应以文字说明，在平、立、剖面图中均不表示 6. 立面形式应按实际情况绘制
	单层内开平开窗	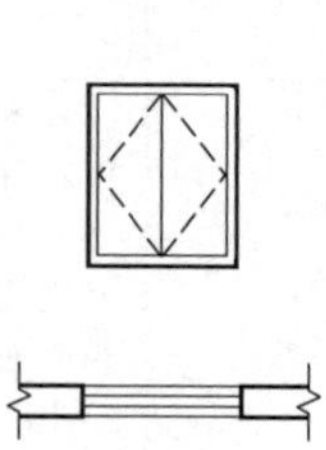	
	双层内外开平开窗	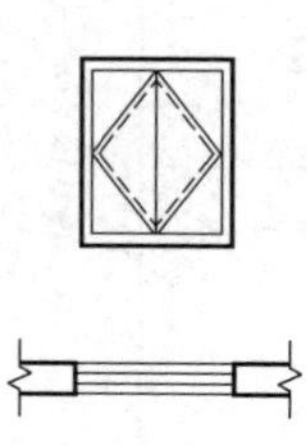	
44	单层推拉窗	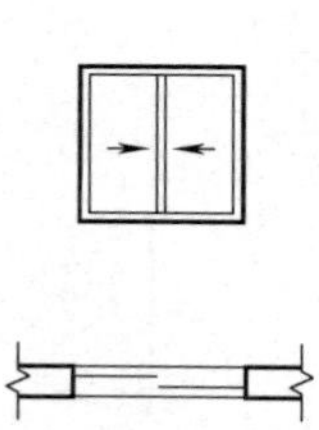	1. 窗的名称代号用C表示 2. 立面形式应按实际情况绘制
	双层推拉窗	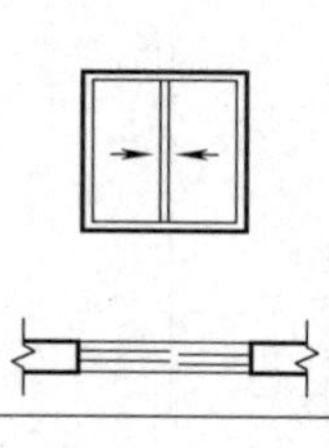	

（续）

<table>
<tr><th>序号</th><th>名称</th><th>图　例</th><th>备　注</th></tr>
<tr><td>45</td><td>上推窗</td><td></td><td rowspan="2">1. 窗的名称代号用 C 表示
2. 立面形式应按实际情况绘制</td></tr>
<tr><td>46</td><td>百叶窗</td><td></td></tr>
<tr><td>47</td><td>高窗</td><td>h=</td><td>1. 窗的名称代号用 C 表示
2. 立面图中，开启线实线为外开，虚线为内开。开启线交角的一侧为安装合页一侧。开启线在建筑立面图中可不表示，在门窗立面大样图中需绘出
3. 剖面图中，左为外，右为内
4. 立面形式应按实际情况绘制
5. h 表示高窗底距本层地面高度
6. 高窗开启方式参考其他窗型</td></tr>
<tr><td>48</td><td>平推窗</td><td></td><td>1. 窗的名称代号用 C 表示
2. 立面形式应按实际情况绘制</td></tr>
</table>

4）平面图的方向宜与总图方向一致。平面图的长边宜与横式幅面图纸的长边一致。

5）在同一张图纸上绘制多于一层的平面图时，各层平面图宜按层数的顺序从左至右或从下至上布置。

6）除顶棚平面图外，各种平面图应按正投影法绘制。顶棚平面图宜用镜像投影法绘制。

7）平面较大的建筑物，可分区绘制平面图，但应绘制组合示意图。各区应分别用大写拉丁字母编号。在组合示意图中要提示的分区，应采用阴影线或填充的方式表示，如图 6-5 所示。

8）建筑物平面图应注写房间的名称或编号。编号应注写在直径为 6mm 细实线绘制的圆

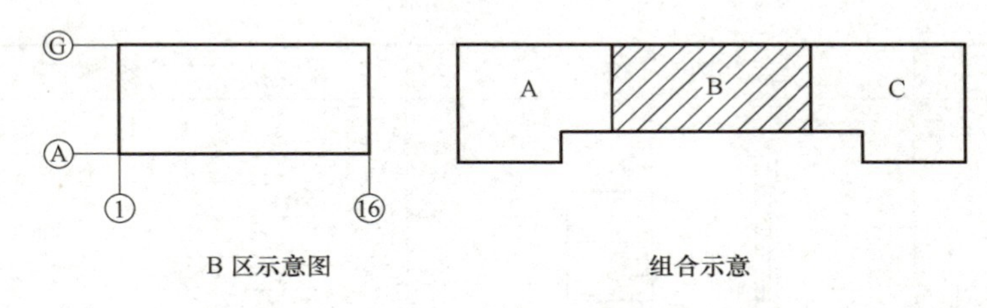

图 6-5　分区绘制建筑平面图

圈内，并应在同张图纸上列出房间名称表。

9）指北针应绘制在建筑物±0.000 标高的平面图上，并放在明显位置，所指的方向应与总图一致。

10）不同比例的平面图、剖面图，其抹灰层、楼地面、材料图例的省略画法，应符合下列规定：

① 比例大于 1∶50 的平面图、剖面图，应画出抹灰层、保温隔热层等与楼地面、屋面的面层线，并宜画出材料图例。

② 比例等于 1∶50 的平面图、剖面图，剖面图宜画出楼地面、屋面的面层线，宜绘出保温隔热层，抹灰层的面层线应根据需要确定。

③ 比例小于 1∶50 的平面图、剖面图，可不画出抹灰层，但剖面图宜画出楼地面、屋面的面层线。

④ 比例为 1∶200～1∶100 的平面图、剖面图，可画简化的材料图例，但剖面图宜画出楼地面、屋面的面层线。

⑤ 比例小于 1∶200 的平面图、剖面图，可不画材料图例，剖面图的楼地面、屋面的面层线可不画出。

11）标注建筑平面图各部位的定位尺寸时，宜标注与其最邻近的轴线间的尺寸。

4. 图示实例

图 6-6 所示（见书后插页）为某别墅的一层平面图。

1）从图名可以了解该图是哪一层的平面图及其比例。本图为一层平面图，比例为 1∶50。

2）从一层平面图中可以看到，在一层平面图外画有一个指北针，说明房屋的朝向。从图中的墙的分隔位置及房间的名称可知，该别墅入户庭院在北方，有院墙（设门），一层有客厅、餐厅、走道、厨房、老人房（带卫生间）、楼梯间、车库、公共卫生间等房间，客厅为南向，楼梯间西向，老人房、厨房、车库北向，别墅东南有一内部庭院和一下沉式庭院，庭院外有院墙（不设门）。别墅一层主要为公共用途房间、方便老人使用的老人房、庭院等。

3）从图中定位轴线的编号及其间距，可了解各承重构件的位置及其围成的房间。本图的横向轴线为①～⑦，纵向轴线为Ⓐ～Ⓖ，从图中可看到该建筑主要墙体为钢筋混凝土剪力墙。

4）通过图中的尺寸标注，可以了解到各房间的开间、进深、门窗等的大小和位置。图中的尺寸标注包括外部尺寸、内部尺寸、标高、坡度。

① 外部尺寸。为便于读图和施工，一般在平面图的外部注写三道尺寸。

第一道尺寸：总尺寸，表示外轮廓的总尺寸，即从一端外墙边到另一端外墙边的总长和总宽尺寸。

第二道尺寸：轴线尺寸，即定位轴线之间的尺寸，用以说明承重构件的位置及房间的开间和进深的尺寸。如客厅的开间为7200mm，进深为5800mm；车库的开间为3900mm，进深为6100mm。

第三道尺寸：细部尺寸，标注外墙上门窗洞的宽度和位置、墙柱的大小和位置等。标注这道尺寸时应与定位轴线联系起来，如客厅南面墙上的窗洞宽4800mm，距两边的定位轴线均为1200mm，居中设置。

标注建筑平面图各部位的定位尺寸时，应注写与其最邻近的轴线间的尺寸。

三道尺寸线之间应留有适当距离，一般为7~10mm，但第三道尺寸线距离图样最外轮廓线不宜小于10mm，以便于注写尺寸数字。

② 内部尺寸。房间的净尺寸、室内的门窗洞、孔洞、墙厚、设备的大小与位置等，均在平面图内部就近标注，如车库通过台阶通向室内，台阶宽度1000mm，踏面宽度250mm；车库开向室内的门洞宽度为900mm，距⑥轴线220mm。

③ 标高。用相对标高标注地面的标高及高度有变化处的标高。如该别墅位于坡地，地面标高变化较大。一层客厅、餐厅、老人房等处地面标高为±0.000，楼梯间中间平台标高-1.800m，车库标高-0.450m，入户庭院标高-0.450m，院墙外标高-0.600m。南边地势较低，内部庭院标高-1.200m；下沉式庭院标高-3.300m，可有效解决地下一层影视厅的采光及绿化休闲等，并且不同部位的高差丰富了空间的层次感。

④ 坡度。如有坡道时应标注其坡度。在屋顶平面图上，应标注屋面的坡度。

其他各层平面图的尺寸，除标注出轴线间尺寸、总尺寸、标高外，其余与底层平面图相同的细部尺寸也可省略。

5）从图中门窗的图例及编号可了解门窗的类型、数量及其位置。如客厅设C4827，老人房设C2728，老人房卫生间设C1024，北入户门为HM1225等。可结合门窗表，了解门窗编号、名称、尺寸、数量及所选标准图集编号等内容。至于门窗的具体做法，则要查看门窗的构造详图。

6）其他，如楼梯、隔墙、壁柜、空调板、卫生设备、台阶、花池、散水、雨水管等的配置和位置情况。

7）标注相关的索引符号、文字说明等。在底层平面图中，还应画出剖面图的剖切符号。

其他各层平面图如图6-7~图6-10所示，请学生自行对照阅读（图6-8~图6-10见书后插页）。

6.4　建筑立面图识读

在与房屋立面平行的投影面上作房屋的正投影图，称为建筑立面图，简称立面图。

立面图主要反映房屋的造型、外貌、高度和立面装饰装修做法。建筑立面图也是建筑施工图中最基本的图样之一。

1. 建筑立面图的命名

建筑立面图的命名通常有以下几种方法：

1）反映主要出入口或反映房屋外貌主要特征的那一面的立面图，称为正立面图；其余的立面图相应称为背立面图和侧立面图。

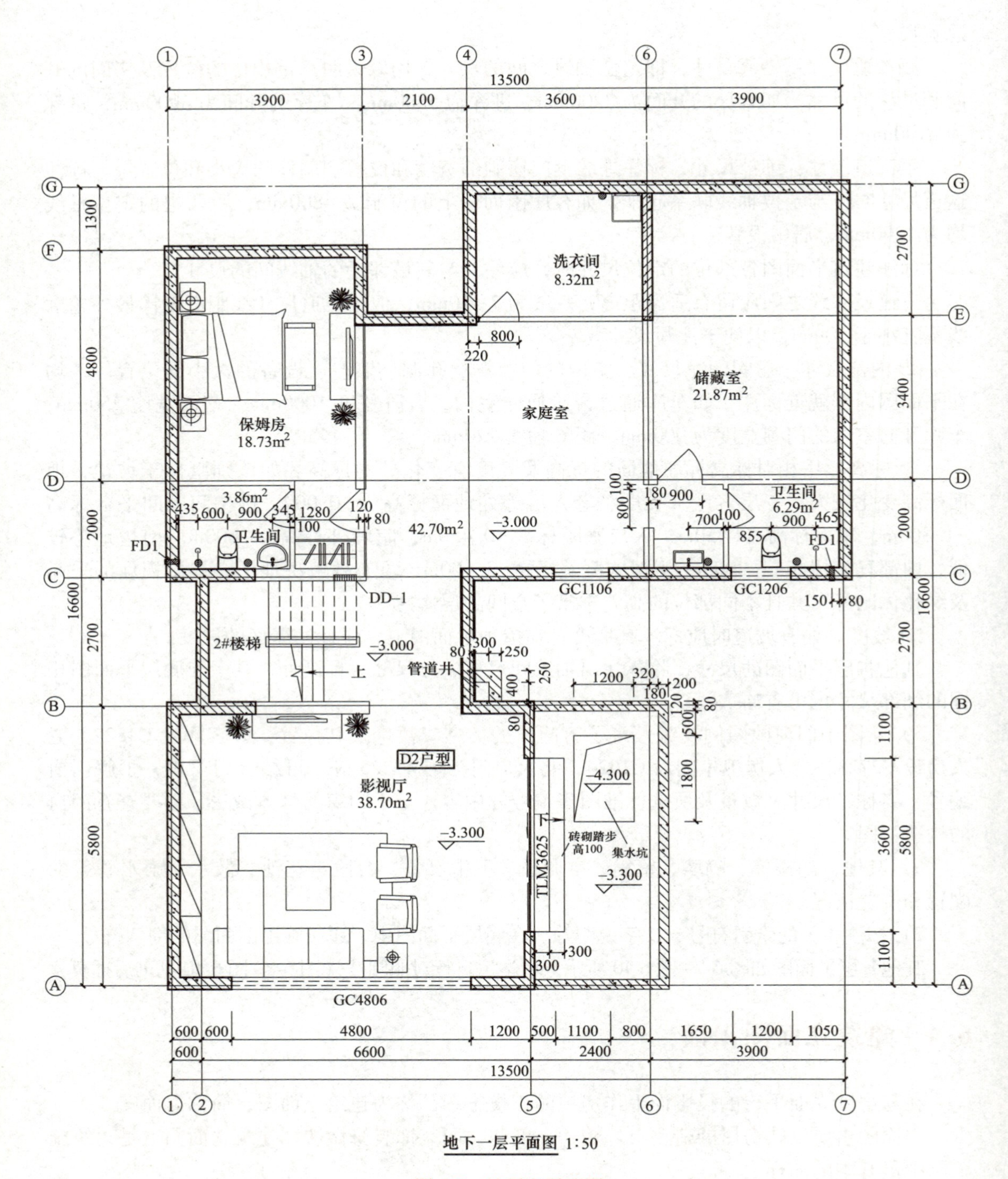

图 6-7 地下室平面图

2）也可按房屋的朝向来命名，如南立面、北立面、东立面、西立面。

3）按两端定位轴线编号来命名，如①~⑩立面图、Ⓐ~Ⓖ立面图。

一般情况下，有定位轴线的建筑物，宜根据两端定位轴线号编注立面图名称。

2. 图示内容

1）室外地坪线、台阶、门窗、雨篷、阳台、室外楼梯、外墙面、柱、檐口、屋顶形状、雨水管、墙面分格线及外墙装饰线脚等。

2）尺寸及标高。室外地面、台阶、阳台、檐口、屋脊、女儿墙等处注写完成面的尺寸及标高，其余部分注写毛面尺寸及标高。

3）注写建筑物两端或分段的轴线及编号。

4）标注索引符号、外墙面的装修做法。

3. 规定画法

1）图线：建筑立面图的外轮廓线采用粗实线，建筑构配件的轮廓线如门窗洞、阳台、檐口、雨篷、花池等的轮廓线采用中实线，门窗扇、栏杆、墙面分格线、图例线、引出线等采用细实线，一般室外地坪线采用特粗实线，使立面图层次分明、重点突出、外形清晰。

2）建筑立面图应包括投影方向可见的建筑外轮廓线和墙面线脚、构配件、墙面做法及必要的尺寸标高等。

3）平面形状曲折的建筑物，可绘制展开立面图，圆形或多边形平面的建筑物，可分段展开绘制立面图，但均应在图名后加注“展开”二字。

4）较简单的对称式建筑物或对称的构配件等，在不影响构造处理和施工的情况下，立面图可绘制一半，并在对称轴线处画对称符号。

5）在建筑物立面图上，相同的门窗、阳台、外檐装修、构造做法等可在局部重点表示，绘出其完整图形，其余部分只画轮廓线。

6）在建筑物立面图上，外墙表面分格线应表示清楚。应用文字说明各部位所用面材及色彩。

7）有定位轴线的建筑物，宜根据两端定位轴线号编注立面图名称，无定位轴线的建筑物，可按平面图各面的朝向确定名称。

4. 图示实例

如图 6-11 所示，以①~⑦轴立面图为例，说明立面图的内容及其阅读方法。

1）从图名可知该图为①~⑦轴立面图，也是南立面图，比例与平面图相同，均为1：50。

2）从图中可以看出该建筑物的整个外貌形状，地上 3.5 层，具有现代简约风格的外观处理，造型层次丰富，还可了解到门窗、阳台、屋顶、檐部处理等细部的形式和位置。

3）从图中所标注的标高及尺寸标注，可知别墅南立面处室外地坪比室内一层地面低 1.200m，最高处为屋顶 12.337m，一层层高为 3600mm，二、三层层高均为 3300mm，客厅一层窗洞的高度为 2700mm，窗台距室内地坪高 300mm，客厅二层窗洞高度为 2400mm。

4）从图中的图例及文字说明，可以了解该别墅的外墙面装修做法，如一层客厅及其下方地下一层墙面为浅米色石材，二、三层主要为红色长条转，局部为深灰色石材及防腐木，通过材质和色彩的对比，将立面处理得富于变化和韵律感。

5）索引符号，如客厅处及以上墙身的详细构造做法见图纸的第 12 页第 2 号详图，公卫间处及以上墙身的详细构造做法见图纸的第 12 页第 1 号详图。

其他各立面图如图 6-12~图 6-14 所示，请学生对照阅读。

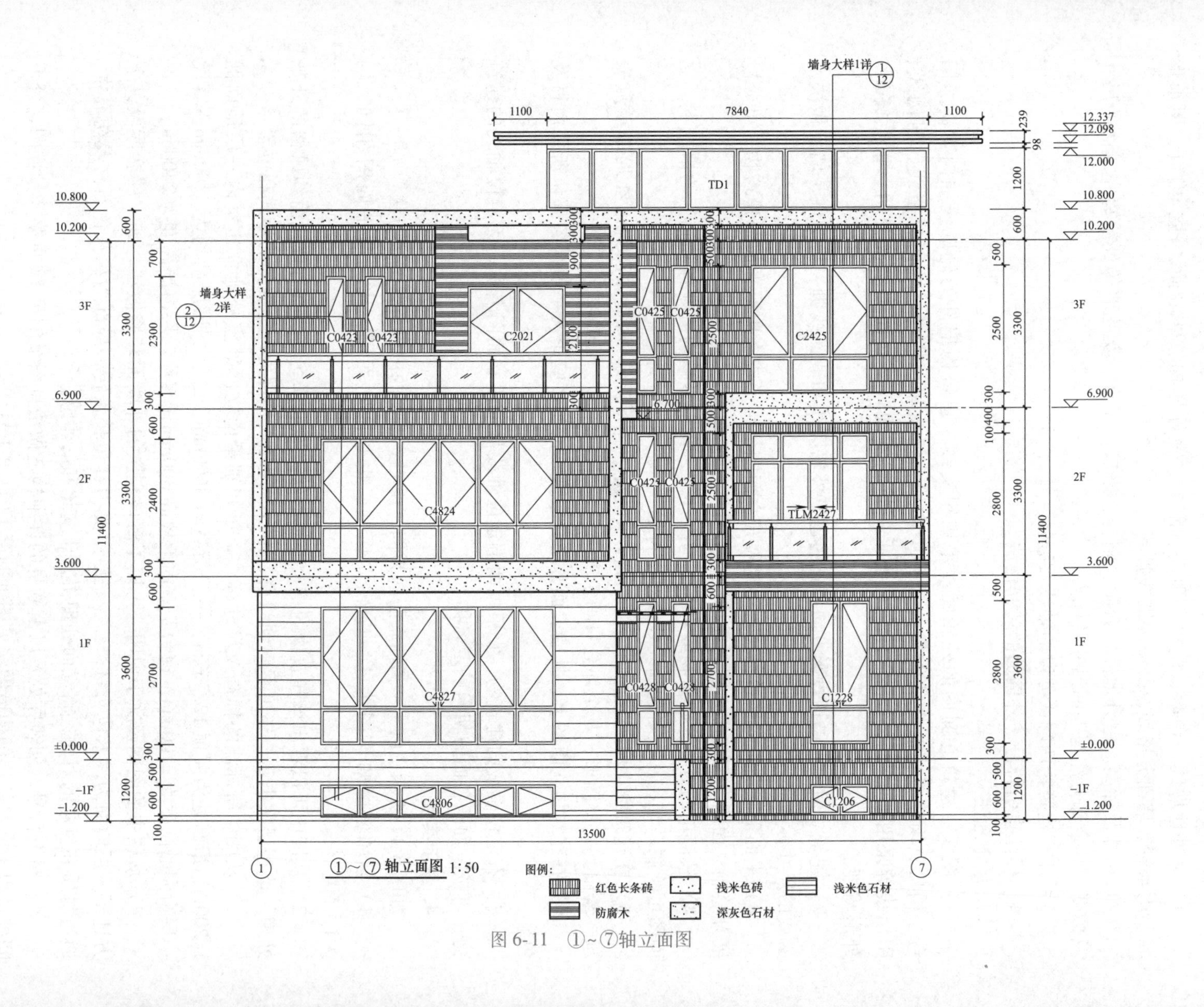
墙身大样1详
墙身大样2详
TD1
C0423
C0423
C2021
C0425
C0425
C2425
C4824
TLM2427
C4827
C0428
C0428
C1228
C4806
C1206
3F
2F
1F
-1F
10.800
10.200
6.900
6.700
3.600
±0.000
-1.200
12.337
12.098
12.000
11400
13500
7840
①~⑦轴立面图 1:50
图例:
红色长条砖
浅米色砖
浅米色石材
防腐木
深灰色石材

图 6-11 ①~⑦轴立面图

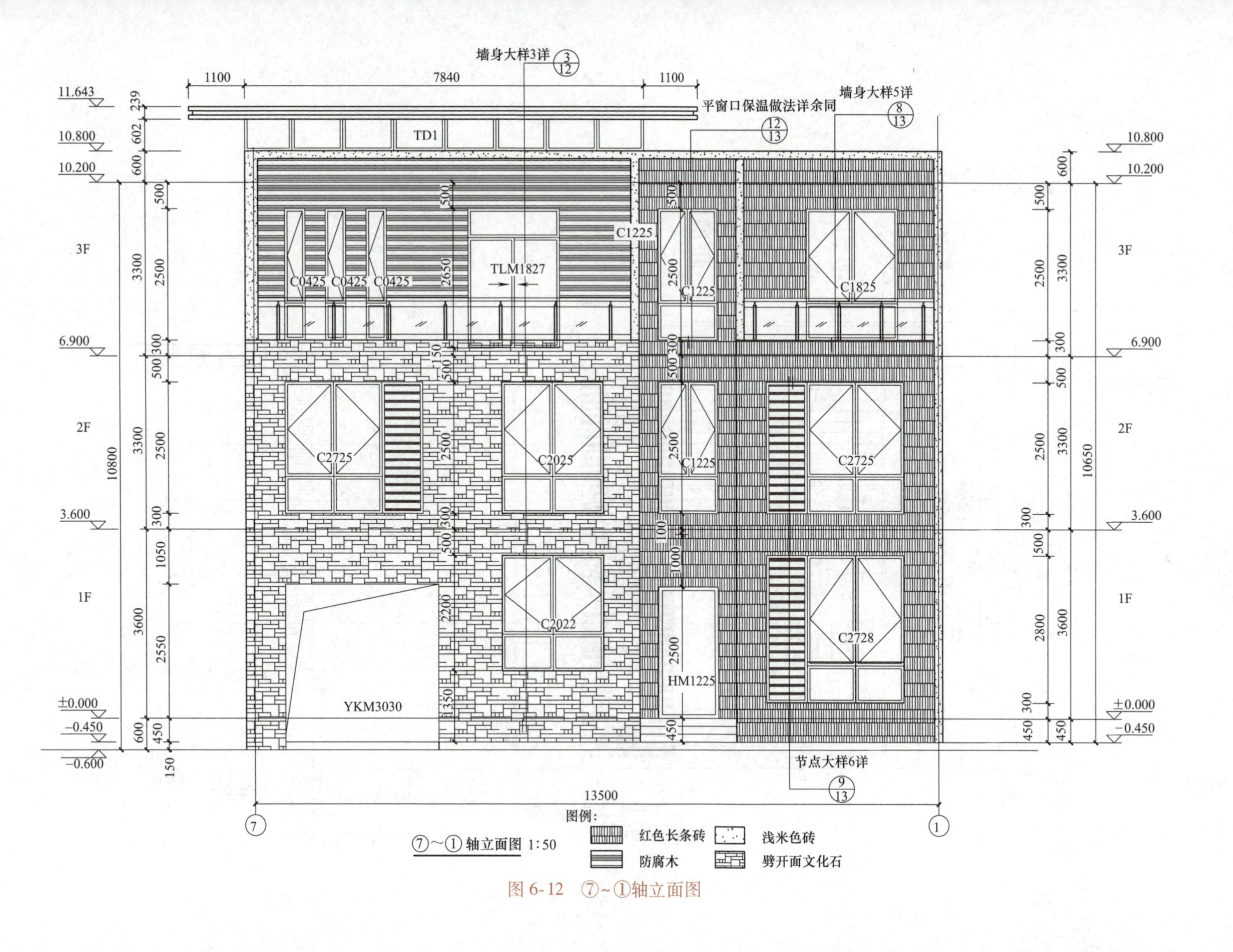
墙身大样3详
墙身大样5详
平窗口保温做法详余同
节点大样6详
TD1
TLM1827
C0425
C1225
C1825
C2725
C2025
C2022
C2728
HM1225
YKM3030
3F
2F
1F
11.643
10.800
10.200
6.900
3.600
±0.000
−0.450
−0.600
10800
10650
13500
⑦~①轴立面图 1:50
图例：
红色长条砖
防腐木
浅米色砖
劈开面文化石

图 6-12　⑦~①轴立面图

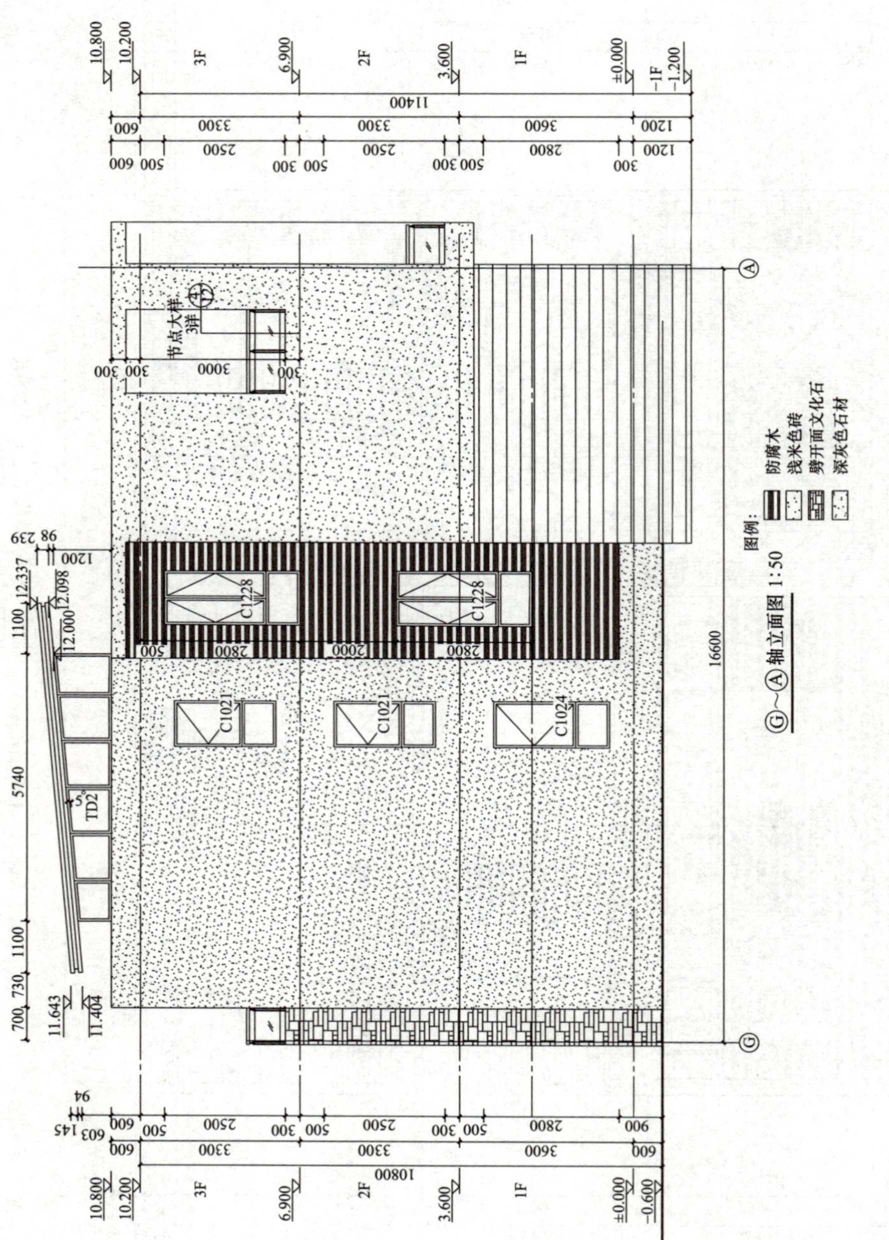
Ⓖ~Ⓐ轴立面图 1:50
图例:
防腐木
浅米色砖
劈开面文化石
深灰色石材
节点大样 3详
C1228
C1021
C1024
TD2
3F
2F
1F
10.800
10.200
6.900
3.600
±0.000
-0.600
-1.200
11400
10800
16600

图 6-13　Ⓖ~Ⓐ轴立面图

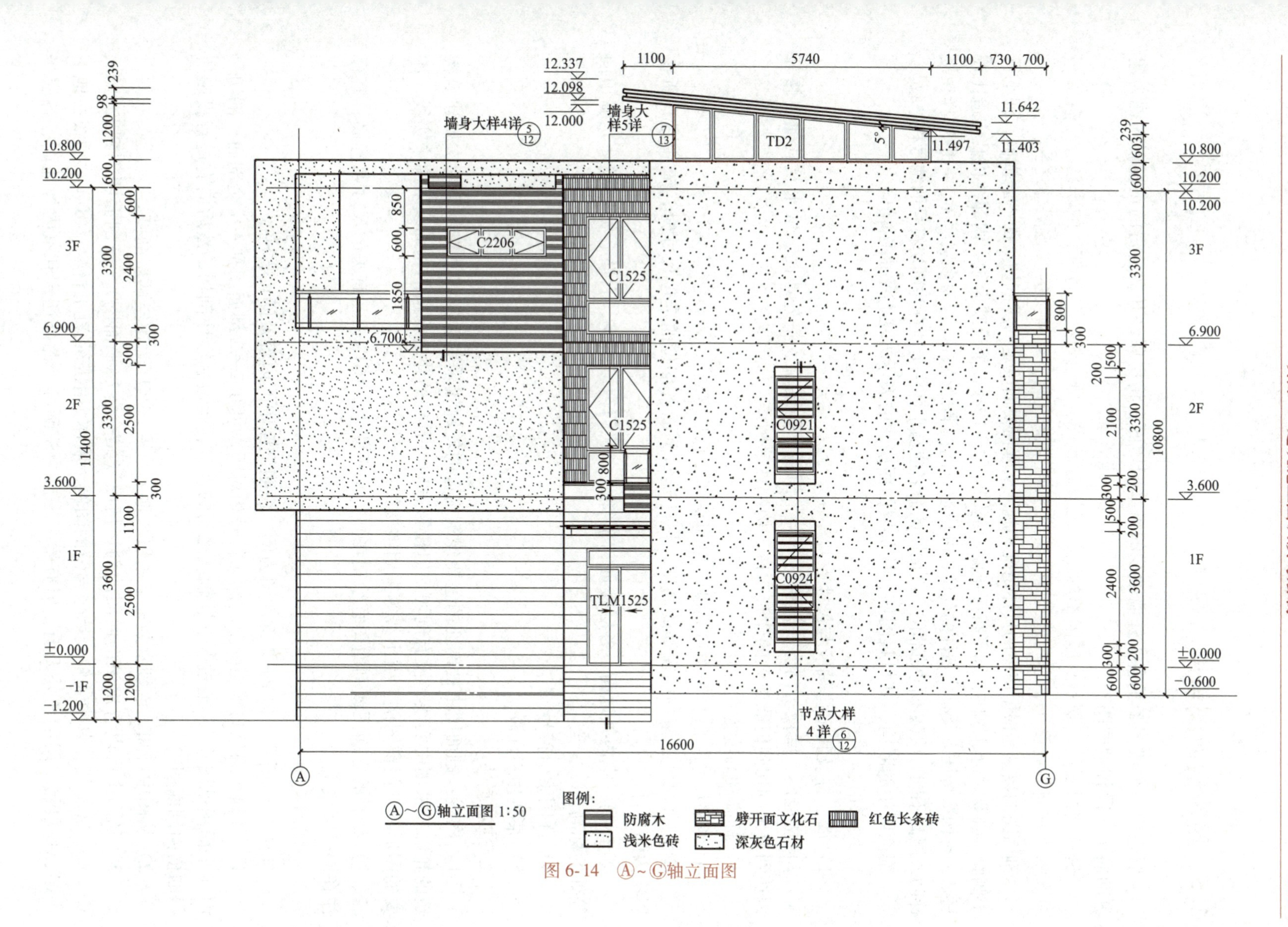
Ⓐ~Ⓖ轴立面图 1:50
图例:
防腐木
劈开面文化石
红色长条砖
浅米色砖
深灰色石材
墙身大样4详
墙身大样5详
节点大样4详
TD2
C2206
C1525
C0921
C0924
TLM1525
3F
2F
1F
-1F
12.337
12.098
12.000
11.642
11.497
11.403
10.800
10.200
6.900
6.700
3.600
±0.000
-0.600
-1.200
11400
10800
16600
5740

图 6-14　Ⓐ~Ⓖ轴立面图

6.5 建筑剖面图识读

假想用一个或多个垂直于外墙轴线的铅垂剖切面，将房屋剖开，所得的正投影图称为建筑剖面图，简称剖面图。

建筑剖面图用以表示房屋内部的结构或构造形式、分层情况和各部位的联系、材料及其内部垂直方向的高度等，是与建筑平、立面图相互配合的不可缺少的基本图样之一。

剖面图的数量是根据房屋的具体情况和施工实际需要而决定的。剖切平面一般横向，即平行于侧面，必要时也可纵向，即平行于正面。剖切部位应选择在能反映全貌、内部结构及构造比较复杂、有构造特征以及有代表性的部位，并应通过门窗洞的位置。若为多层房屋，一般选择在楼梯间或层高不同、层数不同的部位。剖面图的命名应与平面图上所标注剖切符号的编号相一致。

剖面图中的断面，其材料图例、抹灰层的面层线的表示方法与平面图相同。

1. 图示内容

1）墙、柱及其定位轴线与尺寸。

2）楼地面、屋顶、门窗、楼梯、阳台、雨篷、防潮层、室外地面、散水及其他装修等剖切到或未剖切到但能看到的建筑构造、构配件等内容。

3）标高和高度方向的尺寸。

① 外部尺寸：门、窗洞口高度，层间高度，总高度。

② 内部尺寸：室内门窗等的高度。标注建筑剖面各部位的定位尺寸时，应注写其所在层次内的尺寸。

③ 标高：室内外地面、各层楼面与楼梯平台、门窗、雨篷、台阶、檐口或女儿墙顶面等处的标高。

4）详图索引符号。

5）某些用料注释。

2. 规定画法

1）图线：剖面图中被剖切的主要建筑构造的轮廓线采用粗实线，被剖切的次要建筑构造的轮廓线采用中实线，没有剖切到但投影方向可看到的建筑构造的轮廓线采用中实线，次要的图形线、门窗图例、引出线等采用细实线。

2）相邻的立面图或剖面图宜绘制在同一水平线上，图内相互有关的尺寸及标高，宜标注在同一竖线上。

3. 图示实例

如图 6-15 所示，以 2—2 剖面图为例，说明剖面图的内容及阅读方法。

1）将轴线编号与平面图上的剖切符号相对照，可知 2—2 剖面图是一个全剖面，剖切平面（平面图见图 6-6）通过③、④轴线之间的入口、走道、客厅剖切，然后向右进行投影所得的横向剖面图。

2）从图中可知，该别墅为地下一层、地上三层，客厅为挑空两层高度。

3）从图中可以看出该剖面图的剖切情况（结合各层平面图）。该剖面图剖到Ⓔ、Ⓓ、Ⓒ、Ⓑ、Ⓐ轴线，其中Ⓐ轴线墙包含窗的图例，墙体为钢筋混凝土材料；Ⓑ、Ⓒ轴线在地下一层、一层、二层剖切处无墙，但有梁，三层为门洞等。此外还剖到室内外地面、各层楼

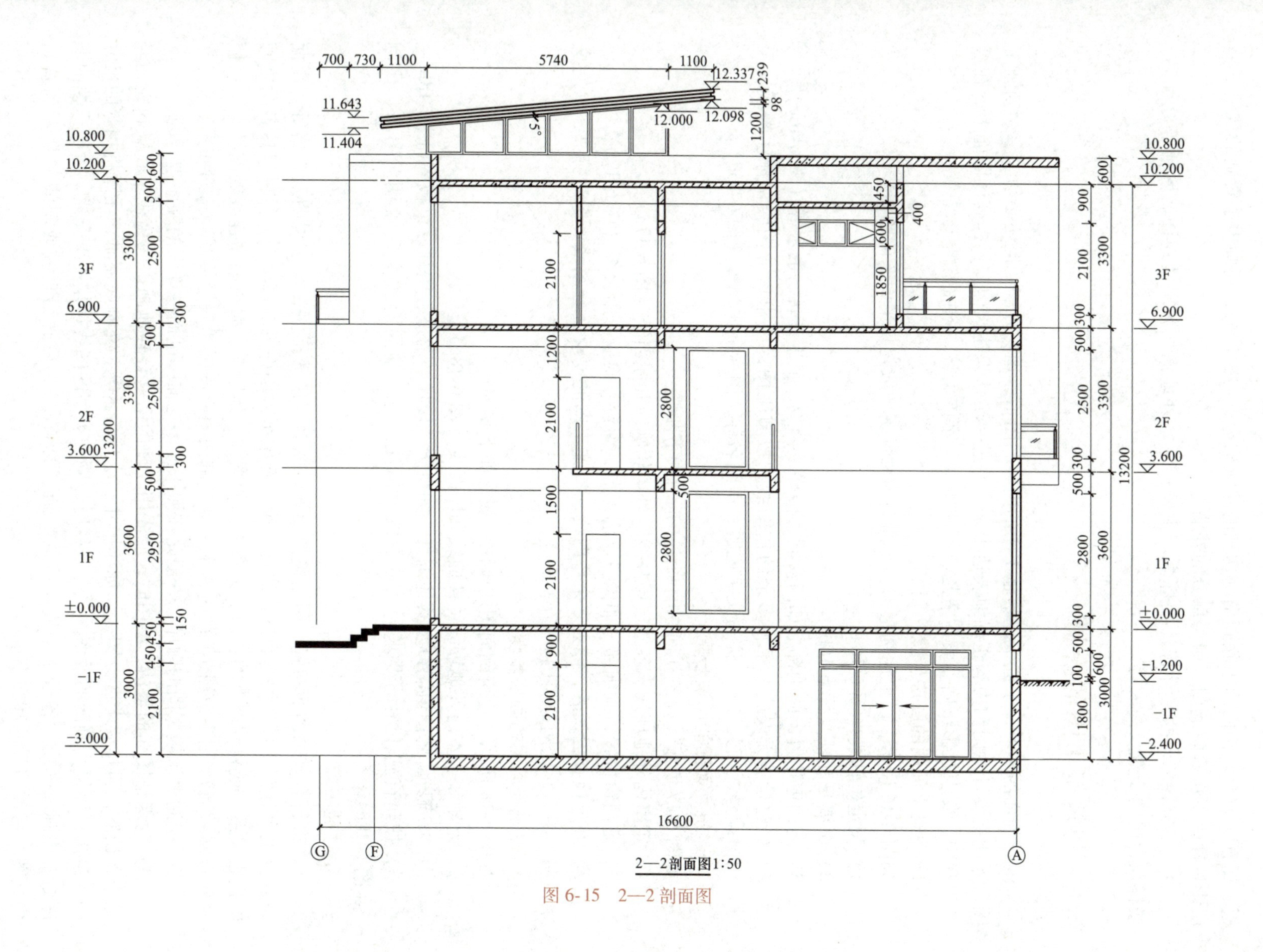
2—2剖面图1:50
10.800
10.200
6.900
3.600
±0.000
-1.200
-2.400
-3.000
3F
2F
1F
-1F
13200
16600
12.337
12.098
12.000
11.643
11.404
5°

图 6-15 2—2 剖面图

板、屋顶、露台。剖面图中除画出剖切到的建筑构造、构配件外，还画出了看到的从地下一层影音厅去下沉庭院的门、厨房部分的外墙等。

4）了解各部位的尺寸标注及标高。主要标注室外地面、各层楼地面、屋顶等处标高，楼梯及台阶的步数及高度等。

6.6 建筑施工图的绘制

通过前面的学习，掌握了建筑施工图的内容、图示原理与方法，但还必须学会绘制施工图，才能把设计意图和内容正确地表达出来，并进一步认识建筑构造、提高读图能力。在绘图过程中，要求投影正确、表达清楚、尺寸齐全、字体工整、图面整洁美观。

1. 建筑平面图的画法步骤

如图6-16所示，以上述别墅一层平面图为例说明一般建筑平面图的画法步骤。

1）画定位轴线（图6-16a）。

2）画墙身和柱（图6-16b）。

3）定门窗位置，画细部，如门窗洞、楼梯、台阶、卫生设备、散水等（图6-16c）。

4）经过检查无误后，擦去多余的作图线，按施工图的要求区分图线，标注轴线、尺寸、门窗编号、相关符号，注写文字说明、房间名称、图名、比例等（图6-16d）。

2. 建筑立面图的画法步骤

如图6-17所示，建筑立面图的画法一般有如下步骤：

1）定室内外地坪线、各楼层层高线、外墙轮廓线和屋面线（图6-17a）。

2）定门窗位置，画细部，如檐口、门窗洞、窗台、雨篷、阳台等（图6-17b）。

3）经过检查无误后，擦去多余作图线，按施工图的要求区分图线。标注标高，注写文字说明、图名、比例等（图6-17c）。

3. 建筑剖面图的画法步骤

如图6-18所示，建筑剖面图的画法一般有如下步骤：

1）定轴线、室内外地坪线、楼面线和屋面线（图6-18a）。

2）画墙身，定门窗洞口及其他细部，如台阶、楼梯、雨篷、屋顶、梁板等(图6-18b)。

3）按建筑施工图的要求，区分图线，标注尺寸，注写有关文字说明、图名、比例等(图6-18c)。

4. 注意事项

1）进行合理的图面布置。图面包括图样、图名、尺寸标注、文字说明及表格等。图面布置应主次分明、排列均匀紧凑、表达清晰。在图纸大小许可的情况下，尽量保持各图之间的投影关系，或将同类型的、内容关系密切的图样，集中在一张或顺序连续的图纸上，以便对照查阅。当画在同一张图纸内时，平、立、剖面图应按照“三等关系”进行布图。

2）绘制建筑施工图的顺序，一般是按照平面→立面→剖面→详图的顺序进行的。

3）为保证图面的整洁，绘图时，应先用较硬的铅笔轻轻地画出底稿线。底稿画完，经检查无误后，再按要求区分图线、标注尺寸、注写图名等。在画底稿时，注意将相等的尺寸一次量出，以提高画图的效率。区分图线时，同一类型的图线尽量一次完成。一般习惯的顺序是：先画水平线（各条水平线应按从上到下的顺序），后画铅直线或斜线（从左到右）；先画图，后注写尺寸和文字说明。

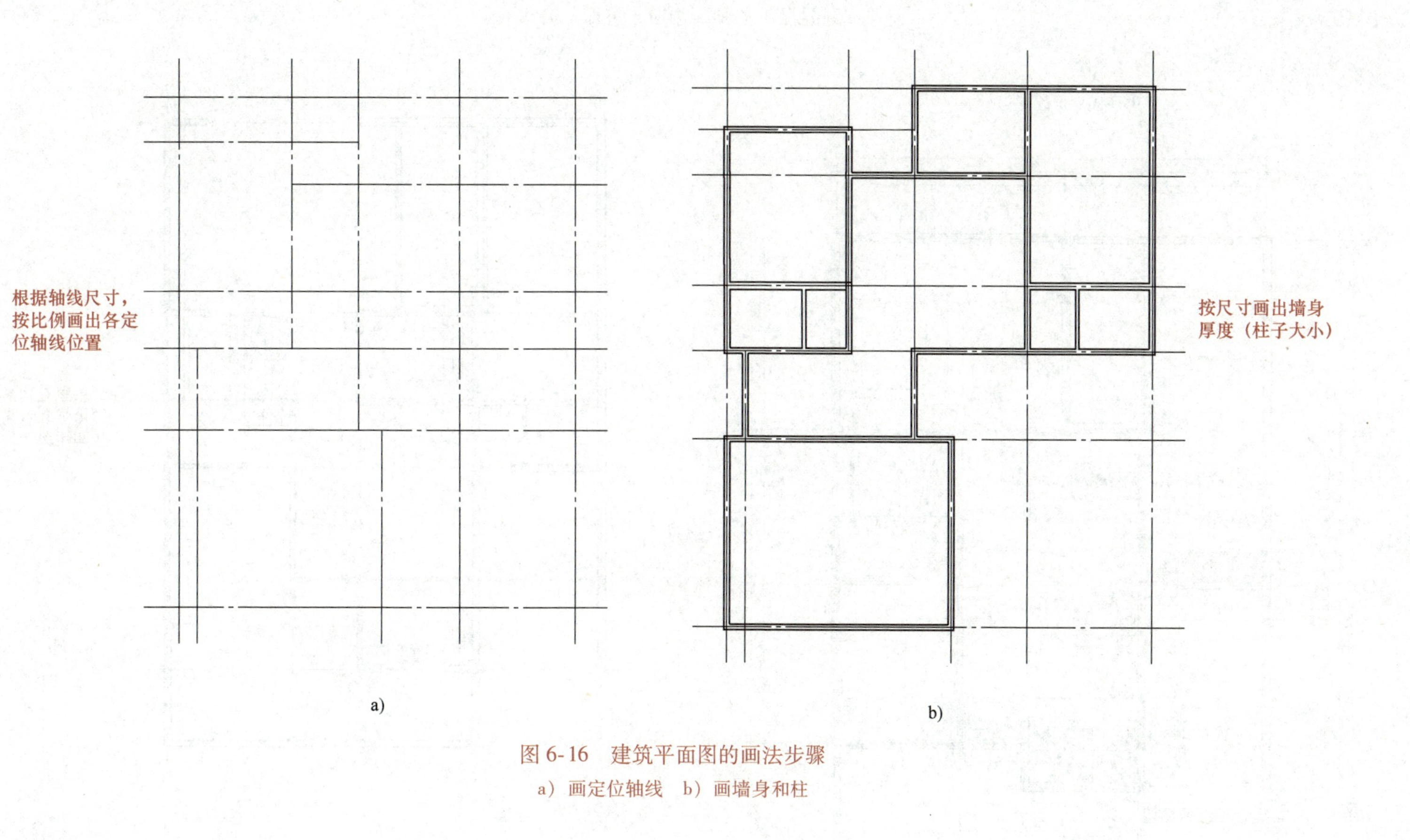

图 6-16 建筑平面图的画法步骤

a）画定位轴线 b）画墙身和柱

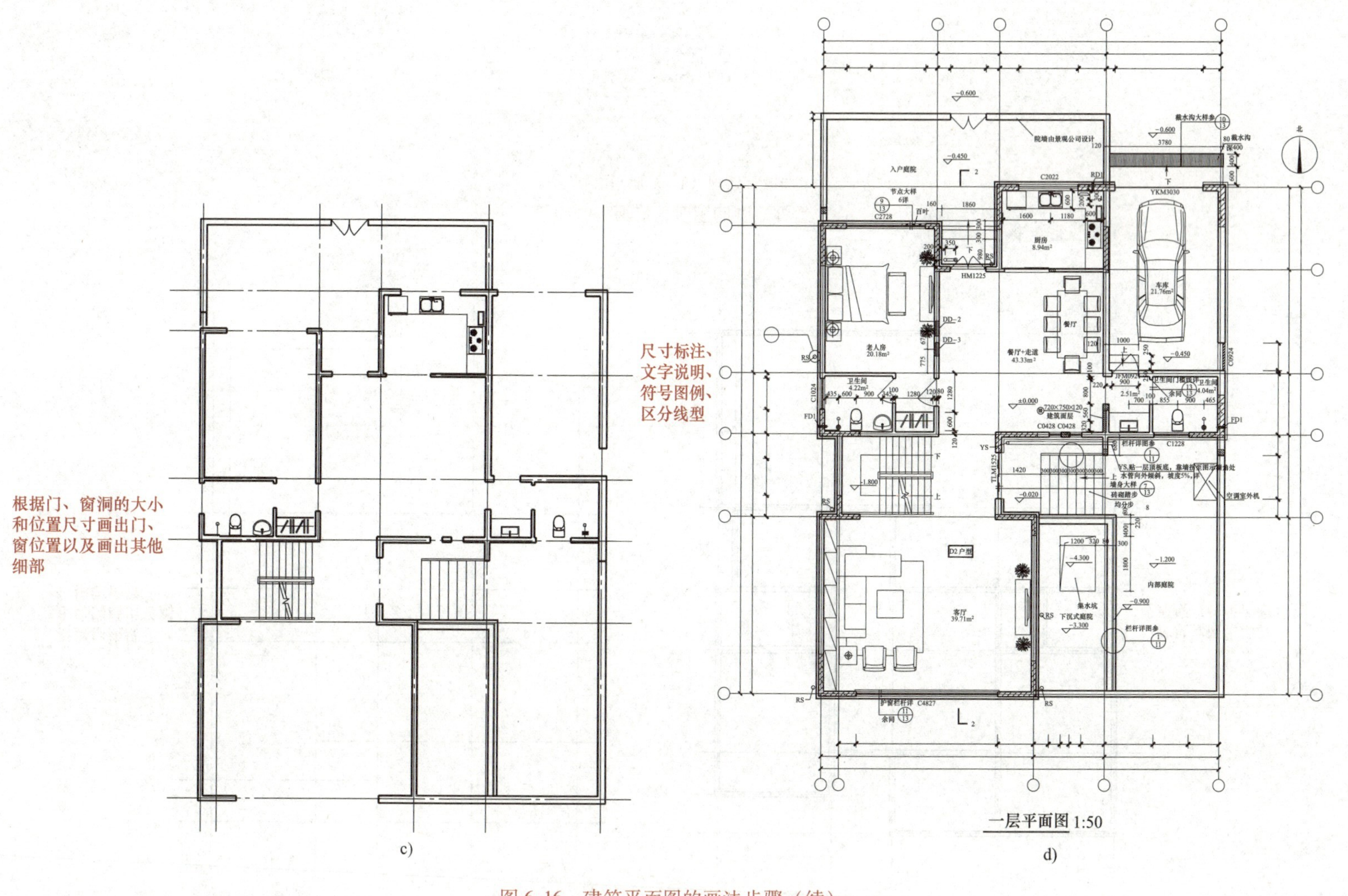

图 6-16　建筑平面图的画法步骤（续）

c）定门窗位置，画细部　d）区分图线，标注尺寸、文字、符号等

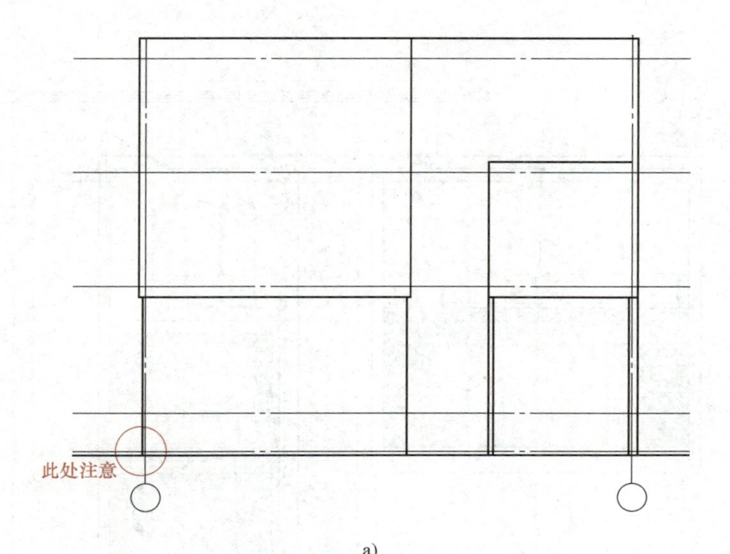

a)

b)

图 6-17　建筑立面图的画法步骤

a）定室内外地坪线、各楼层层高线、外墙轮廓线和屋面线

b）定门窗位置，画细部

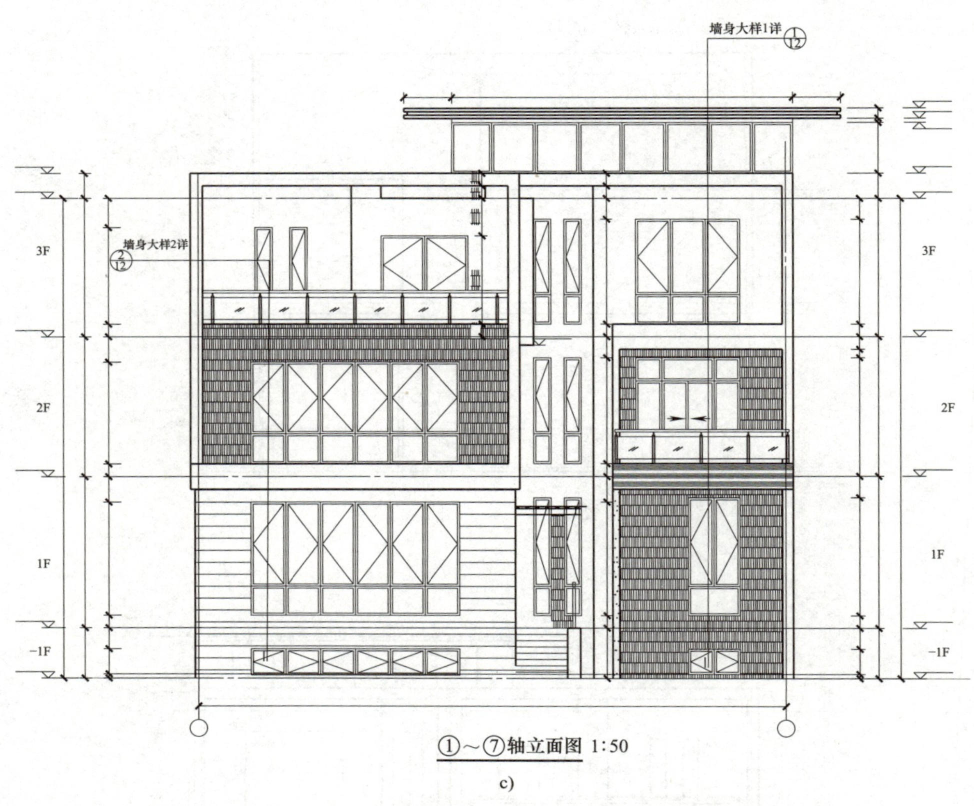

c)

图6-17 建筑立面图的画法步骤（续）

c）区分图线，标注尺寸、标高等

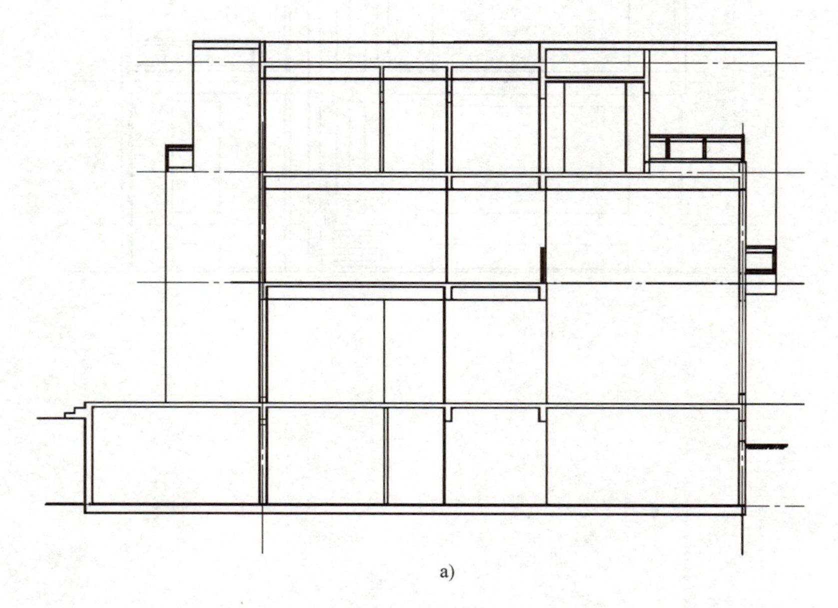

a)

图6-18 建筑剖面图的画法步骤

a）定轴线、室内外地坪线、楼面线和屋面线

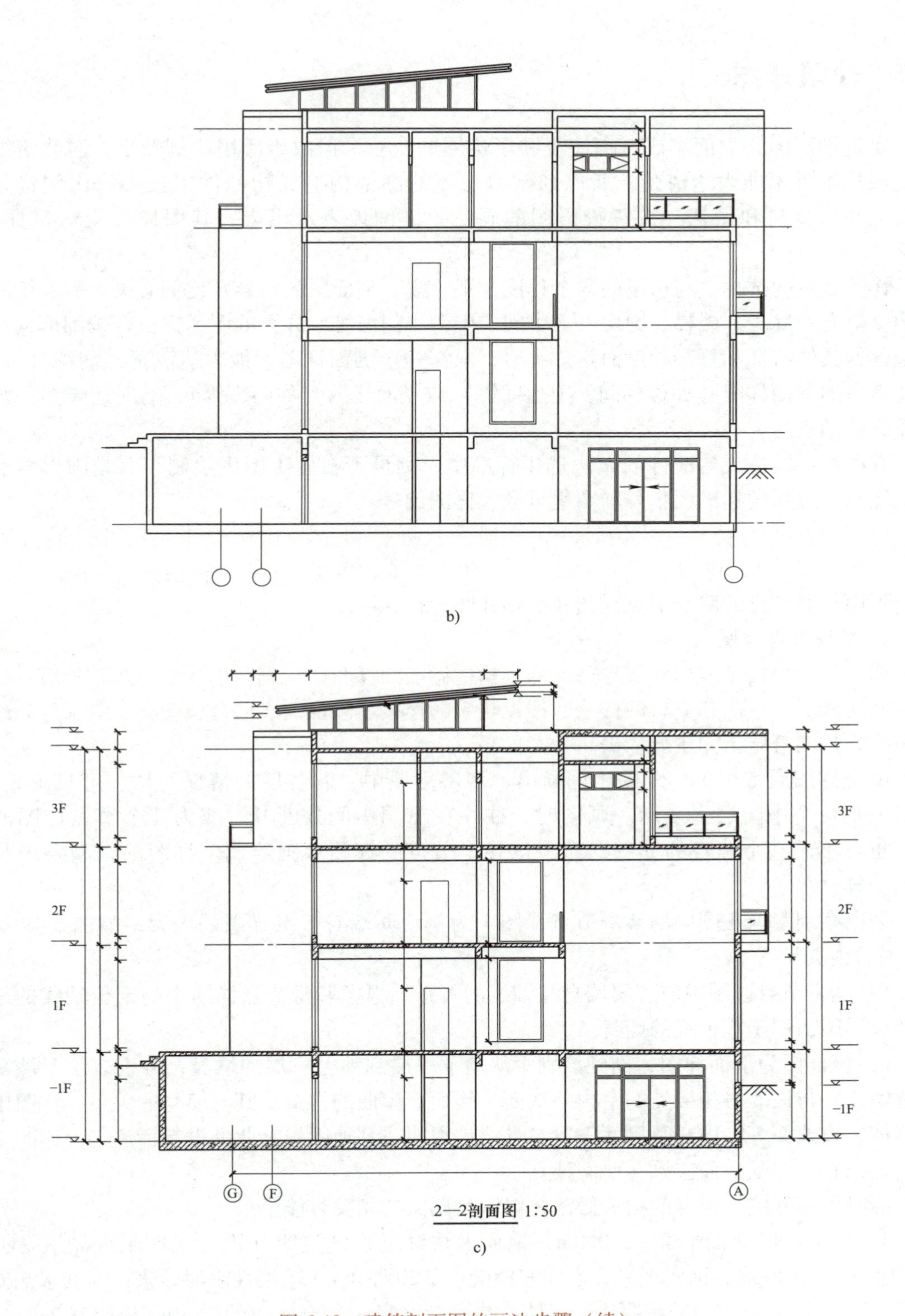

图6-18 建筑剖面图的画法步骤（续）

b）画墙身，定门窗洞口及其他细部 c）区分图线，标注尺寸、标高等

6.7 建筑详图

建筑平面图、立面图、剖面图反映了房屋的全貌，但由于所用比例较小，对建筑细部构造或构配件不能表达清楚，所以通常对房屋的细部构造或构配件用较大的比例将其形状、大小、材料和做法，按正投影图的画法，详细地表示出来，其图样称为建筑详图，简称详图。

详图数量的选择，与房屋的复杂程度及平、立、剖面图的内容及比例有关。需要绘制的详图一般有外墙身、楼梯、厨房、卫生间、阳台、门窗等。详图的图示方法，按细部构造和构配件的具体特征和复杂程度而定。有时，只需一个剖面详图就能表达清楚（如墙身），有时还需另加平面详图（如楼梯间、卫生间等）或立面详图（如门窗等），有时还要另加轴测图作为辅助表达。

有些细部构造或构配件的做法选用标准图，则可不在施工图中绘制，而是画出索引符号，注明所选用的标准图集号和图集页数、详图编号。

详图应具备的特点：比例较大，一般建筑详图可取的比例有 1∶1、1∶2、1∶5、1∶10、1∶15、1∶20、1∶25、1∶30、1∶50；图示详尽清楚；尺寸标注齐全。

下面仅对常见的墙身节点详图及楼梯详图进行介绍。

1. 墙身节点详图

墙身节点详图是表达外墙身重点部位构造做法的详图，它表达了外墙身及与外墙身相接处屋面、楼层、地面和檐口的构造、楼板与墙的连接、门窗顶、窗台、勒脚、散水等处的构造情况，是墙身施工的重要依据。

墙身详图通常用 1∶20 的比例画出，多层房屋中，若各层的情况一样，可只画底层、顶层或加一个中间层来表示。画图时，往往在窗洞中间处断开，成为几个节点详图的组合。也可不画整个墙身的详图，而是把各个节点的详图单独绘制。详图的线型要求与剖面图一样。

现以某别墅施工图中的墙身节点详图 1 为例说明墙身节点详图的内容，如图 6-19 所示（见书后插页）。

1）墙身节点详图中应表明墙身与轴线的关系。根据墙身节点详图中的定位轴线的编号可知该详图适用于Ⓒ轴线的墙身。

2）该详图为剖面详图，剖到该别墅从地下一层到地上三层的墙身，分别表示了墙身的构造做法、与该墙身相接处的室内外地面、楼面、屋面的构造及其与墙身的关系。详图中部分墙体、楼地面等的做法及尺寸需要参见设计说明或其他图样，此处没有标注。识读时不能孤立地只看一个图，而应该对照阅读。

墙身采用外墙外保温的构造做法，以满足国家的相关节能要求。

3）地下一层地面标高 -3.000m，地面做法详见设计说明（设计说明工程做法一，地1：①8~10mm 厚地砖铺实填平，水泥浆擦缝；②20 厚 1∶4 干硬性水泥砂浆；③素水泥浆结合层一道；④50mm 厚豆石混凝土垫层填充热水管道间；⑤20mm 厚聚苯板，松密度 22kg/m^3；⑥钢筋混凝土结构自防水底板。住宅户内部分面层由业主二次装修）。室外地面散水为绿化散水，散水宽度（80+800）mm，有 5%的坡度，散水处画有索引符号表明绿化散水的详图参见标准图集 12YJ9-1 的 96 页 3 详图，绿化散水上是自然土壤，厚度 420mm，通过散水下沉，可以取得更大的绿化面积，美化庭院环境。

地下一层的墙体为蒸压粉煤灰实心砖，墙体厚度参见结施，墙体内侧装饰有踢脚、内墙饰面，参见设计说明工程做法，墙体外侧有 80mm 厚 B2 级阻燃自熄型挤塑型聚苯乙烯泡沫塑料板（简称挤塑聚苯板）作为保温材料。绿化散水做高出室外地面 300mm，保护墙身。窗台高 900mm，窗洞高 700mm。窗洞处省略表达，但按实际标注尺寸。窗台为钢筋混凝土压顶，室外窗台面向外有一定的坡度，以利排水。窗洞顶部有钢筋混凝土梁，高 500mm，底面有滴水。

4）一层地面做法见说明。窗台高度 300mm，窗洞高 2800mm，窗台上设栏杆和扶手，高 600mm，栏杆为 25mm×25mm×2mm 方钢立杆外喷青灰色调和漆，立杆与窗台的连接做法参见 12YJ8 第 71 页 1 详图。扶手为 40mm×40mm×2mm 方钢扶手外喷青灰色调和漆，与墙固定做法见标准图集 12YJ8 第 64 页 B 详图。

5）二层楼面标高 3.600m，外有露台，露台外栏板高 300mm，厚 160mm，加气混凝土高 200mm，上为钢筋混凝土压顶高 100mm，坡向露台。其上为栏杆，高 800mm。门洞高参见平面图及门窗表。

6）三层窗台高 300mm，窗台上设栏杆和扶手，高 600mm，构造做法及相关尺寸同一层。窗台下方室外有一个凸出墙面的造型，钢筋混凝土挑出宽度 600mm，厚度 100mm，用加气混凝土封上。造型高度 700mm，外围 40mm 厚挤塑聚苯板，顶面向外做 1%坡度。窗洞高度 2500mm，在窗上方 800mm 处有一外凸宽度为 600mm 的钢筋混凝土构件，高度 300mm。钢筋混凝土挑板厚度 100mm，内填充 200mm 厚发泡混凝土，外围 30mm 厚挤塑聚苯板，面层 20mm 厚防水砂浆找坡层，向外做 1%坡度。上方窗洞高度 1200mm。最上方为屋顶，屋顶挑出墙面宽度 1100mm，构造做法为屋 1（顶棚面层、钢筋混凝土屋面板、50mm 厚挤塑聚苯板、卷材防水层 2 道、加气混凝土找坡），注意卷材防水层的收头方法。屋顶边缘处有凹进造型，尺寸见标注。

其他墙身详图如图 6-20 所示（见书后插页），请学生自行对照阅读。

2. 楼梯详图

楼梯是房屋中上下交通的设施，是房屋的重要组成部分之一。楼梯一般由楼梯段（简称梯段）、休息平台和栏杆（栏板）扶手组成。

楼梯的构造一般较复杂，需要画详图表示。楼梯详图主要表示楼梯的类型、结构形式、各部位的尺寸及装修做法等，是楼梯施工放样的主要依据。

楼梯详图一般包括平面图、剖面图及踏步、栏杆详图等，并尽可能画在同一张图纸内。平、剖面图比例宜一致，以便对照阅读，踏步、栏杆等详图比例要大些，以便表达清楚其构造。

楼梯详图一般分建筑详图与结构详图，应分别绘制，并分别编入建施和结施中。

下面以最常用的双跑楼梯为例，介绍楼梯详图的内容及其图示方法，如图 6-21 所示。

（1）楼梯平面图　一般每一层楼都要画楼梯平面图。三层以上的房屋，若中间各层的楼梯位置及其梯段数、踏步数和大小都完全相同，通常只画出底层、中间层、顶层三个平面图就可以了。

楼梯平面图的形成，是在该层往上的第一个梯段（休息平台下）的任一位置处用水平的剖切平面剖切，向下进行投影所得到的。

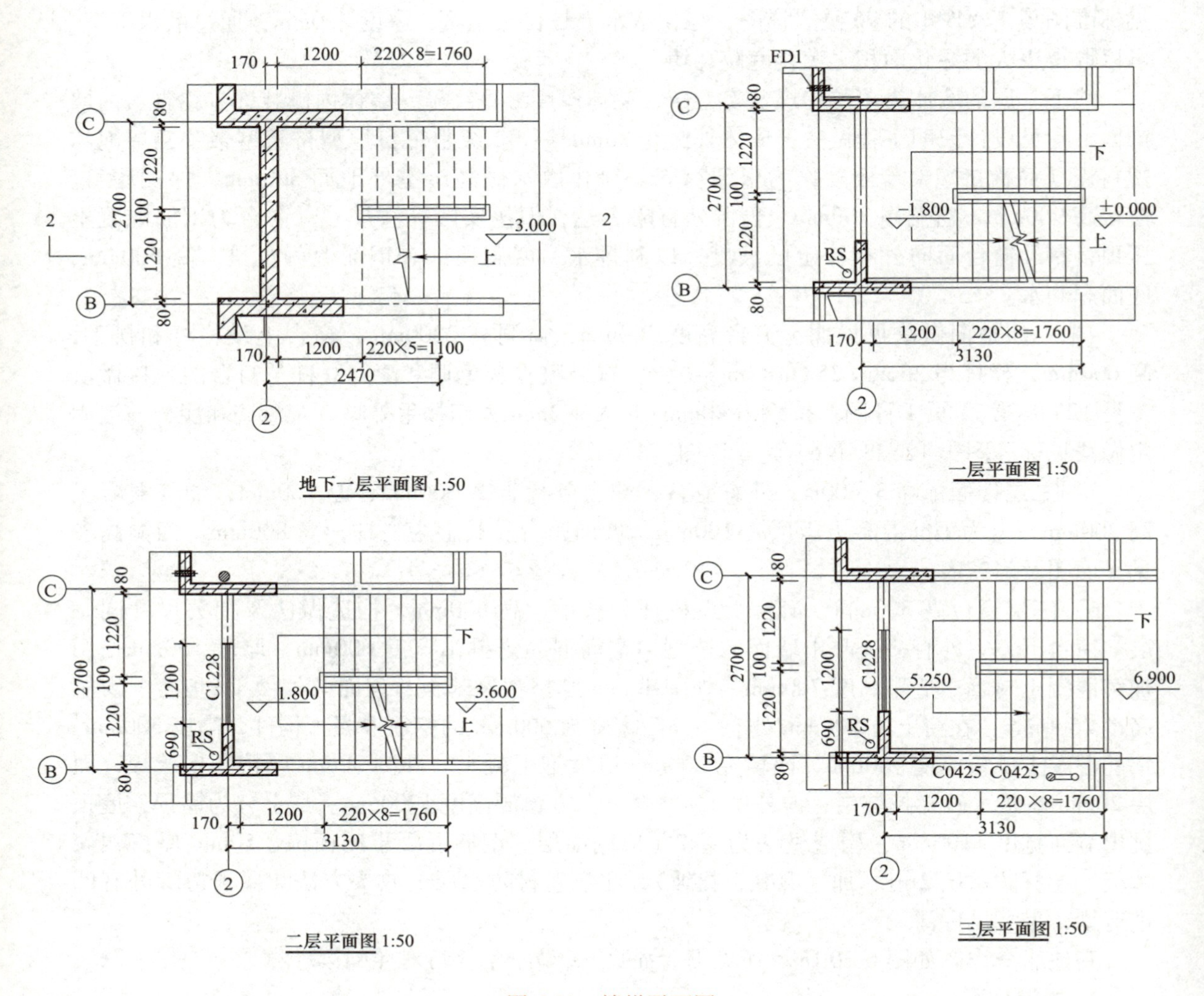

图 6-21 楼梯平面图

首先表示楼梯间，标注出其墙（或柱）的定位轴线，以方便查询该楼梯在房屋中的位置。

各层被剖切到的梯段处，按建筑制图标准规定，均在平面图中以一根 45°折断线表示。在梯段上画出箭头，表示从该层的楼层平台上（下）到上一层（下一层）所需要的踏步数，并标明“上”或“下”字样，表示从该层楼层平台的上下方向及上（下）到上（下）一层所需要的踏步数。楼梯平面图上的梯段上的每一分格，表示梯段的一个踏面。因梯段最高一级的踏面与楼梯平台面重合，所以平面图中每一梯段的踏面数，总是比踏步数少一。如标准层平面图中各梯段均为 8 个踏面，但实际各梯段均有 9 个踏步。

读图时，要区分各层平面图，掌握各层平面图不同的特点。底层平面图只有一个被剖切的梯段及栏杆，并标有注有“上”字的长箭头（注意：有的楼梯底层平面图中包含有台阶）；顶层平面图由于剖切平面在安全栏板之上，在图中画有两段完整的梯段和楼梯平台，在楼层平台处只有一个注有“下”字的长箭头；中间层平面图既画出被剖切的往上走的梯段（注有“上”字的长箭头），又画出从该层往下走的完整的梯段（注有“下”字的长箭头）、楼梯平台以及平台往下的梯段。

在楼梯底层平面图中还应画出楼梯剖面图的剖切符号。

楼梯平面图中还应标注如下尺寸：楼梯间的开间和进深尺寸、楼梯平台的宽度、梯段的宽度、踏面宽度、梯井的宽度、楼地面和平台的标高以及其他细部尺寸。通常把梯段长度尺寸与踏面数、踏面宽的尺寸合并写在一起。如标准层平面图中的梯段，长 220×8＝1760，表示有 8 个踏面，每个踏面的宽度为 220mm；楼层平台和中间平台的宽度均为 1200mm；梯段的宽度为 1220mm；梯井的宽度为 100mm。

（2）楼梯剖面图　假想用一铅垂面，通过各层的一个梯段和门窗洞，将楼梯剖开，向另一个未剖到的梯段方向投影，所得到的剖面图称为楼梯剖面图。楼梯剖面图能表达出房屋的层数、楼梯段段数、踏步数以及楼梯的形式及结构。

在多层或高层建筑中，若中间各层的楼梯构造相同，则相同的部分可以省略，可只画出底层、标准层和顶层剖面，中间用折断线分开。若楼梯间的屋面没有特殊之处，一般不在楼梯剖面图中表示，可用折断线省略，如有特殊需要，可按实际情况表达。楼梯剖面图中的图线用法同建筑剖面图。

如图 6-22 所示为住宅楼的楼梯剖面图，其剖切位置可从平面图中查出。其为双跑楼梯，共有 6 个梯段。其中每层的第一个梯段为剖到的梯段，第二个梯段为投影可见的梯段。此外，还应画出投影可见的内容，如栏杆及扶手等。

剖面图中一般应标注出各梯段的步数及每步的高度、楼梯平台的标高。如地下一层通往一层的楼梯第一个梯段 6 步、第二个梯段 9 步，通往二层、三层的楼梯两个梯段均为 9 步，每步的高度均为梯段均分。梯段高度尺寸应同楼梯平面图中相对应，但需注意在高度尺寸中注的是踏步数，而不是踏面数（两者相差为 1）。其他尺寸标注及标高请学生自行阅读。

3. 楼梯详图的画法

（1）楼梯平面图的画法　以楼梯标准层平面图为例，画图步骤为：楼梯间轴线→墙（柱）、门窗洞→平台宽度、梯段宽→踏步、栏杆→箭头、尺寸标注、区分图线。其画法如图 6-23 所示。

1）根据楼梯间的开间、进深，画出楼梯间的轴线；画出墙（柱）、门窗洞（图 6-23a）。

2）确定平台宽度、楼梯段长度及宽度（图 6-23b）。

3）画踏步、栏杆（图 6-23c）。

4）画箭头，区分图线，标注尺寸，注明上下等（图 6-23d）。

（2）楼梯剖面图的画法　楼梯剖面图的画法步骤为：楼梯间轴线→墙（柱）、门窗洞→楼地面、楼梯平台高度、宽度→踏步→梁、板、栏杆、尺寸标注、区分图线。楼梯剖面图的画法步骤如图 6-24 所示。

1）按比例画出楼梯间的轴线；画出墙（柱）（图 6-24a）。

2）确定楼地面、楼层平台和中间平台的位置（注意其高度及宽度）（图 6-24a）。

3）画踏步（宜采用等分平行线的方法绘制）（图 6-24b）。

4）画梁、板、栏杆、门窗等（图 6-24c 和 d）。

5）区分图线，标注尺寸、标高等（图 6-24c 和 d）。

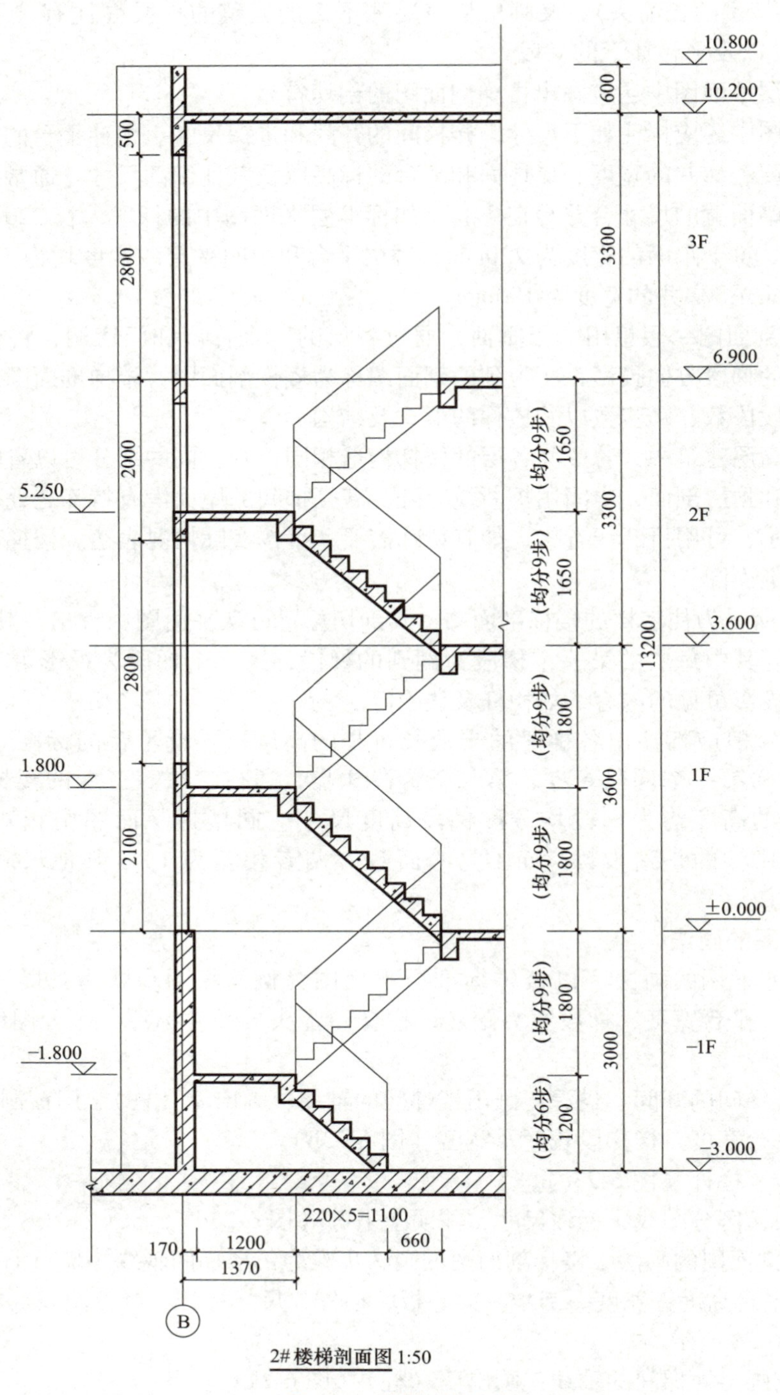
10.800
10.200
600
500
2800
3300
3F
6.900
1650
(均分9步)
2000
5.250
3300
2F
1650
(均分9步)
3.600
13200
2800
1800
(均分9步)
1.800
3600
1F
2100
1800
(均分9步)
±0.000
1800
(均分9步)
3000
−1F
−1.800
1200
(均分6步)
−3.000
220×5=1100
170
1200
660
1370
B
2#楼梯剖面图 1:50

图 6-22 楼梯剖面图

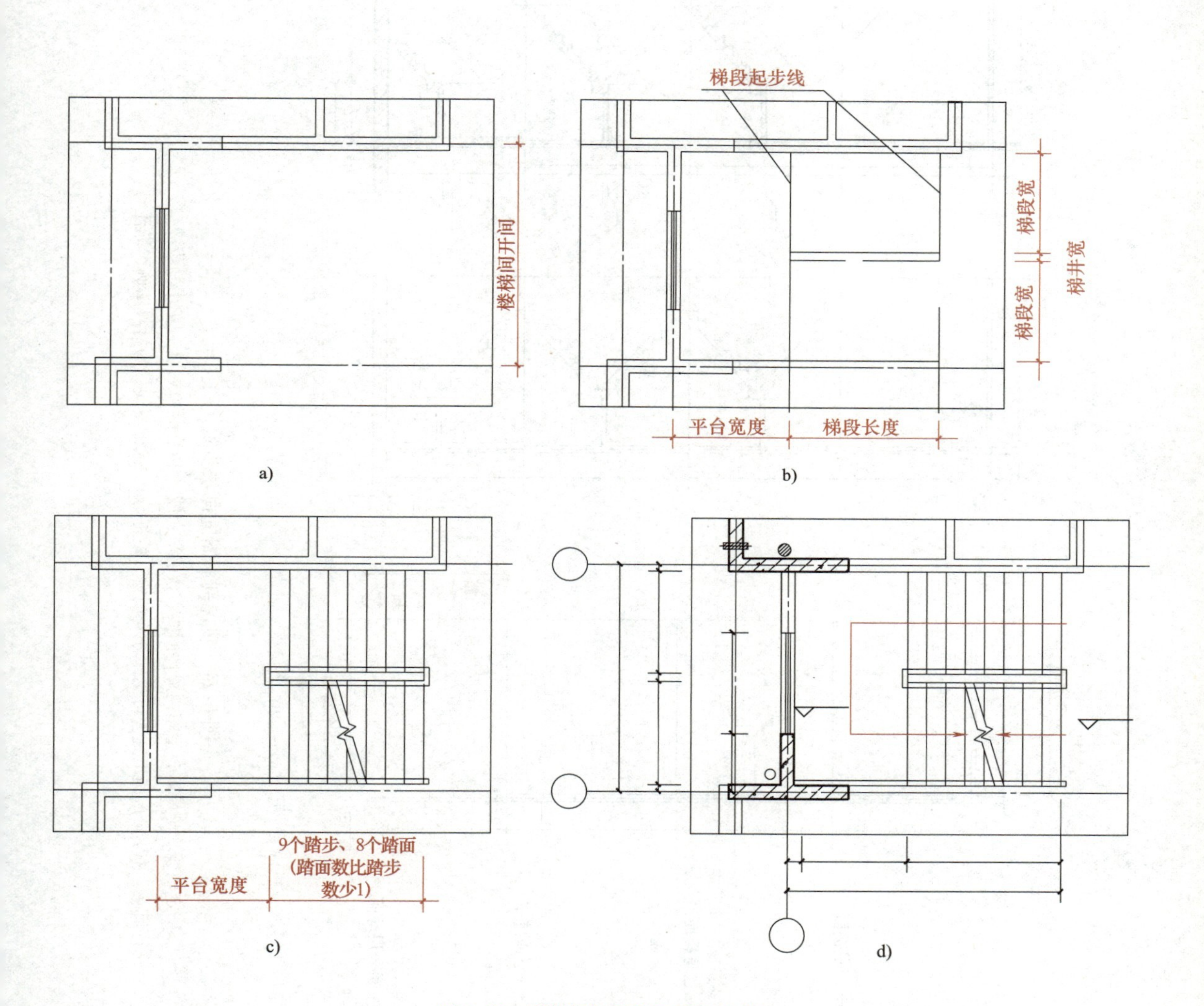

图 6-23　楼梯平面图的画法步骤

a）画楼梯间（画轴线→画墙厚→画门窗洞位置）　b）画梯段（定平台宽度、梯段长度→定梯段宽度、梯井宽度）　c）画踏步、栏杆　d）区分图线，标注轴线号、尺寸、标高、上下等

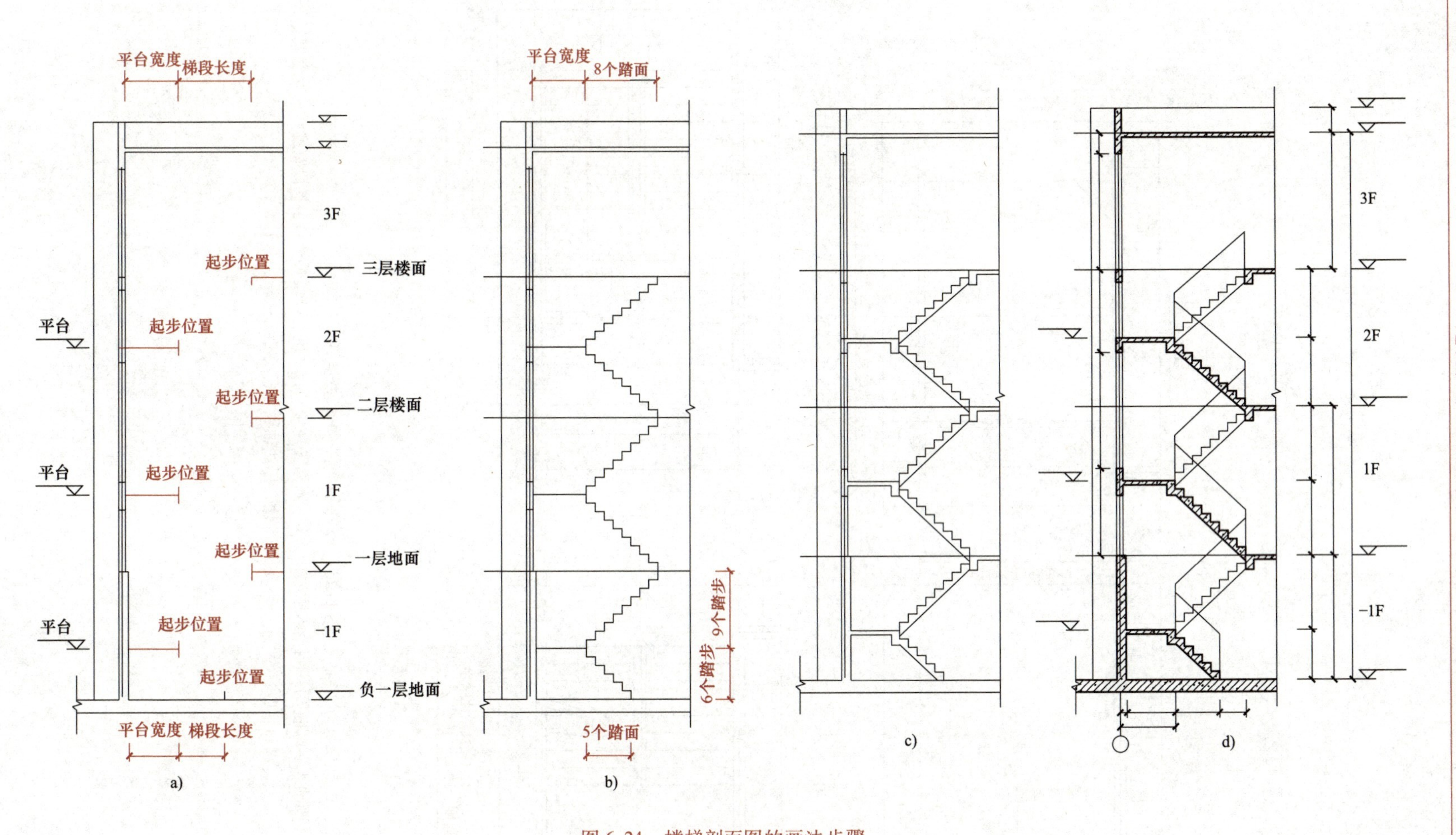

图 6-24 楼梯剖面图的画法步骤

a）定轴线、画墙厚，定室内外地面线、楼层平台线、中间平台线 b）画出踏步

c）画梁、板 d）画出其他可见部分（门窗、栏杆等），区分图线，画材料图例，标注

小　结

1）建筑施工图是制图课的实际运用，实践性较强。要求学生能较熟练地阅读简单的建筑施工图，并能绘制其建筑平、立、剖面图及建筑详图，要求熟练掌握常用的各种符号和图例。学习过程中，结合施工图，多注意观察，理论联系实际。

2）建筑施工图是采用正投影的原理绘制的，与前面各项目所讲内容是一致的，只不过这里研究的对象大到了一幢建筑物，虽然该建筑物体量庞大、构造复杂，但依然适用前几个项目中所讲的正投影原理、读图方法、尺寸标注的方法、剖面图和断面图的形成与画法、建筑制图标准等，不要割裂看待。

3）建筑施工图中的各种图样，都是从各个不同的角度来反映同一幢建筑物的，因此各图样之间一定有其内在的联系。这种联系就是用定位轴线反映出来的。从定位轴线的标注中，可看出建筑物各部分的相对位置，也可判断出投影方向。在学习建筑工程施工图时，一定要抓住定位轴线这一关键信息，养成将有关图纸对照起来阅读的习惯。

思 考 题

1. 建筑施工图通常包含哪些图样？
2. 建筑总平面图主要表达什么内容？在总平面图中，新建建筑物怎么表示？如何确定新建建筑物的位置？
3. 说明建筑平面图的形成以及建筑平面图的主要图示内容。
4. 建筑平面图中标注了哪些尺寸？
5. 建筑立面图的命名方法有哪些？建筑立面图有哪些图示内容？
6. 建筑剖面图通常选择在什么部位剖切？建筑剖面图有哪些图示内容？
7. 建筑详图具有哪些特点？
8. 建筑平、立、剖面图之间有什么联系？在阅读建筑施工图时应注意什么？

项目7　装饰施工图识读与绘制

【学习目标】　本项目所介绍的装饰施工图与项目6的建筑施工图均选自一个完整的工程实例，通过本项目的学习、认识与分析，应明确并掌握装饰施工图的特点、组成、图示内容、图示方法、常用符号与图例等，并能够识读和绘制一般的室内装饰施工图。

7.1　概述

7.1.1　了解装饰施工图

为了满足建筑物的使用与美观要求，在结构主体工程完成之后还要进行装饰装修处理。建筑装饰装修是指为保护建筑物的主体结构、完善建筑物的使用功能和美化建筑物，运用装饰装修材料、家具、陈设等，对建筑物的内外表面及空间进行的各种处理过程。它是建筑物不可缺少的组成部分，具有使用功能和装饰性能两重性。装饰工程施工图是表示装饰设计、构造做法、材料选用、施工工艺等，并遵照建筑及装饰设计规范的要求编制的用于表现装饰效果和指导装饰施工的图样，称为装饰施工图，简称装施。装饰施工图是装饰施工和验收的依据，同时也是进行造价管理、工程监理等工作的必备技术文件。

装饰施工图按施工范围分室外装饰施工图和室内装饰施工图。室外装饰施工图主要包括檐口、外墙、幕墙、主要出入口部分（雨篷、外门、台阶、花池、橱窗等）、阳台、栏杆等的装饰装修做法，室内装饰施工图主要包括室内空间布置及楼地面、顶棚、内墙面、门窗套、隔墙（断）等的装饰装修做法，即人们常说的外装修与内装修。这里主要介绍室内装饰施工图。

7.1.2　装饰施工图的特点

装饰施工图的图示原理和方法与前述建筑工程施工图的图示原理相同，是按正投影原理绘制的，同时应符合《房屋建筑制图统一标准》（GB/T 50001—2017）、《房屋建筑室内装饰装修制图标准》（JGJ/T 244—2011）等制图标准的要求。

房屋建筑室内装饰装修的视图，应采用位于建筑内部的视点按正投影法并用第一角画法绘制，且自A的投影镜像图应为顶棚平面图，自B的投影应为平面图，自C、D、E、F的投影应为立面图，如图7-1所示。

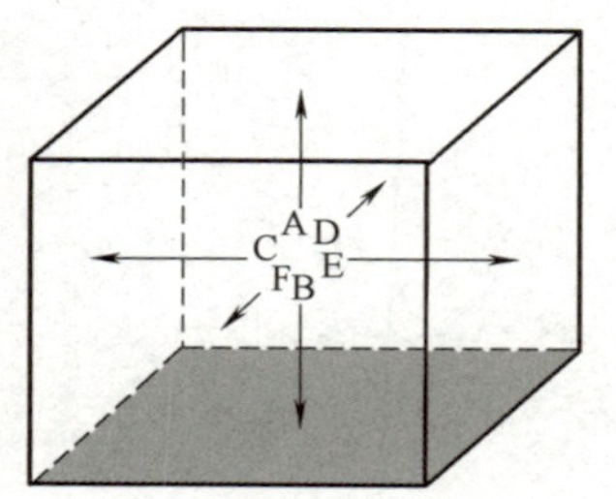

图7-1　第一角画法

顶棚平面图应采用镜像投影法绘制，其图像中纵横轴线排列应与平面图完全一致，如图7-2所示。

装饰装修界面与投影面不平行时，可用展开图表示。

装饰施工图所反映的内容繁多、形式复杂、构造细致、尺

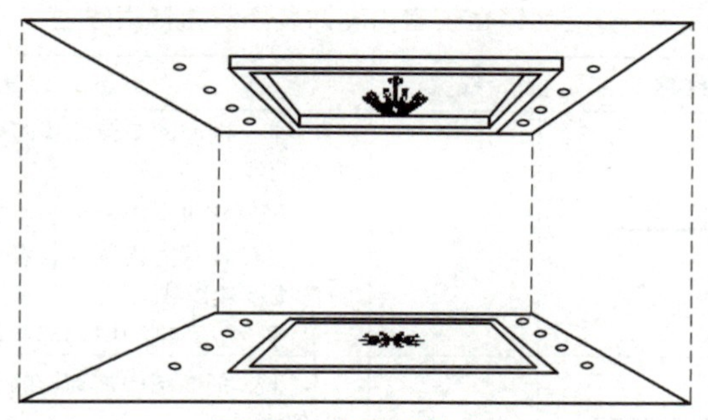

图7-2　镜像投影法

度变化大。装饰施工图与建筑施工图密切相关，因为装饰工程必须依附于建筑工程，所以装饰施工图和建筑施工图有相同之处，但又侧重点不同。为了突出装饰装修，在装饰施工图中一般都采用简化建筑结构、突出装饰做法的图示方法。在制图和识图上，装饰施工图有其自身的特点和规律，如图样的组成、表达对象、投影方向、施工工艺及细部做法的表达等都与建筑施工图有所不同。必要时还可绘制透视图、轴测图等进行辅助表达。

7.1.3　装饰施工图的组成

装饰施工图一般由装饰设计说明、目录表、材料表、装饰平面图（包括平面布置图、地面铺装图、顶棚平面图、隔墙平面图等）、装饰立面图、装饰详图、效果图、配套专业设备工程图等相关文件和工程图样组成。图纸的编排一般也按上述顺序排列。

7.1.4　装饰施工图的要素

为了避免装饰工程的设计方、施工方与用户的分歧，必须有一套完备的装饰施工图，该装饰施工图应包括以下必要的要素：

1）图纸的比例。图样必须按照严格的比例绘制，避免图面与实际装饰效果不符而导致与业主产生纠纷。

2）详细的尺寸。图样应标注详细的尺寸，特别是一些关键尺寸。如果在设计图样中缺失，有可能在施工时产生设计与施工脱节的现象。

3）项目选择的材料。工程的做法以及所使用的材料对装饰工程来说是非常重要的，所以，在设计图纸上应该标注出主要材料的名称以及材料的品牌，这对于施工人员依照图纸施工很有必要。

4）必要的制作工艺。在施工图纸中标注必要的制作工艺能更好地保证装饰工程的质量。

7.1.5　装饰施工图的有关规定

1. 装饰施工图的图线、字体、比例

装饰施工图的图线、字体、比例均按照《房屋建筑制图统一标准》（GB/T 50001—2017）、《房屋建筑室内装饰装修制图标准》（JGJ/T 244—2011）的相关规定进行选用。

（1）图线　图线的绘制方法和宽度见表7-1。

表 7-1 房屋建筑室内装饰装修制图常用线型

名 称		线型	线宽	一 般 用 途
实线	粗		b	1. 平、剖面图中被剖切的房屋建筑和装饰装修构造的主要轮廓线 2. 房屋建筑室内装饰装修立面图的外轮廓线 3. 房屋建筑室内装饰装修构造详图、节点图中被剖切部分的主要轮廓线 4. 平、立、剖面图的部切符号
	中粗		$0.7b$	1. 平、剖面图中被剖切的房屋建筑和装饰装修构造的次要轮廓线 2. 房屋建筑室内装饰装修详图中的外轮廓线
	中		$0.5b$	1. 房屋建筑室内装饰装修构造详图中的一般轮廓线 2. 小于 $0.7b$ 的图形线、家具线、尺寸线、尺寸界线、索引符号、标高符号、引出线、地面、墙面的高差分界线等
	细		$0.25b$	图形和图例的填充线
虚线	中粗		$0.7b$	1. 表示被遮挡部分的轮廓线 2. 表示被索引图样的范围 3. 拟建、扩建房屋建筑室内装饰装修部分轮廓线
	中		$0.5b$	1. 表示平面中上部的投影轮廓线 2. 预想放置的房屋建筑或构件
	细		$0.25b$	表示内容与中虚线相同，适合小于 $0.5b$ 的不可见轮廓线
单点长画线	中粗		$0.7b$	运动轨迹线
	细		$0.25b$	中心线、对称线、定位轴线
折断线	细		$0.25b$	不需要画全的断开界线
波浪线	细		$0.25b$	1. 不需要画全的断开界线 2. 构造层次的断开界线 3. 曲线形构件断开界线
点线	细		$0.25b$	制图需要的辅助线
样条曲线	细		$0.25b$	1. 不需要画全的断开界线 2. 制图需要的引出线
云线	中		$0.5b$	1. 圈出被索引的图样范围 2. 标注材料的范围 3. 标注需要强调、变更或改动的区域

（2）字体　字体的选择、字高及书写规则应符合《房屋建筑制图统一标准》（GB/T 50001—2017）的规定。

（3）比例　图样的比例表示及要求应符合《房屋建筑制图统一标准》（GB/T 50001—2017）的规定。

2. 装饰施工图常用符号

（1）剖切符号　剖视的剖切符号、断面的剖切符号应符合《房屋建筑制图统一标准》（GB/T 50001—2017）的规定。

（2）索引符号　索引符号根据用途的不同，可分为立面索引符号、剖切索引符号、详图索引符号、设备索引符号。

1）立面索引符号。表示室内立面在平面上的位置及立面图所在图纸编号，应在平面图上使用立面索引符号，如图 7-3 所示。

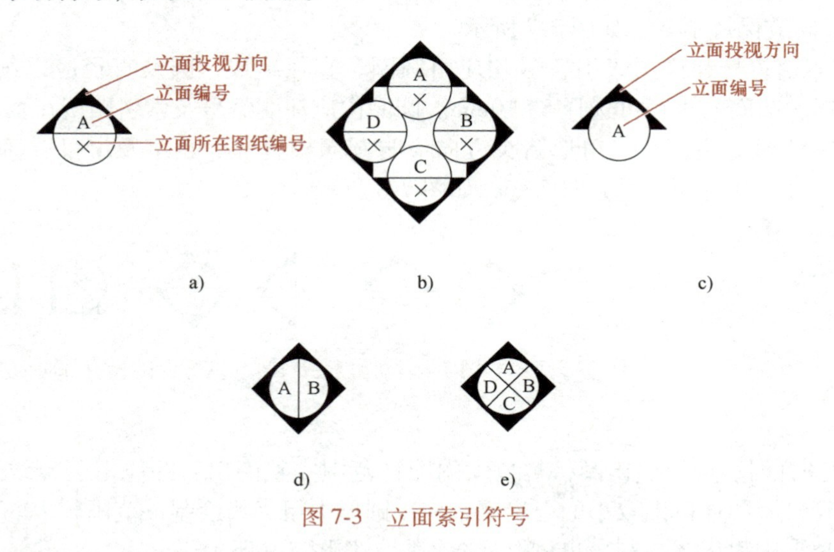

图 7-3　立面索引符号

2）剖切索引符号。表示剖切面的剖切位置及图样所在图纸编号，应在被索引的图样上使用剖切索引符号，如图 7-4 所示。

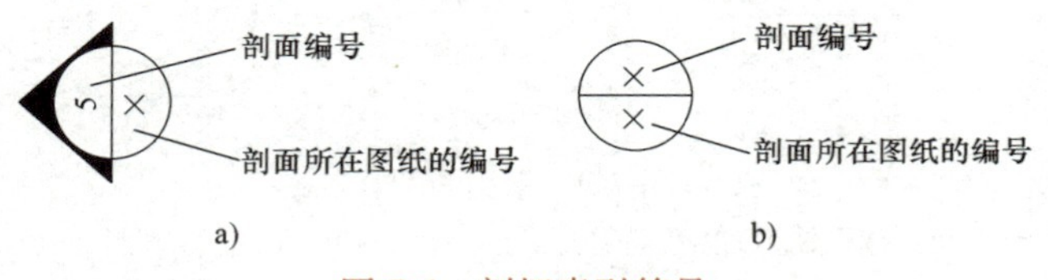

图 7-4　剖切索引符号

3）详图索引符号。表示局部放大图样在原图上的位置及本图样所在页码，应在被索引图样上使用详图索引符号，如图 7-5 所示。

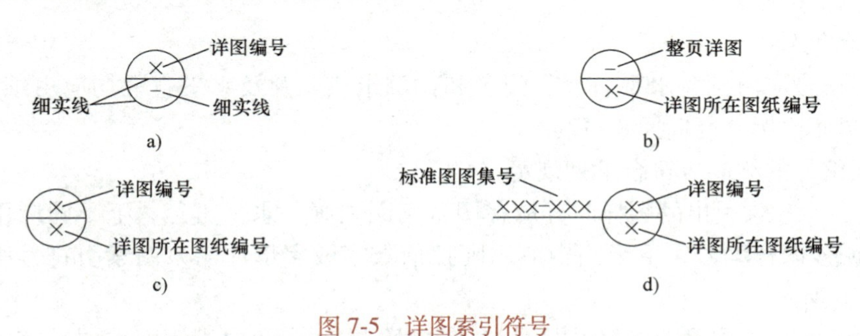

图 7-5　详图索引符号

a）本页索引符号　b）整页索引符号　c）不同页索引符号　d）标准图索引符号

4）设备索引符号。表示各类设备（含设备、设施、家具、灯具等）的品种及对应的编号，应在图样上使用设备索引符号，如图 7-6 所示。

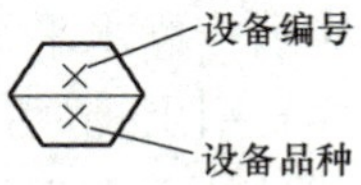

图 7-6　设备索引符号

5）索引符号的规定。

① 立面索引符号应由圆圈、水平直径组成，且圆圈及水平直径应以细实线绘制。根据图面比例，圆圈直径可选择8~10mm。圆圈内应注明编号及索引图所在页码。立面索引符号应附以三角形箭头，且三角形箭头方向应与投射方向一致，圆圈中水平直径、数字及字母（垂直）的方向应保持不变，如图7-7所示。

② 剖切索引符号和详图索引符号均应由圆圈、直径组成，圆及直径应以细实线绘制。根据图面比例，圆圈的直径可选择8~10mm。圆圈内应注明编号及索引图所在页码。剖切索引符号应附三角形箭头，且三角形箭头方向应与圆圈中直径、数字及字母（垂直于直径）的方向保持一致，并应随投射方向而变，如图7-8所示。

图7-7　立面索引符号（其方向保持不变）

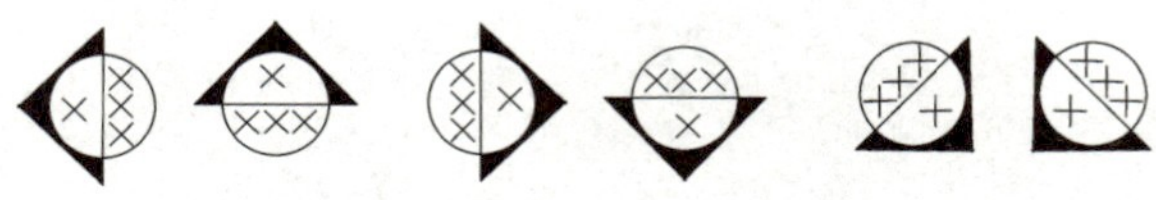

图7-8　剖切索引符号（其方向随投射方向而变）

③ 索引图样时，应以引出圈将被放大的图样范围完整圈出，并应由引出线连接引出圈和详图索引符号。图样范围较小的引出圈，应以圆形中粗虚线绘制；范围较大的引出圈，宜以有弧角的矩形中粗虚线绘制，也可以云线绘制，如图7-9所示。

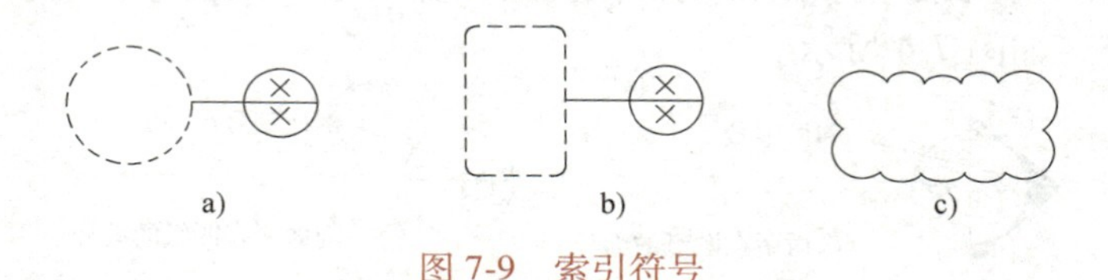

图7-9　索引符号

a）范围较小的索引符号　b）、c）范围较大的索引符号

④ 设备索引符号应由正六边形、水平内径线组成，正六边形、水平内径线应以细实线绘制。根据图面比例，正六边形长轴可选择8~12mm。正六边形内应注明设备编号及设备品种代号，如图7-6所示。

（3）图名编号

1）图名编号应由圆、水平直径、图名和比例组成。圆及水平直径均应由细实线绘制，圆直径根据图面比例，可选择8~12mm。

2）图名编号的绘制应符合下列规定：

① 用来表示被索引出的图样时，应在图号圆圈内画一水平直径，上半圆应用阿拉伯数字或字母注明该图样编号，下半圆中应用阿拉伯数字或字母注明该图索引符号所在图纸编号，如图7-10所示。

② 当索引出的详图图样与索引图同在一张图纸内时，圆内可用阿拉伯数字或字母注明详图编号，也可在圆圈内划一水平直径，且上半圆应用阿拉伯数字或字母注明编号，下半圆中间应画一段水平细实线，如图7-11所示。

（4）引出线　引出线起止符号可采用圆点绘制（图7-12a），也可采用箭头绘制（图7-12b）。起止符号的大小应与本图样尺寸的比例相协调。共同引出线与《房屋建筑制图统一标准》

（GB/T 50001—2017）的规定相同。

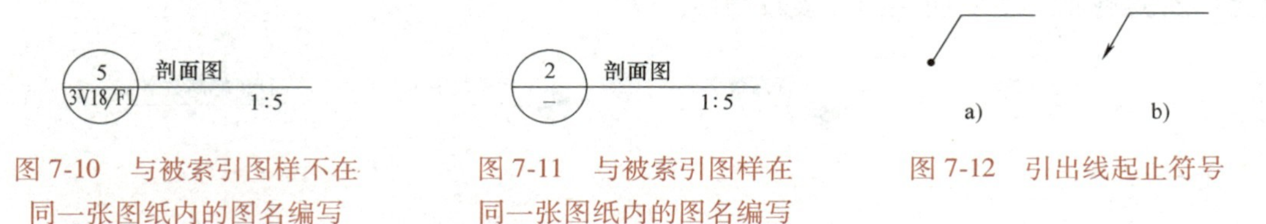

图 7-10　与被索引图样不在同一张图纸内的图名编写　图 7-11　与被索引图样在同一张图纸内的图名编写　图 7-12　引出线起止符号

（5）对称符号　对称符号应由对称线和分中符号组成。对称线应用细单点长画线绘制，分中符号应用细实线绘制。分中符号可采用两对平行线（图 7-13，并符合《房屋建筑制图统一标准》（GB/T 50001—2017）的规定）。

（6）连接符号　连接符号应以折断线或波浪线表示需连接的部位。两部位相距过远时，折断线或波浪线两端图样一侧应标注大写拉丁字母表示连接编号。两个被连接的图样应用相同的字母编号，如图 7-14 所示。

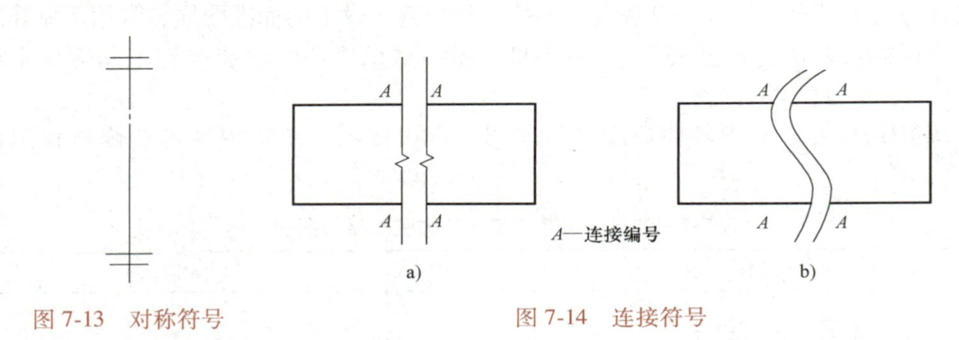

图 7-13　对称符号　图 7-14　连接符号

（7）转角符号　立面的转折应用转角符号表示，且转角符号应以垂直线连接两端交叉线并加注角度符号表示，如图 7-15 所示。

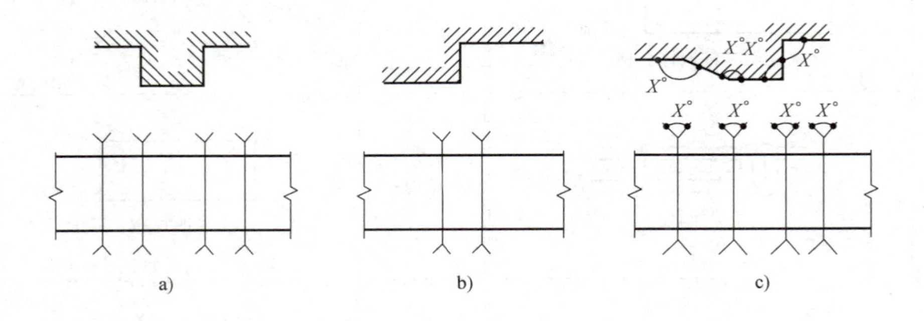

图 7-15　转角符号

a）表示成 90°外凸立面　b）表示成 90°内转折立面　c）表示不同角度转折外凸立面

（8）标高符号　房屋建筑室内装饰装修中，设计空间应标注标高，标高符号可采用直角等腰三角形，也可采用涂黑的三角形或 90°对顶角的圆，标注顶棚标高时，也可采用 CH 符号表示，如图 7-16 所示。

房屋建筑室内装饰装修的标高指以本层室内地坪装饰装修完成面为基准点±0.000，至该空间各装饰装修完成面之间的垂直高度。

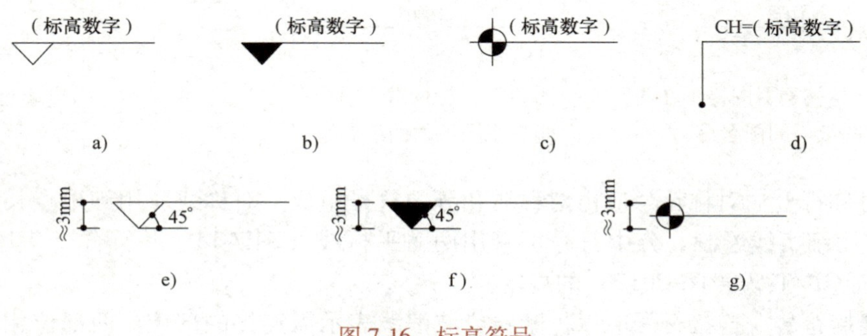

图 7-16 标高符号

3. 常用房屋建筑室内装饰装修材料和设备图例

图例是为表示材料、灯具、设备设施等品种和构造而设定的标准图样，常用房屋建筑室内装饰装修材料和设备图例见表 7-2～表 7-11。图例是识读和绘制装饰施工图应该掌握的内容。

（1）常用房屋建筑室内装饰装修材料图例 常用房屋建筑室内装饰装修材料图例见表 7-2。

表 7-2 常用房屋建筑室内装饰装修材料图例

名称	图例	名称	图例
液体	(断面) (平面) 注明具体液体名称	夹层（夹绢、夹纸）玻璃	(立面) 注明材质、厚度
玻璃砖	注明厚度	镜面	(立面) 注明材质、厚度
普通玻璃	(断面) (立面) 注明材质、厚度	窗帘	断面 (立面) 箭头所示为开启方向

（续）

名称	图　例	名称	图　例
磨砂玻璃	(立面) 注明材质、厚度	地毯	注明种类
轻质砌块砖	指非承重砌体	轻钢龙骨板材隔墙	注明材料品种
木工板	注明厚度	多层板	注明厚度或层数

注：与《房屋建筑制图统一标准》（GB/T 50001—2017）重复的材料图例，本表省略。

（2）常用家具图例　常用家具图例见表7-3。

表7-3　常用家具图例

序号	名称		图　例	备　注
1	沙发	单人沙发		1. 立面样式根据设计自定 2. 其他家具图例根据设计自定
		双人沙发		
		三人沙发		
2	办公桌			
3	椅	办公椅		
		休闲椅		
		躺椅		

（续）

序号	名称		图　例	备　注
4	床	单人床		1. 立面样式根据设计自定 2. 其他家具图例根据设计自定
		双人床		
5	橱柜	衣柜		1. 柜体的长度及立面样式根据设计自定 2. 其他家具图例根据设计自定
		低柜		
		高柜		

（3）常用电器图例　常用电器图例见表7-4。

表7-4　常用电器图例

序号	名称	图　例	备　注
1	电视	TV	1. 立面样式根据设计自定 2. 其他电器图例根据设计自定
2	冰箱	REF	
3	空调	A C	
4	洗衣机	W M	
5	饮水机	WD	
6	电脑	PC	
7	电话	TEL	

（4）常用厨具图例　常用厨具图例见表 7-5。

表 7-5　常用厨具图例

序号	名称		图　例	备　注
1	灶具	双头灶	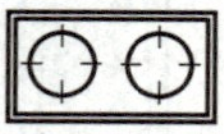	—
		三头灶	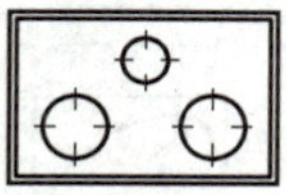	
2	水槽	单盆	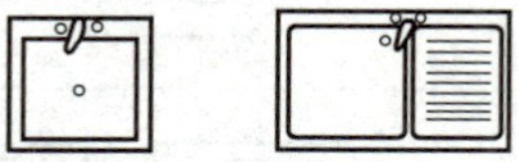	—
		双盆	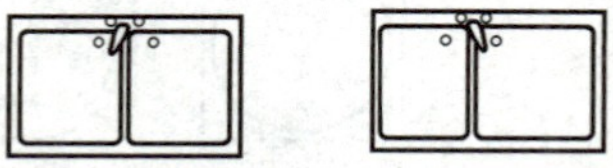	

（5）常用洁具图例　常用洁具图例见表 7-6。

表 7-6　常用洁具图例

序号	名称		图　例	备　注
1	大便器	坐式	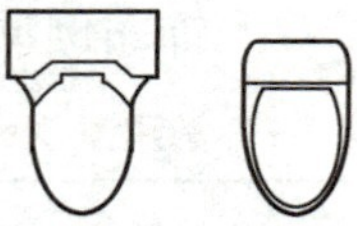	1. 立面样式根据设计自定 2. 其他洁具图例根据设计自定
		蹲式	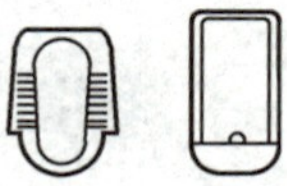	
2	小便器			
3	台盆	立式		
		台式	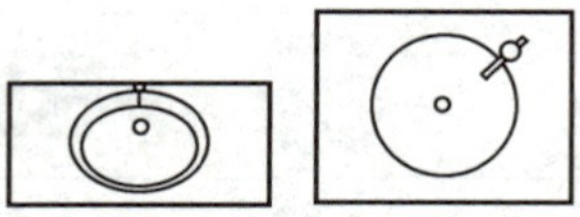	
		挂式	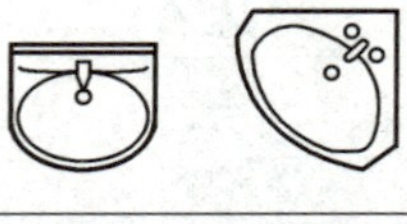	
4	污水池			

（续）

序号	名称		图例	备注
5	浴缸	长方形	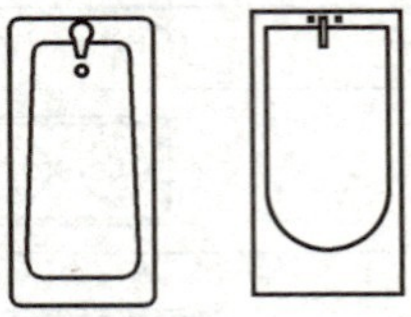	1. 立面样式根据设计自定 2. 其他洁具图例根据设计自定
		三角形	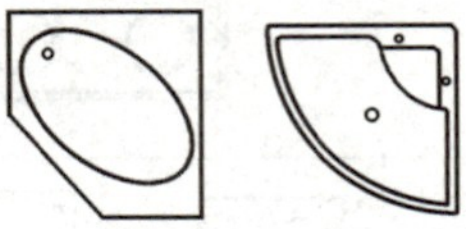	
		圆形	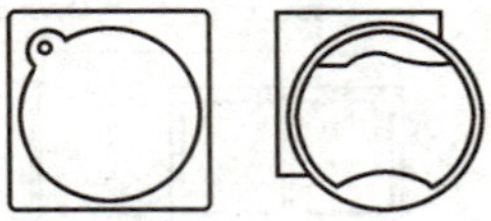	
6	淋浴房		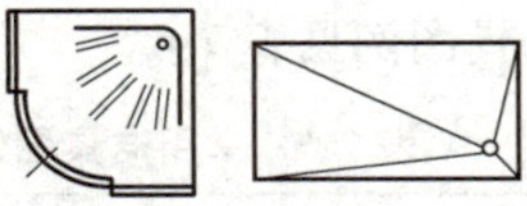	

（6）常用景观配饰图例 常用景观配饰图例见表7-7。

表7-7 常用景观配饰图例

序号	名称		图例	备注
1	阔叶植物		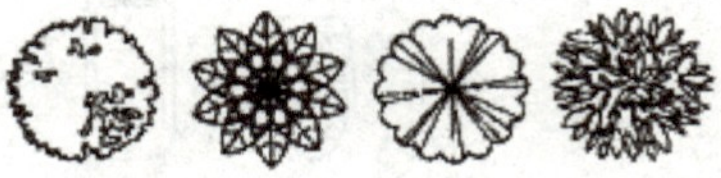	1. 立面样式根据设计自定 2. 其他景观配饰图例根据设计自定
2	针叶植物		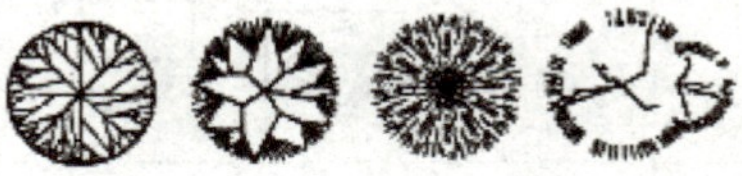	
3	落叶植物		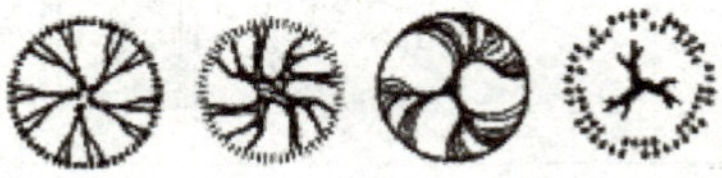	
4	盆景类	树桩类		
		观花类	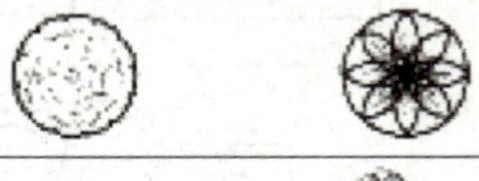	
		观叶类	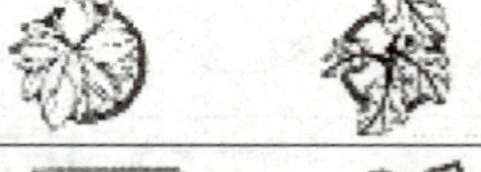	
		山水类		

（续）

序号	名称		图例	备注
5	插花类			1. 立面样式根据设计自定 2. 其他景观配饰图例根据设计自定
6	吊挂类			
7	棕榈植物			
8	水生植物			
9	假山石			
10	草坪			
11	铺地	卵石类		
		条石类		
		碎石类		

（7）常用灯具照明图例 常用灯具照明图例见表7-8。

表7-8 常用灯具照明图例

序号	名称	图例
1	艺术吊灯	
2	吸顶灯	
3	筒灯	
4	射灯	
5	轨道射灯	

（续）

序号	名称	图 例
6	格栅射灯	（单头）
		（双头）
		（三头）
7	格栅荧光灯	（正方形）
		（长方形）
8	暗藏灯带	
9	壁灯	
10	台灯	
11	落地灯	
12	水下灯	
13	踏步灯	
14	荧光灯	
15	投光灯	
16	泛光灯	
17	聚光灯	

（8）常用设备图例　常用设备图例见表7-9。

表7-9　常用设备图例

序号	名称	图 例
1	送风口	（条形）
		（方形）
2	回风口	（条形）
		（方形）
3	侧送风、侧回风	
4	排气扇	

（续）

序号	名称	图　例
5	风机盘管	 （立式明装）
		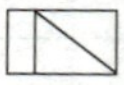 （卧式明装）
6	安全出口	EXIT
7	防火卷帘	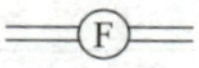 F
8	消防自动喷淋头	
9	感温探测器	
10	感烟探测器	S
11	室内消火栓	 （单口）
		 （双口）
12	扬声器	

（9）常用开关、插座立面图例　常用开关、插座立面图例见表 7-10。

表 7-10　常用开关、插座立面图例

序号	名称	图　例
1	单相二极电源插座	
2	单相三极电源插座	
3	单相二、三极电源插座	
4	电话、信息插座	（单孔）
		（双孔）
5	电视插座	（单孔）
		（双孔）
6	地插座	
7	连接盒、接线盒	
8	音响出线盒	M
9	单联开关	
10	双联开关	
11	三联开关	

（续）

序号	名称	图例
12	四联开关	
13	锁匙开关	
14	请勿打扰开关	
15	可调节开关	
16	紧急呼叫按钮	

（10）常用开关、插座平面图例 常用开关、插座平面图例见表7-11。

表7-11 常用开关、插座平面图例

序号	名称	图例
1	（电源）插座	
2	三个插座	
3	带保护极的（电源）插座	
4	单相二、三极电源插座	
5	带单极开关的（电源）插座	
6	带保护极的单极开关的（电源）插座	
7	信息插座	C
8	电接线箱	J
9	公用电话插座	
10	直线电话插座	
11	传真机插座	F
12	网络插座	C
13	有线电视插座	TV
14	单联单控开关	
15	双联单控开关	
16	三联单控开关	
17	单极限时开关	t
18	双极开关	
19	多位单极开关	
20	双控单极开关	

（续）

序号	名称	图　例
21	按钮	◎
22	配电箱	□ AP

课堂练习：徒手绘制常用家具的立体图与投影图，如课桌、凳子、沙发、床、电脑桌、饭桌、柜子等，并标注其尺寸。要求了解常见家具的尺度。

本章后续内容将以某别墅的装饰施工图为例说明装饰施工图的图纸内容及其识读方法。该装饰施工图与项目 6 中的建筑施工图配套，可对照阅读。

该别墅为地下一层、地上三层。选取一层的部分装饰施工图为例，其他各施工图参阅附录 A 别墅装饰施工图。

7.2　装饰效果图

装饰效果图主要包括封面、设计说明、材料说明、主要典型部位的装饰效果等。与装饰施工图强调技术性不同，装饰效果图主要偏重于其艺术性，烘托其艺术感染力，要对装饰完成后的效果有较强的感性认识。

1. 封面

封面主要表明装饰工程的名称、建筑面积、设计单位、日期等，也可通过艺术的手法透露出工程的装饰艺术风格，封面示例见文前彩图 1。

2. 设计说明

设计说明主要表明装饰设计的风格、使用的装饰手法、装饰的效果等设计师所想表达的设计思想，设计说明示例见文前彩图 2。

3. 效果图

通常选取典型部位，画出如客厅、餐厅、主卧等的效果图。效果图能表达出整体的空间特征、装饰风格、造型变化、材料的选用与搭配、灯光布置、家具、陈设等装饰要素，直观性强。效果图示例见文前彩图 3、彩图 4。

观察书房的空间格局、装饰选材、陈设、家具等，家具（椅子、条案等）、陈设（瓷器、卷轴、书法等）均为典型的中国传统风格。与厚重的实木墙面装饰相对比，书房墙面装饰主要采用“留白”，饰以字画，充满意境和东方审美韵味。整个书房充满了文化底蕴、人文气息，简洁低调而又优雅沉稳，彰显主人的修养与学识。

（注意：方案设计时书房放在负一层，但施工图中调整了方案，把书房调到了二层。在装饰设计阶段，方案的调整是正常现象。此处效果图仅作参考。）

7.3　装饰施工图图纸目录及设计说明

通过图纸目录可以了解图纸的内容及所在页数，方便查阅，如图 7-17 所示。

设计说明一般包括工程概况、设计依据、装饰材料、施工工艺、施工注意事项以及施工图中不易表达或设计者认为重要的其他内容等，如图 7-18 所示。

图纸目录

序号	图纸名称	图纸大小	图号	序号	图纸名称	图纸大小	图号
01	图纸目录		ZS-00	33	地下一层　卧室卫生间立面图		ZS-31
02	施工图设计说明		ZS-00	34	一层　门厅、餐厅立面图		ZS-32
03	地下一层　墙体改造/给排水平面图		ZS-01	35	一层　门厅、餐厅立面图		ZS-33
04	地下一层　功能平面布置图		ZS-02	36	一层　门厅、餐厅立面图		ZS-34
05	地下一层　地面材料/立面索引图		ZS-03	37	一层　门厅、餐厅立面图		ZS-35
06	地下一层　顶棚平面布置图		ZS-04	38	一层　客厅立面图		ZS-36
07	地下一层　插座平面布置图		ZS-05	39	一层　客厅立面图		ZS-37
08	地下一层　灯具开关控制布线图		ZS-06	40	一层　客厅立面图		ZS-38
09	一层　墙体改造/给排水平面图		ZS-07	41	一层　客厅立面图		ZS-39
10	一层　功能平面布置图		ZS-08	42	一层　老人房卫生间立面图		ZS-40
11	一层　地面材料/立面索引图		ZS-09	43	二层　书房立面图		ZS-41
12	一层　顶棚平面布置图		ZS-10	44	二层　卧室二立面图		ZS-42
13	一层　插座平面布置图		ZS-11	45	二层　卧室二立面图		ZS-43
14	一层　灯具开关控制布线图		ZS-12	46	二层　卧室卫生间立面图		ZS-44
15	二层　墙体改造/给排水平面图		ZS-13	47	三层　主卧室立面图		ZS-45
16	二层　功能平面布置图		ZS-14	48	三层　主卧室立面图		ZS-46
17	二层　地面材料/立面索引图		ZS-15	49	三层　主卧室立面图		ZS-47
18	二层　顶棚平面布置图		ZS-16	50	三层　主卧室卫生间立面图		ZS-48
19	二层　插座平面布置图		ZS-17	51	三层　书房立面图		ZS-49
20	二层　灯具开关控制布线图		ZS-18	52	楼梯间　立面图		ZS-50
21	三层　墙体改造/给排水平面图		ZS-19	53	剖面图		ZS-51
22	三层　功能平面布置图		ZS-20	54	剖面图		ZS-52
23	三层　地面材料/立面索引图		ZS-21	55	剖面图		ZS-53
24	三层　顶棚平面布置图		ZS-22	56			
25	三层　插座平面布置图		ZS-23	57			
26	三层　灯具开关控制布线图		ZS-24	58			
27	地下一层　活动室立面图		ZS-25	59			
28	地下一层　活动室立面图		ZS-26	60			
29	地下一层　会客厅立面图		ZS-27	61			
30	地下一层　公共卫生间立面图		ZS-28	62			
31	地下一层　视听室立面图		ZS-29	63			
32	地下一层　卧室立面图		ZS-30	64			

图 7-17　图纸目录

施工图设计说明

一、工程概况

1. 工程名称：15#楼别墅装饰工程。

2. 工程建筑总面积：549m²。

3. 工程范围：本工程装修性质为整体装饰工程。本施工图的施工范围为室内六面体装饰、电气工程、水及洁具安装。

二、设计依据

1. 本设计是参照原部分的土建设计图纸而做的室内装饰设计，故一切尺寸以现场放线为准，施工单位必须在工地核对图纸所示尺寸，发现出入较大处，应立即通知建筑师或设计师。

2.《建筑内部装修设计防火规范》(GB 50222—2017)。

3.《建筑照明设计标准》(GB 50034—2013)。

4.《建筑装饰装修工程质量验收标准》(GB 50210—2018)。

5.《民用建筑工程室内环境污染控制规范》(GB 50325—2010)(2013 版)。

三、总则

1. 本工程除说明规定外，施工时按河南省建筑安装工程施工验收暂行技术规范及国家有关规范规则办理。

2. 本装饰工程设计范围之外的建筑、结构、消防、中央空调等专业设计的修改与变更，应由原建筑设计单位或甲方另行委托单位完成。

3. 与装修工程有关的其他配套工程，详见各专业工程设计图纸。

四、图纸说明

1. 图上所注标高尺寸±0. 000 均以每层地面完成面标高为基准，图中所标注尺寸为装饰完成面尺寸。

2. 施工过程中，水、电、暖及土建施工单位必须与装饰单位积极配合。

3. 装修过程中涉及的墙面开洞，均加两根 16#槽钢做过梁。墙面局部改造及室内外交接处的处理应在施工开始前由各专业设计人员就实际情况，再次核对、计算无误后方可施工。

五、材料及做法

1. 吊顶

1）图中除所标注外，均为 50U 型轻钢龙骨纸面石膏板造型顶。顶部所有隐蔽工程中木质结构均做防火阻燃处理。石膏板吊顶使用石膏板厚度为 9. 5mm，规格建议选用 1220mm×3000mm，做法参见《河南省工程建设标准设计》(12YJ1—69—顶 11)。

2）灯具、风口等悬挂物重量超过 5kg 的，应直接在楼板生根。

2. 隔墙

1）轻钢龙骨石膏板隔墙采用 100 系列轻钢龙骨，上端固定至楼板底，在隔墙中添加吸音岩棉。隔墙石膏板采用 12mm 厚。卫生间隔墙采用轻钢龙骨骨架，埃特板基层，做法参照《河南省工程建设标准设计》(12YJ3—6)。

2）凡有立管处，根据现场情况用 18mm 大芯板包封，其中卫生间立管用埃特板包封，挂网抹灰后贴墙面砖，并相应留检修口。

3）墙面干挂石材，基层钢架情况如下：①原有承重墙，直接用L50×5 角钢做骨架，干挂件固定石材；②原有非承重墙，需加槽钢立柱@ 1000，特殊情况下加密，外加L50×5 角钢做骨架干挂件固定石材；③新砌加气块墙体预埋槽钢立柱@ 1000，特殊情况下加密，其他同以上做法；④新做轻质隔墙，直接用槽钢做立柱@ 1000，挂石材面加L50×5 角钢做骨架干挂件固定石材。板底在 4m 以上采用 12#槽钢，4m 以下采用 8#槽钢，具体见详图。

4）卫生间隔墙为埃特板的墙面需在埃特板上挂钢网后再黏贴墙砖，做法参见《河南省工程建设标准设计》(12YJ1—40—内墙 10)。卫生间内四周墙面需刷新型 JS 复合防水涂料两遍，厚度不低于 1mm，高度不低于 1m。

5）墙面乳胶漆做法参见《河南省工程建设标准设计》(12YJ1—82—涂 24)。

3. 地面

1）地面材质规格及铺装放线详见地面铺装图纸。地砖（石材）铺贴做法：楼板上做素水泥砂浆结合层+40mm 厚 1：4 干硬性水泥砂浆 8～12mm 厚地砖（15～25mm 厚石材）铺平拍实。地毯做法：在原地面拆除后或在楼板毛坯面上做 20mm 厚 1：3 水泥砂浆找平地面+1mm 厚 JS 防水涂抹两遍+1：2 水泥砂浆地面收光+5mm 厚 PVC 衬垫+10mm 厚纤维地毯。强化木地板做法：在原地面拆除后或在楼板毛坯面上做 20mm 厚 1：3 水泥砂浆找平面+1mm 厚 JS 防水涂抹两遍+1：2 水泥砂浆地面收光+5mm 厚地垫+12mm 厚强化木地板。

2）卫生间地面做法参见《河南省工程建设标准设计》(12YJ1—19—地 52)，只将其中 1：5 厚聚氨酯防水涂料做法改为 1mm 厚新型 JS 复合防水涂料两遍。

3）台阶做法：素土夯实+150mm 厚碎石或碎砖夯实灌 M10 水泥砂浆垫层+100mm 厚 C15 混凝土+25mm 厚 1：3 干硬性水泥砂浆结合层+20mm 大理石面层，坡道坡度比例不小于 1：8。若原有台阶不拆除，只做面层。

4. 配电箱的安装

除特殊需要明装以外，其余均为暗装。安装时根据国家相关规定施工。

六、材料要求

1. 图中所示石材均为“A 级”，石材厚度不小于 15mm，玻化砖及防滑地板砖为优等品。若花岗岩、大理石的品种、规格、质量有变动，由甲乙双方协商确定，不另作图纸变更。

2. 表面装饰木料属符合国家标准的 AA 级产品。

3. 木方无论是国产还是进口均要选用与表面纹饰相同纹理及相同颜色的 A 级产品，含水率要控制在 15%以内。

4. 木制底板

18mm 厚木夹板表面应光滑无凹痕、空鼓，内里实木块拼贴应为锯齿口咬接，不得留有缝隙。实木块木质应为椴木；9mm 厚木夹板表面应光滑无凹痕、空鼓，内应为大三层加丝结构。

5. 所有装修木作部分均应进行防腐、防火处理（刷防火涂料三遍），软包布部分均应在表面喷洒阻燃液三遍并等待自然风干后再进行安装，钢结构部分做防锈处理（刷红丹防锈漆三遍），其余具体做法参照《建筑内部装修设计防火规范》(GB 5022—2017)。

6. 其他图中未尽事宜，应按国家相关施工规范进行施工。

图 7-18 施工图设计说明

7.4 装饰平面图识读

装饰平面图是装饰施工图的主要图样，它是根据装饰设计原理、人体工程学以及用户的要求等画出的用于反映建筑平面布局、装饰空间及功能区域的划分、家具设备的布置、绿化及陈设的布局等内容的图样，是确定装饰空间平面尺度及装饰形体定位的主要依据。

装饰平面图与建筑平面图的投影原理相同，只是各自平面图所表达的内容不完全一样。建筑平面图主要表示房屋的平面形状、大小和房间布置、功能、门窗规格、墙（或柱）的位置等；而装饰平面图，一般简化不属于装饰范围的建筑部分，主要图示建筑平面布局、装饰空间及功能区域的划分、楼地面装饰做法、顶棚造型及做法、灯具布置、家具陈设、设备、绿化等的布局以及必要的尺寸标注和施工说明等。

装饰平面图一般包括平面布置图、地面铺装图、顶棚平面图等。也有复杂一些的装饰工程，为了方便施工过程中各施工阶段、各施工内容以及各专业供应方阅图的需求，可将装饰平面图细分为各项分平面图，如平面布置图、顶棚平面图、隔墙布置图、地面铺装图、陈设品布置图、平面开关和插座布置图等。当设计对象较为简单时，视具体情况也可将上述某几项内容合并在同一张平面图上来表达，或是省略某项内容。

下面以别墅装饰施工图的平面图为例进行识读。

7.4.1 拆改平面图、给水排水点位布置图

根据装饰效果、家具设备布置的需要，部分装饰工程需改变原来的建筑布局（但不得破坏原建筑结构）。若原墙体、门、窗有改动，如拆去、新建或移动位置等，须用拆改平面图标明改动前后的布置情况。若无拆改项目，则不画该图。

给水排水点位布置图表示厨房、卫生间等处的取水位置及高度（洗手盆、洗菜池、淋浴等）、排水位置（地漏、坐便器、洗手盆）等。

根据需要，可合并绘制或单独绘制。

1. 图示内容

1）表达出按室内设计要求重新布置的隔墙位置以及被保留的原建筑隔墙位置，承重墙与非承重墙的位置。

2）新设置隔墙的位置、详细定位尺寸、材料图例。

3）取水位置及高度、排水位置。

2. 图示实例

如图7-19所示（见书后插页），别墅一层有以下几个部位进行了拆改，分别是老人房与门厅走道处墙体、老人房卫生间、厨房、客厅与楼梯间处墙体。如老人房与门厅走道处③轴线墙体（非承重墙）拆掉一部分，在老人房内新建一段轻质砌块墙，在门厅处的凹洞（长×宽×高=1600mm×300mm×2200mm）用来放置鞋柜，完善入口处的使用功能。老人房的门洞也进行了改动。请注意其改动位置、定位尺寸、定形尺寸、材料图例等。

注意：为了能更清晰地表达卫生间的给水排水点位布置，此处采用了局部放大平面图。

7.4.2　平面布置图

1. 图示内容

平面布置图包含以下主要内容：

1）通过定位轴线及编号，表明装饰工程在建筑工程中的位置（当对象为实测而对原房屋轴线编号、标高、材料等资料不甚了解时，这些内容可省略）。

2）表明装饰工程的结构形式、平面形状和尺寸。

3）表明门窗位置及开启方式、墙（柱）的形状及尺寸。

4）家具、设施（电器设备、卫生设备等）、陈设、织物、绿化、地面铺设等。

5）楼地面饰面材料、尺寸、标高和工艺要求。

6）与室内立面图有关的立面索引符号（也可根据图面情况画在其他平面图中）。

7）标注各房间的名称。

8）索引符号及必要的文字说明等。

2. 图示实例

下面以别墅的装饰平面布置图的一层平面布置图为例进行说明，其他各层请自行参照阅读。

1）如图7-20所示（见书后插页），先了解该平面的图名和比例，本图为一层平面布置图。

2）平面布置图中各房间的功能布局。此为该别墅的一层，包含客厅、餐厅、厨房、走廊、楼梯等公共空间，车库、公共卫生间、老人房及卫生间等房间，前后庭院，前后出入口及台阶等。

3）各功能区域的家具、陈设、设备等的布局。如客厅是别墅中的主要公共活动空间，布置有沙发组合、茶几、电视柜、装饰台案等家具。餐厅布置有餐桌椅、休闲椅组合、装饰架等，餐厅与北边的厨房相连。老人房布置有双人床、床头柜、电视柜、梳妆台、衣柜，老人房卫生间布置有浴缸、坐便器、台上盆组合、淋浴器四件卫生洁具。小汽车可直接开进车库，车库与室内有门相通。公共卫生间的前室布置台上盆组合，卫生间内布置坐便器、小便器、拖布池，并留有洗衣机位。整个一层空间通过走廊相连，通透流畅，视野开阔，使用便捷。

4）文字说明。标明房间名称、家具陈设说明、品牌、色彩要求等内容。

5）标注平面尺寸、地面标高。标注房间开间及进深尺寸、轴线总尺寸、地面标高变化处标高等。

装饰施工图中会省略部分建筑施工图、结构施工图中包含的尺寸，如门窗、墙厚等，具体可结合建施、结施进行阅读。

6）根据需要以虚线表达出位置在剖切平面之上、但需强调的内容。如厨房吊柜用虚线表达出来。

7.4.3　地面铺装图

在原有的楼地面上，选用合适的装饰材料，进行再次施工构成新的地面，以满足装饰效果及使用功能要求。用于指导该施工的平面图即为地面铺装图。地面铺装图主要用于表达楼地面分格造型、材料名称、尺寸和做法要求等。

1. 图示内容

1）建筑平面图、轴线编号、轴线尺寸等基本内容。

2）地面选用材料的规格、材料编号、施工排版图。

3）地面拼花或大样索引符号。

4）表达出埋地式内容（如埋地灯、暗藏光源、地插座等）。

5）表达出地面相接材料的装修节点及地面落差的节点索引符号。

6）注明地面标高关系。

7）索引符号、图名及必要的文字说明等。

2. 图示实例

1）如图7-21所示为一层地面铺装图。客厅、餐厅、厨房、走廊等公共空间均采用600mm×600mm仿古砖工字铺，楼梯间平台及踏步采用灰色大理石火烧板，卫生间采用300mm×300mm仿古砖工字铺，老人房采用木地板工字铺。

2）内视符号。根据图面情况，内视符号可画在平面布置图或地面铺装图中。一般画在平面内或引到平面外就近布置。如客厅引出的内视符号画在其附近，表示客厅立面图分别向北、东、南、西四个方向投影，图名编号为E1、E2、E3、E4，分别在装施第36、37、38、39页。

7.4.4 顶棚平面图

顶棚平面图一般采用镜像投影法绘制。其反映顶棚造型平面形状、灯具位置、材料选用、尺寸标高及顶棚构造做法等内容，是装饰施工图的主要图样之一。

1. 图示内容

1）建筑平面图、轴线编号、轴线尺寸等基本内容。

2）顶棚平面图中应省去平面图中门的符号，并用细实线表示门洞的位置；墙体立面的洞、龛等在顶棚平面中可用细虚线表明其位置。

3）顶棚装饰造型的平面形状和尺寸，有时可画出顶棚的重合断面并标注标高。

4）顶棚的净空高度。

5）顶棚装饰所用材料及规格。

6）灯具的种类、规格、安装位置。

7）与顶棚相接的家具、设备的位置及尺寸。

8）窗帘、窗帘盒、窗帘帷幕板等。

9）空调送风口的位置、消防自动报警系统、与吊顶有关的音响设施的布置及安装位置（视具体情况而定）。

10）索引符号、图例、图名及必要的文字说明等。

2. 图示实例

1）在识读顶棚平面图前，应首先了解顶棚所在房间的平面布置图的基本情况，因为顶棚设计与平面的功能分区、尺度、家具、陈设布置等密切相关。如图7-22所示为别墅的一层顶棚平面图（见书后插页）。

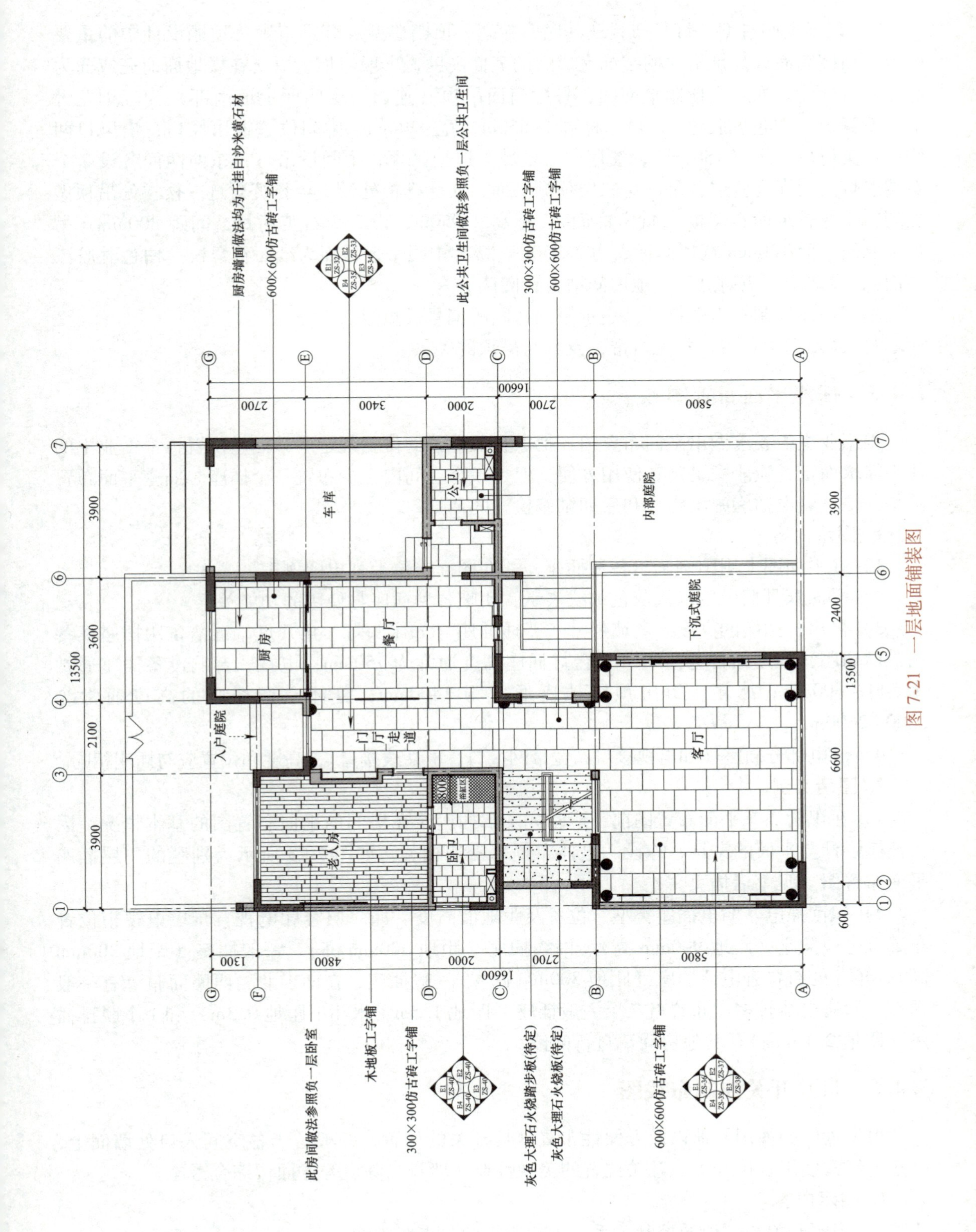

图 7-21　一层地面铺装图

2）识读顶棚造型、灯具布置及其底面标高。顶棚造型及灯具布置是顶棚设计中的重要内容。顶棚底面标高是指顶棚装饰完成后的表面高度，一般习惯上以所在楼地面的完成面为起点进行标注。如一层顶棚平面图，餐厅南面吊顶（连通一层门厅走道南部）为轻钢龙骨纸面石膏板（白色乳胶漆饰面），标高2.850m，宽950mm，中间位置设出风口，出风口两侧设石英射灯，距离1500mm；餐厅中心区域为造型吊顶，中间设吊灯，东西两面各设2个石英射灯。门厅高两层，吊顶见二层顶棚平面，西侧鞋柜处设1个石英射灯。楼梯处吊顶做法为轻钢龙骨纸面石膏板（竹席饰面），标高2.950m，设2个石英射灯，间距800mm；吊顶南北西三面120mm宽顶面标高为2.750m。楼梯中间平台顶面为纸面石膏板（白色乳胶漆饰面），设2个石英射灯。其他房间请自行阅读。

本图中还绘制有索引符号，表示吊顶详图的编号及页数。

3）注意图中各窗口有无窗帘，及其与吊顶的关系。

7.4.5　插座平面布置图

根据业主的要求做出平面布置图，把家具及电器的位置确定后，插座位置再根据业主的使用需求而定，应兼顾美观和使用方便，但是一个空间内至少布置一个插座。插座平面布置图是强电、弱电插座施工指导和后期维修检查的依据。

1. 图示内容

1）在平面图上用图例画出各种插座，并在图面空位上列出图例表。

2）平面家具摆设应以浅灰色细线表示，明晰各种插座与使用的功能关系。

3）标出各插座的高度、离墙尺寸。普通插座（如床头灯、角几灯、清洁备用插座及备用预留插座）高度通常为300mm；台灯插座高度通常为750mm；电视、音响设备插座通常为500～600mm；冰箱、厨房预留插座通常为1400mm；分体空调插座的高度通常为2300～2600mm。

4）弱电部分插座（如电视接口、宽带网接口、电话线接口），高度和位置应与插座相同。

2. 图示实例

1）在识读插座平面布置图前，应首先了解插座所在房间的平面布置图的基本情况，因为插座设计与平面的家具、陈设、电器布置等密切相关。如图7-23所示为别墅的一层插座平面布置图（见书后插页）。

2）识读强电、弱电插座类型、位置及距地面高度。如一层客厅电视背景墙电视柜位置布置有电视插座（距地900mm高）、网线插座（距地300mm高）、一般插座（距地300mm高），角几处布置有电话插座（距地300mm高）、一般插座，在南、北、西墙面布置有一般插座。厨房电器较多，布置有7个一般插座（距地1.3m，水斗下距地0.3m）和1个脱排插座（距地2.1m高）。其他房间请自行阅读。

7.4.6　灯具开关控制布线图

根据人们的使用习惯以及方便性布置灯具开关的位置，一般位于各空间入口处墙面上，卧室也经常使用双控开关。开关位置的美观性要从墙身、陈设等方面作综合考虑。

1. 图示内容

1）表明开关与灯位的控制关系，一般用细圆弧点线表示。

2）开关图例见《房屋建筑室内装饰装修制图标准》（JGJ/T 244—2011），表明单联、双联、多联、双控等。

3）注明开关的位置及高度。

4）感应开关、电脑控制开关位置要注意其使用说明及安装方式。

2. 图示实例

如图 7-24 所示为一层灯具开关控制布线图。客厅入口处设三联单控开关，分别控制东、西两边吊顶石英射灯及中央吊顶（因客厅两层高，客厅中央吊灯在二层显示）；楼梯间处设双联单控开关，分别控制楼梯中间平台处石英射灯及东入口处射灯。其他房间请自行阅读。

7.5　装饰立面图识读

立面装饰主要是在原墙面上再进行装饰，如贴面、喷涂、裱糊、造型等。装饰立面图是指将室内墙面向与之平行的投影面做正投影所得的投影图（对于墙面呈弧形或异形的可绘制展开图），主要表达出墙面的立面造型、装修做法和陈设品的布置等。装饰立面图是装饰施工图的主要图样之一，是确定墙面做法的主要依据。

室内装饰立面图一般采用剖立面图表示，即假设有一个与所表达墙面平行的剖切平面将房间从顶棚至地面剖开然后投影所得的正投影图，表现出整个房间装修后室内空间的布置与装饰效果。

在立面图上，相同的装饰装修构造样式可选择一个构造样式绘出完整图样，其余部分可只画图样轮廓线。

1. 图示内容

1）绘制立面左右两端的墙体构造或界面轮廓线、原楼地面至装修楼地面的构造层、顶棚面层、装饰装修的构造层。

2）未被剖切到但投影方向可见的内容，如墙面装饰造型、固定家具（如影视墙、壁柜等）、灯具、陈设（如壁挂、工艺品等）、门窗造型及分格等。

3）标明立面上装饰装修材料的种类、名称、施工工艺、拼接图案、不同材料的分界线。

4）墙面所用设备（如墙面灯具、暖气罩等）及其位置尺寸和规格尺寸。

5）装饰选材、立面的尺寸标高及做法说明：图外一般标注一至两道竖向及水平向尺寸以及楼地面、顶棚等的装饰标高；图内一般应标注主要装饰造型的定形、定位尺寸。做法采用细实线引出进行文字标注。

6）对于影响装饰装修效果的装饰物、家具、陈设品、灯具、电源插座、通信和电视信号插孔、空调控制器、开关、按钮、消火栓等物体，宜在立面图中绘制出其位置。

7）索引符号、图名、比例、文字说明等。

2. 图示实例

如图 7-25 所示为一层门厅、餐厅 E1 立面图。门厅、餐厅共有 E1、E2、E3、E4 四个立面图，可结合图 7-21 地面材料/立面索引图的立面索引符号，E1 立面图为在门厅、餐厅处向北方向进行投影，依次（在立面图中从左向右）反映了北入口、厨房门的装饰处理形式。由于北入口门厅为两层高，E1 立面图还绘制出了二层门厅上空、书房的立面装饰处理。

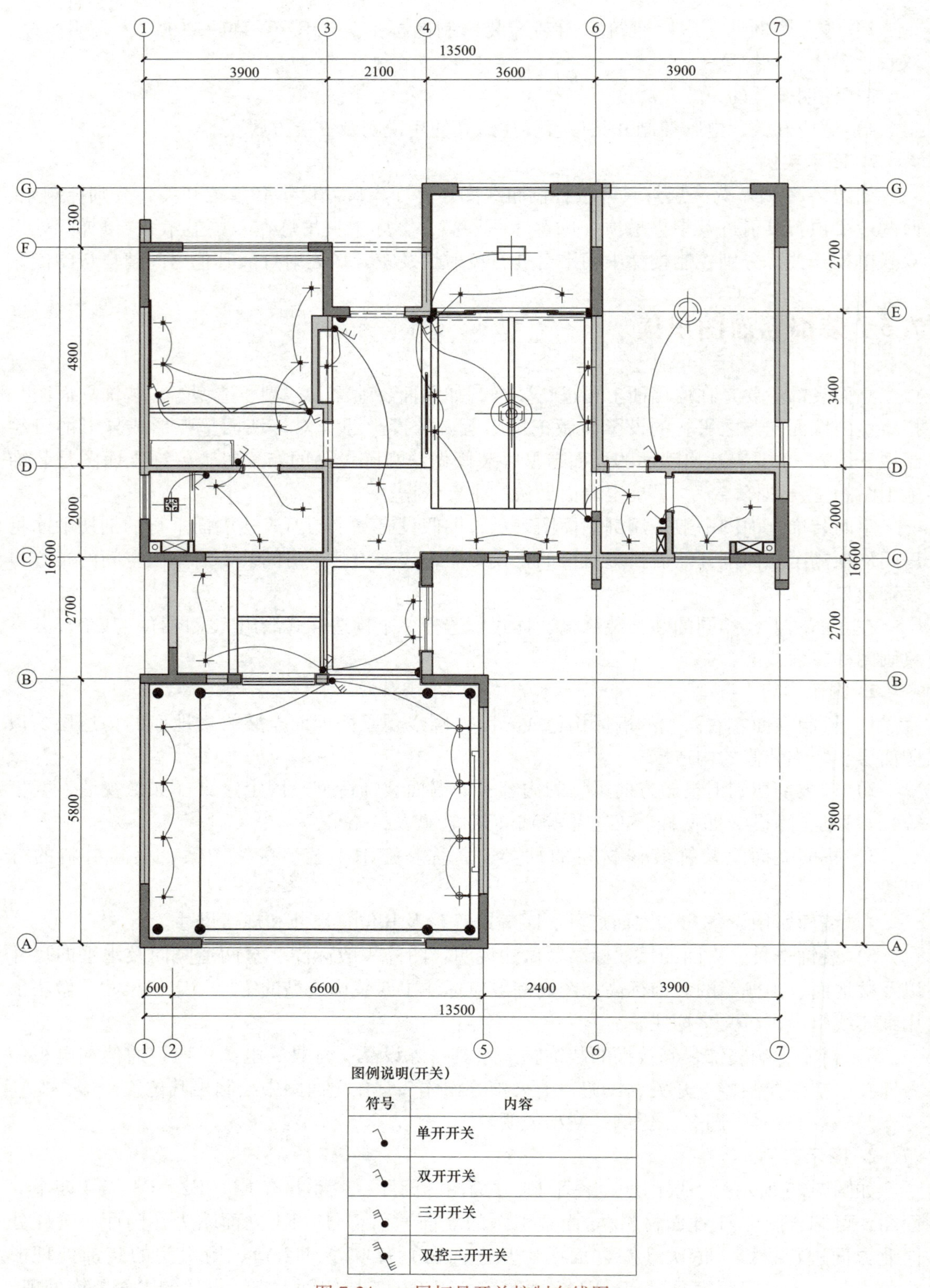

符号	内容
	单开开关
	双开开关
	三开开关
	双控三开开关

图 7-24 一层灯具开关控制布线图

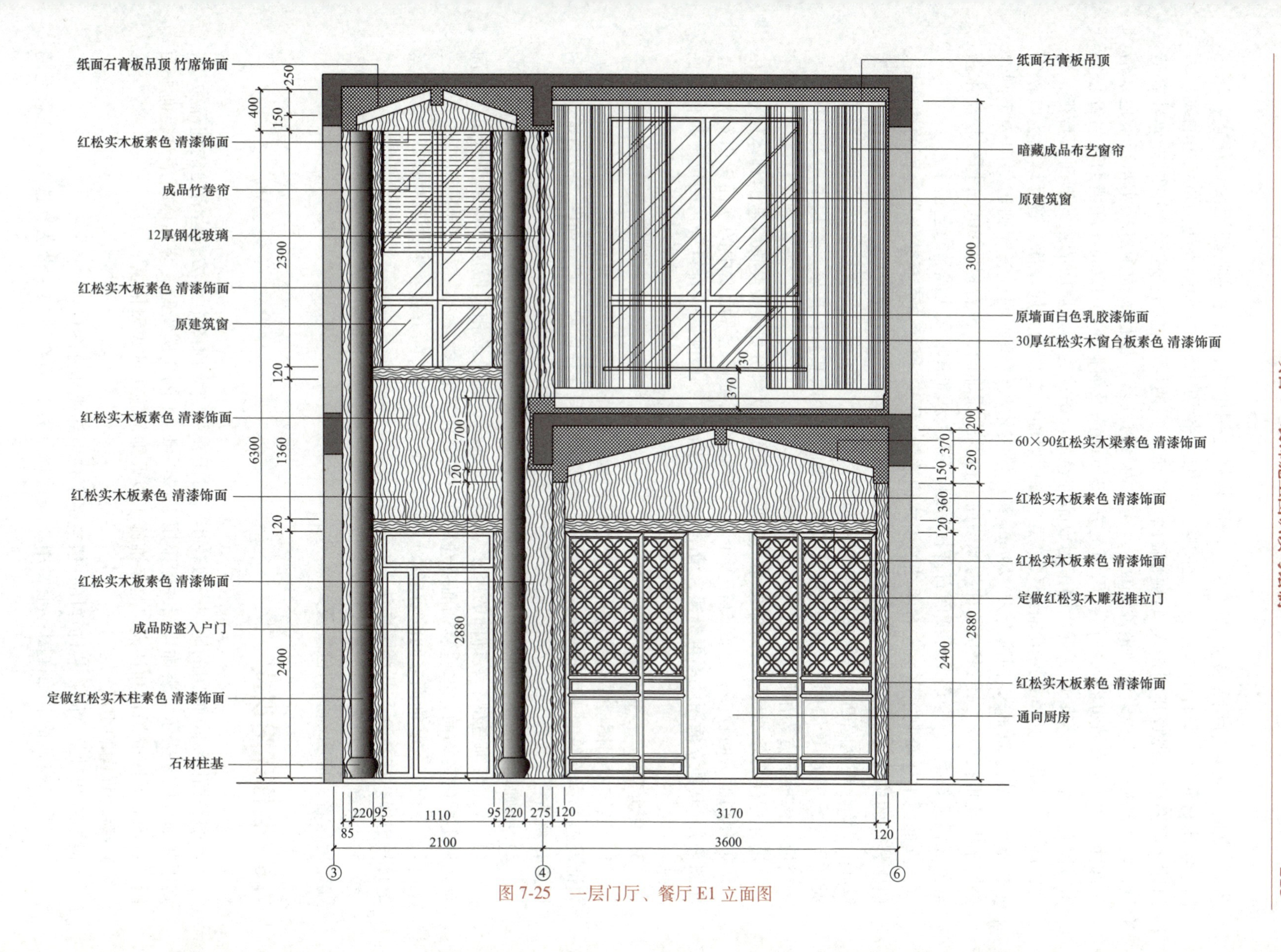

图 7-25　一层门厅、餐厅 E1 立面图

从E1立面图可以看出，立面高二层，墙面装修运用中国古典建筑造型元素如柱式、雕花门、实木材质等，富有中国传统文化韵味，装饰风格为中式。立面图左边（③~④轴线）为门厅挑高两层，视野开阔，入口两侧墙面各装饰一根两层高柱子，柱子为中国古典柱式造型，定制红松实木柱索色（清漆饰面），柱下为石材柱基。柱后墙面为红松实木板索色（清漆饰面）；门为成品防盗入户门，门洞上方120mm高及窗洞下方120mm高墙面也为红松实木板索色，但纹理与墙面不同。窗帘为成品竹卷帘。吊顶为两个坡面造型的纸面石膏板，竹席饰面。立面图右边（④~⑥轴线）一层为餐厅墙面、二层为书房墙面，餐厅墙面为红松实木板索色（清漆饰面），门洞上方120mm高红松实木板纹理不同。餐厅到厨房门为定制红松实木雕花推拉门。二层书房墙面为原墙面白色乳胶漆饰面，窗台板为30mm厚红松实木板索色（清漆饰面），轻钢龙骨纸面石膏板吊顶，窗帘为轨道暗藏式成品布艺窗帘。

立面图中还绘制了立面左右两端的墙体构造轮廓线、原楼地面至装修楼地面的构造层、顶棚装修的构造层。如③、⑥轴线均为两层高实体填充墙；④轴线处一层无墙体，二层为12mm厚钢化玻璃隔断，右侧书房与两层高门厅通透，空间感强。餐厅上方有钢筋混凝土楼板（下方涂黑方块为钢筋混凝土梁），楼板上灰色为楼面装修构造层。二层书房及门厅上方有楼板，楼板下方为吊顶。

尺寸标注有外部尺寸及内部尺寸，主要表示装饰材料分界线及装饰构造的具体尺寸。

本套别墅房间较多，立面图有多个（可参阅图纸目录、平面图中的立面索引符号、立面图等），其他立面图就不再赘述，请学生对照平面图、顶棚图等自行分析阅读。其他立面图见附录。

3. 识读要点

1）装饰立面图应结合装饰平面图进行识读。首先通过看装饰平面图，了解室内布局、装饰设施、家具等的平面布置位置。由于一项装饰工程往往需要多幅立面图，故装饰立面图识读时须结合平面图内的立面索引符号查看立面图的编号和图名。

2）明确地面标高、楼面标高、楼梯平台等与装饰工程有关的标高尺寸。

3）墙面装饰造型、装饰面的尺寸、范围、选材、颜色及相应做法。清楚了解每个立面有几种不同的装饰面，这些装饰面所选用的材料及施工要求。

4）立面上各装饰面之间的衔接收口较多，应注意收口的方式、工艺和材料。一般由索引符号引出，注意查看其详图做法。

5）注意装饰设施在墙体上的安装位置，如电源开关、插座的安装位置和安装方式等，如需留位者，应明确所留位置及尺寸。

7.6 装饰详图识读

装饰平面图、立面图的比例一般较小，对于在平、立面图中无法表达清楚的细部做法，则用装饰详图来表示。装饰详图一般采用1∶20~1∶1的比例绘制。装饰详图是对装饰平面图、装饰立面图的深化和补充，是装饰施工以及细部施工的重要依据。

1. 装饰详图的组成

根据装饰对象不同，装饰详图一般包括下列全部或部分图样：

1）墙（柱）面装饰详图：主要用于表达墙（柱）面在造型、做法、选材、色彩上的要求。

2）顶棚详图：主要用于表达吊顶构造、做法的平面图、剖面图或断面图。

3）装饰造型详图：独立的或依附于墙柱的装饰造型，表达装饰的艺术氛围和情趣的构造体，如影视墙、花台、屏风、隔断、壁龛、栏杆造型等的平、立、剖面图及线脚详图。

4）家具详图：主要指需要现场加工制作的固定式家具，如储藏柜、壁柜等。有时也包括可移动家具如床、展示台等。

5）装饰门窗及门窗套详图：装饰门窗形式多样，其图样有门窗及门窗套立面图、剖面图和节点详图，用来表达其样式、选材和工艺做法等。

6）楼地面详图：表达楼地面的艺术造型及细部做法等内容。

7）小品及饰物详图：包括雕塑、水景、指示牌、织物等内容。

2. 图示内容

因为装饰详图所要表达的对象不同，而且千差万别，所以装饰详图的图示内容也会有变化。装饰详图图示内容一般有：

1）装饰形体的造型样式、材料选用、尺寸标高。

2）所依附的建筑结构材料、连接做法，如钢筋混凝土与木龙骨、轻钢及型钢龙骨等内部骨架的连接图示（剖面或断面图）。

3）装饰体基层板材的图示（剖面或断面图），如石膏板、木工板等用于找平的构造层次（通常固定在骨架上）。

4）装饰面层、胶缝及线脚的图示。

5）色彩及做法说明、工艺要求等。

6）索引符号、图名、比例等。

当装饰详图所表达的形体的体量和面积较大以及造型编号较多时，通常先画出平、立、剖面图来反映装饰造型的基本内容，如准确的形状、与基层的连接方式、标高、尺寸等。选用比例一般为 1∶50~1∶10，最好平、立、剖面图画在同一张图纸上。当该形体按上述比例还无法清晰表达时，可选择 1∶10~1∶1 的大比例绘制。当装饰详图较简单时，可只画出其平、立、剖面图中的部分图样即可。

3. 图示实例

如图 7-26 所示为 S08 剖面详图。该剖面图的剖切位置及剖视方向见二层顶棚平面布置图中的剖切索引符号（入口门厅处）。从门厅吊顶处横向剖切，剖到门厅吊顶及右侧书房局部，向北方向进行投影。从图中可以了解到门厅吊顶左右对称，此处采用简化画法，图形稍超出其对称线（此时可不画对称符号），左半部分省略。吊顶造型为木梁、板（竹席饰面）结合，彰显中式韵味。吊顶纵向居中设置 1 根 120mm×150mm 红松实木梁，梁两侧横向各设置 11 根 60mm×90mm 红松实木梁（结合二层顶棚平面布置图阅读），实木梁均为素色（清漆饰面）；中间梁为剖到，两侧梁为看到。两侧梁的上方为纸面石膏板基层、竹席饰面；纸面石膏板基层通过木工板基层骨架与楼板连接。门厅右侧有一钢筋混凝土梁，此梁左侧有一木工板基层骨架与梁连接，底平齐，下方木工板基层打底，外饰以红松实木板索色（清漆饰面）。梁下方安装 12mm 厚钢化玻璃为书房与门厅的隔断，玻璃隔断右侧安装成品竹卷帘。梁右侧 60mm 高为红松实木平板线装饰。此外该详图还表示书房吊顶局部，可以看出为轻钢龙骨纸面石膏板吊顶，白色乳胶漆饰面。

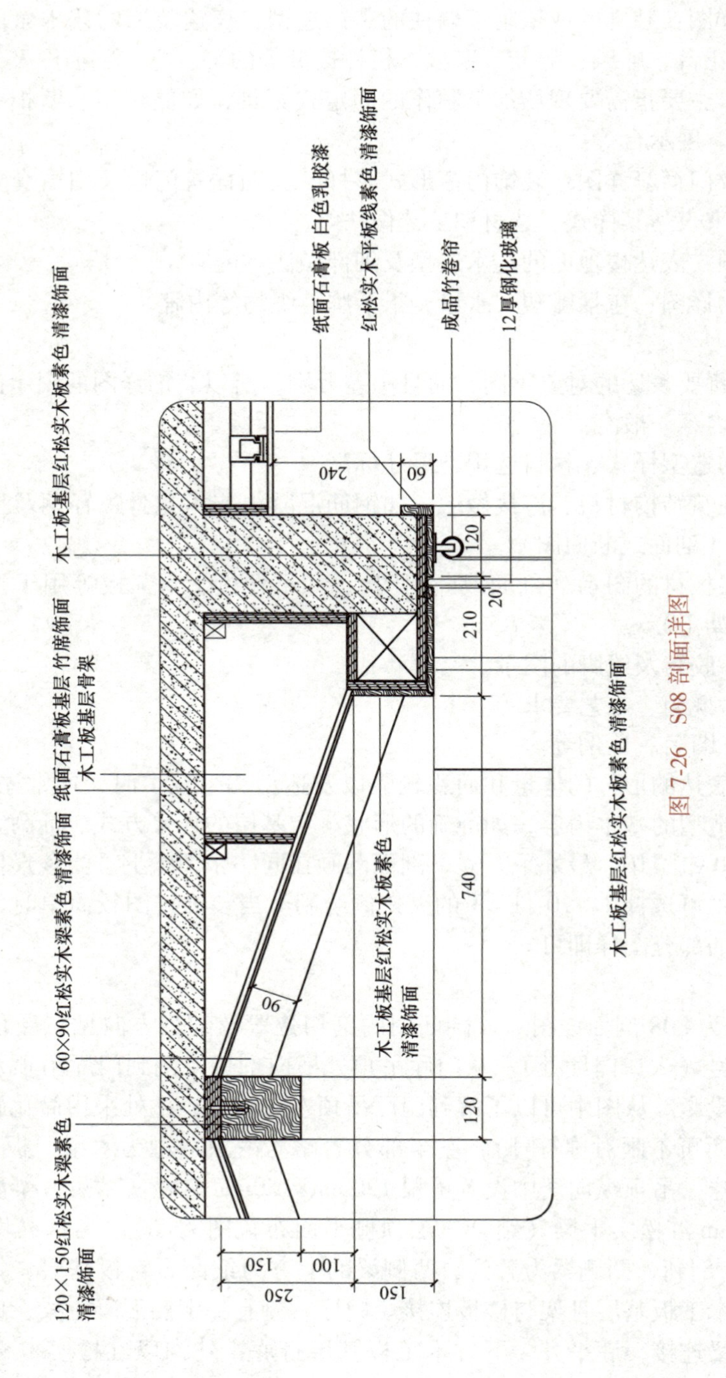

图 7-26 S08 剖面详图

4. 识读要点

识读装饰详图应结合装饰平面图和装饰立面图，按照详图符号和索引符号来确定装饰详图在装饰工程中所在的位置，通过读图应明确装饰形式、用料、做法、尺寸等内容。

由于装饰工程的特殊性，往往构造比较复杂，做法比较多样，细部变化多端，故采用标准图集较少。装饰详图种类较多，且与装饰构造、施工工艺有着紧密联系，其中必然涉及一些专业上的问题，所以装饰详图是装饰施工图识图的重点、难点，应在本课程及相关专业课程的学习中予以重视，在识读装饰详图时应注意与实际相结合，并需充分运用相关的专业知识。

此外还要说明一点：本项目（及附录）所示这套别墅装饰施工图，并非一套完整的图样，限于篇幅有部分图样省略，还有许多节点的做法没有表明，且由于缺乏装饰制图标准，各地、各公司、各设计人员在图样的表达上尚存在一定的随意性，所以该套图纸只作为读图之用。

7.7 装饰工程施工图的画法

装饰施工图所表达的对象与建筑施工图一样，都是建筑物，所以装饰施工图和建筑施工图的画法与步骤基本相同，所不同的是装饰施工图的侧重点不同以及在表达上的细化和做法的多样性。如装饰平面布置图是在建筑平面图的基础上进行家具布置、地面分格、陈设等，它必须以建筑平面图为条件进行设计、制图，而对不影响装饰施工的建筑及结构的构造、尺寸在装饰施工图中则可以忽略，以重点突出装饰设计的内容。

7.7.1 绘图前的准备工作

1）绘图顺序。装饰施工图一般先绘制平面布置图，然后是顶棚平面图、室内立面图、装饰详图等。

2）确定比例、选择图幅。了解所绘工程对象的空间尺度和体量大小，根据要求和所绘图样内容选择比例，并由此确定图幅。

3）读懂所绘图样。

4）注意布图均衡以及图样之间的对应关系。

5）选择合适的绘图工具和仪器。

7.7.2 平面布置图的画法

平面布置图中建筑平面图的画法和建筑施工图中的建筑平面图画法一致，其详细绘图步骤见项目 6。在画出建筑平面图的基础上再绘制家具、陈设等即可。平面布置图的画法步骤如下（图 7-27）：

1）确定比例、图幅。

2）画出建筑平面图，标注其开间、进深、门窗洞口等的尺寸及楼地面标高。

3）画出家具、陈设、隔断、绿化等的形状和位置。

4）标注装饰尺寸，如隔断、固定家具、装饰造型等的定形、定位尺寸。

5）绘制立面索引符号、详图索引符号等。

6）检查。

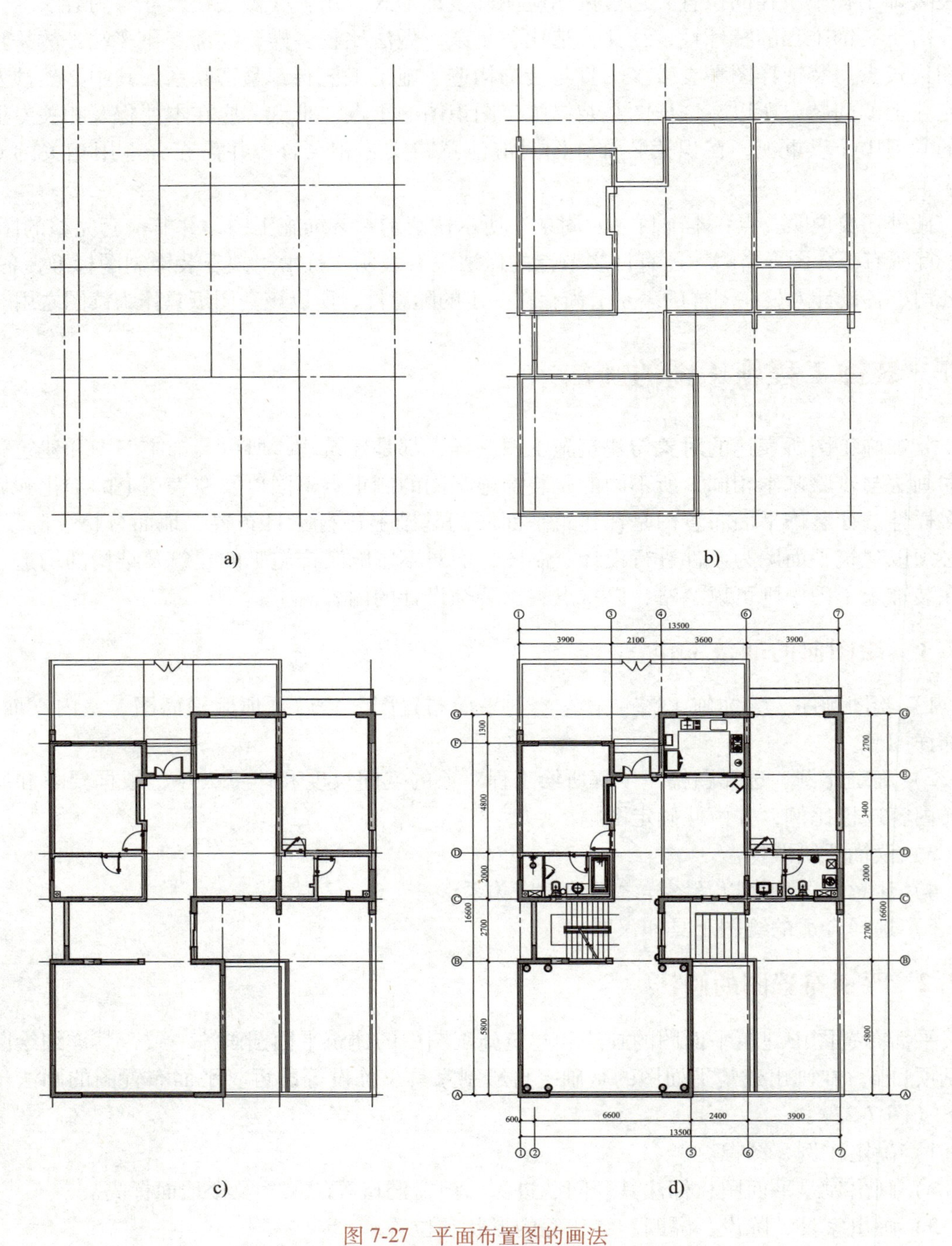

图 7-27 平面布置图的画法

a）画轴线 b）画墙体厚度 c）画门窗、画剪力墙位置

d）画楼梯、台阶、设备、标注尺寸

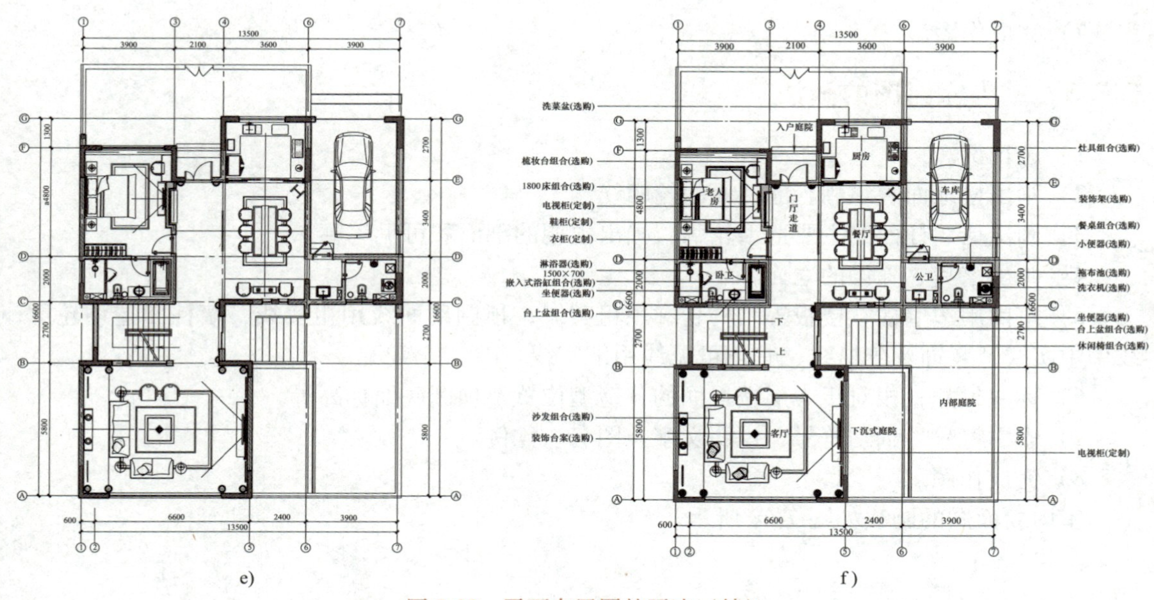

图 7-27　平面布置图的画法（续）

e）画家具　f）标注房间名称、家具名称、区分图线，整理完成

7）经检查无误后，区分图线、注写文字说明、图名、比例等。

8）完成作图。

7.7.3　顶棚平面图的画法

1）选比例、定图幅。

2）画出建筑平面图，标注其开间、进深、门窗洞口等尺寸。

3）画出顶棚的造型轮廓线、灯饰、空调风口等设施。

4）标注尺寸，标注相对于本层楼地面的顶棚底面标高。

5）检查无误后区分图线。其中墙柱轮廓线用粗实线，顶棚及灯饰等造型轮廓线用中实线，顶棚装饰及分格线用细实线表示。

6）索引符号、图名比例，标注文字说明。

7）完成作图。

7.7.4　地面铺装图的画法

地面铺装图主要表示楼地面分格形式、材料及做法。面层分格线用细实线画出，用于表示地面施工时的外观形式和铺装方向。

1）选比例、定图幅。

2）画出建筑平面图，并标注其开间、进深、门窗洞口等尺寸。

3）画出楼地面面层分格线和分格形式。

4）标注地面分格尺寸，材料不同时用图例区分，并用文字说明。

5）索引符号、图名、比例。

6）检查并区分图线。

7）完成作图。

7.7.5　室内立面图的画法

1）选比例。

2）画出楼地面、顶棚、墙柱面的轮廓线。

3）画出墙、柱面的主要造型轮廓，画出顶棚的剖面和可见轮廓。

4）画出家具、陈设的立面。

5）室内周边墙柱、楼板等结构轮廓用粗实线，顶棚剖面线用粗实线，墙柱面造型轮廓线用中实线，装饰及分格线、其他可见线用细实线。

6）标注尺寸，相对于本层楼地面的各造型位置及顶棚底面标高等。

7）索引符号、剖切符号、说明文字、图名、比例。

8）完成作图。

室内立面图的画法如图7-28所示。

图7-28　室内立面图的画法

a）画轴线、楼地面　b）画墙厚、楼板厚、梁高宽　c）画门窗、楼地面装修层、吊顶轮廓线、柱子轮廓线　d）画门窗细部、柱子细部

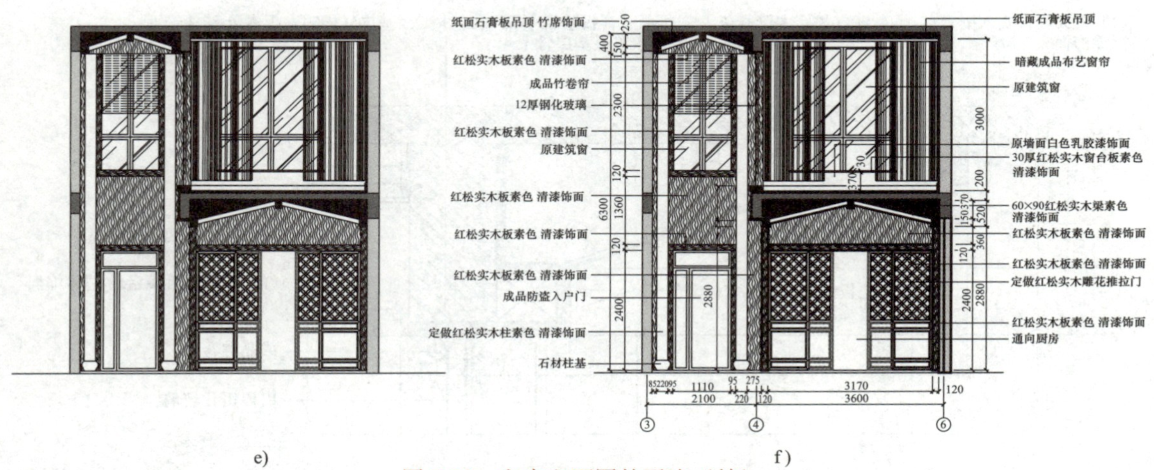

图 7-28　室内立面图的画法（续）

e）画墙面装饰材料、窗帘　f）标注尺寸和文字说明

7.7.6　装饰详图的画法

装饰详图的类型较丰富，这里仅以吊顶的剖面详图为例，说明装饰详图作图的一般步骤，如图 7-29 所示。

1）选比例。

2）画出结构（梁、板或墙、柱）的轮廓线。

3）画出主要装饰形体轮廓。

4）详细画出各部位的构造层次及材料图例。

5）检查，区分图线。

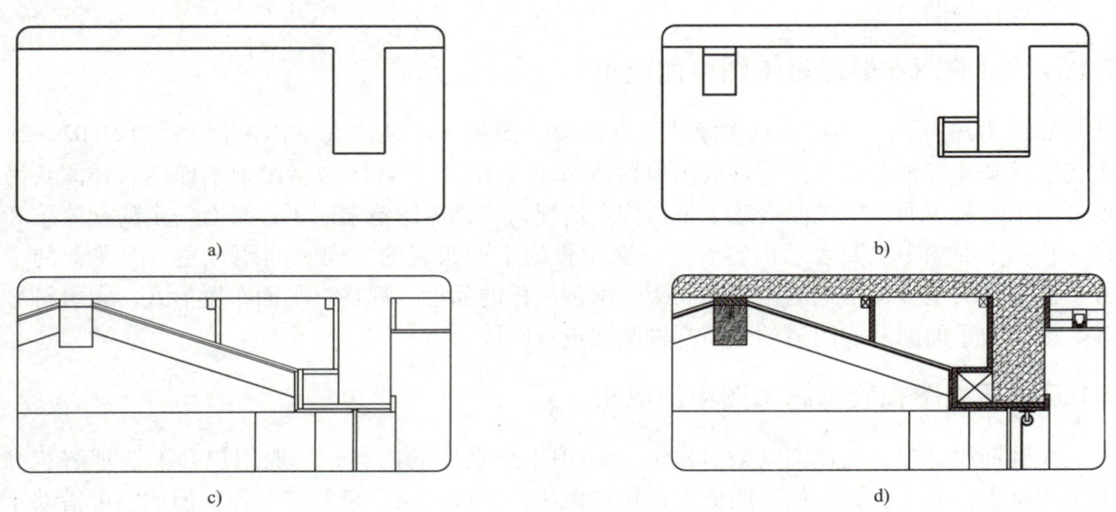

图 7-29　装饰详图的一般画法

a）画出结构（钢筋混凝土梁、板）轮廓线　b）画出实木梁、龙骨骨架轮廓线

c）画出两侧实木梁、纸面石膏板基层、木工板基层骨架、隔断等

d）画出连接细部做法、材料图例等

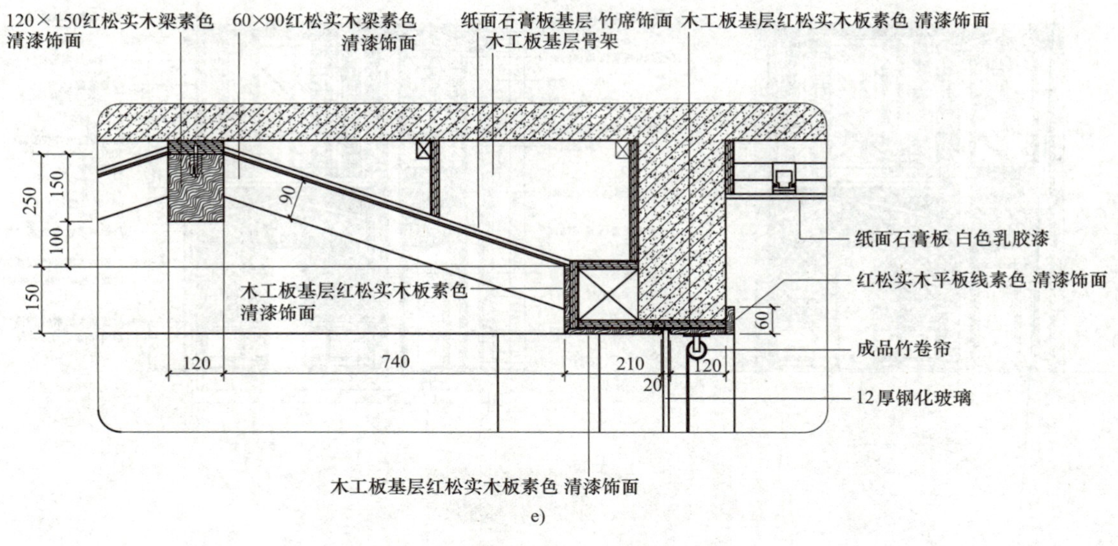

图7-29　装饰详图的一般画法（续）
e）标注尺寸、文字说明、区分图线

6）标注尺寸、做法及工艺说明。

7）完成作图。

7.8　轴测图、透视图在装饰施工图中的应用

轴测图、透视图能较直观地表达出建筑形象或建筑构造做法，使人对装饰工程有感性的认识，更有利于让人们了解设计所要表达的思想。所以在装饰施工图中经常会以轴测图或透视图来进行辅助表达。

7.8.1　轴测图在装饰施工图中的应用

如图7-30所示，该图为从国家建筑标准设计图集《内装修（室内吊顶）》（12J502—2）中选取的某一轻钢龙骨纸面石膏板吊顶构造做法（节选），该图包括吊顶平面图、详图及吊顶轴测示意图。通过轴测图表达了吊顶构造情况，该轴测图清晰明了，具有一定的立体感和真实感。平面图中主要表示内容有主、次龙骨的平面布置的方向和间距，主、次龙骨的型号、边龙骨的型号，吊点的位置和间距，吊顶面板的品种、规格、平面布置形式，索引符号等。该图的平面图及详图请学生结合轴测图进行阅读。

7.8.2　透视图在装饰施工图中的应用

在装饰设计中，透视图（效果图）是一项十分重要的内容。一般用户并不能理解装饰施工图所表达的内容，比如空间概念、构造做法、装饰造型、色彩搭配等，但他们可借助于透视图，对设计者的设计思想有所理解。因此正确画好透视图（效果图）在装饰施工图中是十分必要的。图7-31为某儿童卧室的透视图，能很好地表达室内设计的家具布置、装饰造型及完成后的空间效果。

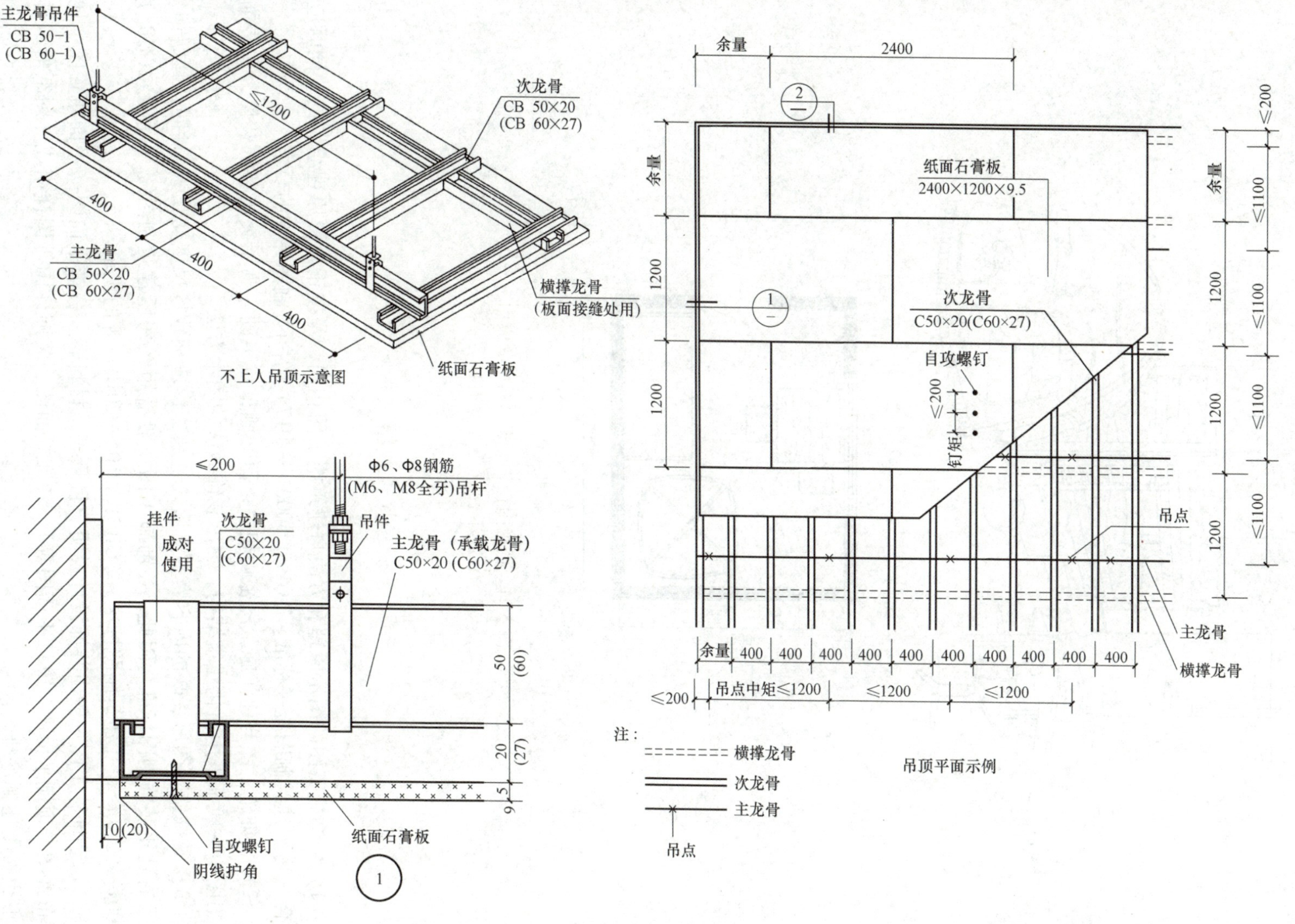

图 7-30　轴测图在装饰施工图中的应用

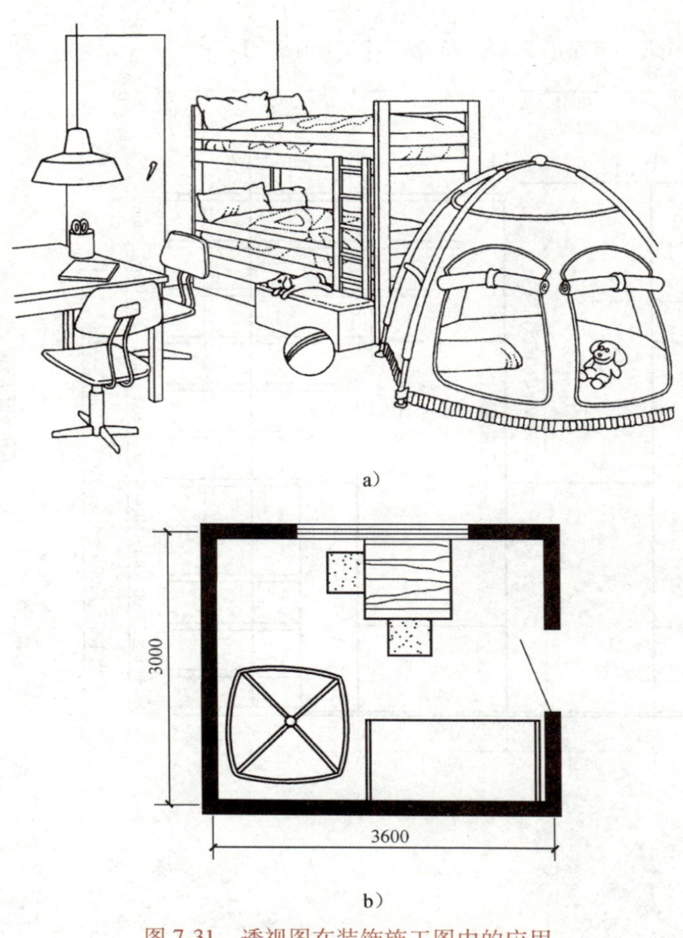

图7-31　透视图在装饰施工图中的应用
a）室内透视图　b）平面图

小　结

1）装饰施工图的图示原理和方法与建筑施工图相同，是按正投影原理绘制的，同时应符合《房屋建筑制图统一标准》（GB/T 50001—2017）等相关制图标准的要求。

2）装饰施工图与建筑施工图密切相关，但又侧重点不同。为了突出装饰装修，在装饰施工图中一般都采用简化建筑结构、突出装饰做法的图示方法。

3）装饰施工图所反映的内容繁多、形式复杂、构造细致、尺度变化大，目前国家暂时还没有建筑装饰制图标准。因此，装饰施工图一般沿用《房屋建筑制图统一标准》（GB/T 50001—2017）和《建筑制图标准》（GB/T 50104—2010）等的规定。

4）装饰施工图一般由装饰设计说明、目录表、材料表、装饰平面图（平面布置图、地面布置图、顶棚平面图、隔墙平面图等）、装饰立面图、装饰详图等图样组成。图纸的编排一般也按上述顺序排列。

5）装饰平面图一般包括平面布置图，顶棚平面图，隔墙布置图，地面铺装图，陈设品布置图，平面开关、插座布置图等。当设计对象较为简单时，视具体情况也可将上述某几项内容合并在同一张平面图上来表达，或是省略某项内容。

6）识读装饰详图应结合装饰平面图和装饰立面图，按照详图符号和索引符号来确定装饰详图在装饰工程中所在的位置，通过读图应明确装饰形式、用料、做法、尺寸等内容。

7）由于装饰工程的特殊性，往往构造复杂，做法多样，细部变化多端，故采用标准图集较少。在识读装饰施工图时应注意与实际相结合，并需充分运用相关的专业知识。

思考题

1. 装饰施工图主要表达的内容是什么？
2. 装饰施工图通常由哪些图样组成？
3. 平面布置图的图示内容有哪些？
4. 装饰详图通常包括哪些图样？需要反映哪些图示内容？
5. 立面索引符号、详图索引符号、剖切符号的画法是怎样的？

项目 8* 测绘建筑装饰工程施工图

【学习目标】 本项目为建筑装饰工程制图与识图课程的实训内容，通过对某一建筑装饰工程的实地测量并绘制其施工图，进一步了解和认识建筑及装饰，进一步提高学生综合运用本课程所学各种知识在图纸上表达建筑及装饰的能力，同时提高学生观察和体验建筑装饰的兴趣和水平，从感性和理性上加深对建筑、空间、装饰、构造的理解和掌握，提高学生的图纸表达能力。

学生平时应多观察建筑及装饰，勤思考各种类型的建筑及装饰的组成部分以及如何利用所学的各种图示方法、各种图样，正确、完整地在图纸上表达它们。把课堂所学知识与实际建筑物紧密联系起来。

一个测绘项目的完成需要多人的配合，在测绘的过程中，相互协作、各司其职，将会对培养学生的团队精神起到积极的作用，从而提高学生分析问题、解决问题的能力，培养团结协作的团队精神，提高学生的综合素质。

8.1 建筑装饰工程测绘概述

建筑装饰工程测绘是指对某一建筑物及其装饰工程进行详细观察分析，并准确地测绘其装饰施工图，学习建筑装饰的技术与艺术处理手法的一项工作。

建筑装饰工程测绘是综合运用所学各种知识的实践环节。通过测绘来体验建筑及装饰，培养专业实践技能，为后续专业课程的学习奠定坚实的基础。同时，学生可进一步体验图样与实物的相互关系，提高识图能力。

本项目所指的测绘不同于精密测绘，而是通过简单的铅垂线、皮尺、钢卷尺、竹竿等获取建筑物、建筑构件等的装饰做法及尺寸，然后以图样表达出来。本项目要求按施工图的深度进行绘制。在图样绘制过程中，应根据建筑的建造规律对实际测量数据进行简化和归纳，绘制出由现状得出的装饰施工图。

8.2 建筑装饰工程测绘的内容

建筑装饰工程测绘可利用学校的办公室、会议室，或者附近的住宅、宾馆、饭店等工程或某一局部等进行。

建筑装饰工程测绘一般包括以下几方面的内容：

1. 装饰平面图

对于大部分的建筑装饰工程而言，一般只需钢卷尺、皮卷尺等先测出建筑平面图。测绘平面图时，先确定轴线尺寸；确定轴线尺寸后，再依次确定墙体、门窗、台阶、阳台等的尺寸；然后在建筑平面图的基础上，测绘出平面布置图、地面铺设图、吊顶平面图等装饰平面图。

2. 装饰立面图

立面图需借助辅助工具进行测量。如借助竹竿、皮卷尺、铅垂球等测出高度。测出各点高度后，各个立面图就可以确定了。

3. 装饰详图

装饰详图包括柱面、墙面详图，造型详图，吊顶详图等。

8.3 测绘的步骤

1. 分组

每班学生以 3~4 人为一组，每组准备钢卷尺一把。1 人为组长，组长负责本组人员分工，至少应包含以下几个工种：跑尺和记数（记数兼绘制草图，可 2 人分别绘制以便相互对照和补充）。

2. 熟悉即将绘制的建筑装饰工程

了解建筑的外观造型、立面、内部房间组成及大体尺寸、构造、与周围的环境协调等，获得对即将测绘建筑的观感认识。了解装饰风格、家具陈设、灯具电器、插座开关、装饰造型、构造做法等。

3. 画草图

在草图纸或者速写本上将测绘对象的平、立、详图逐一绘出，要求注意各图样的比例关系。

（1）装饰平面图　首先确定装饰平面图的数量，画图步骤：纵横轴线→放墙线→开门窗→区分线型→各种固定家具设备等→加尺寸线。

（2）装饰立面图　首先确定立面图的数量，画图步骤：地面、层高、顶面→开间→门窗→墙面、柱面造型→家具陈设→标高、尺寸等。

（3）装饰详图　确定详图位置与数量。

4. 初测尺寸

按照分工，将各图样所需要的数据同时测出，并标注在草图上。

5. 尺寸调整

1）所测建筑物的尺寸，由于误差及粉刷层的原因，测量得到的尺寸并不是非常理想，这就需要对测得的尺寸进行处理和调整。调整的原则是尺寸就近取整，如 1541 就应调整为 1500。

2）检查尺寸是否前后矛盾，误差是否较大。检查各分部尺寸之和是否与轴线尺寸相符；各轴线尺寸之和是否与总轴线尺寸相等。如果不相等，则需要返回上一步检查，看看是否有尺寸调整得过大或过小者。

3）检查是否有漏测的尺寸。

6. 补测尺寸

在初次的测绘过程中不可避免地会有一些尺寸没有测到，在这一阶段中将其补充完整。另外，有些细部尺寸由于考虑欠周而没有测量的，也应该在这次的补测中加以测量，并绘制相关的测绘草图。在前一步的调整过程中，存在矛盾的某些尺寸也可以在这一次的补测中加以复核，以便找出问题。

7. 画正图

按照施工图的要求和深度进行绘制。

各个图样的画法及步骤如上一个项目所述，此处不再赘述。

测绘的步骤总结起来就是：人员分工→观察对象→勾勒草图→实测对象→记录数据→分析整理→绘制成图。

实训项目——建筑装饰工程施工图测绘实训

1. 实训目的

培养学生综合运用本课程所学各种知识在图纸上表达建筑及装饰工程的能力。

2. 实训要求

1）由教师指定测绘对象，可选两种装饰工程分组测绘，以宾馆标准间、小型会议室或餐厅等为佳。

2）以铅笔线的形式完成图样绘制，要求达到装饰施工图的深度。

3）用工程字体进行书写和标注。

3. 图纸规格

实训项目绘制施工图采用 A2 绘图纸。

项目9* 施工图识读实务模拟——图纸会审

【学习目标】 本项目为装饰工程制图与识图课程的实训内容，了解并模拟施工企业的图纸会审程序，通过对项目8所测绘的装饰施工图进行图纸会审的实务模拟，发现项目8测绘施工图中所存在的问题，并进行解决，从而进一步理解和认识建筑装饰施工图，体验图纸会审程序。

通过图纸会审的实务模拟训练，提高发现问题、解决问题的能力，要求学生会对一般的问题提出修改建议，能编制图纸会审纪要，培养协调能力，提高学生的综合素质，同时为就业后的专业工作打下良好的基础。

9.1 图纸会审认知

9.1.1 图纸会审目的

图纸会审是指工程各参建单位(建设单位、监理单位、施工单位)在收到设计院施工图设计文件后，对图纸进行全面细致的熟悉，审查出施工图中存在的问题及不合理情况并提交设计院进行处理的一项重要活动。通过图纸会审可以使各参建单位特别是施工单位熟悉设计图纸、领会设计意图、掌握工程特点及难点，找出需要解决的技术难题并拟定解决方案，从而将因设计缺陷而存在的问题消灭在施工之前。因此，图纸会审的深度和全面性将在一定程度上影响工程施工的质量、进度、成本、安全和工程施工的难易程度。只要认真做好了此项工作，图纸中存在的问题一般都可以在图纸会审时被发现并尽早得到处理，从而可以提高施工质量、节约施工成本、缩短施工工期、提高效益。因此，图纸会审是工程施工前的一项必不可少的重要工作。

图纸会审记录对于施工单位而言很重要，是竣工决算的凭据和存档资料之一。从《建筑工程施工质量验收统一标准》（GB 50300—2013）附录H，表H.0.1-2单位工程质量控制资料核查记录可知，图纸会审记录资料放在质量控制资料中的第一项，由此可见图纸会审是非常重要的一项施工活动。

图 纸 自 审

工程设计施工图纸，虽然经过设计单位和图审机构的层层把关，也难免出现错、漏、碰现象。为了保证施工的顺利进行，实现质量目标，作为施工单位，在图纸会审之前，首先应形成自己的图纸自审意见，做好图纸自审，形成自审记录，报建设（监理）单位并由其转交设计单位进行设计交底准备。所以会审前进行图纸自审是至关重要的。

1. 图纸自审的要求

1）图纸自审由单位技术负责人主持。

2）单位技术负责人应组织项目部技术人员和有关职能部门的人员以及主要工种班组长等进行图纸的自审，并作出自审的书面记录。

3）对自审后发现的问题必须进行内部讨论，务必全面弄清设计意图、工程特点及特殊要求。

2. 图纸自审的内容

（1）浏览　检查图纸有没有设计审查；注册章、单位出图章、发图章、签名等是否齐全；有没有版本混乱；字体特大、特小；文字乱码、断号少图等状况。

（2）熟悉拟建工程的功能　首先了解工程的功能是什么，是住宅还是办公楼，抑或是商场还是饭店。了解功能之后，识读建筑说明，熟悉工程装修情况。掌握一些基本尺寸和装修，例如卫生间一般会贴地砖、作墙裙，卫生间、阳台地面标高一般会低几厘米；饭店的尺寸一定满足生产的需要，特别是满足设备安装的需要等。

（3）熟悉、审查工程尺寸标注　检查各分部尺寸之和是否与相应的总尺寸相符，并留意边轴线是否是墙中心线。识图时，先识各装饰平面图（平面拆改图、平面布置图、地面铺设图、顶棚平面图等），再识读各装饰立面图、装饰详图，检查它们是否一致。

（4）统筹考虑　装饰图纸审图必须把装饰装修与现场情况、水电、设备、软装等结合起来统筹考虑。检查施工图中容易出错的地方有无出错，是否有图纸深度不够、表达不清楚等问题。主要检查内容如下：

1）地砖、墙砖排版是否合理。

2）吊顶龙骨、吊杆、防火材料等是否与规范冲突。

3）吊顶与设备如水电、空调、暖通及消防的管线是否冲突，是否导致部分房间的顶棚标高达不到图纸要求。此外装饰装修设计往往对结构图的描述不是很清楚，应检查吊顶的标高和现有的梁板标高是否吻合。

4）开关、插座、弱电设备等设置是否人性化，与平面布置图中的各家具是否冲突而影响使用。

5）设备、水电安装尺寸、高度是否清楚，排水、给水位置标高等是否全都标清楚。

6）细部节点构造是否都标注清楚。

7）材质、品牌是否表达清楚，能否购到。

总之，按照“熟悉拟建工程的功能；熟悉、审查工程平面尺寸；熟悉、审查工程的立面尺寸；检查施工图中容易出错的部位有无出错；检查有无需改进的地方”的程序和思路，有计划、全面地展开识图、审图工作。

图纸自审完成后，由项目部负责整理并汇总，在图纸会审前交由建设（监理）单位送交设计单位，目的是让设计人员提早熟悉图纸存在的一些问题，做好设计交底准备，以节省时间，提高会审的质量。

9.1.2 图纸会审程序

图纸会审由建设单位召集进行，并由建设单位分别通知设计、监理、施工单位（分包施工单位）等参加。

图纸会审的一般程序：业主或监理方主持人发言→设计方图纸交底→施工方、监理方代表提问题→逐条研究→形成会审记录文件→签字、盖章后生效。

9.1.3 图纸会审内容

1）各专业图纸之间，平、立、剖面图之间有无矛盾，标注有无遗漏。

2）各图的尺寸、标高等是否一致。

3）防火、消防是否满足规范要求。

4）装饰装修与建筑结构、设备是否有差错及矛盾。

5）开关、插座与平面布置图中的各家具是否冲突而影响使用。

6）地砖、墙砖排版是否合理。

7）细部构造做法是否表示清楚。

8）材料来源有无保证，新材料、新技术的应用是否有问题。

9）构造是否存在不便于施工的技术问题，或容易导致质量、安全、工程费用增加等方面的问题等。

图纸会审后，由施工单位对会审中的问题进行归纳整理，建设、设计、监理及其他与会单位进行会签，形成正式会审记录，作为施工文件的组成部分。

9.1.4 图纸会审记录的内容

1）工程项目名称。

2）参加会审的单位（要全称）及其人员名字。

3）会审地点（地点要具体），会审时间（年、月、日）。

4）会审记录的内容：

① 建设单位、监理单位、施工单位对设计图纸提出的问题，已得到的设计单位的解答或修改（要注明图别、图号，必要时要附图说明）。

② 施工单位为便于施工、保证施工安全或因建筑材料等问题要求设计单位修改部分设计的会商结果与解决方法（要注明图别、图号，必要时附图说明）。

③ 会审中尚未得到解决或需要进一步商讨的问题。

④ 列出参加会审单位的全称，并盖章后生效。

图纸会审记录由施工单位按建筑、结构、安装等顺序整理、汇总，各单位技术负责人会签并加盖公章形成正式文件。

图纸会审记录是正式文件，不得在其上涂改或变更。

对图纸会审中提出的问题，凡涉及设计变更的均应由设计单位按规定程序发出设计变更单（图），重要设计变更应由原施工图审查机构审核后方可实施。

图纸会审记录表（参考示例）见表 9-1。

9.1.5 图纸会审记录的发送

1）盖章生效的图纸会审记录由施工单位的项目资料员负责发送。

2）图纸会审记录发送单位：

① 建设单位。

表9-1 图纸会审记录表（参考示例）

工程名称	××指挥中心大楼装饰工程	时 间	2012年9月16日
地 点	施工现场二楼会议室	专业名称	装饰

序号	图号	图纸问题	会审意见
1	装施16、装施20	吊顶：装施16卫生间用白色铝扣板，而装施20为石膏防水板，不一致，用什么？	公共卫生间使用白色铝扣板，领导休息室卫生间使用防水石膏板
2	装施23	底层大堂上空吊顶剖面详图不清楚	补充设计图纸（P04）
3	装施26	6楼会议室吊顶面积大，容易变形或破坏	补充设计图纸（P05）
4		3~11层空调主机位置，怎样处理噪声及美观问题？	补充设计图纸（P06）

施工单位	项目（专业）技术负责人： 项目负责人： （公章）	监理单位	专业技术人员：（监理工程师） 项目负责人：（总监理工程师） （公章）	设计单位	专业设计人员： 项目负责人： （公章）

② 设计单位。

③ 监理单位。

④ 施工单位。

9.2 图纸会审实务模拟

针对项目 8 所测绘的装饰施工图纸进行图纸会审实务模拟。

图纸会审实务模拟的步骤：

1. 人员组成

分别模拟图纸会审时的各种角色。绘制图纸的一组学生模拟设计方，另外一组学生模拟施工方，邀请高年级学生或企业人员模拟监理方，老师模拟建设方。

2. 图纸自审

设计方把施工图纸交给施工方与监理方，施工方与监理方对图纸进行自审，对图纸进行全面细致的熟悉，审查出施工图中存在的问题及不合理情况，并提交设计方进行处理。

3. 图纸会审

监理方主持人发言→设计方图纸交底→施工方、监理方代表提问题→逐条研究→形成会审记录文件→签字、盖章后生效。

4. 会审记录

图纸会审后，由施工方对会审中的问题进行归纳整理，设计方、监理方进行会签，形成正式会审记录。

实训项目——图纸会审实务模拟

1. 实训目的

通过图纸会审实务模拟，提高学生发现问题、解决问题的能力，会对一般的问题提出修改建议，能编制图纸会审记录，培养协调能力，提高学生的综合素质，同时为就业后的专业工作打下良好的基础。

2. 实训要求

1）由教师指定人员组成。

2）图纸采用项目 8 测绘的装饰施工图。

3）施工方应进行图纸自审，对自审发现的问题进行内部讨论，形成统一的意见，并作出自审的书面记录。

4）由施工方对会审中的问题进行归纳整理，设计方、监理方进行会签，形成正式会审记录。

附　　录

附录 A　别墅装饰施工图

附图 A-1～附图 A-9 见书后插页。

附录 B　房屋建筑室内装饰装修图纸深度

1. 一般规定

1.1　房屋建筑室内装饰装修的制图深度应根据房屋建筑室内装饰装修设计的阶段性要求确定。

1.2　房屋建筑室内装饰装修中图纸的阶段性文件应包括方案设计图、扩初设计图、施工设计图、变更设计图、竣工图。

1.3　房屋建筑室内装饰装修图纸的绘制应符合《房屋建筑室内装饰装修制图标准》(JGJ/T 244—2011) 第 1 章～第 4 章的规定，图纸深度应满足各阶段的深度要求。

2. 方案设计图

2.1　方案设计应包括设计说明、平面图、顶棚平面图、主要立面图、必要的分析图、效果图等。

2.2　方案设计的平面图绘制除应符合《房屋建筑室内装饰装修制图标准》(JGJ/T 244—2011) 第 5.2 节的规定外，尚应符合下列规定：

1) 宜标明房屋建筑室内装饰装修设计的区域位置及范围。

2) 宜标明房屋建筑室内装饰装修设计中对原房屋建筑改造的内容。

3) 宜标注轴线编号，并应使轴线编号与原房屋建筑图相符。

4) 宜标注总尺寸及主要空间的定位尺寸 。

5) 宜标明房屋建筑室内装饰装修设计后的所有室内外墙体、门窗、管道井、电梯和自动扶梯、楼梯、平台和阳台等位置。

6) 宜标明主要使用房间的名称和主要部位的尺寸，并应标明楼梯的上下方向。

7) 宜标明主要部位固定和可移动的装饰造型、隔断、构件、家具、陈设、厨卫设施、灯具以及其他配置、配饰的名称和位置。

8) 宜标明主要装饰装修材料和部品部件的名称。

9) 宜标注房屋建筑室内地面的装饰装修设计标高。

10) 宜标注指北针、图纸名称、制图比例以及必要的索引符号、编号。

11) 根据需要，宜绘制主要房间的放大平面图。

12) 根据需要，宜绘制反映方案特性的分析图，并宜包括：功能分区、空间组合、交通分析、消防分析、分期建设等图示。

2.3　顶棚平面图的绘制除应符合《房屋建筑室内装饰装修制图标准》（JGJ/T 244—2011）第5.3节的规定外，尚应符合下列规定：

1）应标注轴线编号，并应使轴线编号与原房屋建筑图相符。

2）应标注总尺寸及主要空间的定位尺寸。

3）应标明房屋建筑室内装饰装修设计调整过后的所有室内外墙体、管道井、天窗等的位置。

4）应标明装饰造型、灯具、防火卷帘以及主要设施、设备、主要饰品的位置。

5）应标明顶棚的主要装饰装修材料及饰品的名称。

6）应标注顶棚主要装饰装修造型位置的设计标高。

7）应标注图纸名称、制图比例以及必要的索引符号、编号。

2.4　方案设计的立面图绘制除应符合《房屋建筑室内装饰装修制图标准》（JGJ/T 244—2011）第5.4节的规定外，尚应符合下列规定：

1）应标注立面范围内的轴线和轴线编号以及立面两端轴线之间的尺寸。

2）应绘制有代表性的立面、标明房屋建筑室内装饰装修完成面的底界面线和装饰装修完成面的顶界面线、标注房屋建筑室内主要部位装饰装修完成面的净高，并应根据需要标注楼层的层高。

3）应绘制墙面和柱面的装饰装修造型、固定隔断、固定家具、门窗、栏杆、台阶等立面形状和位置，并应标注主要部位的定位尺寸。

4）应标注主要装饰装修材料和部品部件的名称。

5）标注图纸名称、制图比例以及必要的索引符号、编号。

2.5　方案设计的剖面图绘制除应符合《房屋建筑室内装饰装修制图标准》（JGJ/T 244—2011）第5.5节的规定外、尚应符合下列规定：

1）方案设计可不绘制剖面图，对于在空间关系比较复杂、高度和层数不同的部位，应绘制剖面。

2）应标明房屋建筑室内空间中高度方向的尺寸和主要部位的设计标高及总高度。

3）当遇有高度控制时，尚应标明最高点的标高。

4）标注图纸名称、制图比例以及必要的索引符号、编号。

2.6　方案设计的效果图应反映方案设计的房屋建筑室内主要空间的装饰装修形态，并应符合下列规定：

1）应做到材料、色彩、质地真实，尺寸、比例准确。

2）应体现设计的意图及风格特征。

3）图面应美观，并应具有艺术性。

3. 扩初设计图

3.1　规模较大的房屋建筑室内装饰装修工程，根据需要，可绘制扩大初步设计图。

3.2　扩大初步设计图的深度应符合下列规定：

1）应对设计方案进一步深化。

2）应能作为深化施工图的依据。

3）应能作为工程概算的依据。

4）应能作为主要材料和设备的订货依据。

3.3 扩大初步设计应包括设计说明、平面图、顶棚平面图、主要立面图、主要剖面图等。

3.4 平面图绘制除应符合《房屋建筑室内装饰装修制图标准》(JGJ/T 244—2011)第5.2节的规定外，尚应标明或标注下列内容：

1）房屋建筑室内装饰装修设计的区域位置及范围。

2）房屋建筑室内装饰装修中对原房屋建筑改造的内容及定位尺寸。

3）房屋建筑图中柱网、承重墙以及需要装饰装修设计的非承重墙、房屋建筑设施、设备的位置和尺寸。

4）轴线编号，并应使轴线编号与原房屋建筑图相符。

5）轴线间尺寸及总尺寸。

6）房屋建筑室内装饰装修设计后的所有室内外墙体、门窗、管道井、电梯和自动扶梯、楼梯、平台、阳台、台阶、坡道等位置和使用的主要材料。

7）房间的名称和主要部位的尺寸，楼梯的上下方向。

8）固定的和可移动的装饰装修造型、隔断、构件、家具、陈设、厨卫设施、灯具以及其他配置、配饰的名称和位置。

9）定制部品部件的内容及所在位置。

10）门窗、橱柜或其他构件的开启方向和方式。

11）主要装饰装修材料和部品部件的名称。

12）房屋建筑平面或空间的防火分区和防火分区分隔位置，安全出口位置示意，应单独成图，当只有一个防火分区时可不注防火分区面积。

13）房屋建筑室内地面设计标高。

14）索引符号、编号、指北针、图纸名称和制图比例。

3.5 顶棚平面图的绘制除应符合《房屋建筑室内装饰装修制图标准》(JGJ/T 244—2011)第5.3节的规定外，尚应标明或标注下列内容：

1）房屋建筑图中柱网、承重墙以及房屋建筑室内装饰装修设计需要的非承重墙。

2）轴线编号，并使轴线编号与原房屋建筑图相符。

3）轴线间尺寸及总尺寸。

4）房屋建筑室内装饰装修设计调整过后的所有室内外墙体、管井、天窗等的位置，必要部位的名称和主要尺寸。

5）装饰造型、灯具、防火卷帘以及主要设施、设备、主要饰品的位置。

6）顶棚的主要饰品的名称。

7）顶棚主要部位的设计标高。

8）索引符号、编号、指北针、图纸名称和制图比例。

3.6 立面图绘制除应符合《房屋建筑室内装饰装修制图标准》(JGJ/T 244—2011)第5.4节的规定外，尚应绘制、标注或标明下列内容：

1）绘制需要设计的主要立面。

2）标注立面两端的轴线、轴线编号和尺寸。

3）标注房屋建筑室内装饰装修完成面的地面至顶棚的净高。

4）绘制房屋建筑室内墙面和柱面的装饰装修造型、固定隔断、固定家具、门窗、栏杆、台阶、坡道等立面形状和位置，标注主要部位的定位尺寸。

5）标明立面主要装饰装修材料和部品部件的名称。

6）标注索引符号、编号、图纸名称和制图比例。

3.7　剖面应剖在空间关系复杂、高度和层数不同的部位和重点设计的部位。剖面图应准确、清晰表示出剖到或看到的各相关部位内容，其绘制除应符合《房屋建筑室内装饰装修制图标准》（JGJ/T 244—2011）第5.5节的规定外，尚应标明或标注下列内容：

1）标明剖面所在的位置。

2）标注设计部位结构、构造的主要尺寸、标高、用材、做法。

3）标注索引符号、编号、图纸名称和制图比例。

4. 施工设计图

4.1　施工设计图纸应包括平面图、顶棚平面图、立面图、剖面图、详图和节点图。

4.2　施工图的平面图应包括设计楼层的总平面图、房屋建筑现状平面图、各空间平面布置图、平面定位图、地面铺装图、索引图等。

4.3　施工图中的总平面图除了应符合第3.4条的规定外，尚应符合下列规定：

1）应全面反映房屋建筑室内装饰装修设计部位平面与毗邻环境的关系，包括交通流线、功能布局等。

2）应详细注明设计后对房屋建筑的改造内容。

3）应标明需做特殊要求的部位。

4）在图纸空间允许的情况下，可在平面图旁绘制需要注释的大样图。

4.4　施工图中的平面布置图可分为陈设、家具平面布置图、部品部件平面布置图、设备设施布置图、绿化布置图、局部放大平面布置图等。平面布置图除应符合第3.4条的规定外、尚应符合下列规定：

1）陈设、家具平面布置图应标注陈设品的名称、位置、大小、必要的尺寸以及布置中需要说明的问题；应标注固定家具和可移动家具及隔断的位置、布置方向以及柜门或橱门的开启方向，并应标注家具的定位尺寸和其他必要的尺寸。必要时，还应确定家具上电器摆放的位置。

2）部品部件平面布置图应标注部品部件的名称、位置、尺寸、安装方法和需要说明的问题。

3）设备设施布置图应标明设备设施的位置、名称和需要说明的问题。

4）规模较小的房屋建筑室内装饰装修中陈设、家具平面布置图，设备设施布置图以及绿化布置图，可合并。

5）规模较大的房屋建筑室内装饰装修中应有绿化布置图，应标注绿化品种、定位尺寸和其他必要尺寸。

6）房屋建筑单层面积较大时，可根据需要绘制局部放大平面布置图，但应在各分区平面布置图适当位置绘出分区组合示意图，并应明显表示本分区部位编号。

7）应标注所需的构造节点详图的索引号。

8）当照明、绿化、陈设、家具、部品部件或设备设施另行委托设计时，可根据需要绘制照明、绿化、陈设、家具、部品部件及设备设施的示意性和控制性布置图。

9）对于对称平面，对称部分的内部尺寸可省略，对称轴部位应用对称符号表示，轴线号不得省略；楼层标准层可共用同一平面，但应注明层次范围及各层的标高。

4.5 施工图中的平面定位图应表达与原房屋建筑图的关系，并应体现平面图的定位尺寸。平面定位图除应符合第3.4条的规定外，尚应标注下列内容：

1）房屋建筑室内装饰装修设计对原房屋建筑或原房屋建筑室内装饰装修的改造状况。

2）房屋建筑室内装饰装修设计中新设计的墙体和管井等的定位尺寸、墙体厚度与材料种类，并注明做法。

3）房屋建筑室内装饰装修设计中新设计的门窗洞定位尺寸、洞品宽度与高度尺寸、材料种类、门窗编号等。

4）房屋建筑室内装饰装修设计中新设计的楼梯、自动扶梯、平台、台阶、坡道等的定位尺寸、设计标高及其他必要尺寸，并注明材料及其做法。

5）固定隔断、固定家具、装饰造型、台面、栏杆等的定位尺寸和其他必要尺寸，并注明材料及其做法。

4.6 施工图中的地面铺装图除应符合第3.4、4.4条的规定外，尚应标注下列内容：

1）地面装饰材料的种类、拼接图案、不同材料的分界线。

2）地面装饰的定位尺寸、规格和异形材料的尺寸、施工做法。

3）地面装饰嵌条、台阶和梯段防滑条的定位尺寸、材料种类及做法。

4.7 房屋建筑室内装饰装修设计应绘制索引图。索引图应注明立面、剖面、详图和节点图的索引符号及编号，并可增加文字说明帮助索引。在图面比较拥挤的情况下，可适当缩小图面比例。

4.8 施工图中的顶棚平面图应包括装饰装修楼层的顶棚总平面图、顶棚装饰灯具布置图、顶棚综合布点图、各空间顶棚平面图等。

4.9 施工图中顶棚总平面图的绘制除应符合第3.5条的规定外，尚应符合下列规定：

1）应全面反映顶棚平面的总体情况，包括顶棚造型、顶棚装饰、灯具布置、消防设施及其他设备布置等内容。

2）应标明需做特殊工艺或造型的部位。

3）应标注顶棚装饰材料的种类、拼接图案、不同材料的分界线。

4）在图纸空间允许的情况下，可在平面图旁边绘制需要注释的大样图。

4.10 施工图中顶棚平面图的绘制除应符合第3.5条的规定外，尚应符合下列规定：

1）应标明顶棚造型、天窗、构件、装饰垂挂物及其他装饰配置和饰品的位置，注明定位尺寸、标高或高度、材料名称和做法。

2）房屋建筑单层面积较大时，可根据需要单独绘制局部的放大顶棚图，但应在各放大顶棚图的适当位置上绘出分区组合示意图，并应明显地表示本分区部位编号。

3）应标注所需的构造节点详图的索引号。

4）表述内容单一的顶棚平面，可缩小比例绘制。

5）对于对称平面，对称部分的内部尺寸可省略，对称轴部位应用对称符号表示，但轴线号不得省略；楼层标准层可共用同一顶棚平面，但应注明层次范围及各层的标高。

4.11 施工图中的顶棚综合布点图除应符合第3.5条的规定外，还应标明顶棚装饰装修造型与设备设施的位置、尺寸关系。

4.12 施工图中顶棚装饰灯具布置图的绘制除应符合第3.5条的规定外，还应标注所有明装和暗藏的灯具（包括火灾和事故照明灯具）、发光顶棚、空调风口、喷头、探测器、扬声器、挡烟垂壁、防火卷帘、防火挑檐、疏散和指示标志牌等的位置，标明定位尺寸、材料名称、编号及做法。

4.13　施工图中立面图的绘制除应符合第3.6条的规定外，尚应符合下列规定：

1）应绘制立面左右两端的墙体构造或界面轮廓线、原楼地面至装修楼地面的构造层、顶棚面层、装饰装修的构造层。

2）应标注设计范围内立面造型的定位尺寸及细部尺寸。

3）应标注立面投视方向上装饰物的形状、尺寸及关键控制标高。

4）应标明立面上装饰装修材料的种类、名称、施工工艺、拼接图案、不同材料的分界线。

5）应标注所需的构造节点详图的索引号。

6）对需要特殊和详细表达的部位，可单独绘制其局部放大立面图，并应标明其索引位置。

7）无特殊装饰装修要求的立面，可不画立面图，但应在施工说明中或相邻立面的图纸上予以说明。

8）各个方向的立面应绘齐全，对于差异小、左右对称的立面可简略，但应在与其对称的立面的图纸上予以说明；中庭或看不到的局部立面，可在相关剖面图上表示，当剖面图未能表示完全时，应单独绘制。

9）对于影响房屋建筑室内装饰装修效果的装饰物、家具、陈设品、灯具、电源插座、通信和电视信号插孔、空调控制器、开关、按钮、消火栓等物体，宜在立面图中绘制出其位置。

4.14　施工图中的剖面图应标明平面图、顶棚平面图和立面图中需要清楚表达的部位。剖面图除应符合第3.7条的规定外，尚应符合下列规定：

1）应标注平面图、顶棚平面图和立面图中需要清楚表达部分的详细尺寸、标高、材料名称、连接方式和做法。

2）剖切的部位应根据表达的需要确定。

3）应标注所需的构造节点详图的索引号。

4.15　施工图应将平面图、顶棚平面图、立面图和剖面图中需要更清晰表达的部位索引出来，并应绘制详图或节点图。

4.16　施工图中的详图的绘制应符合下列规定：

1）应标明物体的细部、构件或配件的形状、大小、材料名称及具体技术要求，注明尺寸和做法。

2）对于在平、立、剖面图或文字说明中对物体的细部形态无法交代或交代不清的，可绘制详图。

3）应标注详图名称和制图比例。

4.17　施工图中节点图的绘制应符合下列规定：

1）应标明节点处构造层材料的支撑、连接的关系，标注材料的名称及技术要求，注明尺寸和构造做法。

2）对于在平、立、剖面图或文字说明中对物体的构造做法无法交代或交代不清的，可绘制节点图。

3）应标注节点图名称和制图比例。

5. 变更设计图

变更设计应包括变更原因、变更位置、变更内容等。变更设计可采取图纸的形式，也可采取文字说明的形式。

6. 竣工图

竣工图的制图深度应与施工图的制图深度一致，其内容应能完整记录施工情况，并应满足工程决算、工程维护以及存档的要求。

参考文献

［1］ 居义杰，李思丽. 建筑识图［M］. 武汉：武汉理工大学出版社，2011.

［2］ 高远. 建筑装饰制图与识图［M］. 4 版. 北京：机械工业出版社，2019.

［3］ 刘甦，太良平. 室内装饰工程制图［M］. 北京：中国轻工业出版社，2006.

［4］ 乐荷卿，陈美华. 土木建筑制图［M］. 3 版. 武汉：武汉理工大学出版社，2010.

［5］ 李思丽. 建筑制图与阴影透视［M］. 北京：机械工业出版社，2020.